"十三五"职业教育规划教材

虾蟹增养殖技术

XIAXIE
ZENGYANGZHI JISHU

第二版

黄瑞 张欣 主编

化学工业出版社

·北京·

《虾蟹增养殖技术》（第二版）以职业岗位能力培养为目标，以生产工作流程和项目操作为主线，以健康养殖为立足点，主要介绍了海水虾蟹类、淡水虾蟹类、鳌虾类、龙虾等经济虾蟹类的生物学和生态学特征；依据无公害养殖技术规范，重点介绍了养殖虾蟹的人工育苗技术、无公害健康养殖技术、虾池综合养殖技术和资源增殖技术，反映了我国虾蟹养殖的最新技术水平。本书中附有我国养殖虾蟹品种的彩色图片、实训操作项目以及相关养殖技术规范和国家职业标准，效果直观、实用操作性强，可解决虾蟹等水产类甲壳动物养殖中的实际问题。本书配有电子课件，可从 www.cipedu.com.cn 下载参考。

　　本书可作为高职高专水产及相关专业的教材，也可供中职院校相关专业的师生、水产养殖工人、水产技术推广站技术人员及广大养殖户参考或培训使用。

图书在版编目（CIP）数据

虾蟹增养殖技术/黄瑞，张欣主编．—2 版．—北京：化学
工业出版社，2019.6（2025.1重印）
"十三五"职业教育规划教材
ISBN 978-7-122-34059-7

Ⅰ.①虾…　Ⅱ.①黄…②张…　Ⅲ.①虾类养殖-职
业教育-教材　②养蟹-职业教育-教材　Ⅳ.①S966.1

中国版本图书馆 CIP 数据核字（2019）第 044764 号

责任编辑：迟　蕾　梁静丽　张春娥
责任校对：王　静　　　　　　　　　　装帧设计：史利平

出版发行：化学工业出版社（北京市东城区青年湖南街 13 号　邮政编码 100011）
印　　装：大厂回族自治县聚鑫印刷有限责任公司
787mm×1092mm　1/16　印张 16½　字数 418 千字　　2025 年 1 月北京第 2 版第 5 次印刷

购书咨询：010-64518888　　　　　　　　售后服务：010-64518899
网　　址：http://www.cip.com.cn
凡购买本书，如有缺损质量问题，本社销售中心负责调换。

定　价：48.00 元

《虾蟹增养殖技术》（第二版）编写人员

主　　编　黄　瑞　张　欣

副 主 编　熊良伟

编　　者　（按照姓名汉语拼音排列）

　　　　　黄　瑞　厦门海洋职业技术学院

　　　　　李　峥　信阳农林学院

　　　　　王　宏　锦州医科大学畜牧兽医学院

　　　　　王维新　锦州医科大学畜牧兽医学院

　　　　　熊良伟　江苏农牧科技职业学院

　　　　　张　欣　盘锦职业技术学院

前言
Preface

　　虾蟹养殖是近 40 年来发展最快的水产业之一， 它在水产养殖业中占有极为重要的地位。20 世纪 70 年代以来， 由于人工培育种苗技术的成功， 虾蟹养殖业得到了迅速发展。 目前，我国主要养殖对虾类、 沼虾类、 螯虾类以及绒螯蟹、 青蟹、 梭子蟹等， 其养殖技术在不断改进和更新， 养殖模式已由半精养向精养、 集约式养殖发展。

　　进入 21 世纪以来， 虾蟹养殖面临着许多现实问题的困扰， 如病害问题、 种苗质量问题、环境问题以及市场问题等。 目前， 国内外水产养殖专家及养殖技术人员达成了共识， 就是要通过选育优良品种、 培育健康种苗、 综合调控养殖环境、 投喂高效优质饲料以及科学防治病害等技术的组合， 构建无公害健康养殖系统， 实现虾蟹养殖业的可持续健康发展。

　　本书以高职高专院校的职业岗位能力培养为目标， 以生产工作流程和项目操作为主线， 以健康养殖为立足点， 介绍了我国养殖虾蟹类的生物学特性、 苗种培育技术和养殖新技术， 突出实用性和操作性； 为便于读者学习和形象记忆， 本书还提供了我国虾蟹养殖品种的彩色图片（ 见封二和封三 ）。 本书适用于高职高专院校水产养殖专业的教学使用， 也可供中职院校相关专业师生、 水产技术推广人员以及现场养殖操作人员自学参考。

　　本教材共分四篇， 其中绪论， 第一篇第一章第四节的第一、 二、 四部分， 第二章、 第三章第一至第四节以及第五节的三、 四部分， 第六至第十二节， 第二篇第十章， 第三篇第十一章、 第十二章， 第四篇实训一至七、 综合实训八由黄瑞编写； 第一篇第一章第一、 二、三节以及第四节的第三部分， 第二篇第八章第一节由张欣编写； 第二篇第八章第二节、 第三节以及第四篇综合实训九由熊良伟编写； 第二篇第九章， 第四篇综合实训十由王宏、 王维新编写； 第一篇第三章第五节的第一、 二部分， 第四章、 第五章、 第六章、 第七章由李峥编写。

　　由于时间和条件的限制， 加之编者水平所限， 书中不妥之处在所难免， 敬请读者批评指正。

编　者

2019 年 12 月

目 录
Contents

绪　论

虾蟹类是温带甲壳动物，不仅具有丰富的营养价值，而且因其味道鲜美、色泽鲜艳，被誉为"水中上品、酒筵佳肴"。中国明对虾是我国久负盛名的水产品；三疣梭子蟹、锯缘青蟹、中华绒螯蟹是人们喜爱的食用蟹；龙虾更是宴席上的海中珍品。虾蟹种类多，繁殖力强，生长迅速，经济价值高，在渔业生产中占有重要地位。虾蟹除满足国内市场消费之外，还是出口创汇的重要水产品。

一、世界及我国虾蟹养殖状况

在海洋经济动物中，对虾是最受人类重视的海产种类之一。海洋捕捞虾类产量中大约80%为对虾类，其他20%为真虾类。世界养殖的虾蟹类有30多种，在养殖虾类中，对虾占有绝对优势，世界养殖虾产量的95%以上为明对虾属、对虾属和滨对虾属的种类，在三个属的20多个种中，多数已开展人工养殖，其中全人工条件下繁殖成功的已有十几个种。目前全球范围内大规模进行人工养殖的对虾种类主要有3种，即中国明对虾（旧称中国对虾、东方对虾）、斑节对虾和凡纳滨对虾，这3种对虾养殖的总产量占世界虾类养殖总产量的80%以上。其他一些较重要的对虾养殖品种有日本囊对虾、长毛明对虾、墨吉明对虾、印度明对虾、短沟对虾、细角滨对虾、白滨对虾、桃红美对虾、巴西美对虾、加州美对虾、刀额新对虾、近缘新对虾等。

近40年来，全球对虾养殖业走过了一段艰难曲折的道路，20世纪80年代，是世界对虾养殖业发展的鼎盛时期，"养虾热"席卷全球。各养虾国和地区相继建立了对虾人工育苗技术工艺，养殖技术渐趋成熟，加之虾蟹营养需求的研究进展以及配合饲料生产技术的开发等，极大地推动了世界对虾养殖业的迅猛发展。然而，80年代末出现了对虾暴发性流行病，90年代初相继蔓延到所有亚洲主要养虾国家，养虾产业遭受了重大损失。人们在采取各种单一措施而无效果之后，即开始改变养殖理念，采用新的养殖模式，变换新的养殖品种，而采全球对虾养殖业进入了一个新的发展阶段。

2018年，全球对虾总量首次超过500万吨，六大养虾国家（中国、越南、印度、厄瓜多尔，泰国、印度尼西亚）的产量超过全球对虾产量的83%，其中，我国对虾产量约为130万吨，占全球产量的26%，但养殖生产量仍然难以满足国内消费市场增长的需求，对虾进口的数量显著增加，已从对虾出口国变成进口国，出口产品以高附加值、深加工的虾仁等产品为主。近几十年来，世界各国的虾蟹养殖业迅猛发展，为全球粮食安全、经济增长、食物供给等做出了巨大贡献。

我国拥有漫长的海岸线、广阔的浅海滩涂，湖泊众多，气候适宜，虾蟹类资源丰富，具有得天独厚的虾蟹类繁育和生长的自然条件。我国已开展养殖的主要虾类有中国明对虾、斑节对虾、日本囊对虾、长毛明对虾、墨吉明对虾、短沟对虾、新对虾类的部分种类。许多淡水虾类和海淡水蟹类，如罗氏沼虾、红螯光壳螯虾、克氏原螯虾、日本沼虾、中华绒螯蟹、三疣梭子蟹、远海梭子蟹、拟穴青蟹等也在各地推广养殖，一些甲壳动物种类正在试验养殖或研究，如虾蛄、日本蟳、龙虾、扁虾等。

20世纪90年代，原产南美洲的凡纳滨对虾引进我国，目前凡纳滨对虾在我国的养殖面积和养殖产量占养殖产业的主导地位，全国各沿海省市均有养殖，2018年我国南美白对虾的海水养殖面积达$167 \times 10^3 hm^2$，内陆地区的淡水、盐碱水养殖也迅速发展。各地精养高产的高位池养殖、温棚养殖模式发展极快，养殖对虾每公顷年产量可达到3000kg，甚至更高；华北地区对虾工厂化养殖养虾面积也在不断增加。养虾业者针对各种养殖模式，开展了虾池结构改进、养殖水质调控、增氧技术升级、精准投饵以及疾病防控等配套技术的研究，健康生态安全养殖理念已逐步被人们所接受。我国的对虾养殖业已经形成了从苗种、养殖、饲料、加工到销售等配套的产业体系，对虾养殖和贸易为我国农村发展经济、增加农民收入、创造就业机会做出了重大贡献。

我国蟹类资源也十分丰富，据记载仅南海蟹类就有450多种，经济价值高的有20多种。我国蟹类养殖蓬勃发展，已形成一个巨大产业。海产蟹中最主要的是梭子蟹科的种类，如拟穴青蟹、三疣梭子蟹和远海梭子蟹等；南方沿海养殖拟穴青蟹已有近百年的历史，过去多为小规模养殖，近十多年来利用虾池大规模养殖，长江口以南沿海各地积极发展拟穴青蟹养殖，养殖方式多样，有虾蟹交替养殖（一造虾、一造蟹），或虾蟹或虾蟹鱼混养、蟹笼育肥养殖。中华绒螯蟹是我国特有的淡水蟹，不仅国内市场畅销，而且是我国重要的出口水产品，20世纪70年代人工育苗技术突破后，养殖技术不断进步，成为淡水特种养殖的重要品种，养殖模式由原来的以鱼为主、混养少量绒螯蟹或高密度小规格精养逐渐发展到现在的低密度、大规格、无公害生态养殖。

近年来，虾蟹养殖生产投入增加，养殖设施向高标准方向发展。新建的虾池基本按精养高标准配置，养殖模式趋向多元化，建立了高密度精养、低盐度养殖、生态养殖、双季或多茬养殖等高产高效养殖模式。我国的虾蟹养殖技术已得到普及，继续在渔业增效、渔/农民增收中发挥着重要作用。

二、虾蟹养殖业存在的问题

我国虾蟹养殖技术日趋成熟，并得到全面普及，产业迅速发展，但是目前还存在着一些不容忽视的问题。例如，凡纳滨对虾的养殖"热"，使得中国明对虾、斑节对虾、长毛明对虾等优良品种的养殖面积和产量显著减少，而且由于凡纳滨对虾需要从美国进口亲虾、价格高，因此大多数地区选择了直接从养殖池挑选繁育用亲虾的方法，这些亲虾经过多代近亲繁殖，已造成种质退化。有些地区虾池密度过大，破坏了生态环境。有些虾蟹养殖业者没有完全掌握健康养殖的知识与技术，再加上少数养殖废水未经处理就直接排入附近水域，导致虾蟹病害频繁发生，养殖风险高。加之水域环境污染、病原菌传播途径多样，使得病害问题依然是影响我国虾蟹养殖业发展的主要制约因素之一。这些问题已成为制约虾蟹养殖业健康、稳定和可持续发展的关键问题。

三、虾蟹养殖可持续发展的措施

总结近40年的经验与教训，认识到，我国的虾蟹养殖必须走产业发展与环境保护并重的可持续发展道路，开展健康养殖与生态养殖。针对上述问题，我国采取了一系列措施，规范养殖生产，以提高我国养殖水产品的质量安全水平。

1. 提倡健康养殖模式

提倡资源与环境的协调发展，推广有限水交换系统及安全养殖理念，推广应用蓄水池、水处理技术（蓄水、过滤、消毒），采用增氧机、水质改良剂、有益微生物、调控微藻类、投喂优质配合饲料等技术，以保持良好稳定的水质。推广封闭循环式的养虾（蟹）模式，防止抗生素以及残留的药物过多地排入近海。

2. 提倡虾蟹养殖操作规范化

2003 年 7 月 24 日，农业部发布了《水产养殖质量安全管理规定》，就养殖用水、养殖生产、苗种、饲料、药物使用、产品净化等与质量安全相关的关键环节作出了具体规定，并先后制订了《中国对虾养殖种苗》《中国对虾配合饲料》《无公害食品　海水养殖用水水质》《无公害食品　渔用药物使用准则》《无公害食品　对虾养殖技术规范》《凡纳滨对虾育苗技术规范》和《渔药使用规范》等一系列标准和技术规范（其中个别标准已被新标准替换）；先后出台了凡纳滨对虾、拟穴青蟹、中华绒螯蟹、罗氏沼虾、日本沼虾等的国家养殖技术规范和养殖地方标准，强调维持生态平衡和环境保护，强化了产品质量安全管理和养殖环境监测的力度。

3. 加强对虾养殖品种的选育研究

建立遗传育种中心，重点培育抗逆性强、适应集约化养殖的优质品种，保护中国明对虾、斑节对虾等珍贵种质资源。加强种虾的遗传育种工作，建立繁育健康的无特定病原（SPF）虾苗的对虾育苗场，培育无携带白斑综合征病毒（WSSV）、桃拉病毒（TSV）的亲虾和虾苗，培养生长快、抗 WSSV 的亲虾。

4. 加快推进虾蟹养殖产业化经营

通过行业组织或民间经济技术协作组织，实现行业或产业自律，加强行业管理，使虾蟹养殖行业健康、有序发展。

我国现已成为世界主要的养殖大国，养殖产量已跃居世界前列。为了应对市场需求，养殖业者必须根据新形势的要求，采取无公害、质量安全的新型养殖技术进行水产养殖生产，才能在激烈竞争中得以立足和持续发展。我们要认真抓好质量管理，建立市场准入机制，加强质量检测、检疫、病害预防等工作，从养殖源头抓起，严格落实健康、无公害养殖，重视水产品加工、运销、出口各环节的安全质量，这是确保我国虾蟹养殖业健康、持续发展的有效措施。

第一篇
虾类增养殖技术

第一章 ▶▶ 对虾类的生物学

学习目标 👆

1.了解对虾类的外部形态与内部构造，掌握其主要形态及结构特征。

2.掌握对虾类的栖息习性、摄食行为、繁殖习性和生活史以及对虾生长的特点，准确识别对虾的雌雄个体和判断性腺发育程度，掌握各期幼体发育的形态和生态特点。

3.掌握常见养殖虾类的典型特征并能鉴别，掌握常见养殖虾类对生活环境的适应特点。

对虾隶属于节肢动物门（Arthropoda）、有鳃亚门（Branchiata）、甲壳纲（Crustacea）、软甲亚纲（Malacostraca）、十足目（Decapoda）、对虾科（Penaeidae）。我国养殖的主要对虾属于对虾属（*Penaeus*）、明对虾属（*Fenneropenaeus*）、囊对虾属（*Marsupenaeus*）、滨对虾属（*Litopenaeus*）和新对虾属（*Metapenaeus*）的一些种类，主要有中国明对虾、斑节对虾、日本囊对虾、凡纳滨对虾、长毛明对虾、墨吉明对虾、短沟对虾、刀额新对虾、近缘新对虾等。

第一节 对虾类的形态与结构

一、外部形态

对虾（在此指代对虾类）身体分头胸部和腹部两部分（图1-1）。对虾体外被几丁质甲壳，称外骨骼，甲壳向体内深入形成的刺状结构，称为内骨骼。甲壳具有支撑体形和保护内部器官的作用。

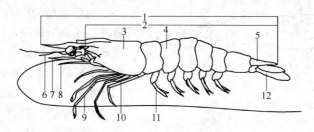

图 1-1 对虾类外部形态

1—全长；2—体长；3—头胸部；4—腹部；5—尾节；6—第一触角；7—第二触角；
8—第三颚足；9—第三步足；10—第五步足；11—游泳足；12—尾肢

对虾类身体由 20 个体节组成，即头部 5 节、胸部 8 节、腹部 7 节。头部和胸部愈合为一，体节已难分辨，合称头胸部，外被一大型甲壳，称为头胸甲。头胸甲前端中央突出前伸，形成额角，其上、下缘常具齿；头胸甲表面具突出的刺、隆起的脊和凹陷的沟等结构是鉴别对虾种类的重要依据之一。

对虾类具 19 对附肢，除尾节外，每一体节均具 1 对附肢，末对附肢（尾肢）与尾节组成尾扇。由于各附肢的着生部位及功能不同（表 1-1）而特化成为不同的形态，但基本构造均为基肢、内肢和外肢。

表 1-1 对虾的体节、附肢数及其功能

身体各部 体节、附肢		头 胸 部						腹 部		
		头部					胸部	1～6 节	尾节
体节	20	5 节					8 节	6 节	1 节
附肢	19	5 对					8 对	5 对	1 对（原为腹部 第 6 对附肢）
	名称	第一触角	第二触角	大颚	第一小颚	第二小颚	颚足 3 对	步足 5 对	游泳足 5 对	尾肢
	功能	嗅觉、触觉、平衡身体		咀嚼	辅助摄食、协助呼吸	辅助摄食、协助游泳	捕食、爬行	游泳	使身体升降，并有助于后跃弹跳
				组成"口器"					

二、内部构造

1. 消化系统

对虾类的消化系统由消化道和消化腺组成，消化道包括口、食道、胃、肠以及肛门（图 1-2）。口位于头胸部腹面，被"口器"包围，口后为一短而直的食道，胃（图 1-3）分前后两部分，前胃大，称为贲门胃，内有几丁质齿，形成胃磨；后胃小，称幽门胃。胃后接一长管状的中肠，直肠短而粗，开口为肛门。在胃肠交界处有一对消化腺，称肝胰脏或中肠腺，具消化和吸收双重功能，肝胰腺有管道通入中肠前端。

2. 呼吸系统

对虾以鳃进行气体交换（图 1-4）。鳃位于胸部两侧的鳃腔之中，由鳃丝构成，鳃呈枝状。鳃内血管有入鳃血管和出鳃血管，两条血管各有分支通入鳃丝，形成血管网。对虾生活时，第二小颚的颚舟片和肢鳃不停地摆动，使水不断在鳃腔中流动，经过鳃丝表面进行气体交换。

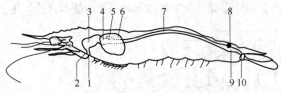

图1-2 对虾的消化系统

1—口；2—食道；3—贲门胃；4—幽门胃；
5—中肠前盲囊；6—肝胰腺；7—中肠；
8—中肠后盲囊；9—直肠；10—肛门

3. 神经系统

对虾类的神经系统为链状神经系统。食道上神经节较大，称为脑，腹部有腹神经索，胸部、腹部每节各有1对神经节，头部由脑发出5对神经[图1-5(a)]。感觉器官有复眼1对，具眼柄，眼柄内有神经分泌组织构成的X器官，控制对虾的生长发育、性腺成熟、体色变化及蜕皮，眼柄内还具释放激素的窦腺[图1-5(b)]。

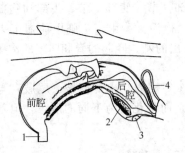

图1-3 对虾胃的结构

1—食道；2—过滤室；3—消化腺开口；4—中肠前盲囊

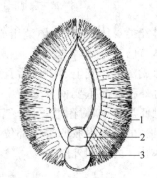

图1-4 对虾的鳃

1—鳃丝；2—入鳃血管；3—出鳃血管

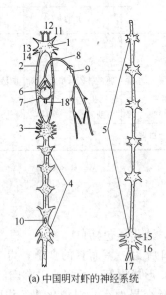

(a) 中国明对虾的神经系统

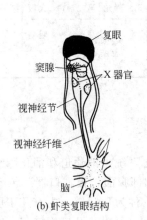

(b) 虾类复眼结构

图1-5 对虾的神经系统

1—脑神经节；2—围食道神经环；3—食道下神经节；4—腹神经链的胸神经节；
5—腹神经链的腹神经节；6—食道侧神经节；7—食道后神经联合；8—胃神经；
9—胃神经节；10—胸动脉孔；11—视神经；12—第一触角神经；13—第二触角神经；
14—皮肤神经；15—第六腹节神经；16—尾肢神经；17—尾节神经；18—后联合器官

4. 循环系统

对虾类为开放式循环系统（图1-6），包括心脏、动脉、小血管、血窦和静脉。心脏位于胸部背面后方的围心腔内，呈三角形，透过头胸甲可以看到心脏的跳动（甲壳薄、壳色淡的种类）。血浆内含血蓝蛋白，不含血红蛋白，故血液呈无色或淡蓝色。血细胞具有吞噬功能和运输功能。

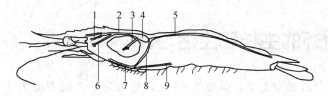

图1-6　对虾的循环系统（据山东海洋学院修改）
1—眼动脉；2—前侧动脉；3—肝动脉；4—心脏；5—背腹动脉；
6—触角动脉；7—胸下动脉；8—胸动脉；9—腹下动脉

5. 排泄系统

对虾的排泄器官为触角腺，位于第二触角基部，由一囊状腺体和一薄壁的膀胱及排泄管组成，排泄孔开口于第二触角基部的乳突上。由于腺体内的排泄物呈绿色，故触角腺又称绿腺。

6. 内分泌系统

对虾类内分泌系统由神经内分泌系统和非神经内分泌系统组成。神经内分泌器官有：眼柄中的X器官和窦腺等；非神经内分泌系统有：Y器官、大颚器官等（图1-7）。

7. 生殖系统

对虾为雌雄异体，性征差异显著。

（1）雌虾生殖系统　由成对的卵巢、输卵管、雌性生殖孔和一个在体外的纳精囊组成。卵巢位于身体背面，由胃的前方向后延伸到腹部末端，成熟的卵巢由1对前叶、6对中叶（即侧叶）和1对后叶组成［图1-8(a)］。输卵管1对，由第5侧叶伸出，开口于第3步足基部内侧的乳突上。纳精囊位于第4与第5步足基部之间的腹甲上，为雌虾交配并贮存精子的器官，故名纳精囊。

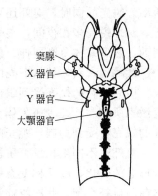

窦腺
X器官
Y器官
大颚器官

图1-7　对虾内分泌器官图解

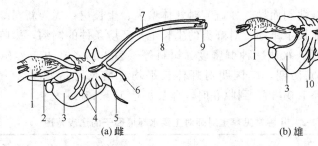

(a) 雌　　　　　　　　　　　　(b) 雄

图1-8　雌雄虾性腺形态和位置
1—胃；2—卵巢前叶；3—中肠腺；4—卵巢侧叶；5—输卵管；6—下行大动脉；
7—后方大动脉；8—卵巢后叶；9—中肠；10—精巢；11—精荚囊；12—输精管

（2）雄虾生殖系统　由精巢、输精管、精荚囊、雄性生殖孔、交接器和雄性附肢等组成。精巢位于头胸部肝区中部至第 1 腹节之间，呈盘肠状（多向弯折），由 1 对前叶、6 对中叶和 1 对后叶组成［图 1-8(b)］，成熟时微白色。输精管 1 对，一端与精巢后叶相通，另一端与精荚囊相接；成熟雄虾的精荚囊外观似一对豆状的白色圆形球体，位于第 5 对步足基部，生殖孔开口于第 5 步足基部内侧乳突上，交配期间，该乳突特别膨大，平时则不易见到。雄性交接器由第 1 腹肢内肢特化而成。

第二节 对虾的生长和生活习性

中国明对虾的寿命多为 1 年，少数 2～3 年，斑节对虾一般寿命为 2 年左右，日本囊对虾、刀额新对虾寿命 2 年。对虾一生要经过几个不同的生长发育阶段，对外界环境条件要求也不同，并表现出不同的生态类型。

一、蜕壳和生长

1. 对虾的蜕壳

蜕壳是对虾类重要的生理现象，在对虾生长过程中，每隔一段时间就要蜕去旧壳，对虾一生需要蜕壳 50 多次。对虾个体大小的增加呈阶梯式，即在蜕壳时快速地增长，蜕壳之后至下一次蜕壳前，大小几乎很少增加。蜕壳影响着对虾的形态、生理和行为，也影响着繁殖活动。蜕壳的同时，对虾还可以蜕掉甲壳上的寄生虫和附着物。

对虾蜕壳多在夜间，整个过程仅几分钟。蜕壳前，对虾常侧卧水底，游泳足间歇地缓缓划动，然后虾体急剧屈伸，使头胸甲与第 1 腹节背面连接处的关节膜裂开，再经几次突然性的连续跳动，新体就从旧壳的裂缝中跃出。同时，胃内壁和平衡囊的内壁及其内容物也被蜕去。甲壳动物的蜕壳受到眼柄中 X 器官与窦腺所分泌的蜕皮抑制激素和 Y 器官所分泌的蜕皮激素所控制。在水质欠佳、饵料不足、水温不适、盐度较高、疾病发生等不良情况下，对虾的蜕壳将受到抑制，蜕壳间隔时间延长。

对虾在不同生长发育阶段和不同生理状态下蜕壳各有特点。如幼虾阶段的蜕壳，还伴随着形态的变化，故又称变态蜕壳。当雄虾性腺发育成熟后，雄虾会在雌虾蜕壳后新壳未硬化之前与雌虾交配。此次雌虾蜕壳，被称为生殖蜕壳。雌虾交配后至第二年产卵期间通常不再蜕壳。

2. 对虾的生长

对虾的生长因品种、性别而异，如斑节对虾体型大、生长快；周氏新对虾个体小，生长相对较慢，雌虾生长明显快于雄虾。对虾类的生长也受环境条件的制约，影响对虾生长的环境因素主要有水温、盐度、水质、种群密度、饵料等（表 1-2）。在人工养殖条件下，对虾比自然海区生长慢。养成初期，中国明对虾体长平均日增长可达到 1.2～1.5mm、中期 0.8～1.2mm、后期 0.6～1.0mm，到收获时，体长可达 11～15cm。

表 1-2　几种常见养殖对虾对主要水环境因子的适应范围

种类	水温/℃			盐度		pH 适宜范围	溶解氧窒息点 /(mg/L)
	适温范围	停止摄食	致死	适宜范围	致死		
中国明对虾	14～30	<8	>39,<4	5～40	>45,<2	7.8～9.3	1.0～0.6(25℃,体长 6～7cm)
墨吉明对虾	20～33	<13	>40	20～30	<6.5	7.6～8.8	0.7～0.4(25～27℃,体长 4cm)
长毛明对虾	16～34	<13	>40	22～35		7.5～8.8	

续表

种类	水温/℃			盐度		pH 适宜范围	溶解氧窒息点 /(mg/L)
	适温范围	停止摄食	致死	适宜范围	致死		
日本囊对虾	14～33	<8	>38,<5	15～36	<10	7.5～8.8	
斑节对虾	18～35	<14	<14	11～40	>45,<7	7.4～9.0	0.5～0.2
凡纳滨对虾	16～32			5～40		7.6～8.3	
刀额新对虾	16～37			0～33			0.6～0.3

二、栖息习性

对虾幼体阶段营浮游生活。中国明对虾仔虾常聚集在河口附近或在内湾中觅食，随着幼虾长大，逐渐离开河口到近岸浅海区域栖息活动，当幼虾长至8～9cm后，便开始移向较深的水域中生活。

中国明对虾喜栖息在泥沙质海底，白昼多匍匐爬行或潜伏于海底表层泥沙中，夜间活动频繁，常缓游于水底部，有时也急速游向水的中上层。静伏时，步足支撑着身体，游泳肢缓缓摆动。游泳时第二触角触须分列于身体两侧，步足自然弯曲，游泳肢频频划动，升降自如。受惊时腹部屈伸后跃，或以尾扇击水，在水面上噼啪腾跳。

日本囊对虾自仔虾期就有潜沙习性，涨潮时出来觅食，退潮后潜入潮间带水洼的沙底中。随着生长向深水移居，逐渐改为晚上活动觅食，白天潜沙，潜沙深度因大小而异，一般潜入底质约3cm深（图1-9），眼完全潜入。觅食时常缓游于水的下层，有时也游向中上层。在高密度养殖中，饥饿时呈巡游状态。但一般情况下很少发现其游动，尤其是养殖前期较难观察到。

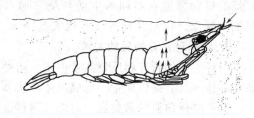

图1-9 对虾潜沙状态

对虾潜伏习性主要受光照强度支配，而月光和水的混浊度则影响光照。潜底也受水温影响，如日本囊对虾在水温14℃以下时，一般很少出沙；水温28℃以上时，白天也不愿潜沙。虽然对虾在低温时长久潜底，但水温降到接近致死温度时，对虾多跳出泥沙层而死于水中。

对虾对栖息底质有选择性，底质本身的性质可能影响对虾的潜底和摄食。日本囊对虾喜栖息于沙底；中国明对虾、长毛明对虾、墨吉明对虾、斑节对虾等则潜泥沙。但底质受到严重污染时，对虾是不愿潜入的，水中溶解氧接近于窒息点时，对虾也不潜底而浮于水面。

三、摄食习性

1. 对虾的食性

对虾食性广，在自然海区，对虾所食饵料随着对虾的不同发育阶段和栖息环境而改变（表1-3）。

表1-3 中国明对虾各发育阶段的主要饵料种类

幼体阶段	自然海区的饵料种类	人工养殖的饵料种类
溞状幼体	10μm左右的甲藻，其次是硅藻	角毛藻、骨条藻等硅藻和扁藻
糠虾幼虫	甲藻、硅藻；瓣鳃类幼体；桡足类幼体和成体等	轮虫、卤虫无节幼体；颗粒大小适宜的配合饲料

续表

幼体阶段	自然海区的饵料种类	人工养殖的饵料种类
仔虾阶段	舟形硅藻；桡足类幼体、双壳类幼体等	卤虫无节幼体、鱼糜等
幼虾阶段	小型甲壳类（介形类、糠虾类、桡足类等）；软体动物的幼虫和小鱼等	卤虫成体；小型贝类、配合饲料
成虾阶段	底栖的甲壳类、双壳类、多毛类、蛇尾类及鱼类等	蓝蛤、四角蛤蜊、贻贝、配合饲料

2. 对虾的摄食行为

随着幼体发育，对虾类的摄食方式由滤食性为主逐渐转为捕食性为主，底栖生活后完全为捕食性。对虾以嗅觉和触觉觅食，多在海底爬行寻找食物，有的会用步足在底质中探查；一旦发现食物，则螯足拾起食物并送至口器。对虾类有自相残杀的习性，饥饿的虾会攻击刚蜕皮的虾和小虾。

大部分对虾都是白天伏于底层沙下，夜间出动捕食。Reymond 和 Lagardere（1988）发现，26～27d（重约 0.5g）的斑节对虾不存在进食周期性，43～44d 的虾（重约3.2g）在夜间捕食稍多于白天，而 62～63d 的虾（约 7.0g）则几乎仅在夜间捕食，日落后开始黎明时逐渐结束。但如果海水混浊、透明度小，养殖对虾也可白天出来觅食。对虾的摄食强度在不同的生活环境（如水温、溶解氧量、盐度、水质等）和不同的生理时期（蜕皮、生殖活动等）有很大差异。

3. 对虾对营养物质的需求

对虾需要的营养物质包括蛋白质、脂类、碳水化合物、维生素、矿物质和水。营养物质在对虾体内具有提供能量、构成机体和调节生理机能的作用。

(1) 对蛋白质的需要量 对虾对饲料蛋白质的需要量依种类、发育阶段、生理状况和环境条件而异。日本囊对虾、中国明对虾需要较高的蛋白质，而斑节对虾和凡纳滨对虾则要求较低。在对虾不同的生长阶段，饲料中蛋白质的最适需要量也不同；在对虾商品配合饲料的生产上，一般随着对虾的生长饲料中蛋白质含量逐渐降低（表 1-4）。主要养殖对虾种类的饲料中蛋白质含量一般为 40%～45%。

表 1-4 对虾配合饲料蛋白质含量推荐值

对虾体重/g	饲料蛋白质含量/%	对虾体重/g	饲料蛋白质含量/%
0～0.5	45	3.0～15.0	38
0.5～3.0	40	15.0～40.0	36

(2) 对脂类的需要量 脂类是对虾生长发育过程中必需的能量物质，其可供给虾类生长所需的必需脂肪酸、胆固醇及磷脂等营养。一般对虾饲料中脂肪含量为 4%～8%，以 6% 为佳，卵磷脂添加量 1%、胆固醇 0.5%～1%。

(3) 对碳水化合物的需求 碳水化合物是能量物质之一。对虾消化道内的淀粉酶活性较低，饲料中碳水化合物含量不宜超过 26%。纤维素可以刺激消化道，促进肠胃蠕动和消化酶分泌，有利于营养物质的消化吸收，在配合饲料中含有一定量的纤维素，一般为 5%～7%。

(4) 对维生素的需要量 维生素参与生物体内的新陈代谢过程，是对虾生长发育和保持健康必需的营养物质。对虾对维生素的需要量受多种因素影响，随个体大小、生长率、环境因子及营养间相互关系的影响而不同。中国明对虾维生素的推荐添加量见

表 1-5。

　　（5）对无机盐的需要量 无机盐亦称矿物质，是构成对虾类甲壳的主要成分，具有促进生长、提高对营养物质的利用率、调节渗透压的功能。无机盐中，钙和磷最重要，需要以一定的比例添加在饲料中，李爱杰等用不同钙、磷比饲喂体重 2.18～2.36g 的中国明对虾，结果以 1:1.7 者生长最好。金泽等试验表明日本囊对虾饲料中钙、磷的最适添加量为 1.06%～2.11%，钙、磷比以 1:1 为最佳。

表 1-5 中国明对虾维生素的推荐添加量（每千克饲料中的含量）

种　类	添加量/mg	种　类	添加量/mg
盐酸硫胺素（维生素 B$_1$）	60	生物素	0.8
核黄素（维生素 B$_2$）	150	叶酸	8
泛酸钙	100	维生素 B$_{12}$	0.015
烟酸（维生素 PP）	400	维生素 C 磷酸酯	4000
维生素 B$_6$	140	维生素 A	150000IU
维生素 D	60000IU	维生素 E	400IU
维生素 K	34	氯化胆碱	4000
肌醇	400		

四、洄游与移动

　　对虾按生态习性可分为两类：一类为定居型，如日本囊对虾、宽沟对虾、短沟对虾等，栖于浅海或海湾，白天潜伏于海底沙内（仅露两眼和触角鞭），在分布区内无大范围的季节性移动；另一类为洄游型，有长距离的季节性洄游习性，如中国明对虾等。

　　对虾长距离的洄游主要受水温支配，南方或热带的对虾类没有长距离洄游的习性，仅在小范围移动。长毛明对虾在秋冬水温下降至 20℃ 以下时，港内虾群逐渐向外海移动，游向水深 19～35m 处越冬或分散于近海深沟越冬，翌年 2 月末至 4 月水温上升后游向内湾、河口产卵。日本囊对虾的仔、幼虾栖息在沿岸河口、内湾浅水区，随着成长逐渐移向深海区，并在那里交配、成熟和产卵。

　　洄游型对虾的活动规律为：河口、沿岸产卵场（生长发育）→近海较深水域（交配、越冬洄游）→越冬场→产卵洄游→沿岸产卵场。

　　定居型对虾的活动规律为：河口、浅海（生长、交配）→深海（越冬）→浅海（产卵）。

　　中国明对虾自然分布于黄海、渤海海域，黄海种群在低于 10℃ 和高于 30℃ 的环境尚能生存，但适宜的繁殖温度高于 15～18℃。产卵场在盐度较低的河口或近岸水域，仔虾期能适应河口咸淡水环境，甚至在盐度低于 10 的半咸水域也能正常生活。体长超过 30mm 的稚虾逐渐游离河口，在沿岸水深仅 1m 左右的浅水区摄食发育，幼虾随着体长的增长而逐渐向远岸海域移动。秋末冬初，渤海和黄海沿岸浅海区水温迅速降低，虾群便向黄海南部深水区作越冬洄游，越冬场底层水温 10～12℃ 以上，盐度 32～33。翌年春末夏初，水温回升，在黄海南部越冬的虾群，又成群结队地向北方进发，4～6月份到达黄海、渤海河口近岸水域产卵场，产卵后亲虾大多死亡。这一洄游称为生殖洄游。

第三节 对虾的繁殖习性

一、对虾的性腺发育

1. 雌雄对虾的区别

对虾雌雄异体，性征比较明显，易从外观上识别（表1-6）。

交接器是对虾的交配器官，雌雄对虾的交接器形态各异，不同种类的对虾交接器有明显区别，交接器形态也是对虾的分类依据之一。大多数对虾的纳精囊属于封闭型纳精囊［图1-10(b)、(c)］，如中国明对虾（图1-11）、长毛明对虾、墨吉明对虾、斑节对虾、短沟对虾、日本囊对虾、新对虾等；开放型纳精囊［图1-10(a)］仅见于南半球产的对虾种类，如凡纳滨对虾、细角滨对虾、西方滨对虾、白滨对虾和南方滨对虾等，其第4、5步足间的腹甲上由甲壳皱褶、凸起和刚毛等形成一黏附精荚的区域，其繁殖特点与封闭型纳精囊的虾类有很大差别。

表1-6 中国明对虾雌雄虾的外观特征

形　态	雄　性	雌　性
个体大小	小于雌性；自然海区成熟雄虾体长一般为15～18cm	成熟雌虾体长一般为18～23cm
成熟后体色	黄色	微显蓝绿色而较透明
第1腹肢	内肢变成交接器	内肢退化
交接器	第1腹肢内肢特化而成，呈钟状	第4、5步足基部间腹甲上，呈圆盘状
生殖孔位置	位于第5对步足基部	位于第3对步足基部

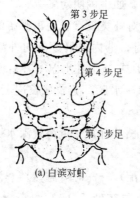
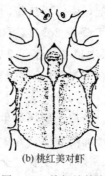
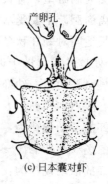

图1-10 雌虾纳精囊

(a) 白滨对虾　　(b) 桃红美对虾　　(c) 日本囊对虾

2. 雄虾性腺发育

雄虾当年秋末即性成熟。精子成熟后，通过输精管下行至精荚囊；精子在输精管中被黏性分泌物包围，外被薄膜形成精子团块（精荚），交配之前贮存于精荚囊中。中国明对虾的精荚分为瓣状体和豆状体两部分（图1-12），豆状体紧靠雄性生殖孔，精子即在其中呈集团状分布，瓣状体卷曲成柱状，精荚排出后，瓣状体散开呈扇状。雄虾性成熟后，可以反复产生精荚，进行多次交尾。

3. 雌虾性腺发育

当年成长的雌虾，性腺到第二年夏初才能成熟。在此期间，海区的雌虾要经过交尾、越

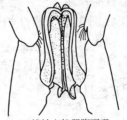

(a) 雌性纳精囊　　　　　　　　(b) 雄性交接器腹面观

图 1-11　中国明对虾雌、雄交接器（仿刘瑞玉）

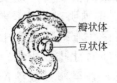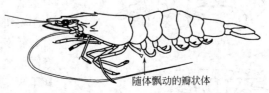

图 1-12　对虾的精荚

冬洄游、越冬和产卵洄游等几个阶段。

卵巢发育有明显的体积增大和色泽加深的变化（图 1-13）。入冬时（对虾已经交尾）的雌虾卵巢外观很小。翌年春天随着水温逐渐升高，卵巢迅速发育，至 4～5 月份卵巢成熟，开始产卵。透过对虾透明的甲壳，可见卵巢由透明、半透明，到浅绿色、绿色、褐绿色的颜色变化（凡纳滨对虾成熟卵巢外观呈橙红色）。借助外观和组织切片，可将雌虾性腺发育分为 5 期，即未发育期、发育早期、发育后期、成熟期和恢复期。对虾卵巢发育的外观判别特征见表 1-7。

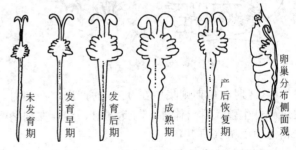

图 1-13　对虾类卵巢的发育

二、对虾的交配

封闭式纳精囊种类的对虾交配时雌虾性腺尚未成熟，交配在雌虾蜕皮不久、甲壳尚未变硬之前进行，交配后须待卵巢发育成熟后才产卵。开放式纳精囊种类的雌虾性腺成熟即交配。

表 1-7　雌虾卵巢发育分期及特征

发育分期	外　观	颜　色	质量/g
Ⅰ 未发育期	细管状,不可透视	无色透明	<1
Ⅱ 发育早期	窄小扁带状,可隐约透视	乳白色逐渐变成嫩绿色	1～6
Ⅲ 发育后期	大而宽,头胸部可清楚透视	绿色	6～12
Ⅳ 成熟期	宽大肥实,头胸部各叶极度伸展	浓绿色或褐绿色	15～20
Ⅴ 产后恢复期	变窄,开始萎缩	浅黄色或土黄色	2～3

封闭式纳精囊对虾交配、产卵活动的顺序是：蜕皮（♀）→交配→性成熟（♀）→产卵（受精）；而开放式纳精囊的对虾是：生长、蜕皮（♀）→性成熟（♂、♀）→交配→产卵（受精）。

对虾类的交配行为大致相同。由于对虾蜕皮多在夜间，大多数封闭式纳精囊的种类也在夜间交配，将要交配时雌虾在水中、上水层缓缓游动，雄虾尾随其后，接近雌虾，游到雌虾之下方翻转身体，使腹部向上与雌虾相抱，然后雄虾横转身体90°与雌虾呈"十"字形交叉，雄性交接器通过雌虾纳精囊的纵缝将精荚送入。有的对虾则身体转动180°与雌虾头尾相抱（图1-14）。交配后精荚在纳精囊中储存，扁平而透明的封闭式纳精囊变得饱满微凸而呈乳白色；精荚的瓣状体则留在雌虾体外，依此可作为雌虾刚交尾不久的标志，2～3d后，飘动的瓣状体脱落；有些种类则在纳精囊口形成交配栓（如日本囊对虾）。中国明对虾秋季雌、雄虾交配后，精荚储存在雌虾纳精囊中，至第2年春季雌虾产卵时才排放出来。交配后雌对虾不再蜕皮，直至卵巢成熟产卵，如果意外蜕皮则精荚会丢失，雌虾可再交配。

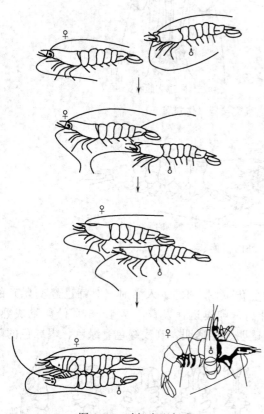

图1-14　对虾交配行为

开放式纳精囊的虾类交配后精荚被黏附在第4、5步足间的腹甲上，精荚易脱落，交配后随即产卵。

三、对虾的产卵

雌虾性腺发育成熟便开始产卵，对虾多在夜间产卵，且一般产卵前期多在上半夜，后期多数在下半夜。如长毛明对虾、墨吉明对虾、日本囊对虾产卵前期多集中在20～24时，后期则集中在0～4时产卵。产卵时，雌虾在水的中、上层游动，成熟的卵子通过雌性生殖孔排出体外，与此同时，储存在纳精囊中的精子也释放出来，精子与卵子在水中相遇而受精（图1-15）。

产卵时雌虾游泳足频频划动，使产出的卵子均匀散布于水中，雌虾在3～5min内就能产完一次卵。长毛明对虾、墨吉明对虾、新对虾等几乎是一次产完卵，而中国明对虾、斑节对虾、凡纳滨对虾在繁殖期内可多次产卵，多时可达7～8次。一般前几批次卵质较好，而末期卵质差。

对虾的产卵量因种类、个体大小、成熟卵巢的丰满度和栖息环境的不同而有差异（表1-8）。自然海区亲虾个体大，雌虾1次产卵量30万～70万粒，多者可达百万粒以上。人工养殖亲虾个体较小，产卵量一般少于自然海区亲虾。

亲虾产卵次数以及卵质与环境条件密切相关。中国明对虾亲虾产卵的适宜水温是15～18℃；在此水温范围内，卵巢可以继续发育和不断成熟，水温过高，会抑制性腺的

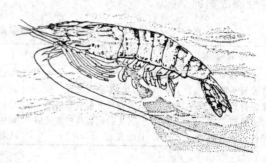

图1-15　斑节对虾产卵

发育，水温超过18℃，亲虾容易蜕皮；水温低于12℃，卵巢发育速度慢，卵质不良。光线对亲虾产卵有影响，强光或直射光对卵巢发育不利，100lx以内的弱光或黑暗条件能促进卵

巢加快发育成熟。

凡纳滨对虾多次产卵，卵巢产空后可再成熟。两次产卵间隔的时间为3~5d，繁殖初期仅50个小时，产卵次数高者可达十几次，但连续3~4次产卵后要伴随1次蜕壳。产卵时间在21:00到黎明3:00之间，从产卵开始到卵巢排空仅需1~2min。

四、对虾的胚胎发育

正常情况下，卵产出不久即受精。对虾类的卵为沉性卵，刚产出的卵呈不规则形或多角形，随后逐渐变为圆形。受精后的卵从其内部分泌出一种胶状物质，并逐渐吸水膨胀，形成透明的受精膜，胚胎受其保护而发育。故虾卵是否受精，可镜检有无受精膜而识别。

对虾胚胎发育过程大致可分为6个时期，即细胞分裂期、桑葚期、囊胚期、原肠期、肢芽期和膜内无节幼体期（图1-16）。

（1）细胞分裂期　该期主要表现为细胞分裂。卵在受精后1~2h即开始第一次分裂，以后每隔半小时分裂一次。

（2）桑葚期　又称多细胞期，受精卵继续分裂，细胞数量仍然成倍增加，出现32细胞时，胚胎外形与桑葚相似。

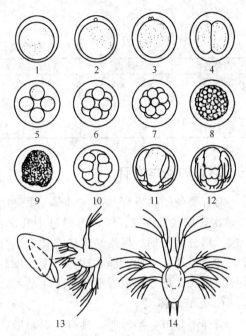

图1-16　中国明对虾胚胎发育
（引自厦门水产学院，1977）

1—受精膜；2—出现第一极体；3—出现第二极体；
4~7—细胞分裂期；8—桑葚期；9—原肠期；
10—肢芽期；11,12—膜内幼体期；
13—幼体破膜而出；14—第一期无节幼体

表1-8　对虾类繁殖期和产卵量

种　类	繁殖季节/月	产卵盛期/月	产卵量/(万粒/尾)	卵径/μm
中国明对虾	黄海、渤海4~6；珠江口1~4	5	50~70	225~275
长毛明对虾	3~8	2~3	20~30	233~255
墨吉明对虾	2~10	4~6	30~40	234~259
斑节对虾	1~11	4~5	20~60	250~270
日本囊对虾	5~9	海南4~7	20~50	260~280
刀额新对虾	南海5~9	5~8	12~20	200~250
凡纳滨对虾	2~11	6~8	10~15	280

（3）囊胚期　分裂细胞越来越小，胚胎表面光滑。在受精5~6h后，胚胎进入囊胚期。

（4）原肠期　为组织和器官分化的重要时期。当细胞分裂进入128细胞以后，胚胎开始发生明显的内陷作用，形成深的胚孔。最后陷入者为2个大而圆形的内胚层细胞，接着是中胚层细胞。中国明对虾胚胎发育在水温18℃、盐度30时，受精后15h原肠形成，胚孔闭合。

（5）肢芽期　在胚体腹面两侧出现3对简单的突起（肢芽前期），继后第二、三对又各分成内外两肢，并在游离端生出刚毛（肢芽后期），此3对肢芽即为第一触角、第二触角和大颚的雏形。

（6）膜内幼体期　胚体前端腹面中央出现红色（有时黑色）的单眼，形态接近自由生活的无节幼体，胚体在膜内转动，为膜内无节幼体。几小时后幼体便破膜逸出。

胚胎发育速度随温度等环境条件而变化，在适温范围内，水温高，发育快，反之则慢

（表1-9）。

表 1-9　对虾类受精卵的孵化水温与时间

对虾种类	孵化水温/℃	孵化时间/h	对虾种类	孵化水温/℃	孵化时间/h
中国明对虾	18.0～19.5	33～36	墨吉明对虾	27～29	13～16
	21	24	斑节对虾	27～29	13
	23	18	日本囊对虾	27～29	13～14
长毛明对虾	27.5～28	13～14	近缘新对虾	25～28	12～16

五、对虾的幼体发育

对虾类的幼体发育具有多幼体阶段和渐微变态的特点。对虾刚出膜的无节幼体，需经10多次蜕皮才发育成仔虾，再经过十几次或更多次蜕皮才与成体相似。每蜕皮一次即变态一次，即分为1期。根据幼体形态构造，分为无节幼体、溞状幼体、糠虾幼体和仔虾发育阶段，即无节幼体6期、溞状幼体3期、糠虾幼体3期以及仔虾若干期。随着一次次蜕皮，幼体体形增大，形态构造逐渐完善，生活习性也相应变化。

1. 无节幼体

身体不分节，半透明，具有3对附肢，即第1触角、第2触角和大颚。第1触角为单肢型，第2触角和大颚为双肢型。体前端正中处有1单眼（中眼），尾端具成对的尾棘（图1-17）。随着无节幼体的发育变态，第1、2触角的刚毛数和尾棘对数逐期有规律地增加，据此可鉴别各期无节幼体（表1-10）。

表 1-10　对虾各期无节幼体的主要形态特征

发育阶段	附肢刚毛	尾棘对数	其他主要特征
无节幼体1期	光滑	1 对	腹面有增厚隆起的唇
无节幼体2期	羽状	1 对	
无节幼体3期	羽状	3 对	尾部出现尾凹
无节幼体4期	羽状	4 对	尾部增长
无节幼体5期	羽状	6 对	头胸甲雏形出现
无节幼体6期	羽状	7 对	尾凹处形成明显分叉,头胸甲雏形增大

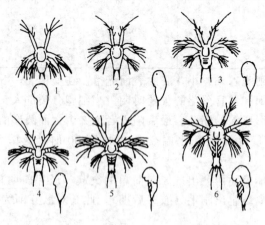

图 1-17　对虾的无节幼体
1～6为第1至第6期无节幼体的腹面观和侧面观

无节幼体多活动于水体的上、中层，趋光性强，靠3对附肢作间歇性游动。无完全的口器和消化道，故不摄食，靠体内卵黄供给营养。

2. 溞状幼体

头胸部被头胸甲覆盖，复眼出现，仍具中眼（图 1-18）；体分节，具 7 对附肢，即：第1、2 触角，大颚，第 1、2 小颚，第 1、2 颚足，腹肢尚未出现。溞状幼体分 3 期，各期主要形态特征鉴别见表 1-11。

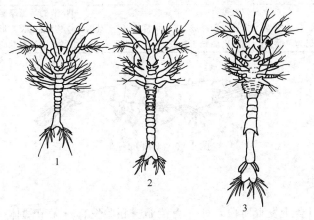

图 1-18　对虾的溞状幼体

1—第 1 期溞状幼体；2—第 2 期溞状幼体；3—第 3 期溞状幼体

表 1-11　对虾各期溞状幼体主要形态特征

发育阶段	额角	复眼	其他主要特征
溞状幼体 1 期	无额角	复眼雏形，无眼柄	
溞状幼体 2 期	前端出现额角	复眼有柄	尾肢雏芽出现
溞状幼体 3 期	前端出现额角	复眼有柄	出现第 3 对颚足及 5 对步足的雏芽，腹部分节，第 6 节明显加长

溞状幼体活动于水体上、中层，也具明显的趋光性。游泳时肢体滑动幅度很大，做"蝶泳式"水平运动。具口器和消化器官，开口摄食，以小型浮游生物为食，体后经常拖一细长的粪便。溞状幼体经过 3 次蜕皮后即成为糠虾幼体。

3. 糠虾幼体

头部和胸部愈合，头胸甲增大，后缘可覆盖到第 7 或第 8 胸节上。复眼明显，仍具中眼；头胸部附肢俱全，腹肢出现；尾节逐渐增长，尾凹缩小，尾棘逐期缩短；尾肢内、外肢等长或外肢稍长于内肢，已初具虾形（图 1-19）。糠虾幼体各期以腹肢雏芽长短和前 3 对步足有无螯的构造作为鉴别依据。糠虾幼体分 3 期，其各期主要形态特征见表 1-12。

糠虾幼体具有较深的褐色斑纹，在水中呈倒立状态，悬浮于水的中上层，运动主要是靠腹部弓弹动作，胸部附肢的外肢也辅助运动。糠虾幼体捕食能力增强，以小型浮游动物为食。

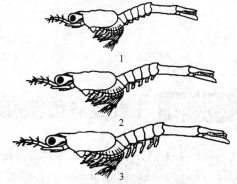

图 1-19　对虾的糠虾幼体（侧面观）

1—第 1 期糠虾幼体；2—第 2 期糠虾幼体；
3—第 3 期糠虾幼体

4. 仔虾

仔虾期又称为幼体后期，体形结构与幼虾相似。颚角上缘小齿随着一次次蜕皮而逐渐增多，下缘齿出现并增加；尾节后缘的尾凹和尾棘逐渐消失，尾节渐成尖形；第 1 触角和第 2 触角的触鞭逐渐增大，分节增多，步足内肢增大，外肢缩小甚至消失，游泳足发达（图 1-20）。仔虾开始平游，转入底部生活，或有"贴壁"能力（如斑节对虾）。

表 1-12　对虾各期糠虾幼体主要形态特征

发育阶段	游泳足	步足	其他主要特征
糠虾幼体 1 期	5 对雏芽	双肢型，内肢短于外肢，无螯	尾节的后缘略宽于前部，末端具浅的尾凹
糠虾幼体 2 期	呈短棒状，分为两节	内肢短于外肢，前 3 对螯状，后 2 对爪状	尾节略呈长方形
糠虾幼体 3 期	加长，但仍为单肢型	内肢已经长于外肢，第 2 对步足最长	尾节末端有深的尾凹

图 1-20　对虾的仔虾

六、对虾的生活史

对虾一生要经过若干发育阶段，即：受精卵→胚胎发育→无节幼体→溞状幼体→糠虾幼体→仔虾→幼虾→成虾（图 1-21）；大多数对虾的寿命为 1~2 年。不同种类的对虾选择在不同的栖息地生活，并随不同的生长发育阶段而发生迁移。

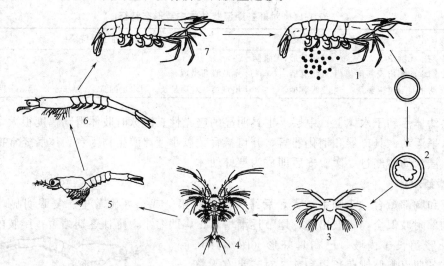

图 1-21　对虾的生活史
1—成虾及受精卵；2—胚胎发育；3—无节幼体；4—溞状幼体；5—糠虾幼体；6—仔虾；7—幼虾

第四节　主要经济和养殖虾类

对虾类主要分布于热带和亚热带浅海。大西洋美洲沿岸有 7 种，经济价值较大的是褐美对虾（*Farfantepenaeus aztecus*）、桃红美对虾（*F. duorarum*）和白滨对虾（*Litopenaeus setiferus*）；大西洋非洲沿岸仅 1 种，为美非美对虾（*F. notialis*）；美洲太平洋沿岸 5 种，产量较大的是凡纳滨对虾（*Litopenaeus vannsmei*）、细角滨对虾（*Litopenaeus stylirostris*）和加州美对虾（*Farfantepenaeus californiensis*）。地中海附近水域仅产欧洲沟对虾（*Me-*

licertus kerathurus）1 种。西太平洋和印度洋海域，包括东非、南亚次大陆和东南亚诸国以及澳大利亚、日本和中国有 14 种，其中最重要的是斑节对虾（*Penaeus monodon*）、日本囊对虾（*Marsupenaeus japonicus*）、墨吉明对虾（*Fenneropenaeus merguiensis*）、长毛明对虾（*Fenneropenaeus penicillatus*）、印度明对虾（*Fenneropenaeus indicus*）、澳洲沟对虾（*Melicertus plebejus*）和短沟对虾（*Penaeus semisulcatus*）。中国近海特产的中国明对虾（*Fenneropenaeus chinensis*）是分布于亚热带边缘海区的一种洄游性虾类。

一、对虾的分类

Pérez Farfante 和 Kensley 1997 年在《枝鳃虾类科属——世界对虾总科和樱虾总科虾类》专著中将原对虾属的 6 个亚属提升至属的水平，将全部 29 种虾类的分类归属。

1. 对虾属 Genus *Penaeus* Fabricius，1798

① 斑节对虾 *Penaeus monodon*（Fabricius，1798）

② 短沟对虾 *Penaeus semisulcatus*（De Haan，1844）

③ 食用对虾 *Penaeus esculentus*（Haswell，1879）

2. 美对虾属 Genus *Farfantepenaeus* Burukovsky，1997

① 褐美对虾 *Farfantepenaeus aztecus*（Ives，1891）

② 巴西美对虾 *Farfantepenaeus brasiliensis*（Latreille，1817）

③ 短角美对虾 *Farfantepenaeus brevirostris*（Kingsley，1878）

④ 加州美对虾 *Farfantepenaeus californiensis*（Holmes，1900）

⑤ 桃红美对虾 *Farfantepenaeus duorarum*（Burkenroad，1939）

⑥ 美非美对虾 *Farfantepenaeus notialis*（Pérez Farfante，1967）

⑦ 保罗美对虾 *Farfantepenaeus paulensis*（Pérez Farfante，1967）

⑧ 小褐美对虾 *Farfantepenaeus subtilis*（Pérez Farfante，1967）

3. 明对虾属 Genus *Fenneropenaeus* Pérez Farfante，1969

① 中国明对虾 *Fenneropenaeus chinensis*（Osbeck，1765）

② 印度明对虾 *Fenneropenaeus indicus*（H. Milne Edwards，1837）

③ 墨吉明对虾 *Fenneropenaeus merguiensis*（De Man，1888）

④ 长毛明对虾 *Fenneropenaeus penicillatus*（Alcock，1905）

⑤ 南亚（无毛）明对虾 *Fenneropenaeu silasi*（Muthu & Motoh，1979）

4. 滨对虾属 *Litopenaeus* Pérez Farfante，1969

① 西方滨对虾 *Litopenaeus occidentalis*（Street，1871）

② 南方滨对虾 *Litopenaeus schmitti*（Burkenroad，1936）

③ 白滨对虾 *Litopenaeus setiferus*（Linnaeus，1767）

④ 细角滨对虾 *Litopenaeus stylirostris*（Stimpson，1874）

⑤ 凡纳滨对虾 *Litopenaeus vannsmei*（Boone，1931）

5. 囊对虾属 *Marsupenaeus* Tirmizi，1971

日本囊对虾 *Marsupenaeus japonicus*（Bate，1988）

6. 沟对虾属 *Melicertus* Rafinesque-Schmaltz，1984

① 深沟对虾 *Melicertus canaliculatus*（Olivier，1811）

② 印非沟对虾 *Melicertus hathor*（Burkenroad，1959）

③ 欧洲沟对虾 *Melicertus kerathurus*（Forskal，1777）

④ 宽沟对虾 *Melicertus latisucatus* （Kishinouye，1896）

⑤ 红斑沟对虾 *Melicertus longistylus* （Kubo，1943）

⑥ 缘沟对虾 *Melicertus marginatus* （Randall，1840）

⑦ 澳洲沟对虾 *Melicertus plebejus* （Hess，1865）

二、对虾种的检索

1. 印度——西太平洋和地中海对虾种的检索

1 额角侧脊几达头胸甲后缘；具额胃脊 ··· 2

　额角侧脊不超过头胸甲中部；无额胃脊 ·· 8

2（1）尾节侧缘后部通常具3对活动刺··· 3

　　尾节侧缘无刺 ·················· *Melicertus canaliculatus* （Olivier）深沟对虾

3（2）额角后脊有中央沟；额角下缘齿不多于1个······························· 4

　　额角后脊无沟；额角下缘通常2齿 ········· *M. marginatus* （Randall）缘沟对虾

4（3）中央沟短于头胸甲长度之半；第一步足具座节刺；第三腹节两侧各具一大的红圆斑

　　·· *M. longistylus* （Kubo）红斑沟对虾

　　中央沟长于头胸甲长度之半；第一步足无座节刺；第三腹节两侧无圆色斑········ 5

5（4）成体额角片状部有一对副脊；额胃脊后端三叉形；分布限于澳大利亚东岸近海 ·····

　　·· *M. plebejus* （Hess）澳洲沟对虾

　　成体额角片状部无一对副脊；额胃脊后端二叉形 ································· 6

6（5）额角侧沟窄于额角后脊；体躯有横条斑·· 7

　　额角侧沟宽，与额角后脊等宽；体无横斑；纳精囊左右两片相覆，雌交接器前板双叉

　　·· *M. latisucatus* （Kishinouye）宽沟对虾

7（6）纳精囊方形，之间纵开口·········· *M. kerathurus* （Forskal）欧洲对虾

　　纳精囊方袋形，前缘横开口，前板圆形 ···

　　·· *Marsupenaeus japonicus* （Bate）日本囊对虾

8（7）无肝脊；体躯无横条斑··· 9

　　有肝脊；体躯有横条斑 ··· 13

9（8）第三步足一般不伸至第二触角鳞片；第一触角上鞭很长，约为头胸甲长的4/3倍；额

　　角长，基部隆起很低；雄性第三颚足指节与掌节约等长 ··························

　　·· *Fenneropenaeus chinensis* （Osbeck）中国明对虾

　　第三步足至少以其指节超出第二触角鳞片末端；第一触角上鞭约等于或稍短于头胸甲

　　长；额角基部隆起较高 ··· 10

10（9）眼胃脊占肝刺至眼眶角间距离后部2/3；雄性第三颚足指节与掌节约等长 ········ 11

　　眼胃脊不清楚，或仅见于肝刺至眼眶角间距离中部的1/3（1/2） ·········· 12

11（10）雄性第三颚足掌节顶端刚毛束约与指节等长；额角稍弯曲，基部隆起较低 ·······

　　·· *Fenneropenaeus indicus* （H. Milne）印度明对虾

　　雄性第三颚足掌节顶端刚毛束锥形或全无；额角直，基部隆起很高，末部尖细 ····

　　·· *F. silasi* （Muthu & Motoh）南亚明对虾

12（11）雄性第三颚足指节很短，约为掌节长的1/2；额角侧脊不到胃上刺；额角后脊锐、

　　上无小凹点 ·················· *F. merguiensis* （De Man）墨吉明对虾

　　雄性第三颚足指节很长，约为掌节长的3/2～5/2倍；额角侧脊向后超过胃上刺；

額角后上有断续小凹点（中央沟的痕迹）••••••••••••••••••••
•••••••••••••••••••••••••••••• *F. penicillatus*（Alcock）长毛明对虾

13（12）第五步足无外肢。肝脊较粗短而钝，水平前伸••••••••••••••••••••
•••••••••••••••••••••••••• *Penaeus monodon*（Fabricius）斑节对虾

第五步足有小而明显的外肢•••••••••••••••••••••••••••••• 14

14（13）額角后脊有明显的中央沟；肝脊细而锐，向下前方斜伸••••••••••••••••
•••••••••••••••••••••••••• *P. semisulcatus*（De Haan）短沟对虾

額角后脊无中央沟；肝脊水平前伸•••••••• *P. esculentus*（Haswell）食用对虾

2. 新对虾属（*Metapenaeus*）的主要特征

① 額角仅上缘有齿；

② 甲壳光滑或部分有毛；

③ 头胸甲无纵缝或横缝；有肝刺和触角刺，前侧角圆形而无颊刺；

④ 第一触角鞭短于头胸甲；第一至第三步足有基节刺，第一步足有或无座节刺；仅前 4 对步足具有外肢；

⑤ 尾节背面有中央纵沟，侧刺有或无；

⑥ 雄性交接器对称。

新对虾属 *Metapenaeus* 常见种检索如下所述。

1 第一步足具座节刺•• 2

第一步足不具座节刺••••••••••••••••••••••••••••••••••••••• 3

2（1）額角具 6～9 齿（多为 8 齿），第一至第六腹节背面有脊；尾节无侧刺；第一触角柄之第二节为第三节长度的 3 倍；第一步足座节刺小于基节刺；雌性第四步足底节无突起，雄性交接器末端中央突起超出侧突起；雌性交接器前端中央有一小板•••••••••••
•••••••••••••••••••••••••••••• 刀額新对虾 *M. ensis*

（2）額角具 9～11 齿；腹部第四至第六节具纵脊；尾节两侧具 3 对活动刺（侧刺）；第一触角柄第二节为第三节长度的 2 倍；第一步足之座节刺与基节刺大小相似；雌性第四步足底节内侧后方具一长大之突起，雄性交接器末端中央突起与侧突起末端相等；雌性交接器前端中央无板，但有 1 小突起 ••••••••• 中型新对虾 *M. intermedius*

3（1）第一触角鞭长度大于头胸甲的 1/2（约为头胸甲长度的 8/10）（雄性交接器的末端中央突起较细长，末端尖，呈树叶状，向背面曲卷）；雄性第三步足的基节刺长大而形状特殊；雌性第四步足底节内侧无突起板 ••••••••••••••• 周氏新对虾 *M. joyneri*

（2）第一触角鞭长度小于或等于头胸甲的 1/2；雄性第三步足较小，形状正常；雌性第四步足底节内侧有明显的突起板•••••••••••••••••••••••••••••• 4

4（1）雄性交接器略呈"Y"形，末端中央突起较宽而短，折向腹面两侧，雌性第四步足底节较小 •••••••••••••••••••••••••••••• 近缘新对虾 *M. affinis*

（2）雄性交接器略呈"＋"形，末端具指状的中央突起较宽而短；雌性交接器为 1 对粗牛角形的隆起板，前方中央无突起；雌性第四步足底节较大 ••••••••••••••
•••••••••••••••••••••••••••• 沙栖新对虾 *M. burkenroadi*

三、主要养殖对虾和经济虾类

1. 中国明对虾

主要分布于中国的渤海、黄海，东海北部少量分布，是中国主要的增养殖虾类。其特点是：①个体较大，自然海区雌虾一般体长 16～20cm，体重 70～80g，最大体长达 26cm，体重 150g；②生长较快，一般养殖 100～120d，平均体长可达 12cm 以上，体重 20g 以上；③为广温、广盐性种类，适温范围 14～30℃，最适水温 25℃；低于 4℃或高于 38℃ 可导致死亡；适应盐度范围 2～40；④亲虾越冬和人工育苗技术成熟，育苗可有计划生产；⑤夜间活动频繁，可开闸放水收虾，捕获方法简便易行。

2. 斑节对虾

该虾分布于热带和亚热带海域，为优良养殖品种。前已叙及，斑节对虾与中国明对虾、凡纳滨对虾一起被称之为世界三大主要养殖虾类。其特点是：①个体大，为对虾类个体最大的一种，最大体长可达 30cm，体重 350～400g，最大可达 500g；②生长快，一般精养虾池的体长可达 12cm，体重 20g 以上；③适应范围广，养殖适温范围 10～34℃，最适水温 28℃；④食性杂，对饲料蛋白质含量的要求不高，略偏植物性，饵料系数低，一般为 1.5～2.0；⑤甲壳较厚硬，耐干露能力较强，可以长途活运；⑥可养成大规格的商品虾，市场价格高，但不能高密度养殖。

3. 凡纳滨对虾

凡纳滨对虾外形与中国明对虾相似，原产太平洋东岸墨西哥、秘鲁，自然栖息区为泥质海底，适盐范围 28～34。成虾多生活于离岸较近的沿岸水域，幼虾则喜欢在饵料生物丰富的河口地区觅食生长。1987 年中国科学院海洋研究所从美国夏威夷将之引入中国。其特点是：①个体大，生长快，在合理密度和饲料充足的条件下，水温 25～35℃，幼虾经 60d 左右饲养，即可养成 10～12cm、个体重 10～15g 的商品虾；②最适生长水温为 22～35℃，对高温忍受极限达 43.5℃（渐变幅度），但对低温适应能力较差，水温低于 18℃时，其摄食活动即受影响，9℃以下时停止活动；③适盐范围 0.5～35，经驯化，可在淡水中养殖；④食性杂，饲料的粗蛋白含量为 25%～30%即可满足其营养需要，饵料系数较低，一般为 1.5～2.0；⑤对环境突然变化的适应能力很强，可以较长时间离水不死，有利于对虾鲜活运输。

4. 日本囊对虾

日本囊对虾俗称"車虾"，从红海、非洲的东部到朝鲜、日本一带沿海都有分布，中国的东海、南海亦有分布。日本囊对虾的特点是：①个体较大，自然海区雌虾一般体长 16～18cm，体重 50～60g，最大体重可达 130g；②生长较快，一般养殖期为 100～120d，平均体长可达 12cm 以上，体重 20g 以上；③耐低温，养殖期间的适温范围 14～30℃，最适 22～28℃，当温度下降至 10℃时停止摄食，5℃时死亡；④不耐低盐，适宜盐度 20～35；⑤耐干露，适于长途运输和活虾出口。

5. 长毛明对虾

该种是中国南方的主要养殖种类，一年可多茬养殖。闽南称"红虾"，两广称之为"大虾"或"白虾"，中国台湾称"红尾虾"。其在我国主要分布于闽、台及粤东沿海。其特点是：①个体较大，自然海区雌性一般体长 15～18cm，体重 50～60g，最大体重可达 100g；②生长较快，一般养殖期 100～120d，平均体长达 12cm，体重 20g 以上；③适应范围广，养殖适温范围 16～34℃，盐度 10～35，耐高盐能力强；④在人工养殖或自然海区均可获得性腺成熟的亲虾，可有计划地进行工厂化人工育苗生产。

6. 墨吉明对虾

其在我国主要分布在广东、广西、海南。其特点是：①个体较大，自然海区雌性一般长 14～16cm，体重 40～50g，最大体重可达 100g；②生长较快，一般养殖 100～120d，平均体长 12cm，体重 20g 以上；③适应性较强，养殖期间适温 20～32℃，盐度 8～40，当水温高于 35℃或低于 13℃时，生活不正常；④在人工条件下或自然海区都可获成熟的亲虾，可有计划地进行工厂化人工育苗生产。

7. 短沟对虾

体被暗褐色并具有暗褐色和暗黄色相间的横斑花纹；游泳肢为紫红色，以此区别于日本囊对虾。额角上缘 6~8 齿，下缘 2~4 齿，额角侧沟仅伸至胃上刺基部，额角后脊中央沟明显。有明显的肝脊，无额胃脊。第一触角鞭比其柄短，第二触角鞭红白相间，以此有别于斑节对虾。在我国主要分布于福建以南沿海，栖息浅海沙泥底环境。短沟对虾属大型虾类之一，成熟虾体长可达 13~20cm，体重 30~120g，产量相对较少。福建南部和广东曾有人工育苗养殖。

8. 中型新对虾

中型新对虾为新对虾属中个体较大的种类，一般体长为 10~14cm，体重 25~50g，大者体长达 16cm，体重达 60g。额角平直，呈尖刀状，尾节具 3 对活动刺，尾肢末缘呈鲜蓝色。具潜砂习性，主要分布于福建沿海以南海区。

9. 刀额新对虾

我国广东称"基围虾"、台湾称"砂虾"、闽南称"土虾"，个体一般为 8~10cm，大者体长达 18cm。甲壳粗糙，被细毛，额角近于平直如刀状，体色呈淡黄褐色，全身布满灰绿色或深红褐色小斑点。其在我国主要分布于福建、台湾和广东沿海。该虾对低盐度、高温和低氧有较强的忍耐能力，离水后可较长时间不死，适于活虾上市，也适于低盐度海水饲养，近年来已在我国北方养殖。

10. 近缘新对虾

俗称麻虾、泥虾、基围虾、砂虾、红爪虾。体淡棕色，体长一般为 8~15cm。近缘新对虾与刀额新对虾外形相似，外观主要特征是其腹部游泳肢呈鲜红色。广东沿海河口海区产量较高，较耐干运。

四、养殖和经济虾类学名与俗名（地方名）对照

我国海域虾类资源丰富，几种大型养殖对虾类和常见捕捞经济虾类的各地俗称不同，主要归纳于表 1-13。

表 1-13 几种大型养殖对虾类和常见捕捞经济虾类的各地俗称

学 名	俗名（地方名）
中国明对虾 *Fenneropenaeus chinensis*	东方对虾、明虾、大正虾（日本）
长毛明对虾 *F. penicillatus*	红虾、红尾虾（中国台湾）
墨吉明对虾 *F. merguiensis*	大明虾、黄虾、白虾、白刺虾、香蕉虾（FAO）
印度明对虾 *F. indicus*	印度白对虾
日本囊对虾 *Marsupenaeus japonicus*	竹节虾、斑节虾、砂虾、青尾、車虾（日本）
斑节对虾 *Penaeus monodon*	草虾、大虎虾（FAO）、鬼虾、牛虾（日本）
短沟对虾 *P. semisulcatus*	黑节虾、花虾、丰虾、花脚虾、熊虾（日本）
凡纳滨对虾 *Litopenaeus vannsmei*	白脚对虾、南美白对虾、万氏对虾
细角滨对虾 *L. stylirostris*	蓝虾、南美蓝对虾
刀额新对虾 *Metapenaeus ensis*	砂虾、剑角新对虾、土虾、基围虾
近缘新对虾 *M. affinis*	芦虾、赤爪虾、泥虾、基围虾
中型新对虾 *M. intermedius*	土虾
周氏新对虾 *M. joyneri*	土虾、黄米米
哈氏仿对虾 *Parapenaeopsis hardwickii*	九虾、剑虾
脊尾白虾 *Exopalaemon carinicauda*	白虾、五须虾
罗氏沼虾 *Macrobrachium rosenbergii*	马来西亚大虾、淡水长臂大虾、大河虾（FAO）、金钱虾（中国台湾）

本章小结

对虾类主要分布于热带和亚热带浅海，属节肢动物门、甲壳纲。对虾身体分头胸部和腹部，头胸部外被一头胸甲，身体分节，每一体节均具 1 对附肢，各附肢的着生部位及功能不同而特化成为不同的形态。对虾类的消化系统由消化道和消化腺组成，消化道包括口、食道、胃、肠以及肛门，消化腺为肝胰脏或称中肠腺。对虾雌雄异体，雄性交接器由第 1 腹肢内肢特化而成，雌性交接器称纳精囊，位于第 4 与第 5 步足基部之间的腹甲上，有开放式或封闭式，交配后精荚在纳精囊中储存。

对虾食性广，在自然海区，对虾所食饵料随着对虾的不同发育阶段和栖息环境而改变，以动物饵料为主，摄食方式随着发育过程逐渐由滤食性转为捕食性，生活方式由浮游生活转为底栖生活，并且随着幼体发育和幼虾的长大，逐渐离开河口到近岸浅海区域栖息活动，进而移到较深的水域中生活。不同种类的对虾栖息习性不同，对温度、盐度、底质的要求不同，分别选择在不同的栖息地生活，并随不同的生长发育阶段而发生迁移，中国明对虾有长距离的越冬洄游和生殖洄游习性。

对虾的胚胎发育过程分为细胞分裂期、桑葚期、囊胚期、原肠期、肢芽期和膜内无节幼体期。幼体发育分为无节幼体、溞状幼体、糠虾幼体和仔虾发育。对虾一生需要多次蜕皮，随着蜕皮，幼体体形增大，形态构造逐渐完善，生活习性也相应变化。雌虾交配前的一次蜕皮为生殖蜕皮。当年成长的雌虾，性腺到第二年夏初才能成熟。大多数对虾的寿命为 1～2 年。

复习思考题

1. 简述对虾消化系统、循环系统、呼吸系统、生殖系统的结构与功能。
2. 简述对虾蜕皮的生物学意义。
3. 怎样从外观上区别雌雄虾？已交配的雌虾有什么特征？
4. 各种对虾的种类鉴别依据主要有哪些？
5. 怎样从外观上鉴别卵巢的发育成熟情况？
6. 比较中国明对虾与凡纳滨对虾生殖活动的差异。
7. 简述自然海区的中国明对虾的洄游习性。
8. 简述对虾胚胎发育的过程。
9. 简述对虾各期幼体形态特征及生活习性。
10. 我国目前养殖对虾有哪些种类？各有什么特点？

第二章 ▶▶ 对虾人工育苗技术

学习目标

1. 了解对虾育苗生产的主要设施。

2. 熟悉育苗生产准备工作的主要内容。

3. 掌握育苗用水的处理方法，掌握对虾亲虾选育方法和亲虾促熟管理方法。

4. 掌握对虾育苗的饵料管理方法，以及幼体培育环境的调控方法。

5. 了解虾苗出池、计数、包装和运输方法。

第一节 育苗场的建造

一、场址选择

育苗场址宜选择在避风的内湾，坐北朝南为好，尽量避开软泥底质的海区。海水水质清净，混浊度较小，无工业及城市排污影响，重金属离子含量少，水体各项物质含量指标符合《无公害食品 海水养殖用水水质》（NY 5052—2001），海水盐度不低于23，pH 稳定在8.0左右。育苗场靠近自然亲虾产区，淡水水源充裕，交通方便；电力供应充足、稳定，生活条件便利。上述条件，有时难以全部满足，但水质为首选条件。应根据当地水产苗种产业的发展状况和产业规划，合理建场，切忌盲目建设。

二、育苗场设施

对虾育苗场的设施，因各地的气候、地形、水质和育苗对象不同而有差异，应根据当地的特点设计育苗场。设计的原则是：因地制宜、统筹安排、有利生产、互不干扰和污染、自流化、多用途。设计内容包括育苗能力和整体布局。

对虾育苗场的主要设施有育苗室、单胞藻培养池、动物饵料培养池、亲虾越冬

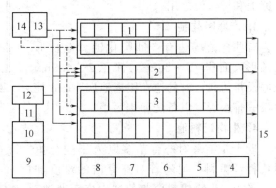

图 2-1 育苗场平面分布图

1—藻类池；2—动物饵料池；3—育苗池；4—配电室；
5—仓库；6—办公室；7—实验室；8—宿舍；9—贮水池；
10—沉淀池；11—水泵房；12—高位池（水塔）；
13—锅炉房；14—鼓风机房；15—排水沟

池、产卵池以及供气、供热、供水、供电系统和海水净化消毒装置等（图2-1）。如在河口地区育苗生产，还需配套蓄卤池和海水调配池（或利用空置育苗池）。

1. 育苗室

对虾育苗生产早期易受冷空气影响，中、后期易受梅雨影响，故育苗室应为温室结构。育苗室坐北朝南，一般采用土木结构，屋顶材料要透光、保温和抗风，经久耐用，可用玻璃钢波纹瓦盖顶（深、浅色搭配，适当透光），或为水泥屋顶，安装玻璃天窗。室内根据光照亮度安装布帘或黑纱网，以便调节光线。南方气候温暖地区，也可建透明塑料薄膜覆盖的育苗室。

2. 育苗池

育苗池大多建在育苗室内（图2-2），南方少数地区因常年水温较高而建在室外，池上方搭建遮阳棚。育苗池一般为水泥池，水体大小因对虾品种、亲虾来源以及室内或露天池而异，布局要合理、便于操作。室内育苗池水体一般为40～60m³，露天池以50～100m³为多。一个育苗场最好有几种规格的池，以适应不同品种对虾（或其他水产动物）和亲虾来源及数量的变化，从而适应生产需要。

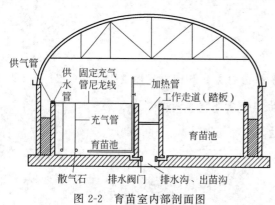

图2-2 育苗室内部剖面图

育苗池以长方形为好，长宽比为2:1,操作方便，池深1.5～2m。池内角为弧形，池壁标注水位标尺，池底倾斜度为2%，每个育苗池都设有输水、充气和加温管道（图2-2）。排水孔在池子最低处，排水孔径一般不小于10cm。在育苗池池底除排水孔外，还要设置收集虾苗的水槽，即集苗槽（一般长1.2m、宽1.0m、深0.8m），槽底低于育苗池底40～50cm（图2-3，图2-4）。在集苗槽壁30cm处开设一溢水孔或设闸板调节出苗时的水位。或者不建集苗槽，而直接利用排水沟出苗。

育苗池还可作亲虾越冬池、蓄养池、产卵池和孵化池之用。

3. 产卵孵化池

有些育苗场建有产卵孵化池。池长形或圆形，面积10～20m²，深1.2～1.5m，池底设排污孔，有的池在距离池底10cm处再设一排水管，以备洗卵排污用。

4. 生物饵料池

近十几年来对虾育苗多以人工配合饵料代替活饵料。但随着对虾育苗的难度加大，采用以生物饵料育苗的"生态育苗法"也重新得到重视和应用。采用微藻、轮虫作为对虾幼体早期饵料，成活率高、水质保持好、育苗生产较稳定。饵料池有微藻培养池、轮虫培养池和卤虫孵化池等，其大小及数

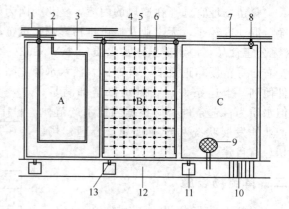

图2-3 育苗池的平面结构示意图
A—加热管道；B—充气系统；C—进排水系统
1—供热管；2—回水管；3—池内加热管；4—输气管；
5—固定散气石尼龙线；6—散气石；7—供水管；
8—进水阀；9—换水器；10—排水沟盖板；
11—集苗槽；12—排水沟；13—排水口

量视育苗量而定。以人工饵料及卤虫幼体为主的育苗法，可不建或少建饵料生物培养池，若采用投喂微藻类和轮虫的育苗方式，则需有一定比例的饵料池。一般饵料池容量为育苗水体的 2～3 倍（轮虫池也可为土池）。

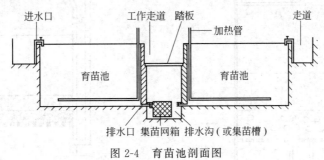

图 2-4　育苗池剖面图

卤虫孵化池可用水泥池或玻璃钢槽。孵化设备容积不等，一般 1～5m³，底部呈锅形，以便收集卤虫无节幼体。专用卤虫孵化槽容量 1m³，底部锥形并透光，便于分离卤虫幼体和卵壳。

5. 供水设施

供水系统包括蓄水池、沉淀池、高位水塔、沙滤池（海滩沙滤井）、水泵、进排水管道和阀门等。

(1) 蓄水池　对虾育苗用水最好直接抽取清净的新鲜海水或打海水沙井抽水，有的育苗场因受地形限制而建潮差式蓄水池。潮差式蓄水池是建在潮间带的土池，大潮期纳入海水以备小潮期间使用，并起初步沉淀的作用，海水经过初步沉淀后再进入沉淀池。蓄水池容量依育苗池总水体、潮汐情况而定，原则上宜大不宜小，池以深为好。大小潮均能抽水的海区，可不建蓄水池。

(2) 高位池　封闭式高位水池是建在育苗场最高处的贮水池，大多还兼暗沉淀作用，还可利用高位池做消毒海水之用。高位池水体最好为育苗场最大日用水量的 2 倍。高位池内分隔成若干个池，便于轮流沉淀海水和清洗。

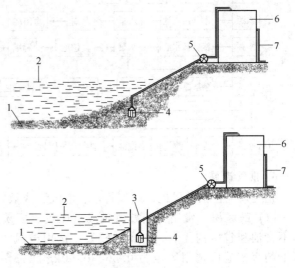

图 2-5　沙滩取水口及沙井图示
1—沙滩；2—海面；3—沙井；4—吸水头；
5—泵；6—蓄水塔；7—给水管

(3) 沙滤池　有的海区海水较清净，有害生物少，浮游植物种类适于对虾幼体摄食，育苗时仅用 150～200 目筛绢过滤便可，但大多数育苗场的用水须经沙滤，除去海水混浊物和敌害生物。沙滤池大小视海区水质和育苗水量而定，建 2 个为好，便于轮流使用和清洗。有的地区在沙质海滩的低潮位挖建沙井（图 2-5），抽滤海水。在地势上，沙滤池位置低于高位池而高于各类池。开放式沙滤池（图 2-6）是利用水的重力过滤，过滤慢，需要经常人力冲洗，但经济适用。反冲式密闭加压过滤设备（图 2-7）体积小，过滤快，但投入费用较高。

(4) 水泵与管道等　水泵应根据吸程和扬程的要求选择，一般多使用离心泵。供水系统的各种阀门、输水管道严禁使用铅、铜、锌、铁等制品，应使用对幼体无害的聚氯乙烯

（PVC）、水泥、不锈钢、陶瓷等材质。

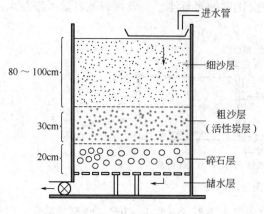

图 2-6　开放式沙滤池结构示意图

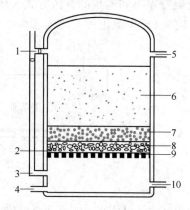

图 2-7　反冲式沙滤器示意图
1—进水管；2—筛绢网；3—反冲水管；4—排污管；
5—溢水管；6—细沙；7—粗沙；8—碎石；
9—筛板；10—出水管

对虾育苗场的供水流程有以下几种。

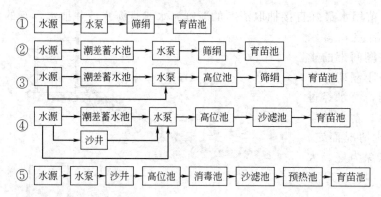

6. 供气设施

充气系统包括鼓风机、送气管道、散气石或散气管。

（1）鼓风机　常用罗茨鼓风机或空压机。罗茨鼓风机具有风量大、压力稳定、输出气体不含油和省电的优点，但噪声较大。选用鼓风机要注意风压与水深的关系，水深 1.5m以上的育苗池应选用风压为 $0.35\sim0.50$ kgf/cm²❶ 的鼓风机，鼓风机每分钟的送气量应为育苗池总水体的 2.5% 以上。亲虾培育池、育苗池和生物饵料培养池等均应设充气设备。为保证育苗工作正常运转，鼓风机应配 2 台以上，以供备用和轮换使用。鼓风机房要远离生活区、观察室等。

（2）送气管　分为主管、分管及支管。主管连接鼓风机，常为直径 12~18cm 的硬质塑料管；分管连接主管，为管径 6~9cm 的硬质塑料管，通向各个育苗池；支管为通入育苗池内的小塑料软管，末端接散气石，每根支管与分管的连接处均有气量调节器（图 2-8）。

（3）散气石　散气石由金刚砂制成。在育苗池中，每平方米池底安放 2~3 个散气石。也可在池底安装硬质塑料散气管，管径 2~3cm，在管的两侧每隔 2cm 钻孔径为 0.5~0.8mm的小孔，小孔成一直线，散气管间距约 50cm，在育苗池内纵向或横向排列（图 2-9）。

---

❶ 1kgf/cm² = 98.0665kPa。

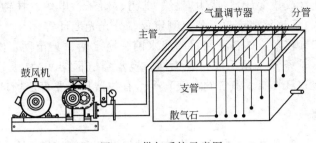

图 2-8 供气系统示意图

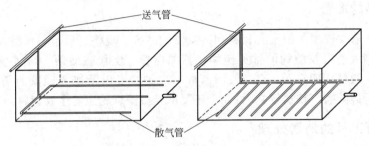

图 2-9 育苗池内散气管分布示意图

7. 供热设施

根据各地气候不同，供热方式应因地制宜。锅炉有蒸汽锅炉和热水锅炉，一般大型育苗场多采用蒸汽锅炉增温，小型育苗场采用循环热水增温。其他还有电热、工厂余热、太阳能、地热等增温方式。

锅炉要建在下风区，远离蓄水池和沙滤池。加热管为不锈钢管或普通钢管，管道一般距离池壁、池底各 20cm，以便于维修，每池单独设开关阀。有条件可安装自动控温仪。

8. 配电设施

增温、充气和供水均需有持续、充足的电力供应。育苗池必须根据用电量自备发电机。育苗室较潮湿，所有电气设备均应防水、防潮。

9. 水质分析及观察室

为了能随时掌握育苗水质和观察幼体，育苗场必须配备水质分析和生物观察室，并配备相应的测试仪器设备。

10. 微生物检测实验室

配置细菌分离、纯培养、初步鉴定的仪器设备，用于快速、准确地鉴定致病弧菌和测定弧菌总数，以预测和诊断疾病。

第二节 育苗前的准备工作

一、仪器设备和工具的准备

完善的育苗场一般配有生物观察室，主要配备普通显微镜、解剖镜、载玻片、凹玻片、培养皿、移液管、滴管、纱布、脱脂药棉、血细胞计数框、消毒锅、烧杯、量筒、三角烧瓶、水温计、密度计（或盐度计）、透明度板、剪刀、镊子、电炉、挂钟、瓦斯喷灯、普通天平、pH 值测定计、溶解氧测定仪、氨氮测定仪、分光光度计等。

育苗生产所需工具较多，如各种网目的滤水网、换水网、集苗网、洗饵滤袋、手捞网、轮虫和卤虫收集网、骨条藻（角毛藻）收集网、换水器（框架）、虹吸管、塑料桶、水勺、板刷、竹扫帚、小碗、氧气瓶、氧气阀（表）等。有些器具需要育苗场自行制作。

二、育苗设施检修

在育苗生产之前，要对供水、供电、供热、供气设备和管道进行全面检修，清洗或补漏沉淀池、高位池、育苗池，沙滤池需要换沙或洗沙，检修屋顶和门窗等。

三、饵料药品的准备

育苗前要向有关商家了解配合饵料和卤虫卵的品名、规格、质量、价格，购入适量的育苗系列饵料；购入消毒及防病的常见药物包括漂白粉、硫代硫酸钠、高锰酸钾、福尔马林（甲醛水溶液）、酒精、EDTA（乙二胺四乙酸）二钠盐，以及培养微藻所需的营养盐（尿素、过磷酸钙、硅酸盐、铁盐等）。另外，还要培养微藻、轮虫等生物饵料。

四、育苗池及工具的消毒处理

在育苗开始之前，要做好环境清洁卫生，驱除在育苗室、育苗池壁爬行的可能将病原体带入育苗水中的动物。可采用甲醛和高锰酸钾混合熏蒸消毒法，每立方米空间用福尔马林 25mL 和等量的水，放在搪瓷盆中，然后加入 12.5g 高锰酸钾密闭熏蒸，驱除或杀死育苗室内的蚊子、蝙蝠、老鼠等，经消毒 24h 后开启门窗通风；用杀虫剂杀死排水沟中的海蟑螂。

老水泥池要做好维修工作，裂缝处需要填充修补，浸泡 7～10d 后，用 50～100mg/L 漂白粉溶液或 20mg/L 高锰酸钾溶液刷池消毒，并用干净海水冲洗。新建水泥池碱性强，不能育苗，须先用淡水或海水泡浸一个月以上，每浸泡 5～10d 换一次水，使 pH 值稳定在 8.5 左右时方能使用。新池内放入稻草一同浸泡或加入适量的工业废盐酸，可缩短浸泡时间。也可以用环保、无毒、吸附力强和快干的防水漆涂刷池壁，防止渗漏和泡碱，涂刷数日后即可使用。

新橡胶管、塑料管和网箱架等使用前要充分浸泡。旧的工具、网袋、筛绢网、换水网、充气软管、气石等器具在使用前都必须清洗消毒，可设置专用消毒水箱（池）用漂白粉浸泡消毒。

五、育苗用水的处理

海水中除了泥沙外，还有许多敌害生物，如小型甲壳动物、夜光虫、球栉水母、纤毛虫、鱼卵、仔鱼等，对对虾幼体都有不同程度的危害；海水中还含有细菌、真菌等可能感染受精卵和幼体的有害微生物。水是育苗的关键，必须根据当地海区的水质情况选择适宜的处理方法。育苗用水的处理包括调控水温、盐度、溶解氧量、pH 值，清除水中的敌害生物，消除或降低水体中超量的重金属离子等。

1. 沉淀处理

在泥质海区以及受大陆径流影响较大的海区，因海水混浊度大，需要彻底沉淀。自然海水先在蓄水池初步沉淀 1d 以上，再进入沉淀池（兼高位池）沉淀 12～18h。

2. 网滤处理

潮间带育苗场一般在涨潮后 3～4h 开始抽水。海水经沉淀 24h 后，在育苗池的进水口处用150～200目筛绢网袋过滤后再入池。此法一般适用于海水较洁净的外海海区和沙底质海区，操作简便，投入成本低，能滤除较大型的敌害生物，保留浮游微细藻类等饵料生物，但不能除去有害细菌和原生动物。

3. 沙滤处理

即沉淀后的海水经过沙滤池过滤后再进入育苗池。沙滤水比网滤水清净，可以滤除大部分敌害生物，大多数育苗场都采取沙滤法。无节幼体入池前，多数育苗场还对沙滤水做进一步的处理，如在沙滤水入池前再用多层滤网（或"菜瓜布"袋）过滤，处理方法因各场的水质条件而异。

4. 紫外线照射消毒

紫外线杀菌就是通过紫外线照射，破坏及改变微生物的 DNA（脱氧核糖核酸）结构，使细菌当即死亡或不能繁殖后代而达到杀菌的目的。为预防育苗微生物疾病，可选用紫外线消毒器，杀灭水中微生物。紫外线的照射消毒效果与紫外线灯的功率、照射时间、照射距离等有关，若沙滤水清洁度不够，水中悬浮颗粒数量多，则颗粒造成的阴影部分将达不到杀菌的效果。紫外线消毒水可作为亲虾培育、育苗和滤洗对虾受精卵用水。紫外线消毒装置有悬挂式和浸入式两种（图2-10）。

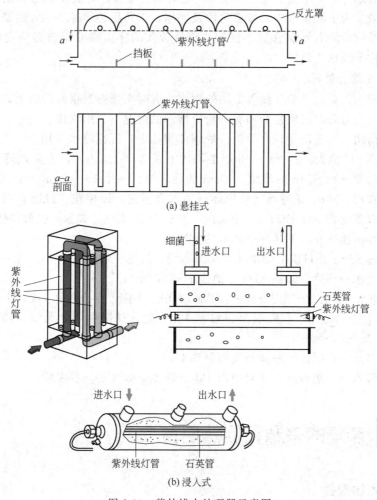

图 2-10　紫外线水处理器示意图

5. 臭氧杀菌

臭氧具有强氧化作用，可有效地杀灭细菌，臭氧的弥散性还可弥补紫外线直线照射、消毒有死角的缺点。臭氧杀灭水中微生物的效果显著，其消毒效率与水气接触时间、臭氧浓度、被杀灭生物的种类及水质有关。当水中臭氧浓度达 $0.3 \sim 0.5$ mg/L，水气接触 $5 \sim 10$ min，即能达到杀菌的效果；$0.5 \sim 1.5$ mg/L 的浓度可杀灭育苗水中 $90\% \sim 99\%$ 的弧菌。经过臭氧处理的水，由于水中残留的臭氧对水产生物幼体有毒性，使用前应经过活性炭过滤或经足够的曝气、缓释时间方可用于育苗。

6. 氯消毒

对虾育苗期危害较大的疾病有病毒病、细菌病和真菌病，病原体除亲体携带外，许多是由环境而来。由于近海污染日益严重，对虾育苗疾病愈发突出，育苗难度增大，有时甚至失败，因此，育苗用水的消毒就非常重要。氯消毒是常用的海水消毒方法。

次氯酸钠溶液含有效氯 $8\% \sim 10\%$，通常每吨海水加次氯酸钠溶液 $125 \sim 150$ mL，经 $10 \sim 12$ h 通气、搅拌处理，加硫代硫酸钠 $8 \sim 10$ g 中和余氯。由于硫代硫酸钠会消耗水中的氧气，氯处理后必须向水中充分曝气后才可使用。

漂白粉或漂白精也是最常用的消毒剂，漂白粉含有效氯 $25\% \sim 32\%$，漂白精含氯 $60\% \sim 70\%$。对虾育苗用水经 $0.5 \sim 1.0$ g/m³ 有效氯消毒后，对提高卵的孵化率和幼体成活率均有显著效果。为了防止水中余氯毒害卵及幼体，施药后必须经 $1 \sim 2$ d 的暴晒或强烈充气后方可使用。漂白粉的有效氯含量不稳定，存放较久的漂白粉使用前必须先测定有效氯含量，否则往往达不到预期效果。

7. 育苗用水综合处理

用含氯消毒剂、臭氧、紫外线等方法处理水，有时不能得到很好的效果，甚至还对幼体有损害作用。在沿海海水水质复杂和有害物质增多的情况下，用物理、化学、生物等方法综合处理对虾育苗用水，能取得较好效果。处理流程如下：沉淀海水→用 $10 \sim 20$ g/m³ 生石灰调节酸碱度（视 pH 值大小）→$6 \sim 8$ h 后泼洒沸石粉 $30 \sim 50$ g/m³，去除或降低总氨氮、亚硝酸氮等有害物质→$12 \sim 24$ h 后沙滤（30cm 活性炭层）→用 $15 \sim 20$ mL/m³ 甲醛消毒海水，充气拌匀、静置 $72 \sim 96$ h，杀除海水病原体→抽入育苗池，用棉花、过滤袋双层过滤，减少微细悬浮物及有害生物→施 EDTA 二钠盐 $2 \sim 10$ g/m³，充气，调温，投放幼体。

近年各地育苗池还有以下几种处理水的方法。

（1）过滤进水→250 目以上筛绢或"菜瓜布袋"过滤→加温；

（2）过滤进水→预热、添加 EDTA 钠盐 $1 \sim 10$ g/m³；

（3）过滤进水→氯消毒→过滤→预热、添加 EDTA 二钠盐、芽孢杆菌（或 EM 菌）→曝气；

（4）过滤进水→10g/m³ 有效氯消毒海水 12h→硫代硫酸钠中和余氯→沸石粉 10g/m³、EDTA 二钠盐 2g/m³→曝气；

（5）沉淀海水→三级砂滤→紫外线照射消毒；

（6）沉淀海水→三级砂滤→臭氧消毒 10h→曝气至臭氧完全不残留。

第三节 亲虾的来源和促熟培育

一、亲虾来源和选择

对虾育苗生产的亲虾来源有：①直接在产卵海域捕捞卵巢成熟的雌虾，如中国明对虾、长毛明对虾、墨吉明对虾、短沟对虾、刀额新对虾等；②捕捞性腺发育到一定阶段、但未成熟的自然海区雌虾，如中国明对虾、斑节对虾、日本囊对虾；日本囊对虾育苗一般采用中国台湾海峡、福建、广东沿海的海捕亲虾；③挑选人工培育的对虾，经越冬培育至翌年春季性腺发育成熟，如中国明对虾、凡纳滨对虾 SPF 亲虾的子一代（F1）亲虾；④人工特定选育的亲虾，如中国明对虾"黄海 2 号"、凡纳滨对虾"科海 1 号"和"中科 1 号"等；⑤由原产地进口亲虾，如斑节对虾[（东南亚或非洲海域野生亲虾）、斑节对虾 SPF 亲虾（specific pathogens free，SPF，无特定病原之意）]、凡纳滨对虾 SPF 亲虾。

对虾经过越冬或越冬洄游，随着水温上升，卵巢逐渐发育，进入产卵场。因此，在产卵海域捕捞成熟亲虾要选择个体大、卵巢发育至第Ⅳ期的亲虾。这种亲虾捕捞后大部分可在当晚或 1～2 日内产卵。长毛明对虾、中国明对虾、刀额新对虾等通常是捕获这类亲虾，其甲壳薄而透明，肉眼即能观察其卵巢的发育程度。鉴别的标准是：①活力强，对外来刺激反应强烈，不易捕捉，手握时有较强的挣扎感；②身体有光泽、有硬度、无伤、无寄生虫、鳃色正常（肉白色）；③卵巢宽大，暗绿或褐绿色，卵巢纵贯虾体的背面，前叶末端较饱满并延伸到眼区、胃区前下方，侧叶向第一腹节两侧下垂，后叶延伸到腹部末端，纳精囊微凸、外观乳白色。

斑节对虾、日本囊对虾的甲壳较厚、颜色深、卵巢发育状况不易观察，而且一般不易获得批量的卵巢饱满且成熟度好的亲虾，必须剪切眼柄、促其成熟。挑选此类亲虾，应尽量挑选个体较大、无伤无病、体表光滑、已交配、卵巢发育至第 2、3 期的活力好的雌虾，日本囊对虾一般 6～8尾/kg；斑节对虾雌虾体长 25cm 以上；进口斑节对虾需要搭配进口少许雄虾。

人工养殖的越冬亲虾要选择个体大、体质健壮、活力强、体表无寄生物的个体。凡纳滨对虾亲虾质量必须达到《凡纳滨对虾 亲虾和苗种》（SC/T 2068—2015）规定的要求，多代近亲繁殖培育的凡纳滨对虾不宜作为亲虾。

十几年来世界各养虾国虾病流行，亲体、幼体普遍携带病原菌，加剧了虾病的传播，给养虾产业带来巨大损失。美国夏威夷海洋研究所（the Oceanic Institute，OI）等单位或企业通过特定的筛选和严格的隔离防疫培育体系，获得品质优良的 SPF 健康亲虾。近年我国南方不少育苗场引进凡纳滨对虾 SPF 亲虾用于育苗生产。SPF 亲虾培育的主要技术流程如图 2-11 所示。

前已叙及，SPF 对虾即无特定病原对虾，例如无白斑病毒（WSSV）及桃拉病毒（TSV）的 SPF 种虾，即表示此种虾只确定为不带 WSSV 及 TSV 两种病毒；但对于其他如 IHHNV、MBV 或 HPV 等病毒则未检验，无法确定是否带病原。SPF 亲虾只是在培育过程中对病原隔离、控制，不等于用 SPF 亲虾培育出来的虾苗在养殖过程中不会生病，SPF 是不可遗传的。

从长远考虑，要彻底解决对虾的病害问题，最好的途径是使用现代分子生物学和基因工程手段，培育出抗病害的 SPR 虾。SPR（specific pathogen resistent）虾指的是具有抗特定病原的对虾，该类型的对虾对特定的病毒、微生物和寄生虫感染具有抵抗力或免疫能力。

二、亲虾运输

亲虾的运输方法有陆运、水运和空运。要根据亲虾产地与育苗场的距离和交通状况而采用适宜的运输方法。

陆运一般采用木桶或塑料桶盛放亲虾，直径 1m、深 0.4m 的容器通常可放亲虾 30～40尾，有增氧设备可适当多放些。长途运输中途需要换水时，则要注意水温差、盐度差不可太

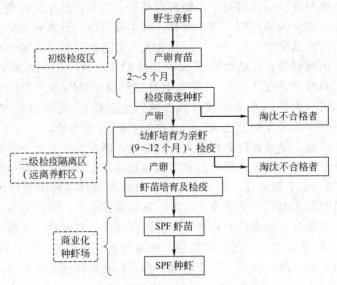

图 2-11　SPF 亲虾培育的主要技术流程

大；夏季运输时要降温或用空调车运输，要避免剧烈颠簸、震动以及防晒防淋；途中尽量不要停车；运输中要观察亲虾的情况，发现对虾侧卧即表示状态不佳。

大批量凡纳滨对虾亲虾也可采用水箱（大桶）＋虾笼＋活水车运输，规格 45cm×65cm×30cm 的虾笼装平均体重 35g/尾的亲虾 20 尾，长距离运输水温保持在 15～17℃，尽量保持暗光。

水运则是用活水船装运，在海上慢拖。一般在当地海区捕获亲虾采取水运或陆运。

长途运输斑节对虾通常采用厚塑料袋充氧、泡沫箱和纸箱外包装空运，泡沫箱每箱放 2 袋，每袋放体长 20cm 以上的亲虾 2～3 尾，每尾亲虾的额角上套塑料小管以防刺破塑料袋。凡纳滨对虾长途运输专用袋规格 25cm×60cm，下方为不透明的防水帆布，能防止亲虾额剑刺穿袋子并可避光；上部为透明塑料，便于观察亲虾和绑扎袋口。耐干的日本囊对虾运往北方多采用干法空运，每年从 2 月份开始，将海捕经挑选后，用冷水提前降温至 10℃左右，经 30min 后用冷冻湿润锯末分层包装，每个标准箱包装 80～100 尾，运输 10h 内，成活率可达 95％以上。

繁殖季节自海区捕捞卵巢发育至Ⅳ期的长毛明对虾亲虾，由于捕捞后水环境条件改变，捕获当晚即可能产卵，甚至在运输途中产卵（晚上八九点以后），此类亲虾运抵育苗场后，应立即放入产卵池。

三、亲虾越冬管理

一般需要进行越冬培育的对虾种类是中国明对虾、凡纳滨对虾等；有的地区日本囊对虾也进行越冬培育。

1. 越冬池

亲虾越冬方式因地区而有不同。越冬室和越冬池可与育苗室兼用，条件是能保温、控温和调光；越冬池应远离鼓风机、发电机。一般每口池面积 20～50m²，以长方形水池为好，便于清除残饵和粪便，池深 1.2～1.5m。越冬室的采光区及窗口要用双层遮光网遮光，避免光线过强。为防止亲虾跳跃时碰壁伤体，可在池内距池壁 10cm 处挂一圈网片。

2. 越冬管理

亲虾越冬一般需经 4～5 个月，稍有疏忽或操作不当，将可能出现成活率低、亲虾怀卵量少、产卵不集中、产卵孵化率低等问题。因此，必须严格操作，科学管理。

（1）亲虾选择和入池 越冬历时长，必须严格挑选越冬亲虾，中国明对虾雌虾体长 14cm、雄虾体长 12cm 以上，雌雄比 3∶1；凡纳滨对虾雌雄比 1∶1，体长 13cm 以上；亲虾健康无伤、无畸形；刚蜕皮的软体虾不能作为亲虾使用。有条件的育苗场，亲虾入越冬池前可用 PCR 技术进行病毒检疫，选择无携带病毒的亲虾。亲虾入室前，培育池及工具等须进行严格消毒。亲虾入池时，池内先注水 20～30cm，加入福尔马林或高锰酸钾，使药物的浓度分别达到 100～150mL/m³ 或 20mg/L，浸泡 1h；或用 300mL/m³ 福尔马林药浴 5min。越冬池水位约 0.7m。亲虾的放养密度，前期为 20～25 尾/m²，后期保持 10～15 尾/m² 为宜。

（2）光线控制 越冬期间，光线强弱对亲虾性腺发育有一定影响。过强的光照会抑制对虾摄食，也会使亲虾处于不安状态，影响性腺发育。越冬期适于弱光，应将室内光照控制在 500lx 以下，既有利于亲虾性腺发育，也能抑制藻类繁殖，避免藻类附着虾体上。除顶棚用黑纱网或草帘遮光外，视需要培育池上方还可用黑色塑料薄膜或黑布遮盖。在进行换水、刷池、投饵等操作时亦要注意勿使光线过强，以免惊动亲虾。越冬后期，根据估计的亲虾产卵时间，适当增加光照强度和光照时间，以利于性腺发育。

（3）水温控制 温度与对虾性腺发育关系密切。中国明对虾天然越冬场的水温在 6～10℃，因此，亲虾人工越冬的水温不应低于此限，一般控制在 7～9℃，翌年春季再控制水温随着自然温度上升而逐渐升高。越冬期间水温不宜过高，以免导致亲虾蜕皮失去精荚。控制水温稳定，昼夜温差小于 1℃ 为宜，换水时注意温差不能太大，应预热至等温。

凡纳滨对虾亲虾越冬期间水温以 26℃ 为宜，不低于 25℃，波动幅度不能超过 0.5℃。当水温长期处在 20℃ 以下时，雄虾性腺不发育，甚至有退化现象，即精荚体积变小，性腺由乳白色变成白色。在越冬期间，凡纳滨对虾亲虾体长仍有增加。

（4）饵料投喂 亲虾越冬期间对蛋白质和不饱和脂肪酸的要求较高，饵料中蛋白质含量应在 35% 以上，饵料以活沙蚕、鱿鱼、牡蛎、蛤肉等为主。若使用冷冻品，则需搭配一定量的活饵料，投喂冷冻水产品切忌品种单一，应多种混用。饵料投喂前应清洗干净，沙蚕在投喂前要用淡水浸泡数分钟或用聚维酮碘或高锰酸钾消毒。投饵量为亲虾体重的 3%～7%，根据摄食情况调整投饵量，日投饵 2～3 次。

（5）水质控制 越冬池用水必须经过充分沉淀，严格过滤，盐度以 25～32 为宜，氨氮含量 0.5mg/L 以下、溶解氧（DO）不低于 4mg/L，重金属及其他污染物不能超过渔业水质标准。定期换水，及时吸污，日换水量 20%～30%，并定期加入微生态制剂以抑制有害病菌，保持清新而稳定的水质。

（6）病害预防 亲虾越冬时间长，易发疾病主要有褐斑病和烂鳃病。这两种病害的防治方法是：①尽量避免惊动亲虾，避免虾体碰撞和受伤；②适时倒池、改善水质；③用 300mL/m³ 福尔马林药浴 5min；④用二溴海因 0.2g/m³ 消毒水体；⑤使用药物饲料，如添加氟苯尼考 0.5～1g/kg 的饲料，连续投喂 5～7d；⑥及时捞出病死虾，避免交叉感染。

（7）性腺促熟 越冬后根据当年育苗生产计划，选择适当时机升温，促进亲虾性腺发育成熟。一般在计划产卵前 1 个月升温，中国明对虾越冬后一般在 3 月上旬将水温升高至 11℃，中旬升至 14℃，4 月上旬达到 14～16℃，增加饵料量，增强光照，亲虾便可在 3 月下旬或 4 月上、中旬产卵。利用升温促进性腺加速发育时，1 次升温幅度不能太大，以每天升温不超过 1℃ 为宜。也不应过早升温，否则造成对虾过早产卵而使育出的虾苗不能在室外放养。

有些种类的对虾，在越冬后期管理除升温外，还需要切除眼柄，以促进对虾性腺快速发育成熟，如凡纳滨对虾。

四、亲虾促熟培育

1. 亲虾暂养

有些地方在亲虾卵巢尚未成熟时即开始捕捞海区的产卵洄游亲虾，捕回后放入育苗池短期培育促其卵巢成熟，称为亲虾暂养。早春购买的越冬亲虾、进口的斑节对虾、凡纳滨对虾或长途运输的日本囊对虾等卵巢未成熟，运抵育苗场需要暂养。

亲虾暂养期的时间长短依亲虾性腺成熟情况以及亲虾对暂养池的适应情况而定，1周或十几天不等。通过暂养，使亲虾安定、消除应激状态；同时还可以对亲虾进行检疫和筛选。以下以日本囊对虾为例，介绍亲虾暂养过程。

日本囊对虾亲虾入池前，预先在暂养池内准备好沙滤水，水深 $30\sim40cm$，调节水温至 $14℃$（视空运降温情况略调 $\pm1℃$），池内施抗菌药 $1g/m^3$，微充气。

亲虾运抵育苗场后，将其放入盛好洁净海水的桶或盆中，充气，加高锰酸钾消毒，消毒后迅速放入亲虾培育池。暂养池上用遮光布遮光，并投喂活沙蚕，促使亲虾迅速恢复活力，防止性腺退化和减少死亡，投饵量占体重的 10%。如发现有侧卧个体，则用消毒长杆轻轻扶起；反复多次，确信无活力者则将其捞出。同时慢慢加注同温过滤海水，逐渐加温，每隔 $2h$ 提高 $1℃$，直至当天午夜前将水温缓慢升至 $17\sim18℃$ 后静养。次日上午将水温升至 $20℃$。暂养管理期间每天换水 $15cm$，并捞出残饵、粪便，注意水质、水温变化。控制投饵量，每天投饵 3 次（早晨、傍晚、夜间 $23:00$）。一般 2 日后视亲虾活力及摄食情况施行切除眼柄手术。

其他种类的对虾暂养，除水温控制不同外，另外的管理操作与日本囊对虾暂养方法类似。例如，斑节对虾进场的水温是 $22℃$，随后缓慢升温，至第二天升至 $25℃$，第三天即做眼柄切除手术。

2. 促熟手术

已知对虾眼柄中的 X 器官分泌抑制性腺成熟的激素。因此，减少或阻止 X 器官分泌就可以促进性腺成熟。通常采用镊烫摘除单侧眼柄的外科手术，结合遮光及控温，促进亲虾卵巢发育成熟。

新购入的亲虾由于运输疲劳及其他方面的刺激，一般运抵育苗场 $2\sim3d$ 后才剪除眼柄。通常的操作方法是：用瓦斯喷灯或煤气炉烧红扁口镊子，连夹带烫地摘除一侧眼柄（凡纳滨对虾雄虾不剪）。镊烫对虾眼柄应使其完全烧焦变为黑褐色，否则易造成伤口感染。使用弯头尖嘴钳用于亲虾眼柄摘除手术，有助于提高日本囊对虾亲虾和斑节对虾催熟期的亲虾存活率（翁雄等，2012）。将切除眼柄后的亲虾置于 0.03% 的高锰酸钾海水溶液浸泡 $30s$ 后放入培育池强化培养。

3. 强化培育

强化培养池一般为大池，水深 $50\sim60cm$，培养密度为 $5\sim10$ 尾$/m^2$。要促使对虾卵巢快速发育，需要控制好生态条件和提供充足的营养。

(1) 光照控制 催熟培育期间避免直射光照，以弱光为好，室内光照强度小于 $500lx$。斑节对虾和日本囊对虾则调节为黑暗。

(2) 水温管理 促熟手术后，亲虾性腺发育至产卵所需时间与促熟温度相关。温度越高，至产卵所需时间越短；温度高，孵化率较高；但控制较高的促熟和孵化水温，即过度地人为加快性腺发育和胚胎发育，会造成幼体发育不完善，导致幼体变小、质量下降。幼体的质量直接影响育苗的效果。对虾促熟水温要控制在适宜的范围内，例如，斑节对虾术后水温升至 $27℃$，以后保持在 $26.5\sim27.5℃$，产卵水温为 $27.5\sim28.5℃$。

(3) 水质管理 使盐度、溶解氧、pH 值等保持在适宜的范围内。换水适量，每天换 20～30cm 深的水即可，保持水质良好和水环境稳定，避免对虾蜕壳。换水的同时，捞除残饵、粪便及死虾。

(4) 饵料管理 亲虾需要蛋白质、碳水化合物、脂肪、磷脂、胆固醇、类胡萝卜素、矿物质和维生素等营养物质。每天投喂活沙蚕、活星虫以及新鲜的牡蛎、乌贼、蛤肉等，并添加少量维生素 E、维生素 C，以促进性腺发育。早晨、中午、晚上各投饵 1 次，投饵量以每次投饵时上一餐的饵料仍有少许剩余为宜，多点投喂。

五、人工移殖精荚

进口斑节对虾亲虾价格昂贵，一旦在培育中蜕壳，则将一并失去精荚；而且，在人工养殖环境中，亲虾的交配率低，从而将影响亲虾的利用率。人工移殖精荚可作为弥补对虾交配率低的手段。其基本操作步骤如下所述。

1. 亲虾选择

雌虾选用肢体健全、刚蜕壳不久、甲壳尚未变硬者。雄虾选用第 5 步足基部内外两侧呈乳白色、贮精充足者。

2. 精荚取出方法

(1) 挤压法 用大拇指和食指挤压雄虾第 5 步足基部，使精荚自生殖孔排出，再用镊子夹出。此法易使亲虾受伤死亡。

(2) 解剖法 用弯形手术剪在虾头与虾身处剪开，可见贮精囊内的精荚，挤压射精管，精荚即突出。

(3) 夹取法 用镊子插入雄虾生殖孔，夹出精荚。操作时要用湿毛巾包裹雄虾，仅露出第 5 步足部位，再行手术。

(4) 吸取法 用细管插入雄虾生殖孔内，用口或连接注射器将精荚吸出。

(5) 电击法 电击条件为电阻 1.9～2.7Ω、电压 1.6～4.2V、电流 1～7.5A，可用 50V、6A 的充电器改装。电击时将充电器正负极分别接触对虾的腹部神经结和第 5 步足基部内侧，接通电源，酌增电压，电击时间在 20s 以内。

3. 移殖操作

一人将斑节对虾雌虾用湿毛巾包裹，露出纳精囊，将对虾放置水盆中，腹面朝上；另一人用宽头不锈钢镊子插入纳精囊、撑开口，再用另一支镊子将精荚放入纳精囊内。移殖输精管也有同等效果。做法用解剖法，解剖取出左右输精管，各剪成 4 段，共 8 段，殖入雌虾纳精囊内，每尾雌虾殖入 1 段。手术操作过程中如亲虾有损伤，立刻用碘酒涂擦消毒，以免感染。

第四节 亲虾的产卵和受精卵孵化

一、亲虾产卵

按不同对虾种类调节适宜的产卵水温，并调节充气量使水面呈微波状态。

对虾在夜间产卵，故亲虾在傍晚入池，早入池者在傍晚应彻底换水一次。斑节对虾和日本囊对虾一般在傍晚时分挑选产卵亲虾，操作人员一手用手捞网兜着亲虾、一手用手电筒或

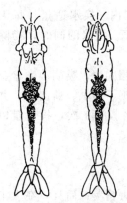

(a) 凡纳滨对虾　(b) 斑节对虾

图 2-12　对虾性腺发育示意图（引自 FAO 资料）

用水下灯照射亲虾腹面，以肉眼透视虾的背部，检查卵巢发育情况；挑选卵巢粗大并在第一腹节处向两侧凸出、呈三角形的亲虾入池产卵（图 2-12）。长毛明对虾、刀额新对虾从海区捕捞后当天即入池产卵。人工促熟的亲虾入池前最好用 200mL/m³ 福尔马林浸泡 1～2min，或用 10g/m³ 高锰酸钾浸泡 3～5min 或聚维酮碘液 50mL/m³ 浸泡 10min。

亲虾的数量是根据产卵量、育苗水体、幼体放养密度和单位水体出苗量等因素来确定的，如 8～10 口池（每口 40m³ 左右），需要日本囊对虾亲虾 100～120 尾以供应所有池子育苗，每天可以产卵、孵出 1 口或几口池子所需的无节幼体，而且一口池中幼体最好一晚能放足，有利于育苗生产管理。

对虾生产性育苗的亲虾产卵方式有三种，即产卵池产卵、网箱产卵和育苗池产卵。

(1) 产卵池产卵　产卵池产卵即育苗场备有专门的产卵池，水体为 1m 至数十立方米。产卵池水深 70～80cm，每平方米放入亲虾 10～15 尾，适量充气，使水面呈微波状。若充气量太大，可能发生"溶卵"，即刚产出的受精卵受激烈冲击而破裂。亲虾产卵的次日早晨及时捞出亲虾，排水收集受精卵或留下受精卵原池孵化，傍晚收集无节幼体。生产性育苗和专门出售无节幼体的育苗场大多采取此种方法。

(2) 网箱产卵　用 80～120 目的筛绢网布制成网箱，用浮架将网箱置于池中，亲虾放入网箱内，待产后捞出亲虾、粪便和脏物。受精卵在网箱中孵化成无节幼体后再移入育苗池。但此法操作较麻烦，且网箱放入的亲虾数有限，一般用于小型生产或试验。

或用网目 2～3mm 的筛绢网布或纱窗网制成底面积 2～6m²、高 1m 以上的大网目产卵网箱挂在育苗池中，箱内亲虾密度为 20 尾/m²。亲虾产卵时受精卵能及时通过网眼流入育苗池中，避免受精卵堆积而影响孵化率。产卵次日早晨便可很方便地移走亲虾，死虾及粪便也可及时捞出。

(3) 育苗池产卵　这是直接在育苗池产卵、孵化并培育出虾苗的方法。南方长毛明对虾、刀额新对虾育苗大多采用此法。以此种方式产卵，亲虾活动自由，产卵率较高，放虾数量大。做法是：将育苗池洗刷消毒，注入过滤海水高约 50cm，傍晚时分将亲虾移入池中产卵，每平方米可放亲虾 10～20 尾或更多，保持充气。

亲虾入池当晚若产卵，可见池壁水线上有一层浅橙色、带腥味的黏物，水面出现泡沫。产卵次日早晨检查亲虾的产卵情况，捞出产过卵的亲虾（如未产卵则再放入亲虾培育池）和对虾排泄物，适当加大充气量并人工搅拌池水，使卵子均匀分布水中，多点取样计数产卵量和检查卵质。取样时搅动水体，从气石处用烧杯取样，吸取受精卵置于凹玻片上镜检胚胎或用肉眼直接观察。直观检查时，把卵滴入凹玻片或培养皿中，晃动水体，使卵粒靠拢，如卵粒之间有明显的间隙，且排列整齐，则为受精卵；反之，为不受精的坏卵。育苗池产卵可洗卵或不洗卵。

二、凡纳滨对虾的诱导交配与产卵

凡纳滨对虾属于开放型纳精囊种类，其繁殖特点与封闭型纳精囊的对虾有很大差别（见第一章第三节）。凡纳滨对虾雌雄亲虾分池培育，雌虾一般切除眼柄后 1～2 周卵巢发育成熟，挑选卵巢成熟的雌虾移入雄虾池让其自然交配，再把交配过的雌虾移入产卵池（图 2-13）。雌雄分池培育的优点是在交配时能够提高雄亲虾的比例，交配率较高。

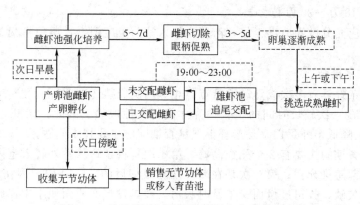

图 2-13　凡纳滨对虾诱导交配与产卵流程示意图

1. 培育环境条件

亲虾培育密度为 $10\sim15$ 尾/m²，水温稳定为 $28\sim29℃$，温差应小于 $1℃$，水体 pH 值控制在 $8.0\sim8.3$、盐度保持在 $26\sim30$。培育用水采用二级沙滤，或再经紫外线照射消毒，产卵池水施用 $2mg/L$ 的 EDTA 钠盐络合重金属离子。

凡纳滨对虾亲虾催熟培育期间，采用调节光照、控制水环境等方法，诱导亲虾交配产卵。室内要避免强直射光，以弱光为好。雌虾池的光照强度控制在 $50\sim100lx$，雄虾池控制在 $100\sim200lx$。

2. 饵料投喂

活沙蚕、新鲜鱿鱼、牡蛎肉等是亲虾培育催熟的常用饵料。单一饵料或饵料不新鲜、或不投喂沙蚕，往往会造成亲虾体质下降，导致交配率低、产卵质量差等问题，如亲虾成熟速度减慢、产卵亲虾在水体中下层产卵、产卵分泌物及未成熟卵细胞增多、形成黄色块状物等。日投喂量约为亲虾体重的 25%，分 6 次定时投喂，投喂量应依据亲虾每次摄食情况、残饵量而灵活调整。

3. 提高交配率的措施

在凡纳滨对虾诱导成熟交配期间，与亲虾交配率（指每天挑选的成熟雌虾在雄虾池中交配的百分比）有关的因素有：雌虾卵巢成熟度（只有成熟雌虾才接受交配）、雌雄比例（因雄虾再次成熟时间相对长些）、环境条件等。为此可采取以下相关措施：①选择卵巢发育到Ⅳ期的雌虾移入雄虾池；②雄雌比例大于 1；③不要搬动雄虾，以免惊吓之；④雄虾池上方安装 2 只 30W 的日光灯（或 1 只 40W，根据池子大小决定），每天 16：30 至 23：00 开灯；⑤充气量使水面呈微波状；⑥池水水质清新。亲虾交配率随着培育时间的增加而逐步提高，刚开始时交配率为 $30\%\sim40\%$，1 个月后达到 $60\%\sim70\%$，并保持相对稳定。

4. 产卵

凡纳滨对虾交配活动在日落时分至夜间 24 时左右进行，通常发生在雌虾产卵前几个小时。诱导其交配的做法是：每日上午清污完毕或下午，操作人员下池将卵巢饱满、橘红色、前叶伸进胃区略呈"V"形的雌虾，用手捞网捞入雄虾池。晚上 19 时、22 时两次用捞网挑选已交配的雌虾移至产卵池产卵，密度为 $4\sim6$ 尾/m²，然后将未交配的雌虾移回原培育池中。此操作有利于提高成熟亲虾的交配率，避免较早交配的亲虾提早在雄虾池内产卵。挑选已交配的雌虾应小心、敏捷，避免因雌虾受惊弹跳而使精荚脱落。

凡纳滨对虾亲虾的产卵量与亲虾个体大小成正比，产卵量随着产卵次数的增加而提高。体重为 $35\sim40g$ 的亲虾每尾产卵量，第 1 个月为 10 万～12 万粒，第 2 个月为 14 万～16 万粒，第 3 个月为 18 万～20 万粒。

亲虾产卵池应充分做好消毒工作，产卵亲虾入池前也应消毒，避免将交配池的病原菌带入产卵池。

5. 降低死亡率措施

凡纳滨对虾亲虾具有多次成熟产卵特点，相邻两次成熟产卵间隔为 4～7d，但连续产卵 2～3 次后，要伴随一次较长时间的生长蜕壳才能再次性成熟。因此，亲虾在室内培养时间长达 3～5 个月，降低亲虾死亡率是亲虾催熟培育期间的主要技术问题。

亲虾催熟培育期间主要有 2 个死亡高峰。第 1 次是将亲虾从室外转入室内时，因环境突变和机械损伤引起感染死亡；第 2 次是在雌虾切除眼柄后的 3～4d 内，因伤口感染而死亡。此外，亲虾营养欠缺、投饵过量而又未及时吸污，残饵发臭变质而使水中亚硝酸盐增加，病原菌感染等也是死亡率增高的原因。因此，培育期间要采取以下措施降低亲虾死亡率：①亲虾移入室内时水温适当降低，而后再升温；②亲虾池用水最好采用紫外线消毒海水，并定期投入微生态制剂，抑制病原菌和控制亚硝酸态氮含量小于 0.1mg/L；③施行切除眼柄手术时，镊子温度要高，操作要快，并用药物消毒虾体 1min；④定期在饲料中添加鱼油、维生素 C、免疫多糖等，增加亲虾免疫力；⑤定期使用药物浸浴亲虾，防止真菌感染，发现患病症状（如红体、黄体、鳃肿）的亲虾，要立即隔离，并用药物全池药浴。

三、洗卵

洗卵是为了清除水中多余的精子和亲虾排泄物，有利于提高孵化率，也可减少病原体感染的机会。直接在育苗池产卵、育苗的场合最好要洗卵。做法有以下 2 种。

1. 排水洗卵

暂停充气，待卵沉降后，通过半池壁上的排水小孔或用虹吸法降低水位至 20～30cm，同时用手捞网捞去肉眼可见的脏物、虾粪及表层浮沫。然后加入等温的新水，重复 2～3 次，恢复充气。在育苗池产卵可用此法。

2. "集卵法" 洗卵

该方法即在移（搬）出亲虾后，在不停气的情况下，虹吸或开排水阀，让受精卵流入出水口处承接的 160 目软筛绢网袋中（筛绢袋要放在盛水容器内）；收集的受精卵再经 40 目筛绢过滤脏物、冲洗后计算卵数，最后放入孵化桶或育苗池中继续孵化。

四、孵化管理

孵化方式有产卵池（或育苗池）孵化或孵化桶（图 2-14）孵化。孵化水温可比亲虾培

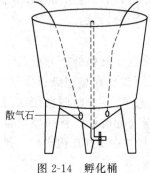

图 2-14　孵化桶

育时的水温、产卵时的水温略高 1℃。如斑节对虾的产卵水温为 27℃，孵化水温为 28℃。充气量调节为水面微波状。

如在产卵池或育苗池中孵化，每隔 1～2h 用木制搅拌板搅动水体 1 次，使沉降在池底的受精卵上浮，提高孵化率。

如在专用锥形底孵化桶孵化，则要先收集受精卵（见"集卵法"洗卵）。收集后的受精卵用 40 目筛绢网滤去亲虾粪便和残饵等，再用清洁海水冲洗 1～3min，去掉附着在卵上的微细颗粒或病原体，再浸入下列一种药液中消毒：①5mL/m³ 漂白精溶液 1～2min；②100mL/m³ 聚维酮碘液 1～2min。消毒后的卵子再经干净或消毒海水冲洗 1～2min，移入孵化桶（池）孵化。孵化及

散气石

育苗用水需经沉淀数日或经漂白粉 $2\sim3g/m^3$（有效氯）消毒后经曝晒 $1\sim2d$ 再使用，应注意彻底消除余氯，否则会影响孵化率。凡纳滨对虾受精卵孵化密度为 $30\times10^4\sim80\times10^4$ 粒$/m^3$。

影响受精卵孵化的因素有：①亲虾体质差；②亲虾捕捞、运输、入池时温差、盐差等环境因子变化较大，影响卵的发育和营养积累；③孵化水质不良，水质过肥或亲虾过密而造成；④水中含有有毒物质（赤潮生物、化学物质、重金属离子）；⑤充气量过大，造成"溶卵"。

五、出售无节幼体

因对虾育苗生产的专业化分工，有些育苗场专门生产无节幼体供其他育苗场培育虾苗，其生产环节主要是：亲虾进场→暂养→促熟→产卵→孵化→收集无节幼体→幼体销售、运输（图 2-15）。

图 2-15 对虾"做幼体"生产流程
N—无节幼体；Z—溞状幼体；M—糠虾幼体；P—仔虾

在人工控温条件下，无节幼体一般在产卵次日午后陆续孵出，孵化时间经 $14\sim16h$。傍晚时分用 160 目的软筛绢排水收集无节幼体，将收集的无节幼体集中放入 500L 或 1000L 桶中。桶内放入 $1\sim2$ 个散气石充气，水温与孵化池水温相近。用 50mL 或 100mL 烧杯（与桶容积对应）在气石处取样 $2\sim3$ 次，计算杯中的幼体数量，取其平均值，按下式计算出该批次的无节幼体数量。

幼体总数（尾）＝取样幼体平均数（尾）$\times10^4$

无节幼体运输一般在无节幼体Ⅰ、Ⅱ期（N_1、N_2）阶段。凡纳滨对虾无节幼体空运采用 $50cm\times50cm\times30cm$ 的包装箱（泡沫箱和瓦楞纸箱），双层聚氯乙烯袋盛水约 1/3（约 15L），包装幼体 100 万～150 万尾，充氧密封空运。

第五节 对虾育苗管理

一、无节幼体的投放

无节幼体入池前要先做好消毒育苗池水以及调节水温、盐度等工作。外地无节幼体运抵育苗场后，先冲洗苗袋外部，再将苗袋放入育苗池中，待内外水温一致后将幼体缓慢倒入池水中。无节幼体入池前，最好要经过消毒处理。可将幼体倒入手捞网中，再置于消毒药液中浸泡，可用 $2\sim3mL/m^3$ 的漂白精消毒 1min 或 $20mL/m^3$ 聚维酮碘浸泡 10min，消毒后用洁净海水冲洗 1min，再入池培育。

无节幼体的放养密度是对虾育苗的一个主要环节。放养密度合理才能发挥育苗池的最大效率。如果放养密度过小，则不能发挥育苗设施的生产潜力，相对也提高了育苗成本；如放养密度过大，育苗水环境则难以控制，可能导致幼体发育慢、变态不齐、大小分化、成活率低等。

放养密度取决于育苗条件和技术水平，特别是与饵料和水质条件有关。一般说来，以活饵料为主，育苗技术水平较高的室内育苗池，无节幼体的放养密度在 $20\sim50$ 尾/m^3，斑节对虾育苗一般 10 万～15 万尾/m^3，日本囊对虾 30 万尾/m^3，新对虾无节幼体个体较小，可放 40 万～50 万尾/m^3。长毛明对虾幼体培育密度见表 2-1。

表 2-1　长毛明对虾幼体培育各阶段的密度

幼体发育阶段	受精卵	无节幼体	溞状幼体	糠虾幼体	仔虾
幼体数量/(万尾/m^3)	$30\sim40$	$30\sim35$	$25\sim30$	$15\sim20$	$10\sim15$

准确估算育苗池内幼体的数量关系到投饵量、水质管理和成活率，因而育苗生产中需要经常取样估算幼体数量。由于不同发育阶段的幼体所处水层不同，趋光能力和游泳能力不一，估算幼体数量通常采用烧杯或广口杯分层定点取样。将育苗水体分上、中、下三层，在每层中部、边缘、角落以及向阳、背光处用带长柄的广口杯取样，计算杯中的幼体数量，再根据杯与育苗池水容积之比算出池内幼体总数。比较常用的估算方法是用烧杯在气石处分点多处取样。取样时注意：①取样杯的大小随幼体长大而适当调整（受精卵和无节幼体用 100mL、溞状幼体用 200mL、糠虾幼体用 500mL、仔虾用 $500\sim1000$mL 的杯）；②需要不断充气使幼体分布均匀。

如果育苗池内幼体密度过大时要及时分池。分池宜在无节幼体阶段进行（必要时糠虾幼体阶段亦可）。无节幼体体型小、不摄食，随波逐流，能承受一般水流的机械冲击而不受伤害；溞状幼体体型纤细，不宜分池；糠虾幼体体型结构渐趋完善，抵御外界环境变化能力增强。但以在无节幼体阶段分池较合适。分池时要注意：①应将欲分出的幼体连同原池水一道移入事先备好的空池，然后逐渐加入等温、等盐的新海水；②池间距以近为好，便于虹吸（切勿泵吸）。

二、育苗饵料的管理

对虾无节幼体不摄食，靠自身卵黄营养，溞状幼体开始摄食微小的浮游植物，后期兼食小型浮游动物；糠虾幼体、仔虾以摄食动物性饵料为主。人工育苗常用的饵料有活饵料和人工饵料。活饵料包括微细藻类（骨条藻、角毛藻、海链藻等）、轮虫、贝类受精卵和幼虫、卤虫幼体、桡足类等；人工饵料有蛋黄、豆浆、酵母、虾粉、贝肉糜以及各种微粒子、微胶囊配合饲料等（图 2-16）。目前配合饲料已经普遍应用于对虾育苗，其种类、型号、厂家甚多。主要品种有：虾片、B.P.、"黑粒""车元"（微粒子饲料）、螺旋藻粉等，可供对虾各期幼体选择使用，适宜单独使用或混合使用，投喂时需要用筛绢网袋搓揉过滤，随幼体的长大，逐步更换网目。

溞状幼体期以浮游藻类为主，结合投喂人工饵料；糠虾幼体期以人工饵料为主，配合投喂轮虫、卤虫幼体；仔虾期以配合饵料为主，结合投喂卤虫幼体。虾片（或黑虾片）为最常用育苗饵料，由虾粉、虾壳、卤虫、鱼粉、维生素、纤维素等加工而成，虾片溶于水，搓洗成褐色，对对虾有安定、诱食作用。配合饲料的日投喂量可参考产品说明书，结合幼体的摄食状况、水色、水中饵料的剩余量，灵活调节投饵量（表 2-2，表 2-3），投饵以少量多次为原则，一般日投饵 $6\sim8$ 次。

表 2-2　几种对虾幼体培育的投饵量　　　　　　　　　　单位：g/(m^3·次)

项　　目	Z	M	$P_1\sim P_6$
培育密度/(万尾/m^3)	15	13	10
凡纳滨对虾	$0.8\sim1.5$	$1.2\sim2$	$2\sim3$
日本囊对虾	$1\sim2$	2	$2\sim3$
斑节对虾	$0.5\sim1$	$1\sim1.5$	$1.5\sim2$

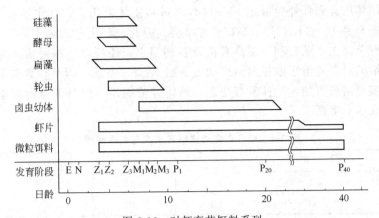

图 2-16　对虾育苗饵料系列

E—受精卵；N—无节幼体；Z—潘状幼体；M—糠虾幼体；P—仔虾；下标数字表示不同的发育期

表 2-3　凡纳滨对虾育苗投饵量

发育阶段	投 饵 量	洗饵袋网目
Z	硅藻(骨条藻、角毛藻)5×10⁴ 个/mL,6 次/日;虾片、B.P、黑粒等,6 次/日,每次 0.5~1.2g/m³;Z₂ 后期可投喂冰冻 24h(或烫死)卤虫幼体,6~20 个/(尾·日),分 6 次投喂,可搭配投喂轮虫	250 目→200 目
M	少量硅藻,3~6 次/日;虾片、B.P、黑粒等,6 次/日,每次 1.2~4.0g/m³;冰冻 24h(或活体)卤虫幼体,6~20 个/(尾·日),分 6 次/日	250 目→120 目 卤虫幼体营养强化
P	P₁~P₄ 不投硅藻或投少许;P₁~P₁₂ 投喂虾片、车元等,6 次/日,每次 2.5~4.0g/m³;卤虫幼体 20~100 个/(尾·日),分 3~6 次/日	120 目→100 目→80 目→60 目

注：投放无节幼体 20 万尾/m³。

近年提倡健康育苗法，无节幼体Ⅴ、Ⅵ期时在育苗池内接种微藻类，育苗中多投喂生物活饵料，如骨条藻、角毛藻、扁藻、轮虫等，尽量减少投喂人工饵料，以控制育苗水质、减少投药、提高成活率，育出健康虾苗。投喂微藻要选择藻色新鲜、处于指数生长期的藻类（扁藻游动活泼，骨条藻呈黄褐色、细胞链长）；藻色老化，结块，有死藻浮起等现象，则为劣质藻，不宜投喂。

三、育苗水环境的调控

水是对虾幼体生存的环境，水质好坏直接影响幼体的健康和变态发育。水环境包括水温、盐度、pH 值、溶解氧、氨氮、重金属离子含量等。育苗生产过程中，由于外源导入和内部积累等原因，致使育苗水体中氨氮、硫化氢、重金属离子浓度增加，COD 升高、pH 值降低。上述水质指标一旦超过对虾幼体的耐受限度，便可直接导致幼体体质（活力）下降、发育不良、变态不遂和畸形，甚至大量死亡。另外，有机物质积累将可能滋生大量病原菌和原生动物，诱发多种疾病，降低育苗成活率和影响虾苗质量。水环境管理的本质是保持水体的微生态平衡。要根据水质情况，通过水质处理、换水、适时适量施用药物和微生态制剂而保持水体自身的净化能力，为幼体和虾苗提供一个稳定和健康的生存环境。

1. 水温

水温不仅影响幼体的发育速度，也影响其他环境条件的变化。在适温范围内，对虾幼体发育快；反之幼体发育慢或停止发育或畸形甚至死亡。在适温范围内，水温越高，幼体完成发育变态的时间越短，这一点在育苗生产中具有重要意义。如长毛明对虾育苗水温 25~

26℃，从无节幼体培育到仔虾要经过13～14d，20d以上才能出苗；如水温在30℃左右，从无节幼体到仔虾只要10～11d，15～17d便可出苗。因此，利用"适温上限"育苗生产周期短，可以增加育苗批次，既有利于提高育苗设备利用率，还可以争取时机多育苗、早出苗。斑节对虾、凡纳滨对虾育苗水温控制情况如表2-4、表2-5所示。但是，育苗水温不宜过高，34℃、35℃高温育苗虽可加速幼体发育变态，缩短育苗周期，但对虾苗的健康有不良影响，以致虾苗养殖成活率降低。

表 2-4 斑节对虾幼体培育水温与发育时间

发育阶段	孵化	N→Z	Z→M	M→P₁	>P₁₀
水温/℃	28～29	29	30～32	31～32	降温出苗
经历时间	14～16h	2d	4d	4d	

表 2-5 凡纳滨对虾幼体培育水温与发育时间

发育阶段	幼体大小/mm	水温/℃	时间/h	发育阶段	幼体大小/mm	水温/℃	时间/h
N_1～N_6	0.3～0.4	30～30.5	32～34	M_1	2.7～2.9	30.5～31	40～48
Z_1	0.8～0.9	30～30.5	36～40	M_2	3.2～3.5	30.5～31	40～48
Z_2	1.2～1.4	30～30.5	36～40	M_3	3.8～4.0	30.5～31	40～48
Z_3	1.9～2.1	30～30.5	36～40	P_1～P_5	4.5～7	31～32	5d

注：引自刘永，水产养殖，2002，(5)：13-15。

2. 盐度

对虾早期发育中适应盐度范围比较窄，胚胎发育和幼体早期阶段对盐度要求较严格，进入仔虾阶段后，对低盐度的适应性明显增强（表2-6）。

表 2-6 人工培育对虾各期幼体的适宜盐度

种 类	无节幼体	溞状幼体	糠虾幼体	仔虾
斑节对虾	25～35 (28～32)	25～35 (28～32)	25～35 (28～32)	20～35 (28～33)
日本囊对虾	(27～29)	(27～35)	(23～44)	(23～47)
新对虾	22～32 (26～31)	22～33 (26～31)	22～33 (21)	12～35 (18)

注：括号内为最适盐度或范围。

育苗生产中盐度测定一般使用比重计或盐度计（折射盐度计，图2-17）。海水相对密度与盐度（S）可利用下列经验公式换算：

测定时水温（T）高于17.5℃：$S(\%) = [1305 \times (相对密度 - 1) + 0.3 \times (T - 17.5)] \times 100$
$$(2-1)$$

测定时水温（T）低于17.5℃：$S(\%) = [1305 \times (相对密度 - 1) - 0.2 \times (17.5 - T)] \times 100$
$$(2-2)$$

图 2-17 折射盐度计

暴雨或连续阴雨天、海区盐度不稳定时应及时测定盐度（或相对密度），了解海区盐度变化情况，并根据需要用粗海盐或卤水调节育苗用水的盐度。一般做法是将海盐装袋或将卤水投入沙滤池过滤入池。

3. pH 值

自然海水的pH值在8.0～8.2，在育苗水体中，pH值随浮游植物光合作用的增强而上升（8.6～9.2）；随水中浮游动、植物的呼吸作用以及有机物耗氧（微生物对残饵、粪便及死体碎片分解）活动的加强而降低（7.5～7.8）；并与氨氮、硫化氢的产生、挥发和毒性密切相关。pH 值与水质变化密切相关，pH 值可作为池水好坏的指标之一，当 pH 值下降时，水中溶解氧量降低，可能会导致腐生细菌大量繁殖；pH 值升高则会使水中氨氮量增加，当 pH 值由 7 增至 8 时，毒氨（NH_3）的量将增加 10 倍。pH 值过高或过低对幼体均有不良影响，直接影响对虾幼体的蜕皮。

在育苗生产中，通常采用换水、充气和控制浮游藻类数量等方法来调节 pH 值。必要时可用过滤石灰水来提高 pH 值；或用碳酸氢钠降低 pH 值。室外露天育苗时，泼洒豆浆对浮游藻类繁殖有抑制作用。育苗期间用 pH 值测定仪，可即刻测定其数值，掌握其变化。

4. 溶解氧

溶解氧量直接影响幼体的发育和生长，缺氧会致使幼体活力减弱，严重时会窒息而死。幼体对溶解氧的需要量随个体发育而逐渐增加。水中溶解氧量受幼体密度、投饵量、换水量、充气量、池中其他生物（如原生动物）数量以及有毒物质（氨氮、硫化氢）浓度的影响，并与水温、盐度有关。一般育苗水体的溶解氧量应在 5mg/L 以上。

5. 氨氮

育苗期间氨氮，尤其是非离子氨氮（NH_3-N）和亚硝酸氮（NO_2-N）是影响幼体培育的主要因素之一。一般情况下（pH 8.0～8.4），氨氮含量不得超过 0.6mg/L，NH_3-N 含量应在 0.06mg/L 以下。水中氨氮含量受水温、pH 值、溶解氧等因素的影响。随着水温和 pH 值的升高，毒氨的比例增加；水中溶解氧减少时，毒氨含量就会升高。在整个育苗期间，水中氨氮含量呈上升趋势。降低池水中氨氮浓度的有效措施是换水、充气、施用微生态制剂和保持一定量的浮游藻类。

在育苗池中投放水质改良及微生物制剂是维持良好水质的有效办法。溞状幼体阶段可用酵母菌和乳酸杆菌，糠虾幼体阶段可定期施用光合细菌、芽孢杆菌等，进入仔虾期可用复合微生态制剂改善水质。育苗池也可直接泼洒沸石粉 10mg/L，以调控池水水质。

6. 充气

充气是维持育苗池内生态平衡、改善水质条件、提高幼体成活率的重要措施，其作用是多方面的：①供应水中溶解氧；②使池水流动，使饵料分布均匀；③幼体随水浮动，减少能量消耗；④防止幼体因趋光而局部聚集；⑤驱除二氧化碳，保持池水 pH 值相对稳定；⑥减少直射光对幼体的危害。育苗过程中要时常调节充气量，无节幼体阶段池水面呈微波状，溞状幼体时呈微沸腾状，糠虾幼体以后呈强沸腾状。高密度育苗中，中断充气时间最长不得超过 15min。

7. 光照

对虾幼体对光有较敏感的反应，其中以溞状幼体最敏感。溞状Ⅰ、Ⅱ期幼体尤怕强光，强光会使幼体不摄食、身体弯曲，1～3d 全部死亡。因此，在溞状幼体阶段要采用布幕（或遮光网）遮光、做水色或以黑布遮盖水面等方法控制光照强度。做水色的方法有：①施用 1g/m³ 的"上野黄药"（日本产）调节水色为淡黄色，此药为一种杀菌剂，除能改变水色外，还有控制水中细菌繁殖、使无节幼体刚毛保持清洁的作用；②随着溞状幼体开始投饵、投喂虾片和"黑粒"，也可以使水色从淡茶色变为褐色。室外露天育苗要避免强直光，要搭棚遮光或在育苗池内施肥培养浮游藻类，降低透明度。

8. 换水

适量换水是保持和改善育苗池水质的最好方法之一，当水中 pH 值过高或过低、水色不正常，氨氮、亚硝酸盐氮或硫化氢含量过高以及幼体发病等情况出现时，均需进行换水。

育苗池的加水方法有两种。一种是开始育苗时水位为 70～80cm，以后每天加水 10cm，待水加满后再换水，一般控制到仔虾期才开始换水；另一种是育苗开始就加满水。育苗期间的换水量要根据幼体密度、幼体发育阶段、池水的清洁程度灵活掌握。溞状幼体幼小体弱，要求水质稳定，原则上不换水而是添加水；若水质太差，不得已需换水，换水量也不宜大。糠虾幼体期不换水或视情况换水 1～2 次，每次换水 20％～25％，仔虾期每天换水 20％～30％。换水有益于对虾幼体蜕皮，但突然大量换水，新旧水的差异可能使幼体难以适应而受损害，严重时会造成幼体大量死亡。换水操作常采用虹吸法（图2-18），操作简便，但虹吸

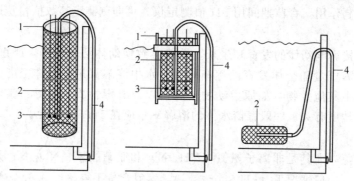

图 2-18　几种不同的换水网具和换水方法
1—换水网框；2—换水滤网；3—散气石；4—虹吸管

管不可过粗、过多，以免吸力过大，要注意避免管口贴到换水筛网上而将幼体吸附。换水筛绢网目随幼体发育阶段而更换，糠虾幼体阶段换水网目为 80 目，仔虾换水网目为 60 目。换水网用后要清洗、消毒和晒干，忌多池混用、交叉使用，以避免疾病传播。

换水时要注意：①新旧水的温度差不应大于±1℃，盐度差也应小于±3；②重金属离子含量高的海水，未经处理不能使用；③换水量随幼体的发育而逐渐加大；④换水在投饵和投药之前进行。

四、幼体检查与日常观察

育苗期间经常检查和观察幼体是育苗生产中的一项重要日常工作。每天要多次巡池，用烧杯取样，肉眼观察幼体的发育期、游动状况、摄食情况（溞状幼体拖粪比例和长度）、体表黏脏与否以及水体中饵料的数量（表2-7）。必要时配合显微镜镜检，将幼体置于凹玻片上，用低倍镜观察幼体体表、胃肠道、幼体形态和病原体。通过观察和分析，调节投饵量、改善水质环境和预防病害。

表 2-7　各期幼体健康状况的判断

发育期	健 康 状 况	不 健 康 状 况
无节幼体	活动在水体中、上层，趋光性强，游泳活泼，静止时腹面向上，体表干净，无黏脏，刚毛直	沉于水底，肢体黏脏，尾棘弯曲或畸形，趋光弱
溞状幼体	活动于中、上层，趋光性很强，体表干净，腹部摆动有力，游泳时翻转灵活，拖粪并能断弃	黏脏，对光反应不灵敏，游动缓慢
糠虾幼体	倒立状态，能弹跳	体色白，刺激反应迟钝、沉底
仔虾	底部活动，常沿池壁游动觅食，受惊时腹部弓起、弹跳有力	活动迟缓，侧卧底部或上游打转，体色发白

五、育苗期间病害防治

对虾育苗常见病害主要有细菌病、真菌病、病毒病。病原体大多为水中自然存在的微生物，由于在人工育苗的高密度环境中，幼体免疫力降低、水环境恶化等原因，容易导致幼体患病。

1. 细菌病

（1）弧菌病

① 病原体。这是由弧菌侵入血液而引起的全身性感染疾病，又称菌血症，是育苗中发生较多、危害较大的疾病之一。病原为副溶血弧菌、溶藻弧菌、假单胞菌和气单胞菌，均为革兰阴性菌。

② 病状。患病幼体活力差，游动迟缓，多在底部，趋光性弱；身体弯曲、体色变白，不摄食，溞状幼体不拖粪便；幼体体表污物附着，附肢和刚毛上常有大量污物。将幼体放于400倍以上的显微镜下观察，可发现濒死的幼体体腔内有大量运动活泼的卵圆形或小杆状细菌。此病发病急、传染快，各期幼体均可被感染，患病幼体的死亡率常达90%以上。

③ 预防方法。此病发生常与幼体培育密度大、营养不良、水质不佳等因素有关，必须控制好环境条件：a. 育苗池使用前应彻底干燥，认真洗刷，用 $30g/m^3$ 的漂白粉（有效氯含量为30%）满池水浸泡消毒24h；b. 育苗水经暗沉淀、过滤及消毒；c. 亲虾饵料、硅藻、轮虫和卤虫幼体经消毒后再投喂；d. 在育苗水中接种或投喂微藻类；e. 适量使用微生态制剂使之成为优势菌群，改善水质并抑制有害弧菌的繁殖，或泼洒噬菌蛭弧菌产品。

已有研究表明，对虾育苗水体中的弧菌和异养菌数量是影响虾苗健康的主要因素之一。可配制 TCBS 弧菌培养基，定期对育苗用水、生物饵料、对虾幼体进行副溶血弧菌、溶藻弧菌等弧菌的数量测定，这是预防弧菌病发生的有效方法之一。

（2）丝状细菌病

① 病原体。主要由毛霉亮发菌感染引起。毛霉亮发菌本是海水中存在的微生物，野生对虾的鳃和体表偶有发现。轻度附着危害不大，但当水环境恶化、幼体密度大、细菌大量繁殖、鳃和体表严重附着时，才会使幼体发生病理改变。丝状细菌大量出现是水环境恶化的一种指标。

② 病状。丝状细菌能附着在对虾卵及各期幼体上，大量附着后体表呈灰白色绒毛状。用100倍以上显微镜观察病体，可见宽 0.8～2.3mm、长度超过 1mm 的不分支、末端略尖的菌丝。幼体被感染后活力差，不摄食，多沉于水体中下层，久而死亡。卵子被感染后则不能发育。

③ 防治方法

a. 严格预处理育苗用水，适量投饵，增加投喂活饵料，适当升温，适量换水促进幼体蜕皮；b. 发病时全池泼洒 $0.5g/m^3$ 漂白精或 $0.5～0.7g/m^3$ 高锰酸钾有一定的疗效，1h后大换水［凡纳滨对虾虾苗对高锰酸钾高度敏感（宫春光等，2008），不宜使用］；c. 适当减少充气量，同时全池泼洒沸石粉，使之吸附有机质和丝状细菌菌体而沉于池底。

（3）荧光病

① 病原体。病原体为荧光假单胞菌和哈维弧菌。

② 病状。发病初期幼体活力减弱、游于水体中下层，糠虾幼体和仔虾弹跳无力，趋光性减弱、摄食减少或停止，体色发白；濒死或死亡的幼体在黑暗中发荧光，随水流滚动，犹如萤火虫。发病初期看不到荧光，当幼体处于濒死状态时，即可见微弱的荧光，幼体死亡后荧光亮度增强，发光持续十几个小时，直至尸体分解。镜检可见患病幼体的体腔、肠道等中充满活动的杆菌。荧光病从发现幼体活力下降到大量死亡，水温 24～25℃时约经 20h，水温 30℃仅为数小时，死亡率高达 95% 以上，甚至全池死亡。这是对虾育苗期间发病迅速、死亡率高的一种细菌病，我国南、北方对虾育苗场均有发生，南方育苗场危害较大，常常造成整池虾苗死光。溞状幼体、糠虾幼体、仔虾、成虾均有发病，糠虾幼体和仔虾为易发阶段，危害亦最严重。此病发生与水质不良有关，4～8 月流行多发，雨季大量陆源有机物随径流入海，使近岸水质富营养化，病原体迅速繁衍生长，南方地区秋季亦有发生。

③ 预防方法。必须采取综合防治的办法，以防为主。

a. 水源是发光细菌的主要来源之一，育苗用水最好经黑暗处理和药物消毒，或紫外线消毒；b. 无节幼体入池时要严格消毒，如用甲醛 $200mL/m^3$ 消毒 30s、或聚维酮碘 20～$30mL/m^3$ 消毒 30～60s；c. 幼体培育密度不宜过大，一般控制无节幼体 30 万尾/m^3 以下；d. 无节幼体入池前 1～2d 接种光合细菌或 EM 菌净化水质和抑制发光细菌；e. 在发病严重的海区，少投喂蛋黄和易肥水的微粒饵料，适量投喂 B.P，多投轮虫、卤虫等活饵料，保持一定的微藻浓度（活体生物饵料可能携带病菌，应药物消毒）；f. 定期使用消毒剂，在 Z_1 或 Z_2 期施用 0.1～$0.2g/m^3$ 有效氯的次氯酸钠或漂白粉，在 M 期施高锰酸钾 0.2～$0.4g/m^3$，P 期轮流施用上述消毒剂，2～3d 一次；g. 定期施用水质改良剂，M 期或 P 期使用沸石粉 5～$15g/m^3$ 吸附池水中过多的有机物，定期施用 5～$15mL/m^3$ 的光合细菌或 1～$2mL/m^3$ 的 EM 等有益微生物制剂；h. 注意勤观察、早发现，可在高发期夜间，关掉育苗室内全部照明灯，在育苗池边仔细观察。

2. 真菌病

(1) 病原体　主要是由海壶菌、链壶菌、离壶菌引起的一类疾病。

(2) 病状　真菌病主要危害亲虾鳃、卵和幼体。卵被感染后胚胎发育停止、死亡，卵内充满菌丝体；幼体被感染后，身体变得不透明，呈灰白色，活力明显下降，胃肠空，趋光性减弱或不趋光，散游于水的中下层，重者濒死沉于底部。镜检可见头胸部、腹部、附肢及复眼等具有少数菌丝或充满菌丝。海壶菌病在水温 21～22℃时，20h 即可引起幼体大量死亡，死亡率达 95% 以上，主要危害中国明对虾（吴定虎等，1991）。链壶菌病主要寄生于长毛明对虾、斑节对虾的卵和幼体，在水温 27～33℃发病最快，10h 左右便可造成幼体大批死亡，死亡率高达 95% 以上，流行于 4～7 月，以 4～6 月最严重（吴定虎等，1991）。

上述两种真菌病与育苗技术、育苗工艺、投喂饵料种类和数量、幼体健壮与否、水温以及育苗水中的有机物多少有关，尤其是地处潮间带较长（泥滩）的育苗场多发生。

(3) 预防措施　①育苗设备、育苗池要严格消毒，亲虾暂养池和育苗池的器具尽量不要混用；②育苗用水严格消毒；③0.01～$0.02g/m^3$ 和 0.02～$0.04g/m^3$ 的亚甲基蓝分别对海壶菌和链壶菌病有预防效果，注意其使用量视水温高低、水质情况而增减；④雌虾产卵后，次日晨尽早移走雌虾，在产卵池中加入 $0.01g/m^3$ 氟乐灵，并经常搅动受精卵；⑤无节幼体孵出当天的 17~18 时，移入育苗池，同时在育苗池中加入 $0.01g/m^3$ 氟乐灵，并施用芽孢杆菌。

（4）**治疗方法** 如发现溞状幼体或糠虾幼体被真菌感染造成死亡，可采取以下措施：在患病池中加入氟乐灵，用药量为 $0.02g/m^3$，8h 一次，连续施药 3~5d，直到痊愈为止；仔虾出现该病，治疗时间为 7~8d。或每立方水体用 2500 国际单位制霉菌素药浴 2h 后换水。

3. 附着性纤毛虫病

（1）**病原体** 聚缩虫、单缩虫、钟形虫或累枝虫附着。俗称"喇叭花"。

（2）**病状** 早期患病幼体行动迟缓，透光仔细观察幼体身上似有绒毛，严重时育苗水中有许多絮状物随水流上下翻动或漂浮，这是因纤毛虫附着在死卵、食物碎屑或死体表面所致。一般轻度的纤毛虫附着，可随对虾蜕皮而去除。只有对虾本身健康状态差、有其他疾病或纤毛虫附着鳃上或有其他细菌混合感染造成鳃部损伤，影响对虾幼体呼吸或全身继发性感染时才容易死亡。此病的发生往往与幼体密度过大、营养不良、水温过低等因素有关。

（3）**预防方法** ①保持良好的育苗水环境，保持水质清新；②控制适宜的幼体密度；③合理投饵，尽量避免水中存在纤毛虫容易附着的有机颗粒；④对卤虫幼体进行严格消毒，减少传染途径；⑤定期在亲虾池和育苗池使用 $5~10mL/m^3$ 的福尔马林进行预防性处理。

福尔马林是对付附着性纤毛虫病的有效药物之一。做法是在池水中一次性加入福尔马林 $10~20mL/m^3$，投药后 24h 彻底更换池水。适当添加淡水或升温、换水均可促进对虾幼体蜕皮而达到去除附着性纤毛虫病的目的。采取此法的前提条件是幼体必须健康，否则处理后不能产生促进蜕皮的效果。

4. 气泡病

育苗中有时会发现幼体体表、鳃腔和肠道内有球形、椭圆形或长形的大小不等气泡。受气泡影响，幼体活动异常，常于水体表面呈挣扎状态，胃肠空，严重时死亡。发生气泡病的原因是由于水体内溶解氧含量过高、水温控制失当所致。在正常水温条件下，较高的溶解氧有助于幼体呼吸，如果水温突然升高，则使部分溶解氧和其他气体逸出，致使幼体鳃腔和体表产生气泡；幼体在摄食时也会将一部分水带入消化道内，水温升高也会使水中气体逸出，结果在肠道内形成气泡并迅速扩大而引起梗死。气泡病多发生在溞状幼体阶段，尤其是在育苗池中微藻类生长良好、而水温由高变低再突然升高的情况下发生。

5. 尾棘刚毛畸形

（1）**病因和病状** 本病多发生在无节幼体和溞状幼体阶段。患病幼体尾棘弯曲、短小、断折，严重者全身刚毛萎缩、光秃，初期幼体游动无力，尾部的皮常难以蜕去而拖着。轻者可以变态为糠虾幼体，重者死亡。本病发生与育苗水中重金属离子超标有关。水温不适也会致使幼体尾棘弯曲和萎缩，如长毛明对虾育苗水温低于 23.5℃时即出现此现象。

（2）**防治方法** 保持良好的水质和适宜的水温。水中重金属离子浓度较高时，可加入 $5~10g/m^3$ 的乙二胺四乙酸二钠盐。

6. 黏脏

（1）**病因** 育苗池幼体密度大、投饵量大、水中悬浮物多时发生。

（2）**病状** 污物黏附于幼体的尾部刚毛和头胸部附肢，镜检可见污物多为丝状细菌、纤毛虫和一些碎屑。被黏附的幼体活动、摄食及变态均受到很大的影响，若不及时采取有效措施，幼体将很快死亡。该病多发生在溞状幼体和仔虾阶段，尤以溞状Ⅰ、Ⅱ期幼体为最多，可能与溞状幼体正处在转食期、体质较弱、营养不良、水质恶化和蜕壳期延长有关；糠虾幼体后捕食能力增强，体质较好，黏脏现象通常较少出现。

(3) 防治方法 ①发现时采取升温或换水的方法促使幼体尽早蜕皮；②可用 $0.8g/m^3$ 高锰酸钾全池泼洒，3~4h 后大换水，一般泼一次或第二天再泼一次可治愈；③用上野黄药、聚维酮碘、溴氯海因等 $1g/m^3$ 和高锰酸钾 $0.5g/m^3$ 混合使用，8h 一次，连用 3 次；④用等温、等盐水换水，改善水环境，仔虾阶段采用换池的方法，把病池中的仔虾移入新池中，促进仔虾蜕皮；⑤全池泼洒 $25mL/m^3$ 的福尔马林，或 $0.05g/m^3$ 的氟乐灵，尽量避免使用强刺激性药物，否则不但不能治疗"黏脏病"，甚至会加重病情。同时还应注意水质处理和优质饵料的投喂，以增强幼体体质。

7. 病毒病

在育苗生产中对对虾幼体和仔虾造成较大危害的病毒主要有 3 种：对虾杆状病毒（BP）、对虾中肠腺坏死杆状病毒（BMNV）和斑节对虾杆状病毒（MBV）等。

对虾杆状病毒（BP）感染凡纳滨白对虾、长毛明对虾等，主要侵染对虾幼体的肝胰腺和中肠等组织器官；斑节对虾杆状病毒（MBV）感染斑节对虾、墨吉明对虾和短沟对虾等，主要感染晚期仔虾和幼虾以及成虾，较少感染溞状幼体和糠虾幼体，侵染对虾肝胰腺和中肠等组织的上皮细胞，在细胞核内形成一个或多个球形的病毒包含体。在我国南方沿海地区，也有杆状病毒和发光弧菌并发症导致斑节对虾幼体大量死亡的报道。中肠腺坏死杆状病毒（BMNV）主要侵害日本囊对虾仔虾，亦称肝脏白浊病，患病幼体常浮于水面，行动迟缓，漂浮或无定向乱游，肝胰脏白浊色，重者肠道也变白浊。该病传染性强，发病后死亡率高，甚至全池仔虾死亡，多见于糠虾幼体和仔虾阶段。

对虾育苗阶段的病毒传播途径有：①亲虾携带病毒传染给子代；②海水中病毒粒子传播；③海水中的中间宿主传播（图 2-19）。

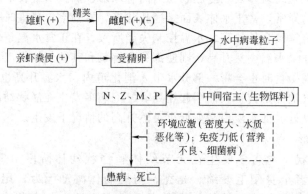

图 2-19　对虾育苗池病毒传播途径
（＋）带病毒；（－）无病毒

针对病毒病的传播途径，育苗期间病毒病的防治应采取以下综合措施。

① 严格检疫亲虾，选用活力强、不带病原体、不带病毒（如桃拉综合征病毒、白斑综合征病毒）或抗病毒品系的健康亲虾。亲虾、幼体进池前应用 $30mL/m^3$ 聚维酮碘消毒 2min。

② 定期淘汰因产卵时间过长而体质下降的亲虾，一般斑节对虾亲虾使用时间不超过 40d，凡纳滨对虾亲虾使用时间最好不超过半年，以提高产卵质量。

③ 切实做好消毒工作，蓄水池存水 2~3d，必要时使用漂白粉消毒处理，杀灭病原体；亲虾池、幼体培育池、饵料培育池以及使用工具应用漂白粉 $50g/m^3$ 消毒，育苗空闲季节（冬季），如操作方便，可将育苗室屋顶掀开曝晒以杀灭育苗池内潜伏的病毒粒子，或在育苗前用福尔马林＋高锰酸钾熏蒸育苗室。

④ 投喂添加高稳定性维生素和其他微量元素的优质配合饵料，增强幼体的抗病力。

⑤ 控制池水理化指标正常和维持稳定，定期投放水质保护剂（如沸石粉）、微生态制剂等。

⑥ 育苗期间不滥用药物，不用国家禁止使用的药物和大剂量抗生素保苗；应按规定的剂量和疗程选用疗效好、毒副作用小的药物，例如，使用双季铵盐络合碘 0.5～1g/m³ 或大蒜素 2g/m³、中药五倍子 1～2g/m³ 或穿心莲 2～4g/m³ 等控制细菌、病毒等病害；勤观察和进行病原体检测，及时用药。

⑦ 严禁高温（32℃以上）育苗，此举不适于培育健康虾。

⑧ 建立隔离制度，亲虾或幼体一旦发生传染性疾病，应采取严格的隔离措施，以免病原传播；病死亲虾应及时清除、销毁，并使用双季铵盐络合碘 1g/m³ 药浴亲虾池；发病育苗池、下水道用强氯精 50mL/m³ 消毒处理，使用工具专池专用并定期消毒；卤虫、轮虫等生物饵料投喂前用 200mL/m³ 甲醛消毒 20min，然后用淡水彻底冲洗。

六、虾苗出池

仔虾经过一段时间培育，虾苗体长达国家规定或地方规定的且供需双方皆承认的标准即可出苗，一般虾苗全长 1.0cm（空运虾苗一般 0.5～0.6cm）、斑节对虾须 1.2cm（红筋苗）以上。在出池前 2～3d 停止加温。使育苗池水温逐渐降到室温。有时还要根据客户的要求降低盐度，以便虾苗能适应养成池塘的环境条件。淡化虾苗时可直接将池水盐度降到 20 左右，然后逐渐降低（一个梯度为盐度 3 左右），当接近临界盐度时，降低的幅度要更小些，降一梯度的间隔时间要长些，以便虾苗逐渐适应。

1. 出苗方法

出苗多采用排水收苗法，即在集苗槽或育苗室排水沟中安装 40 目的集苗网箱（图 2-20），先虹吸排去育苗池的 1/3～2/3 水量，余 30～40cm 水深时即开启排水孔放水，将虾苗排入集苗网箱。一般在包装虾苗前 2h 开始排水收集虾苗；排水要注意控制流速，避免冲力过大而损伤虾苗。待网箱内虾苗有一定数量后要及时捞出，集中移放暂放（苗）桶内。有时一口虾苗池的虾苗数量较大，而客户需要量不多时，则不必放水出苗，可以用捞网直接在育苗池中轻轻捞取虾苗（注意不要搅动池底），再将虾苗集中在暂放（苗）桶中。在暂放桶内放入水温比育苗池低 2～3℃、盐度与育苗池相同的海水，并强烈充气。虾苗出池后，放入暂放桶时的密度不宜过大。

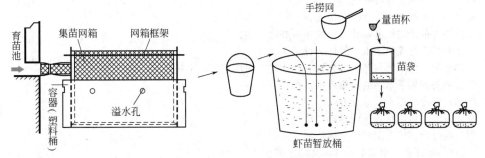

图 2-20 对虾出苗示意图

2. 虾苗计数

虾苗多采用干容量法计数。即把捞出的虾苗集中在 0.5t 或 1t 的暂放桶内或小池内（内置 40 目小网箱），待虾苗有一定数量后，操作人员一边用手捞网捞虾苗，一边用特制的滤水量杯，一杯杯量取虾苗（事先已估 1 杯的虾苗数）装袋（图 2-20），最后以随机抽取已包装好的虾苗袋逐尾计数为准。此法计数迅速。

3. 虾苗包装与运输

虾苗包装运输用水的水温视运输时间、密度和虾苗大小来确定，一般控制在 19～22℃（凡纳滨对虾），与暂放苗桶内的温差应小于5℃。影响虾苗运输成活率的因素是溶解氧、虾苗密度、水温等。

虾苗运输方法应根据路途远近及交通条件，采用空运或陆运。装苗密度根据虾苗规格、运输水温、时间长短而定。空运虾苗常用 $50cm×50cm×30cm$ 的航空包装箱，双层聚乙烯袋内装水 $1/4～1/3$，加抗生素 $0.5～1mg/L$，装苗 15 万尾左右（凡纳滨对虾）。包装用水的水温、盐度、pH值等水质指标应与出苗池一致。虾苗装袋后，挤出袋内空气，充氧，扎紧袋口，即可装运。空运还需用泡沫箱、瓦楞纸箱外包装，胶带封口。高温季节在包装箱内放置冰袋（系在外层塑料袋上）；路途较近可用冷藏车运输。近年高速公路运输便捷，一些地区采用车载塑料大桶或帆布桶大批量运输，途中连续充纯氧或小型柴油机带动充氧机充氧。

本章小结

对虾育苗场的主要设施有育苗室、微藻饵料培养池、动物饵料培养池、亲虾越冬池、产卵池以及供气、供热、供水、供电系统。育苗用水必须进行适当处理，水的处理包括调控水温、盐度、溶解氧量、pH值，消除或降低水体中超量重金属离子、有害物质，以及清除水体中的敌害生物等。幼体入池前，大多需要对沙滤池水做进一步处理，处理方法因各场的水环境条件而异，要根据当地海区水质情况选择适宜的处理方法。消毒水的方法主要有氯消毒法、紫外线消毒法、臭氧消毒法等。对虾育苗用亲虾选用自然海区或人工培育的亲虾或进口亲虾（如 SPF、SPR 亲虾等），性腺未成熟的亲虾可以通过切除眼柄、提供充分的营养和控制水温、光照等生态条件，促进亲虾卵巢发育成熟和产卵。产卵亲虾最好经过病毒检疫，成熟亲虾在傍晚挑选入池产卵，在控制适宜水温的条件下，无节幼体次日孵出。幼体培育饵料为浮游微细藻类、人工微粒子饲料、轮虫、卤虫等，对虾幼体室内培育的时间应随水温而异，一般经 2～3 周达到出苗规格。育苗期间要做好幼体培养环境的调控及病害防治等各项工作，确保虾苗健康成长。虾苗出苗前应根据养殖地虾池的水温、盐度调整室内育苗池水的温盐度、或淡化虾苗，并做好包装运输等工作。

复习思考题

1. 对虾育苗场主要有哪些设施？
2. 简述当地对虾育苗亲虾的来源途径。
3. 选择亲虾的质量标准是什么？成熟亲虾的主要特征是什么？
4. 什么对虾需要促熟手术？怎样施行手术？
5. 简述亲虾性腺发育与环境的关系。怎样在室内培育促熟亲虾？
6. 简述亲虾促熟手术后的主要管理工作。
7. 简述对虾育苗用水的处理方法。
8. 简述对虾幼体培育各阶段饵料的投喂种类。
9. 简述对虾幼体培育期间的水温控制范围。
10. 简述从亲虾进场至无节幼体出售的主要工序。
11. 对虾受精卵孵化要注意哪些问题？影响受精卵孵化的主要因素有哪些？
12. 育苗期间换水应注意哪些问题？
13. 对虾育苗期间的光照怎样调节？
14. 幼体培育期间怎样掌握充气量？
15. 简述对虾幼体易患疾病的症状及其防病措施。
16. 简述对虾育苗期间盐度的管理和虾苗淡化方法。
17. 怎样判断幼体健康与否？患病幼体有什么特征？
18. 仔虾出池的规格及环境条件如何？

第三章 ▶▶ 对虾养殖技术

学习目标 👆

1.了解对虾养殖的主要模式及其优点。

2.了解对虾养殖池塘的场地条件和生产设施。

3.掌握对虾健康养殖的概念及养殖环境管理调控技术。

4.掌握凡纳滨对虾淡水养殖的虾苗暂养方法和淡水池塘养殖的管理技术。

5.了解对虾的保鲜和活体运输技术、对虾池塘混养技术以及对虾增殖放流的意义。

对虾养殖产业是近40年来发展最快的水产养殖产业之一，进入21世纪以来，对虾养殖面临许多现实问题的困扰，如虾病问题、环境问题、种苗质量问题以及市场潜力问题等。随着世界水产业技术壁垒和贸易壁垒的加固，对虾养殖业面临着新的挑战。目前，国内外水产养殖专家及养殖业者都达成共识，在选育无特定病原（SPF）的亲虾或抗特定病原（SPR）的亲虾、培育SPF苗种、综合调控养殖环境、投喂高效优质饲料以及科学防治病害等方面构成无公害健康养殖系统，才能实现虾蟹养殖业的持续发展。

第一节 对虾养殖模式

我国对虾养殖技术不断改进和更新，养虾由半精养向精养、集约式发展，建立了许多养殖模式，使对虾养殖业得到持续发展。不同的养殖模式各有其优点，选择养虾模式要根据当地的自然环境条件、技术水平和经济状况等综合因素而决定，要适合本地区的特点。

一、半精养模式

半精养模式的主要特点是：①虾池建在海湾、潮间带滩涂（亦称为低位池），利用潮差纳水和排水；虾池连片，少则几十公顷，多则几百公顷，进排水混合交融；②单个虾池面积$667 \sim 10000 m^2$[●]；③海湾内靠潮差进排水的养虾区易形成富营养区，易暴发虾病和蔓延虾病。此种养殖方式投资较少，成本较低，是我国目前养殖对虾的主体模式。

● $667 m^2 = 1$亩。

二、混养模式

混养模式（属半精养类型）是以养殖对虾为主、兼养其他生物的养殖模式，大多是在老化虾池采用。混养形式有虾鱼混养、虾蟹混养、虾贝混养和虾藻混养或多品种混养。

三、精养模式

精养虾池面积较小，标准化的池塘水深 1.5m 以上，设有进、排水口（闸门），提水和增氧设备，或有增温设施和自动监控设备。目前精养对虾有以下几种模式。

1. 提水高密度养殖模式

该模式亦称高位池养殖，即在高潮区上建造虾池养虾。

精养虾池面积一般为 $4000\sim6670m^2$，长方形、正方形或圆形，池底为锅底形。池深 2~3m，养殖水深 1.5~2.5m。养虾池一般建在距海边 80~100m 或更远处，池底高于海区高潮线 1~4m。有些建在沙滩上的高位池，池底铺地膜防渗，并在地膜上覆盖 30~40cm 的沙土压固和营造适宜对虾生长的环境。护坡材料有水泥、水泥板、玻璃钢板或厚塑胶膜等。高位池养殖设施一般由进水系统、排水系统、增氧系统、养虾池四部分组成。

进水系统有提水设备、引水管道、蓄水池、进水渠（或管）、过滤设施等。根据虾场及海滩自然条件，在海滩上建造"沙滤井"或建造过滤池和蓄水池，自然海水经过过滤或净化处理后才进入虾池。

排水系统由虾池排水口、排水渠或埋于地下的排水管组成，排水口在虾池的一侧，或建有中央排水管道，养虾产生的废物可随时排出。进水系统与排水系统完全分开。

增氧系统主要由增氧机和电力系统组成。增氧机除了保证虾池有充足的溶解氧及起搅拌作用外，还有驱使虾池水形成环流、在池底中央聚集污物、为对虾提供洁净空间的作用。

与传统沿海滩涂池塘养虾相比，高位池养殖模式是一种集约式的高密度养殖模式，具有明显的优势，其主要特点有：①虾池能避免风暴潮的袭击，安全系数较大；②虾池易排水、清淤、晒塘和消毒，易于除害防病；③水泥护坡、防渗地膜或地膜池底模式，为对虾提供良好的栖息底质，隔绝虾池与周围环境的接触，减少感染白斑病毒的机会；④高潮区建池、动力提水和中央排污系统可保证全天进水和排水、排污，有利于调节水质；⑤池水深，并配备增氧机，池水溶解氧充足，结合施用微生态制剂和适当换水，可高密度养殖，一般每亩放养斑节对虾苗 4 万~4.5 万尾或凡纳滨对虾苗 5 万~8 万尾，产量可达 1000~1500kg，经济效益高；⑥配有海水过滤设施和蓄水池，能预防病毒病的水平传播；⑦有淡水源，可经常添加淡水、调节盐度，促进对虾的生长；⑧高位池养虾投资大、成本高。

当前应当注意的是，无序且过度开展高位池养虾的负面影响已经显现，一是养虾高位池海水渗漏严重，或随意排放污水，造成土地盐化、地下水"咸化"；二是未经处理的养虾废水排放大海，导致海水富营养化，也危及近海生物；三是过度开挖高位虾池而造成的毁林、占地问题；四是抽取地下水养虾导致地层下陷、海水侵入地下水位的问题。因此，各地要科学规划，不能盲目开发，要重视生态环境的保护。

2. 高位池分级养殖模式

为了避免因放养密度高，造成养殖中后期因残饵、排泄物等有机物增多导致水质恶化或池底老化，有些地方利用坡形地势，建造由高到低的三级高位池（图 3-1），一级池池位最高，池较小；二级池居中；三级池池位最低，池面积最大。各级虾池以管道相通，配备增氧机、抽水机等设备，形成由高到低的三级虾池连通的精养对虾设施。分级养殖的优点有：池塘小，便于清池及管理；每一级的养殖时间相对较短，池底污染较少；可有充分时间培养大规格虾苗,多季养虾。

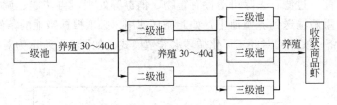

图 3-1 分级养殖工艺流程

3. 水泥池养殖模式

利用原有的工厂化养鱼池、海参池、鲍池或对虾育苗池养虾,即"小水体+水泥池+温室或大棚"的养殖模式。该模式需配置足够的增氧设施,每 1000m³ 水体至少要配备 11~15kW 的鼓风机,供氧功率 8~10W/m³,每平方米配置气石 3~5 个或纳米管 0.5~0.8m,保证养殖期间水中溶解氧在 5mg/L 以上,每天适量换水和排污。水泥池面积一般为 20~60m²,每平方米投放虾苗约 400 尾,以合理的养殖密度促使对虾生长快、早收获而降低风险。根据当地气候和设施条件,一年养殖 2~3 造虾。近年来水泥池养虾模式在我国沿海地区得到较快发展。

4. 封闭式循环水养殖模式

随着水产养殖业的迅速发展,养殖废水的排放量大大增加,传统的对虾养殖生产模式已经对自然环境产生了严重的负面影响,这种以污染环境为代价的水产养殖生产模式已不合时宜。而封闭式循环水养殖系统具有高密度、养殖生产不受地域气候限制、资源利用率高、产品优质安全、病害少、循环利用养殖水、减少环境污染等优点,是实现水产养殖业可持续发展的重要途径。封闭式循环水养殖模式作为一种高效、节水、环保的养殖模式,已得到广泛关注。

封闭式循环水养虾用水流程(部分见图 3-2)为:水源→蓄水池→过滤消毒→养虾池→废水沉淀池→水生生物净化池(沟)→过滤池→微生物分解处理池→养虾池。

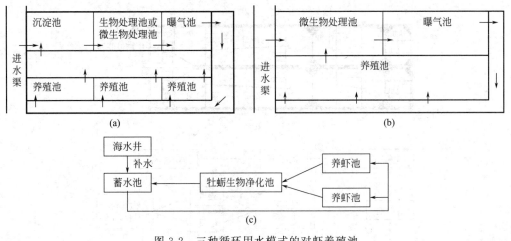

图 3-2 三种循环水模式的对虾养殖池

(a),(b)引自陈秀男等,2000;(c)引自林海城等,2016

5. 工厂化循环水养殖模式

对虾工厂化循环水养殖是采用工业手段控制池内生态环境,营造对虾最佳的生存和生活条件,高密度放苗、投喂优质饲料、提高单位面积的产量和质量、获取较高经济效益的一种高投入、高产出的新型养殖模式。

　　对虾工厂化循环水养殖系统包括养虾池、消毒杀菌、水过滤处理、增氧、水温调节等装置。养殖废水经沉淀、过滤、去除可溶性有害物、消毒等处理，再调温、调 pH 值、增氧和补充适量的新鲜水，重新输送到养殖池中，如此循环使用。必须根据当地的条件，借鉴各种经验，研究开发高效、经济、实用的对虾工厂化循环水养殖模式。如图 3-3 所示为对虾工厂化循环水养殖系统示意。

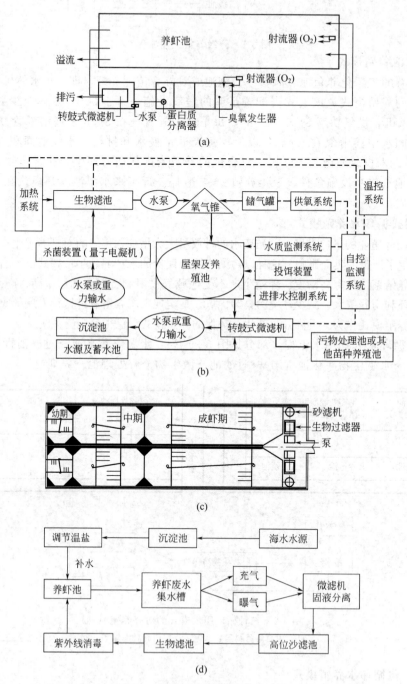

图 3-3　对虾工厂化循环水养殖系统

（a）美国德州跑道式养虾系统；（b）中国台湾台南室内工厂化循环水对虾养殖系统；

（c）美国佛罗里达三阶段对虾养殖系统；（d）我国对虾工厂化循环水对虾养殖系统（引自穆珂馨等，2012）

四、对虾健康养殖流程

对虾养殖周期一般需要 3～4 个月，健康养虾的主要过程如图 3-4 所示。

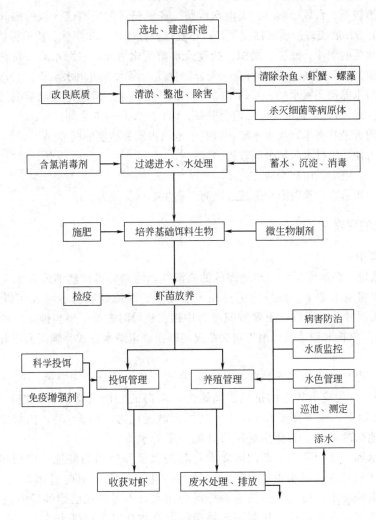

图 3-4　对虾健康养殖流程

第二节　养虾场的建造

良好的环境条件是养虾成功的保障，也是养虾业可持续发展的前提。建设虾场时，需先对拟选场地的地质、地貌、水文、气象、水资源、生物群落和饵料资源等进行综合调查，并对养虾生产可能造成的生态环境影响以及对其他产业发展的影响进行评估。提出设计方案后，经过专家论证，报有关部门批准后实施建设。

一个规模化的养虾场，主要设施一般有养虾池、进排水系统、扬水站、蓄水沉淀池、虾苗中间培育池、供电设施、冷藏保鲜间、饵料加工间、储存间、化验室、生活区等。各项设施布局要合理，既相对集中，又要避免互相干扰。

一、养虾场的地理条件

要寻找一个理想的养殖场地是困难的，必须从投资、安全、管理以及发展等方面来综合考虑建场的地理条件。选择养虾场地主要考虑以下几个因素。

① 选择风浪较小、台风影响小、无洪水威胁、潮流畅通的内湾或区域的潮间带或高潮线以上 2～4m 的潮上带；底质以沙质或沙泥为好；不宜选择红树林区和森林、耕地保护区。

② 了解该地区的潮汐、潮位、淤积、盐度及水质变化情况，水源水质应符合《渔业水质标准》（GB 11607—1989），养成水质应符合《无公害食品　海水养殖用水水质》（NY 5052—2001）、《无公害食品　淡水养殖用水水质》（NY 5051—2001）的规定，取水地点潮流畅通，海水盐度一般不高于 35，不低于 1，半咸水海区最适合养虾；pH 在 7.8～8.6 之间。

③ 养虾场附近最好有丰富淡水水源，以利于池塘水质和盐度的调节。

④ 进排水方便，进排水区域分隔较远。

⑤ 地势平坦，电力供应和交通方便。

⑥ 养虾场面积适宜，养殖面积不超过该海区的生态承受能力。

二、养成虾池的建造

1. 半精养虾池

(1) 虾池选址　虾池底部低于当地海区的高潮线，涨潮时可自然纳入海水，而池底高于低潮线，退潮时可将池水排干。场址应选择在风浪较小、潮流畅通的港湾或河口沿岸潮间带滩涂。底质最好为泥沙质或泥质，土壤酸碱度为中性。建设时需要了解当地海区的潮汐类型、历年潮差变化情况、流向和流速及风浪等水文情况，以便确定纳水方式、闸门大小和数量及池底和堤坝的高度等。

(2) 堤坝　堤坝的作用是抗风阻浪、分隔虾池、蓄水养虾，还兼做人车道路。堤坝分外（主）堤和隔堤。外堤应有较强的抗风防潮能力，向海的一面通常砌石护坡，堤高在当地历年最高潮位 1m 以上，堤顶宽度 6m 以上，迎风面坡度比为 1∶(3～5)，内坡度比为 1∶(2～3)。隔堤为虾池间的堤坝，其作用是保持虾池一定的水位。

(3) 进排水渠　潮间带中、低潮区滩涂建起的大型养虾场的虾池一般沿进水渠以"非"字形排列（图 3-5），进、排水渠道分别独立设置。进、排水渠道的进水口与出水口应尽量远离，以免排出的废水污染新水。新建养虾场的排水口不得设在已建虾场的进水口或扬水站附近。排水渠除了正常排水外，还要满足暴雨排洪及收虾时急速排水的需要，其宽度应大于进水渠，渠底要低于各虾池排水闸底 30cm 以上。

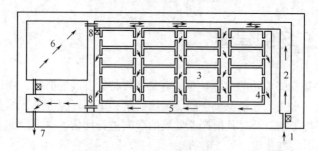

图 3-5　虾池平面示意图

1—进水闸；2—进水沟；3—养虾池；4—虾池闸门；5—排水沟；
6—循环净化水池（蓄水池）；7—排水闸；8—水闸

（4）虾池结构 虾池多为长方形，东西长为好，长宽比为 2∶1～3∶1。每口虾池的面积以 10000～70000m² 为宜。半精养虾池多增氧设施，池水深 1.5～2m。池底平整，稍向排水闸倾斜，如果排干池水后仍有积水处，则要以新沙土填平；池底不可漏水。有些虾池池内挖沟，断面结构如图 3-6 所示，环沟距池堤岸大于10m，沟宽 6～8m、深0.3～0.5m，沟壁坡度为1∶（1.5～2），沿池边建高 0.5m，宽 1.5m，坡度 1∶2 的投饵台；有的虾池建有中央沟；挖沟既增加水深，还为对虾提供了避暑、避寒的场所。对旧虾池，可以根据健康养殖虾池的要求进行改造。

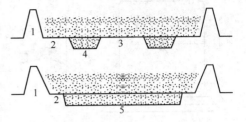

图 3-6 常见虾池断面示意图
1—堤坝；2—投饵台；3—滩面；
4—环沟；5—中央沟

（5）进排水闸 闸门应建于底质坚硬处，进、排水闸分设于虾池的两端，遥相对应。闸门的宽度视虾池大小而定。进、排水的流量，一般要求 4h 内能进、排全池水量的 2/3 以上，而且可以排干池水。

进水闸一般设三道闸槽，外槽插放粗滤板网，以阻拦杂物和敌害生物，中闸槽设置闸板以控制水位和流速，内闸槽安装锥形滤水网。排水闸亦为三道闸槽，自内向外安装防逃网、闸板和收虾网。排水闸建于池塘的最低处，闸底低于池内最低处 20cm 以上，以利排水；可设活动闸板，以便暴雨出现时可排出表层淡水。进、排水闸关闭时均应不漏水。

虾池也可只建排水闸，进水则采用水泵抽水、管道或渠道进水，进水口设两道闸槽，一个设置滤水网，另一个设置挡水板。

（6）养虾池改造 20 世纪 80 年代建设的虾池面积大、水浅，经过多年使用，有的虾池老化、池底黑化严重，有的进排水不畅，对这些低产虾池需要有计划地进行改造。虾池改造多采取以下几种办法：一是大改小，浅改深，池底清淤，疏通水渠（道），增建蓄水池和配备增氧机，变半精养池为精养池；二是拿出部分虾池改作为蓄水池，可以设计 3～5 个养殖池配备 1 个蓄水池，或可把长条形的虾池截出 1/3 作为蓄水池，以蓄存和净化海水，预防病害；三是在水源缺乏的地方，采取封闭式循环水养虾模式，建设废水处理池，废水经处理后再引入蓄水池；四是在有充足淡水水源的地方，一次引进海水或盐卤水或盐碱地渗出的高盐水，逐渐添加淡水养虾，但淡水使用前须进行严格分析；五是改善虾池周边环境，使进、排水口分开，做好污水处理。

2. 精养虾池

（1）选址 一般建于高潮区上，即池底比高潮时的最大潮位高 1～6m，使虾池水在任何时候都能排干。底质为沙质或泥沙质。

（2）虾池设计 精养虾池的面积一般为 3300～6670m²，条件好的精养虾池或高位池以2000～3300m² 为宜，最好不超过 5000m²；循环水养殖池面积一般为 667～2000m²；分段式养殖池面积为 667～1300～3300m² 或 667～2000～5000m²。虾池形状为方形或长方形，池角呈圆弧状，高密度精养高位池以圆形或近圆形为好，利于增氧机开动时使池水环流，达到池底废物向池中央聚集的目的。池中部略深，为锅底形，设中央排水口（图 3-7），排水时能彻底自流排干。池堤用水泥板或塑料膜做护坡。池深一般为 2.5～3.0m，日常水位保持在2.0～2.5m。

若虾池为沙底质或强酸性土质时，可在池底铺防渗塑料地膜。铺设地膜的虾池，单池面积 1300～10000m²，池底夯实，池深 2.5m，水深1.8～2m，堤坡度为 1∶1.5；地膜

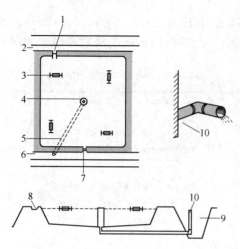

图 3-7　中央排水的小型精养虾池

1—进水口；2—进水渠；3—增氧机；4—排水滤网；

5—排污管；6—排水渠；7—排水闸；8—进水渠；

9—排水渠；10—排水管

厚而坚固，铺满整个池底不漏水；地膜在池堤上压固。养殖斑节对虾在地膜上铺 20～30cm 沙土，养殖日本对虾铺沙 30cm，养殖凡纳滨对虾可以不用铺沙土，施肥后，藻类可长在地膜上，为对虾生长提供良好条件。地膜式虾池的排水也可采用虹吸法将老水连同污物排出。

(3) 进、排水系统　进水系统由抽水动力装置、引水管道、蓄水池、进水渠道（管）组成，或有沙滤系统。排水系统由中央排水口、排水管或排水渠组成。进水渠道应适当高些，以使海水自流进入虾池。排水渠应比虾池最低点低 30～50cm，以便排水。

当海区水质较差、水源供应较困难，或者采用循环水养殖模式时，蓄水池则是必需的设施，尤其精养池更应设蓄水池，其用水要经过严格的处理。蓄水池具蓄水、沉淀、生物净化、降低海水中病原菌、降低病原体宿主数量等多种作用，设置较大的蓄水池是预防病毒性虾病的重要措施之一。蓄水池内还可放养殖一些滤食性贝类、海藻和肉食性鱼类等，净化水质以减少病原生物。在虾病流行期间，蓄水池也可用作为消毒水池。通常蓄水量应达到全部养殖所需水量的 30% 以上。

蓄水池应尽量采用纳潮方式进水，以节约能源。有些地区养虾池位置较高，应设抽水设施，抽水设备的功率要求能在 4～6h 内将蓄水池注满。抽水方式因地区、养虾池位置不同而有差异。如单体虾池可在进水闸处设抽水泵；中小型养虾场、多个虾池，则可利用潮汐纳水入蓄水池或蓄水沟渠；也可铺设大口径水泥管道，从低潮区将海水引入岸边的大储水深井，再用水泵将海水抽至进水渠道。水泵日抽水量应达到养殖场总蓄水量的 10%。养虾场可使用轴流泵抽水，轴流泵适用于大流量、低扬程的场合。

蓄水池必须有出水口，可以完全排干、清淤和消毒。蓄水池设渠道或管道与养虾池相通，也可用水泵向养殖池供水。循环水养殖池的水排出后如需再使用，应先进入废水处理池，经过净化处理后，再进入蓄水池。

(4) 增氧机　高密度养虾，必须配备增氧机。目前普遍使用水车式、叶轮式和射流式增氧机，或采用气石式增氧、底部微孔增氧（管道、盘状）等设施。耕水机、涌浪机是近年来推广的新型池塘养殖增氧机械。一般增氧机用 0.75～1.5kW 电动机驱动，10000m² 左右的虾池配 3kW 增氧机，精养虾池每 1000m² 设 0.75kW 增氧机 1 台。

三、养殖废水处理池

传统的对虾养殖，采取大排大灌的换水模式，养殖废水未经处理直接排入附近海域，污水量超过了海域的自净能力，导致近岸水域富营养化。水产养殖废水的排放已成为制约产业健康、稳定和可持续发展的关键问题。

建废水处理池的目的是减少养殖废水对外界环境的污染和病害的交叉感染。应对养殖废水进行消毒、沉淀和生物降解处理，养成池的水排出后，先进入废水处理池，利用海藻来吸收废水中的氮、磷营养盐，蓄养滤食性鱼类、滤食性贝类等吸收水中的有机悬浮物，水经过净化处理后，再进入蓄水池、养虾池或排出，达到无公害化排放。废水处理池的面积一般为养虾池面积的8%～10%。

四、仪器设备

大型的养虾场或养殖公司应配备生物显微镜、盐度计（或比重计）、水温计、溶解氧测定仪、pH值测定仪和透明度盘等仪器设备，有条件的还可配置氨氮、总碱度测定仪器，微生物分离培养设备，病原检测试剂盒、PCR测定仪、水质自动监测系统等。

五、物联网系统

物联网是通过感应、信息识别、信息传递、信息分析、监控管理等技术手段实现智能化活动的一种新兴信息技术。水产养殖物联网系统（图3-8）使养殖户可以通过手机、计算机等信息终端，随时随地掌握水产养殖动物和水环境信息，并可根据监测结果实时调控，进行科学养殖与管理。我国水产养殖物联网技术的应用正处于起步阶段，随着现代养殖业逐步向规模化、集约化方向发展，物联网技术在养殖环境监控、精细投喂、疾病预防与诊断、养殖过程可跟踪与产品质量可溯源等方面的应用潜力正受到越来越多的关注。

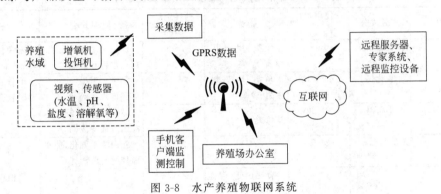

图 3-8 水产养殖物联网系统

第三节 养虾前的准备工作

一般池塘养虾的准备工作流程为：排干池水→封闭晒池→清淤、整池（翻土或填土）、修堤→安装闸网、消毒清池→进水→施肥繁殖饵料生物、肥水。室内工厂化养殖水泥池则要彻底消毒清洗。

上述操作工作量大，时间性强，一环紧扣一环，需要认真做好。

一、清淤整池

虾池经过1年使用后，池底淤积了大量残饵、排泄物、生物尸体，并含有有害生物和病原微生物，这是造成虾池低产、虾病发生的主要原因。而且，淤泥中的有机物在高温、暴雨等环境条件发生突变时，或消耗大量溶解氧，或产生各种有毒物质，轻则影响对虾的生活和生长，重则导致虾病暴发。因此，清淤和晒池是预防虾病的重要环节，一定要细致、彻底地整治。清淤的方法如下所述。

① 如果淤泥超过30cm，可在冬季排干池水，晒干池底，铲除淤泥。清出的淤泥不能堆放在堤顶、堤坡上，以免降雨时将淤泥冲回虾池。不得将池中污泥直接冲入海中。

② 无法排干池底积水的虾池，先尽量排干，封闭闸门，曝晒池底至干裂。养虾较久的

虾池，上层底土晒干后，应翻耕底泥，同时每亩加入生石灰 80～100kg，促使有机物充分氧化和改良底质。如欲缩短晒池时间，可加沸石粉 15～20kg/亩。

③ 清淤时可结合改造虾池底质，如在池底覆盖砂或土，使底质变得更加适宜于虾类生活。

整治虾池时还应堵塞漏洞、加固和维修堤坝，清除池边的野生螃蟹、藤壶、海蟑螂、老鼠等有害动物。进、排水闸缺损或漏水，应进行修补，保证池堤和进、排水闸不漏水。

虾池整池完毕后，封好进、排水闸门，外闸槽安装网目为 1cm 的平板网，以阻拦杂草及杂物，内闸槽安装 60 目的锥形滤水网。

二、清池除害

药物清池是利用药物杀死有害杂鱼、敌害生物和病原微生物，是提高养虾成活率的重要措施。一般在放苗前 20d 进行。常用的清池药物有漂白粉、生石灰、茶籽饼、鱼藤精等（表3-1），不得使用禁药、有害农药进行清池消毒。

表 3-1　几种常用清池药物参考用量及使用方法

药　物	有效成分	使用量 /(g/m³)	毒谱	药性消失时间	使用方法	备　注
漂白粉	有效氯32%	30～50	鱼类、甲壳类、细菌、藻类	4～5d	加少量水调成糊状，再加水稀释泼洒	避免使用金属容器；晴朗天气使用
生石灰	氧化钙	①80～120 ②160～200	鱼类、甲壳类、细菌、藻类	7～10d	①少水干撒 ②带水泼洒	改善底质；pH 值暂时会升高至 11
茶籽饼	皂角碱 10%～15%	15～30 (10～20)	鱼类	2～3d	敲碎后浸泡 2～3d，浸出液稀释泼洒	残渣可肥水
鱼藤精	鱼藤酮2.5%	2～3 (0.5～1)	鱼类	2～3d	先用淡水乳化，加水稀释搅匀泼洒	
杀灭菊酯		0.1～0.3	脊尾白虾(俗称五须虾)	3～4d		清池用
敌百虫	有机磷酸酯	2.0～2.5	敌害鱼、脊尾白虾、蟹类等甲壳类	6～7d		清池用；养虾蟹池禁用
强氯精(三氯异氰尿酸)	有效氯60%～85%	0.15～0.20	细菌、病毒、真菌孢子等，水体消毒	2d		避免使用金属容器

注：1. 括号内为放养虾后杀鱼留虾的使用量；2. 生石灰的使用量单位为 kg/亩。

清池用药时注意：①清池前应安装好滤水网，避免用药后仍有敌害生物从闸门缝隙进入；②选择晴天清池施药以提高药效，一般为晴天 9～10 时或 15～16 时；③注意虾池死角、蟹洞、积水和坑洼处；④检查清池结果，若发现仍有敌害生物应再加药；⑤操作人员应戴口罩，在上风处泼洒，以防中毒和沾染衣服，用过的器具要及时清洗。

近年一些地区利用电厂余热、地热或室内工厂化养鱼池、贝类池或海参池进行多造养虾。养殖车间在每次放苗前都要进行彻底清理、消毒，防止对虾病原体、肝肠胞虫残留池内。具体操作为：用浓度为 20g/L 的 2.5% 的氢氧化钠清洗池子，曝晒 7 天，加满水用200g/m³ 的漂白粉浸泡 3～5 天，清洗干净晾干；每立方米空间用 10mL 甲醛＋5g 高锰酸钾熏蒸车间 4～6h。池子内壁涂刷油漆，防止缝隙内残留病毒和寄生虫卵。

三、过滤进水

虾池进水有几种模式，即海区直接进水、沙滤进水、引进沉淀消毒水和卤水调制等。

1. 海区直接引水

即涨潮时由养虾场的进水沟（渠）直接纳入自然海水。从海区直接引水，各项指标应符合《无公害食品　海水养殖用水水质》（NY 5052—2001）的标准。虾池药物消毒后，便可选择大潮汛，开闸进水。进水闸滤网为 40～60 目筛绢制成直板网片或锥形网。面积大的虾池应使用锥形网，网长为网口宽的 5～6 倍。进水时锥形网的末端用绳子扎紧，根据滤网所承受的压力而调节闸板的开启高度，防止水流过急而冲破滤水网。进水完毕及时关闭闸门，清除滤网内的杂物，晾干滤网以备下次使用。

一般来说，海水以冬季水质较好。在盐度较低的海区，可利用冬季病原微生物比较少的时候蓄满海水，在蓄水池内长期沉淀净化。或在有淡水源的地方，冬季在蓄水池储满海水，翌年根据盐度情况，兑淡水养虾。

2. 沙滤进水

在沙质海滩挖建沙井，海水经沙滤后抽入虾池。

3. 引进沉淀消毒海水

养虾实践证明，在虾病流行期间，直接引进海水的虾池易发生虾病，而海水经贮蓄沉淀数日再放入虾池则可避免。可建造蓄水池，蓄水沉淀 72h，或再经漂白粉以有效氯 1～2g/m³ 的浓度消毒后，才将水抽入养虾池中。或进水后用浓度为 2g/m³ 的 50％过硫酸氢钾消毒池水，重金属含量较高可施用 1～2g/m³ 的 EDTA 钠盐。

4. 卤水调制

收虾后在虾池中蓄入盐度 90 以上的卤水，翌年再添加淡水并用漂白粉消毒池水；或在清淤消毒虾池后加入卤水，再用淡水调制成适宜的盐度。

虾池首次进水以水深 30～40cm 为宜，以利于施肥培养饵料生物，以后再逐渐提高水位。

四、施肥培养基础饵料生物

基础饵料生物是指在虾池自然生长的、可作为对虾饵料的生物，主要有小型浮游生物、小型甲壳类、多毛类和贝类等。培养基础饵料生物是解决对虾早期饵料、提高虾苗（幼虾）成活率、促进对虾生长、降低养虾成本的一项有效措施。而营造适宜、稳定的水色，是养虾早期管理的关键措施。

施肥培养基础饵料生物的通俗说法叫"肥水"或"做水"。用于虾池的肥料有无机肥和有机肥。无机肥包括尿素、硫酸铵、过磷酸钙、复合肥、无机矿物质等；常用的有机肥有禽畜粪便、豆粕、米糠、鱼粉、茶粕、氨基酸类肥水剂等；对于沙质底的虾池，施用有机肥的效果较好。一般每亩施尿素 3～5kg、过磷酸钙 1～2kg，氮磷元素之比为 10：1。施肥时需将氮肥和磷肥分别用水搅拌稀释，然后均匀泼洒。第一次施肥后，视水色、透明度、pH 的变化而决定是否追肥。放苗时间紧或水温低时宜使用无机肥或氨基酸类肥水剂，水色培养较快。

铺地膜或沙底质的虾池或新虾池，环境中有机质少，最好使用有机肥，使用量为 20～30kg/亩，可将干燥的禽畜粪便、鱼粉、豆粕等分置于数个编织袋中，扎紧袋口，垂挂池中，使各种营养物慢慢溶入水中。或者可先将有机肥发酵后再使用，做法是：备好发酵桶，在桶中加入 1/2 的鱼粉、豆粕、花生麸、米糠、饲料粉末等原料，添加微生物活菌（芽孢杆菌类）和水，充分混合；经 2～3d 发酵再装袋挂于虾池中，使用量为 10～20kg/亩（为发酵前的肥料量）；或仅取发酵肥的上层溶液过滤施用；此法可以比较迅速地培养出浮游动物作虾苗的饵料。

施肥要少而勤，做到"三不施"，即：水色浓不施，阴雨天不施；早晚不施，中午施。

结合培养水色，可在放苗前 3～5d，选择晴天上午 9 时以后，泼洒光合细菌、硝化细菌、芽孢杆菌、EM 菌等有益微生物制剂，开动增氧机 48～72h，使有益菌迅速繁殖形成优势种群。

施肥后数日水色开始变浓，逐渐添水至 1.5m。当池塘水色呈茶褐色或浅绿色，透明度 30～40cm，pH 在 8.5～8.7，即可放苗。有时因故耽误了放苗时间，使得已培养的基础饵料生物老化、水色变清，或培养中出现丝状藻类、夜光虫等有害生物时，则要重新清池消毒，注入新水，再施肥培养基础饵料。

养虾实践证明，基础饵料生物培养较好的虾池，在不投饵的情况下，仔虾可在 40d 左右体长由 1cm 长到 6～7cm。

第四节 虾苗放养

一、虾苗质量的鉴别

虾苗质量好坏直接影响养殖的成活率。健康虾苗的主要特点为：①个体整齐，大小基本一致；②体表光亮，附肢完整干净，体表和刚毛无附着物（必要时镜检）；③胃肠饱满，有黑色食物（中国明对虾、长毛明对虾、凡纳滨对虾等虾壳透明者）；④第二触角鳞片平行并拢，尾扇完全张开；⑤体长 1cm 以上的虾苗会附壁（斑节对虾）；⑥虾苗放在手掌上会跳动；⑦打旋水后顶流能力强。

如虾苗身体瘦弱、无顶流能力、肝脏和消化道白浊、体色发红或白浊者均为不健康虾苗。

选购虾苗时，还要了解亲虾来源及产卵批次，观察育苗池内虾苗的密度（池内大卤虫多、虾苗稀者可能正发病或发过病）、池底状况（死亡虾苗数量及腐败程度、饵料残留量）；测量育苗池水的盐度、pH，了解育苗水温等。还应注意虾苗在出池前是否被换池或混入其他虾苗。如有条件可采用选取少量虾苗送专业机构进行 PCR 病毒检测，或用快速检测试剂盒自行检测，避免投放携带病毒的虾苗。

二、虾苗计数

虾苗运抵养虾场，有时需要再次计数，以便准确掌握虾苗数量，掌握投饵量。计数可采用无水法或带水法计数。

1. 无水称量法

用 60 目筛绢网做网盘，捞取虾苗称重，扣除网盘重后即为虾苗的重量；计数每克重的虾苗尾数，再求得虾苗总数。注意该操作动作要快，每次称苗量不要太多，以免损伤虾苗。

2. 带水称量法

先取少量虾苗，用天平称其去水重量，然后计算每克虾苗的尾数或单位重量的尾数。取一容量 10L 的塑料桶，加入一定水量，称其重量；用手抄网捞入虾苗，再称取总重，扣除先前重量即求得虾苗重，再乘以每克虾苗的尾数或单位重量的尾数即可求得全部虾苗的数量。注意每次称量的虾苗重量以不超过 500g 为宜，操作要快，以免虾苗缺氧死亡。

三、虾苗中间培育

虾苗放养方式有先经中间培育后再放入大池和直接放养到大池两种方式，两者各具优缺点。养虾人员根据虾池的清池时间进度及基础饵料生物的培育情况、放苗计划及收获时间、自身的养殖经验及技术水平等全面权衡，决定采取哪一种方式。

虾苗中间培育（亦称标粗）是将体长 0.7～1cm 的虾苗培养至 2～3cm 大规格苗种的过程。中间培育优点是：大规格虾苗适应环境和躲避敌害能力较强，有利于提高成活率；便于准确估算虾池中虾的数目，精确计算投饵量；可以延长虾池培养基础饵料的时间，有利于发挥虾池的天然生产潜力，减少人工投饵，减轻残饵对池底的污染；进行多季养虾时，可以调节前后衔接时间，避免前季未收虾、后季急放苗的时间冲突。但虾苗中间培育也有如下缺点：暂养密度大，此期间内虾苗生长速度慢于直接放养的虾苗，并增加虾苗自残的机会和造成一定的损失；若无增氧设备，则溶解氧相对较低，易滋生病原菌。

中间培育有如下几种方法。

① 在养虾池的一角，用泥土隔出一个小池（图 3-9），面积为养虾池的 1/10。为防止低温的影响，池上方可搭棚架，池内配备增氧机。小池先消毒，培养基础饵料生物，然后放苗。虾苗在小池中培养 15～20d，体长 2～3cm 时，把小池土堤或闸门拆开（打开），让虾苗自行游入养殖池。此方法成活率高，但不能计数。

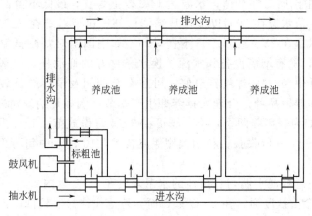

图 3-9　分阶段养殖池

② 在虾池通风、向阳的一侧用塑料布或筛绢网围建成一小池，面积视放苗量而定，一般为几十平方米至一百多平方米。培育方式与上面的方法基本相同。

③ 用 40 目的筛绢网，做成 2m×1m×1m 的网箱，架在养殖池内，将虾苗放入网箱中。每立方米水体放虾苗 2000～3000 尾，在网箱内充氧，投喂饲料。养殖 15～20d 后，将网箱收起，清点虾苗数量。此种方式的优点是能够清点数量，缺点是成活率较低。

中间培育的管理技术参照养成管理。由于中间培育池虾苗个体小，密度大，对中间培育池的管理应更细心：①放苗前用漂白粉消毒池子，先注满水，加入漂白粉使其浓度为 50g/m³，浸泡 2～3d 后排放；②消毒后用 80 目筛网进水，用碘消毒剂或含氯消毒剂对海水进行消毒，经检测药效消失后接种微藻类；③移殖饵料生物时要注意选择品种，不要带入个体较大的动物和鱼卵；或可投放一些生物饵料（如卤虫、桡足类等），但投喂甲壳动物饵料时必须进行严格检疫；④投喂幼虾专用配合饲料，每日投喂 6～8 次，日投喂量（以鲜重计）为对虾体重的 100%～150%；⑤根据水质监测和池内情况及时调节水质，采取的方式包括换水、充气、投放水质保护剂和微生态制剂等；⑥中间培育池的放养密度为 15 万尾/亩左右，虾苗长到体长 2.5～3.0cm 时，应及时放进大池；⑦中间培育池出苗后应重新清池消毒，才可用于继续培养虾苗。

四、虾苗投放

把全长 1cm 以上的虾苗或经过中间培育的虾苗以合理的密度、正确的方法放入养虾池是对虾养殖中的一个重要技术环节。在一些养虾地区，采取将虾苗从育苗场直接投放到养成池的方式，这种方式虽然难以测定虾苗存活数，但虾苗在大池中生长较快，尤其是在基础饵料生物培育较好的虾池，在虾苗长到 3cm 以前，基本不需投喂饲料就能长得很好。

1. 放苗条件

(1) 虾苗 虾苗规格要求达到国家或地方规定的供需双方皆认可的标准。要求大小整齐、体表干净、体质健康、活力强。凡纳滨对虾虾苗体长 0.7cm 以上，中国明对虾虾苗1cm 以上，斑节对虾虾苗 1.3～1.5cm 以上。体长 0.8cm 以下的虾苗，最好先经过中间培育把放苗规格提高至 2～3cm。

(2) 虾池条件

① 水位与水色。放苗时池水深一般为 80～100cm。若水温偏低或过高时，则要保持较高的水位，以使水温稳定。水色为浅绿色、黄绿色或茶褐色，透明度 30～40cm。

② 水温。放养中国明对虾虾苗，水温达 14℃ 以上为宜，最低不得低于 12℃；长毛明对虾、墨吉明对虾的放苗水温在 20℃ 以上，凡纳滨对虾、斑节对虾在 22℃ 以上；南方热带地区养殖对虾的最佳水温在 25～32℃。日本囊对虾不如中国明对虾耐低温、不如斑节对虾耐高温，南方 6～8 月，除有增氧设备和水深、换水条件好的虾池外，一般不宜养殖，南方地区日本囊对虾以 8 月中旬～10 月放养最好，可在春节期间及早春虾价较好时上市。必须根据当地的季节特点和养殖品种，合理安排养虾生产季节。例如凡纳滨对虾生长的最适宜水温范围是 25～32℃，如为一年养两季，第一季可在 3～4 月份放苗，5～7 月份收获；第二季在6～7 月份放苗，10～11 月份收获。利用大棚保温技术，10 月上中旬可再次放苗，实施冬季大棚养殖凡纳滨对虾。

直接放苗时要注意虾池水温与育苗池的水温差应在 ±3℃ 以内。

③ 盐度。对虾育苗盐度通常在 25 以上，而养殖池往往盐度较低，河口地区有时盐度仅2～3。如果虾苗不经淡化而直接投放，则成活率很低或导致放苗失败。因此，当育苗池、中间培育池和养成池水的盐度差大于 5 时，可根据虾苗对盐度突变适应范围小、渐变适应范围宽的特性，实施虾苗淡化（见本章第十一节）。

池塘养虾放苗要求的盐度一般为 15～20，此为最适宜放苗的盐度范围，符合狭、广盐性各种对虾品种的放苗要求。盐度下限因对虾品种而异，日本囊对虾为 12、中国明对虾为5、凡纳滨对虾为 2。不同大小的虾苗对盐度的适应性有差异，如斑节对虾的"红筋苗（体长＜1.2cm）"适宜盐度为 27～30，"黑壳苗（体长＞1.3cm）"为 22～25。

④ pH。放苗时的池水 pH 一般在 7.8～8.7。

通常对虾育苗场与养殖场的水质条件不相同，当两地的水温、盐度、pH 等主要水质指标有差异，就可能会导致放苗失败或影响成活率。因此，在放苗时，尤其要注意虾池的三项水质指标。为了安全起见，可在虾苗下池前 1d，从育苗场取少量虾苗试养观察，然后再放苗。

2. 放苗密度

虾苗放养密度关系到对虾养殖成活率、生长速度、养殖产量和效益。放养密度应根据虾池的水深、换水条件、增氧设施、水源、水质、养殖方式、种苗大小、饲料供应、养殖规格、养殖季节及管理经验等情况综合考虑。如虾池条件好、水源充足、水质良好、配套有提水设备和具有效的中央排污系统、每亩养殖水面配置一台增氧机，则放养密度通常为 6 万～

10 万尾/亩。养殖产量的提高主要依靠提高养殖成活率和提高对虾的上市规格，而不能单纯依赖于加大放养密度。无增氧设施时，应根据水深和换水率来考虑放苗数量。目前一次性投放虾苗、分批捕捞上市的养殖模式已被广泛采用。虾苗放苗密度可参见表 3-2。

表 3-2　虾池水深与放苗量

水深/m	放苗量/(万尾/亩)	
	体长 0.8～1cm	体长 2.5～3cm
<1.2	<2	
1.3～1.5	2～2.5	
>1.5	2.5～3	4～6
高位池(增氧)	6～8 或<12	3～6 或<8

3. 放苗操作

虾苗运到虾池后，应将整袋虾苗放入池水中，待袋内外水温平衡后再将虾苗放入水中。或将袋中虾苗先倒进大盆，然后再把盆中的虾苗慢慢放入池中，让虾苗游入池中。

放苗操作时应注意：①应在虾池上风一端放苗，避免逆风或在闸门、浅水处放苗；②尽量避免将池水搅浑，也避免人员直接下池内放苗；③应尽量选择在晴天 10 时前或傍晚放苗，避免在中午烈日下放苗；④每个虾池的虾苗一次放足，不可多批放苗；⑤放苗数量要尽量准确，以利于计算投饵量，运回虾场的虾苗最好重新计数。

第五节　饵料管理

饵料是养虾的主要投入之一，饵料占精养成本的 55%～60%，大约占半精养成本的 40%。饵料管理是养虾能否成功的最重要技术之一。

一、饵料种类

对虾养成阶段饵料大致可分为基础生物饵料、鲜活饵料配合饲料和发酵饲料。

1. 基础生物饵料

基础生物饵料是指虾池内自然繁殖或人工施肥繁殖或移殖的饵料生物。该类饵料种类复杂多样，营养全面，在精养或半精养的初期阶段也有不可忽视的作用。

2. 鲜活饵料

鲜活饵料是人工采捕的小型动物饵料，如小型低值双壳贝类（肌蛤、蓝蛤、鸭嘴蛤等）、螺蛳、杂鱼、沙蚕等。这类饵料营养丰富，容易消化吸收，对虾最喜食。低值虾蟹类、卤虫等甲壳动物饵料因可能携带病毒，应谨慎投喂，如要投喂则需要消毒或熟化处理。消毒处理可用含有效碘 1% 的聚维酮碘 $30g/m^3$ 浸泡 15min。

3. 配合饲料

配合饲料是根据对虾生长发育的营养需求以及原料的营养成分，合理配比并经过科学加工制作而成的饲料。配合饲料的主要营养成分有蛋白质、脂肪、碳水化合物、维生素、无机盐等。配合饲料的优点是：①营养成分搭配合理，可发挥各种原料的营养互补作用；②投喂简便，饲料的形态和颗粒大小适合对虾的摄食；③可根据需要添加药物或其他成分，有利于增强对虾的抗病力；④在水中形态稳定，减少对水质的污染；⑤便于储存和运输；⑥不受自然条件限制，可根据需要大批量生产。

不同种的对虾对营养物质的需求有所差异（特别是蛋白质含量），同一种对虾在不同的生长阶段对营养物质的需求量也不同。根据不同种的养殖对虾以及不同的生长发育阶段，配合饲料有不同的营养配比和不同大小的颗粒（表3-3～表3-5）。优质的配合饲料：颗粒大小一致、表面光滑、无明显裂纹，切口平整，不含杂质，无霉变，有正常的鱼腥味和饼粕香味，引诱性好；在水中稳定性保持2h以上，不易碎，不易散失溶化。配合饲料的常规指标要达到国家或行业颁布的标准。

表3-3 凡纳滨对虾（南美白对虾）配合饲料营养指标 单位：%

对虾料	粗蛋白	赖氨酸	粗脂肪	粗纤维	粗灰分	钙	总磷
幼虾料	≥36	≥1.8					
中虾料	≥34	≥1.6	≥4	≤5	≤15	≤3	0.90～1.45
成虾料	≥32	≥1.4					

注：引自 GB/T 22919.5—2008《水产配合饲料 第5部分：南美白对虾配合饲料》。

表3-4 斑节对虾配合饲料营养指标 单位：%

对虾料	粗蛋白	赖氨酸	粗脂肪	粗纤维	粗灰分	钙	总磷
幼虾料	≥38	≥2.0					
中虾料	≥37	≥1.8	≥4.5	≤5	≤15	≤3	0.90～1.45
成虾料	≥35	≥1.6					

注：引自 GB/T 22919.1—2008《水产配合饲料 第1部分：斑节对虾配合饲料》。

表3-5 对虾配合饲料产品规格分类

编号	产品分类	养殖对虾体长/cm	粒径/mm	粒长
01	养殖初期配合饲料	0.7～3.0	0.5～1.5	
02	养殖中期配合饲料	3.1～8.0	1.6～2.0	为粒径的2～3倍
03	养殖后期配合饲料	>8.0	2.1～2.5	

注：引自 SC/T 2002—2002《对虾配合饲料》。

4. 发酵饲料

在南美白对虾养殖中发酵饲料已得到应用。发酵菌种有酸菌、酵母菌等，做法是将饲料原料拌入发酵菌种后密封发酵，使用软颗粒机挤压制粒后投喂。

二、饵料系数

饵料系数是衡量饵料质量和养殖效果的最常用指标。某种饵料的饵料系数是指养殖对虾每增重1kg所需摄食该种饵料的质量（kg）。公式为：

$$饵料系数 = \frac{总摄食量}{养殖对虾增重总量} \tag{3-1}$$

在养殖生产中，饵料系数常是指投饵量与产量之比，此法有助于从投饵量来推算池中对虾的生长情况和产量。

$$饵料系数 = \frac{总投饵量}{养殖对虾总收获量} \tag{3-2}$$

养虾期间某种饵料使用一段时间后，就要依据对虾的生长情况来评价饵料的好坏。收获后，更需要计算饵料系数供日后参考。饵料系数的数值大小往往因水温、盐度、溶解氧等水质环境以及饵料种类、投饵次数、对虾的大小、管理水平等因素而变化。往往同一种饵料在不同的养殖单位投喂，其饵料系数差别很大。一般配合饲料的饵料系数是1.0～1.5。

三、投饵量

科学投饵是养殖成功的关键之一。过量投饵，不仅浪费饵料、增加成本，严重时会因污染水质和底质，造成虾池环境恶化，导致对虾疾病发生和养殖成活率降低。投饵量不足则会引起对虾相互残杀、生长慢、成活率低，产量低。要做到合理投喂，需要根据几个因素调整投饵量：①虾池现有虾数及个体大小；②对虾健康状况和生理状况；③天气、水温、水质条件好坏；④饵料的种类和质量；⑤虾池中基础饵料生物的多少。投饵必须算出对虾的日摄食量，再根据实际情况加以调整。

日摄食量是指 1 尾对虾 1d 摄食饵料的质量（g），投饵量主要是依据对虾的摄食量来确定。摄食量因对虾的发育阶段而异，随对虾体重而变化，随个体生长而逐步增加。但日摄食率（即对虾日摄食量与自身体重之百分比）则随对虾的体重增加而下降。

一般来说，养殖对虾的日投饵量与体重、体长的关系如表 3-6、表 3-7 所示。各饲料生产厂家均列出了按对虾体重计算出的投饵量，可供参考。

表 3-6 不同规格凡纳滨对虾的参考日投饵量

体重 /g	日投饵量（占体重的百分比）/%	配合饲料投喂量 /（kg/万尾）	体重 /g	日投饵量（占体重的百分比）/%	配合饲料投喂量 /（kg/万尾）
0.1	30	0.10	10	17	5.94
0.5	30	0.50	11	17	6.17
1	25	0.83	12	17	6.73
2	25	1.66	13	16	6.86
3	25	2.50	14	16	7.39
4	20	2.64	15	15	7.43
5	20	3.30	16	15	7.92
6	18	4.00	17	15	8.42
7	18	4.16	18	14	8.45
8	18	4.75	19	14	8.78
9	18	5.35	20	12	7.92

注：部分引自刘洪军，北京：中国农业出版社，2008。

表 3-7 凡纳滨对虾的配合饲料日投饵量

虾体长 /cm	虾规格 /（尾/kg）	日投饵量 /（kg/万尾）	虾体长 /cm	虾规格 /（尾/kg）	日投饵量 /（kg/万尾）
3	3000	0.5	8	100	3.5
4	1300	0.7	9	80	4.0
5	600	1.5	10	80	4.0
6	400	2	11	60	5
7	200	2.2	12	50	5

注：引自汪留全等，北京：中国林业出版社，2008。

可以通过配合饲料的投喂来折算其他常用生物饵料的投喂量，即：小杂鱼×3，肌蛤×6，鸭嘴蛤、螺蛳×12，牡蛎肉×4。

放苗后 20～25 天可在池边及中央设置饲料盘（图 3-10），饲料盘面积约 0.5m²，方形或圆形，用细筛网制成，用于检查投饵量和观测对虾的摄食情况。饲料盘摆放的位置、距离水面的深度，应根据不同季节、水温情况进行调整。虾池大小与所需设置的饲料盘数见表 3-8。饲料盘中放置的饲料量根据对虾大小而变化，凡纳滨对虾体长 5cm 之前按照全池每次总投饵量的 1‰～2‰ 放置饲料，体长 6～8cm 时按 2‰、体长 9～12cm 时按 3‰ 放置饲料。

投饵时向饲料盘内投放饲料，间隔一定时间后（表 3-9）拉起检查：①饲料是否被吃完、剩余饲料量；②盘内遗留虾粪便多少；③盘内对虾的数量；④盘内对虾胃肠道是否充满

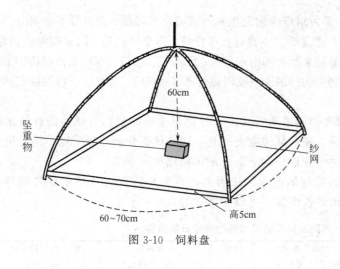

坠重物

纱网

60cm

60~70cm

高5cm

图 3-10　饲料盘

饲料，体色及外观是否正常。检查饲料盘的时间取决于养殖对虾的个体大小。凡纳滨对虾体长 5cm 以后，活动能力较强，摄食速度较快，可在投饵后 2h 进行观察，以 2h 内吃完为宜；体长 5～8cm 时，在投饵后 1.5h 观察，体长达 9cm 以上时在投饵后 1h 观察。天气较冷时，观察检查时间可适当延长。在规定的时间内检查饲料盘上的饲料消耗量，基本吃完表示投饵量合适；如有剩余，则表示投喂过多，投喂后 0.5～1h 全部吃完，表示不足，均需做适当调整。

还可根据对虾的生长情况来调节投饵量，如长毛明对虾在养殖前期的 5～7 月份，对虾体长的平均旬增长应在 1.2～1.5cm，中期 8～9 月份应在 0.6～0.8cm，后期 10 月份以后，应在 0.5cm 左右。斑节对虾放养后 2 个月可达 7.5～8g，3 个月达 20g，4 个月达 30g（陈弘成，1989、1991），如果达不到上述的增长，水质环境条件又没有问题，则可能是由于饵料不足所造成，应增加投饵量。应注意，当对虾生长缓慢时，应首先考虑水环境因素，不可盲目增加投饵量。

表 3-8　斑节对虾虾池面积与饲料盘数

虾池面积/hm²	饲料盘数/个	虾池面积/hm²	饲料盘数/个
0.5	4	0.8～1.0	6
0.6～0.7	5	2	10～12

表 3-9　斑节对虾体重与投饵量、饲料盘上饲料量以及检查时间的关系

平均体重/g	饲料占体重的百分比/%	饲料盘上饲料占饲料总量的百分比/%	投饵与检查的时间间隔/h
2	6～6.5	2	3
5	5.5	2.4	2.5
10	4.5	2.8	2.5
15	4.5	2.8	2.5
15	3.8	3	
20	3.5	3.3	
25	3.2	3.6	1.5
30	2.8	4	1
35	2.5	4.2	1

四、投饵方法

1. 开始投饵时间的掌握

放虾苗后开始投喂的时间以虾苗开始摄食饲料盘内饲料为准，这是对虾养殖的一项重要技术，与水深、放苗密度、水中饵料生物种类和数量等因素有关。判断正常投饵时间的做法是：放苗次日，在饲料盘内放下 1 汤匙饲料，第 2 天上午检查残留饲料状况（残饵要及时处理，不可倒入池内），也可以从放苗后第 10～15 天开始试验，或隔几天试验一次。如果饲料

未被虾吃光，继续采用上述方法试验，直至饲料盘内饲料被虾吃光，说明虾苗已开始摄食配合饲料，可以正常投喂饲料。

2. 投饵地点

投饵场所与对虾的活动有关。一般游泳型对虾有沿池边觅食的习性，故一般前2个月，主要沿池边2～4m处或沿饲料盘投饵，养殖中、后期对虾活动范围扩大，可向池中央投饵，如虾池面积较大，也要均匀投饵，但不宜投在深沟和软泥处。高密度精养对虾，力求在投饵区均匀投撒（虾池中间应留出1/3或1/2的地方不投饵），可划小船或竹筏在较大的面积上投饵。

虾池中的沟、进水闸附近不投饵，保持底质干净，作为虾的栖息场所。对虾倾向于在清洁的区域摄食，应避免将饵料撒在脏区或岸边的浅水区。随着对虾的生长、水温和底质的变化，要注意观察对虾的活动情况、聚集的地点，再选择最佳投饵区。如盛夏或低温季节，对虾为避寒暑而潜游于深水区；傍晚对虾则喜欢沿池边游动；大风天则喜集于上风头。

3. 投饵时间和次数

投饵时间和次数根据对虾个体的大小、摄食习性和季节天气而定，一般在放苗15～25天以内，如果池中基础饵料生物量丰富，通过观察虾胃的饱满情况，早晚各投一次，少投或不投。幼虾阶段（体长6cm以下），每天投饵3次，基础饵料生物量不足时，日投饵4次；养殖中后期每天投饵4次。凡纳滨对虾摄食高峰分别在18～21时和3～6时，9～15时摄食量较小，投饵时间大约为6:00～7:00、10:00～11:00、17:00～18:00、20:00～23:00，每次投饵量分别占日投饵量的30%、15%、35%、20%，夜间投饵总量应占日投饵量的50%以上。盛夏高温时，上午10时至下午6时之间不宜投饵，傍晚投饵在日落后为好。

日本囊对虾不似其他对虾有昼夜摄食的习性，因此，日本囊对虾的投饵方法有所不同。日本囊对虾是均匀分布于池中的，因而必须均匀投饵。日本囊对虾在未潜沙之前一日摄食数次，但潜沙后变为夜行性，在底质干净的虾池中，黄昏才从沙中出来觅食，故投饵应在黄昏和夜间进行，一日三餐，即傍晚、午夜和凌晨（凌晨一餐投饵量要少，因对虾将潜沙，摄食量较少）。但如果水色较浓，白天也能摄食。

4. 投饵注意事项

养虾生产中通常根据对虾个体大小来选择人工配合饲料的型号，例如一般对虾体长1～3cm宜选择0号料，3～5cm选择1号料，5～8cm选择2号料，体长达到8cm后选择3号料。在饲料型号转换时，还应有5～10d的大小粒径混合过渡，保证个体较小的虾也能吃到饲料。投喂饲料的型号，可参考饲料生产厂家的使用说明进行调整。前期饲料颗粒较小，分量也较少，很难投撒均匀，而且在沉底之前可能被风吹到岸边，此阶段投饵时应用等量的水与饲料混合后投喂，或者用干净的海沙按1∶1预混后再投喂。

一般养殖前期投饵时关闭增氧机，待对虾摄食后再开机。养殖中、后期，如虾密度较大，且对虾已长到一定规格，投饵时关机可能引起对虾缺氧，尤其是夜间或清晨。此阶段可采取停开部分增氧机或投饵时避开增氧机流水道，以免饲料被水流冲积。

投饵要"少量多次、日少夜多、均匀投撒、合理搭配"，还应视情况灵活掌握、适当增减：

① 台风前、闷热无风、暴雨、高温、寒流、水质不良、施用化学消毒剂时少投或不投；

② 浮游生物大量死亡、水温波动大、溶解氧不足、疾病暴发时少投或不投；

③ 对虾大量蜕皮时少投，蜕皮后大量进食时多投；

④ 腐败变质饲料不投；

⑤ 养殖前期少投，中、后期酌情多投，中后期中午少投、傍晚多投；

⑥ 风和日暖、水质良好时多投；

⑦ 对虾个体悬殊时适量多投；

⑧ 虾池内竞争动物多时适量多投。

五、药物饲料的制作

养虾过程中，经常要在饲料中添加增强对虾抗病力的健康药物。放苗后 30～50d 为对虾易发生疾病的阶段，可选用药物饲料或在饲料中添加免疫增强剂或微生态制剂，如维生素 C、维生素 E、鱼油、大蒜汁或大蒜素、甘草、浓缩 EM 菌、乳酸菌等。维生素 C、维生素 E 的用量约 0.1%，鱼油的用量约 2%，甘草约 2%，大蒜素 2%～3%。加工药饵时先把药物兑水，再加入适量海带粉，用搅拌机充分混合后，均匀地喷洒在配合饲料颗粒上，晾干后喷上一层鱼油再晾干即可。

使用药物添加剂种类和用量应符合《饲料药物添加剂使用规范》《无公害食品 渔用药物使用准则》（NY 5071—2002）、《无公害食品 渔用配合饲料安全限量》（NY 5072—2002）、《渔药使用规范》（SC/T 1132—2016）、《食品动物禁用的兽药及其他化合物清单》和《水产养殖用药明白纸 2019 年 1、2 号》的规定。

第六节 健康养虾的水环境管理

"养虾就是养水"。水是对虾的生存环境，水环境的好坏直接影响对虾的生长和生存。水质主要是指水的物理和化学性状。水质因素包括温度、盐度、溶解氧、酸碱度、氨氮、硫化氢等，这些因素超过对虾的忍耐程度，对虾摄食量会下降或停止摄食，生长不良或慢性中毒；水质严重恶化时会造成对虾窒息死亡，致使养虾失败。不良水质又可助长病原微生物繁殖，导致虾病发生。因此，水质管理是对虾养殖期间的重要工作。

一、健康养殖的水质要求

养殖的水源水质必须符合《无公害食品 海水养殖用水水质》（NY 5052—2001）的要求。常用水质指标详见各个养殖品种的要求（表 3-10）。

表 3-10 对虾养成期的水质指标

项目	凡纳滨对虾	斑节对虾	日本囊对虾
盐度	2～20(海水)	10～25	15～35
温度	20～32℃	26～32℃	18～28℃
pH	7.6～8.8 (最低不小于 7.3，最高不大于 9.0)	6.8～8.7	8.2～8.4
溶解氧	>4mg/L	>3.5mg/L	>4mg/L
氨氮	<0.2mg/L	<1.1mg/L	<0.1mg/L
亚硝酸氮	<0.1mg/L	<0.1mg/L	<0.1mg/L
硫化氢	<0.03mg/L	<0.007mg/L(pH 7～8)	<0.01mg/L
总碱度	>100mg/L	—	—

二、水环境因子的变化与调控

1. 盐度

不同品种的对虾生活在不同盐度的海域里，形成了对不同水域盐度的适应性。狭盐性虾类适应范围为 15～42，广盐性虾类为 0～37。日本囊对虾是狭盐性虾类，要求盐度较高，在盐度为 18～34 时均能生长，但以盐度 24～30 为最适宜；斑节对虾、凡纳滨对虾、中国明对虾、刀额新对虾对低盐度的适应性很强，为广盐性对虾类；相对广盐性对虾而言，长毛明对虾、墨吉对虾对低盐度的适应范围相对较小。

从放苗开始，就要注意对池塘盐度进行调整。靠近河口区域的虾池，海水盐度全年偏低，可采用封闭式方法养虾。即虾池一次性注满当时最高盐度的海水，投放经过淡化了的虾苗后，虾池封闭，从此不进海水。

如果有淡水源的虾池，池塘进水约 1.2m，此后不再引进海水，只添加淡水，使池水盐度逐渐淡化。适宜于广盐性对虾种类的养殖，在最适盐度或适应盐度下投放虾苗后，池水盐度逐渐下降至 3～5，甚至 0～1。

虾池水的盐度变化原因主要是陆地淡水流入或暴雨注入。适量的淡水流入有利于对虾的生长，但大量淡水进入或暴雨注入会使池水盐度突降、pH 改变，并使水质恶化，引发虾病或造成对虾死亡。盛夏季节，如有暴雨或雷阵雨，雨水留在表层或表层水温比底层水温高出 2℃ 时，极易形成咸淡水分层，并因此而产生如缺氧、氨氮增高和总碱度下降等问题，造成底部缺氧或对虾窒息死亡，造成虾池藻类死亡。因此，暴雨前要先将池水灌满，防止在暴雨时因池水过浅，大量雨水导致池水盐度骤降；做好表层排淡准备，或者在暴雨时将闸板定位，使之略低于池水水面，使部分表层雨水能及时排出，而池水的流动还能使咸淡水迅速混合；暴雨之后应尽量排掉上层淡水或启动增氧机使上下水层得以交换，及时使用沸石粉、石灰石粉以调节水质；暴雨后注意不要将低盐度的浑浊海水灌进虾池。

在养殖生产中对盐度的监测大多使用比重计，可将测得的相对密度数值换算成大体的盐度值，算法是：①将所测相对密度（例如 1.021）的最后两位数（21）乘以 0.3；②把所得数 6.3 加到原来的数字上，即 21＋6.3＝27.3，即盐度为 27.3。此法快速简便，有一定的实用意义，但不能使用于正式资料中。

2. pH 和碱度

通常海水的 pH 为 7.8～8.2。虾池水的 pH 变化与藻类的光合作用以及虾池内生物的呼吸有关。白天虾池水中的浮游植物进行光合作用、大量繁殖时，会使 pH 升高，夜晚虾池里的生物呼吸会使 pH 下降，一天中，14～16 时 pH 最高，凌晨 2～4 时最低。有时会发生夜晚 pH 下降、白天恢复正常的现象，或者发生 pH 偏高的现象。一些原因会造成池水呈酸性，如：①受外界酸源污染，如酸性废水流入虾池；②池塘底质为酸性土壤，酸性物质溶入水中；③饲料残饵和排泄物积累；④厌氧分解，生成大量有机酸；⑤严重的酸雨。

对虾适应于弱碱性的水环境中，以 pH 7.5～8.8 为适宜，淡水养殖 pH 一般应控制在 6.5～9.0。pH 的变化对对虾和浮游植物有直接和间接影响。pH 超出正常范围或大的波动均会影响到对虾的正常生长，使对虾受到应激刺激。pH 偏低，会造成对虾的鳃部组织和附肢损伤，还会影响对虾蜕壳和虾壳的硬度。长毛明对虾 pH 的适应范围为 7.8～8.6，当 pH 小于 6.8 时，虾开始死亡，pH 过高，则将使池水中的氨氮毒害作用加剧，当池塘的 pH＞10.1 时，虾体鳃部组织受到伤害，发生鳃病。

因此，不仅需关注 pH 的平均值重要，而且要注意 pH 的日波动情况，pH 应在早晨

（6～7时）和下午（15～17时）分别测量一次。养虾过程中通常是通过了解池塘 pH 的变化来监测池塘环境的，发现 pH 不适宜应及时采取措施（表 3-11）。

表 3-11　pH 偏低或偏高的调控方法

pH 偏低	pH 偏高
①施放生石灰 20g/m³，可提高 pH 0.5 左右 ②迅速培养浮游植物 ③少量多次用氢氧化钠调节，先调配成 1/100 原液，再用 1000 倍水冲稀全池泼洒	①注入新水或适量换水 ②使用降碱药物，如使用明矾 0.5～1kg/亩加以控制 ③施用 EM 液，调节并稳定 pH ④当池水 pH 过高在 9.5 以上时，也可用盐酸调节，一般使用量为 300～500mL/m³，充分稀释后全池泼洒。但注意盐酸无缓冲能力

使用不同种类的石灰产品可以增加水的缓冲能力并提高 pH（表 3-12）。石灰石或白云石对 pH 有缓冲作用，适合高位池使用。熟石灰只在 pH 低于 7.5 时才使用，以提高 pH；如果因碱度不足造成 pH 波动过大，可用石灰石粉或白云石粉、牡蛎壳粉来调节（表 3-13）。

表 3-12　石灰的种类与使用

石灰的种类	对 pH 的影响程度	10% 溶液的 pH	用量 /(kg/hm²)	备　　注
石灰石($CaCO_3$)	无大影响	约 9	100～300	用于增加水的 pH
熟石灰[$Ca(OH)_2$]	有影响	约 11	50～100	一般下午不用；产生高热
生石灰(CaO)	剧烈变化	约 12		产生高热，不得用于有虾的池塘；用于清池
白云石[$CaMg(CO_3)_2$]	无大影响	9～10	100～300	增加缓冲能力

表 3-13　池塘 pH 变化及相应采取的措施

养殖阶段	pH、透明度	措　　施
投苗后 60d 内	透明度＞80cm	接种浮游生物，换水，施肥 10～30kg/hm²，加石灰石或白云石粉 100～300kg/hm²
	pH＜7.5	换水，加熟石灰 50～100kg/hm²
	pH＜8.5	换水，加石灰石或白云石粉 100～300kg/hm²
	一日中 pH 波动大于 0.5	换水，加石灰石或白云石粉 100～300kg/hm²
	常规	每周 2 次加石灰石或白云石粉 100～300kg/hm²
投苗 60d	透明度＞50cm	换水，加石灰石或白云石粉 100～300kg/hm²
	水面有泡	换水，加石灰石或白云石粉 100～300kg/hm²
	pH＜7.5	换水，加熟石灰 50～100kg/hm²
	pH＞8.5	换水，加石灰石或白云石粉 100～300kg/hm²
	pH 波动	换水，如果 pH＞5，加石灰石或白云石粉 100～300kg/hm²
	常规	每周 1 次加石灰石或白云石粉 100～300kg/hm²

碱度是水中氢氧根离子、碳酸根离子和碳酸氢根离子的总和，其功能有：表示水中和酸能力的一个指标，维持水体 pH 的缓冲能力；提高藻类对二氧化碳的利用率，增加池中藻类的光合作用。水的碱度主要取决于水中 HCO_3^-、CO_3^{2-} 的含量。通常自然海区海水中的碳酸根离子并不缺少，但在盐度较低的池水，养殖后期以及酸性土质的、少量换水的池塘中，在微藻大量繁殖的情况下，易出现池水总碱度低而导致 pH 大幅度波动。

恰当地使用石灰石粉或白云石粉，可以维持养殖池水总碱度。养虾池池水总碱度一般控制在 120mg/L。调节的方法是在养殖过程中每半个月施用 1 次石灰石粉或白云石粉，每亩用量10～20kg；或每 2～3d 用 1 次（每亩用量 1～2kg）。石灰石粉或白云石粉的粒度应在 80 目以上。

3. 水色

养虾过程中，水色及其变化是判断水质好坏的重要指标。水色是水中浮游生物、悬浮物质种类和数量的综合反映，良好的水色表明虾池单细胞藻类生长旺盛、溶解氧充足、酸碱度适宜、有害化学成分少。

水色与浮游植物的组成有关（表3-14）。良好的单细胞藻类可以增加水中的溶解氧量，吸收氨氮、亚硝酸氮、硫化氢等有毒物质，维持一定的透明度，抑制底部丝状藻类的生长，降低池塘中的光照强度，起遮阴、使虾安定的作用。

表3-14　浮游植物与水色观察

水　色	主要藻类或生物状态	判　断
茶褐色	骨条藻、新月菱形藻、角毛藻、三角褐指藻等硅藻类	最佳水色
淡绿色、翠绿色、淡黄绿色	绿藻类、金黄藻类	较好水色
暗绿色、黑褐色	藻类老化，或蓝藻较多；鞭毛藻、裸甲藻等较多	不良水色
水清见底	丝状藻类繁殖、水瘦	不良水色
偏暗红色	纤毛虫、夜光虫等繁殖	不良水色
水色暗绿、清	浮游植物大量死亡	不宜养虾

水色的培养和管理与清池是否彻底以及底质、水源、施肥等有密切的关系。为此，如水源较肥时，建议虾池用水采取沉淀、消毒、微生物处理的步骤，且定期泼洒有益菌以减少换水量。如属于贫瘦水源时，建议先在蓄水池做好水色再引入虾池，并定期施用发酵肥液，促进浮游微藻类的繁殖。养虾池水中浮游微藻类的数量往往难以控制，受水温等环境因素影响，尤其在养殖的后期藻类数量或种类有时变化较大，或繁殖不佳，或繁殖过盛，或突然"倒藻"。此时可以使用腐殖酸肥料、光合细菌、微量元素肥料来调节。波吉卵囊藻（*Oocystis borgei*）是新近推出的一种浓缩绿藻产品，用于改善和稳定水环境，抑制弧菌，2015年在南方高位池养殖对虾已有使用。

4. 透明度

透明度是反映水中浮游生物、泥沙、悬浮物质多寡的一个指标。透明度值是指白色透明度盘在水中的最大可见深度。透明度一般在早晨8时测定比较准确。测定时，人站在背光一面，使透明度板垂直沉入水中，测定者注视着透明度板直至视力刚刚看不见的深度，记下从水面到透明度板的刻度，然后慢慢提起，直到视力刚刚看到透明度板时止，再次记下从水面到透明度板的刻度。将两次的测量结果取平均值，即为该池水的透明度值。

决定水色和透明度的主要因素是水中的悬浮物质数量。水色浓，透明度小；水色浅，透明度大。浮游藻类的大量繁殖会导致池水透明度降低至20cm左右，如果虾池中存在着大量的丝状藻类和水草，则由于它们强烈地吸收水中养分，而会使水透明度变大，有时可达1m以上。

对虾养殖前期的透明度控制在30～40cm为好，中、后期40～60cm为宜。如透明度值过大，可及时向养虾池引入其他养虾池藻相较好的藻水，适当施肥，并适量施用有益微生物制剂，促进藻色形成。如透明度值太小，则可根据情况适当换水。

5. 水温

不同种类的对虾对水温的适应范围有一定的差异（表3-15），日本囊对虾比较耐低温，而斑节对虾、凡纳滨对虾则不耐低温。要根据当地的气候条件选择养殖品种，并在最佳养殖季节里及时放养，适时起捕，合理安排生产周期，有效地利用养殖水体的饲养时间和空间。此外，虾病的流行与水温有密切的关系，不同水温条件下，虾病的类型、流行范围、危害程度、防治措施等都有较大差异。

表 3-15　不同对虾对水温的适应性　　　　　　　　　　　单位：℃

种　　类	最低温度	适温范围	最佳生长温度	最高温度
凡纳滨对虾	9	20～32	28～32	43.5
斑节对虾	14	18～35	28～32	36
中国明对虾	4	14～30	18～29	38
日本囊对虾	5	15～30	22～28	32
长毛明对虾	9	16～34	25～32	35
墨吉明对虾	13	20～32		35
刀额新对虾		10～32	25～28	33

当虾池出现高温时，可采取以下措施进行调节：一是提高虾池水位保持底部较低的水温，或加注深水井地下水降温，工厂化养殖车间可用遮阳帘减少阳光直射；二是少量排出底层水，少量补充进水，这样既可使池底保持较好的水环境，又可以通过水的流动达到散热降温的目的；三是准确掌握投饵量，避免过量投饵造成残饵，使底部受污染。

当水温降到接近对虾忍受下限时，应及早采取措施进行调节：一是提高虾池水位，提高虾池保温能力；二是如果虾池水质较好，可尽量减少排水量以保持水温；三是利用多种热源对池水加温，如温泉水、工厂余热等；四是注意观察对虾摄食情况，调整投饵量，防止残饵。欲冬季养虾，建议根据本地的气候条件，搭建越冬棚，视需要再加盖保温帘。

6. 溶解氧

溶解氧是重要的水质因子之一，与水的化学状态有关。溶解氧不仅直接影响对虾正常的生理活动、食欲和消化吸收能力，还会影响水中好气性细菌的生长繁殖。在缺氧情况下，好气性细菌的繁殖受到抑制，从而导致水中的有机物为厌氧性细菌所分解，生成大量危害对虾的有毒物质（例如 H_2S、CH_4、NH_3）和有机酸，使水质恶化。而充足的溶解氧可以加速水中含氮化合物的氧化分解作用，使有害的氨氮、亚硝酸氮转化为硝酸氮等，并为浮游藻类所吸收利用；溶解氧含量对氨氮的影响较明显，水中溶解氧量减少，氨氮含量就会升高。

水中的溶解氧主要来自：①浮游植物光合作用产生的氧气，池塘中浮游植物白天产氧量约占全部氧气总补给量的 90%；②空气中的氧气溶解于水中，约占 7%；③换水带入氧气；④增氧机启动增加水与空气接触面。因此，保持养殖水体适宜的浮游藻类植物数量、有效光照条件和水体流动性是水中溶解氧来源的有效保障。而溶解氧的消耗主要有两个方面：①夜间虾池内对虾及其他动物、植物、微生物的呼吸消耗，夜间浮游植物耗氧量占水中氧气总消耗量的 40%～50%；②水中、底泥中的有机物氧化分解消耗大量氧气，池底淤泥中有机质的分解也要消耗氧气，约占总消耗量的 35%。因此，虾池水中溶解氧量的日变化较大。白天浮游植物光合作用可使溶解氧量有时高达 10mg/L 以上，下午 3～4 点达到最高值；夜间则因浮游生物的呼吸作用而使得溶解氧量大幅下降，在黎明前有时降至 1mg/L 左右。当溶解氧量低于一定程度时，对虾就会浮头，继续下降虾便会死亡。对虾的耗氧量随水温、盐度、个体大小及活动状况而变化，在正常情况下，随体重的增长、活动的增强及水温的上升而增加。如日本囊对虾在水温 25℃、溶解氧量 1.67mg/L 时无危险，27℃时，溶解氧量 1.6～2.0mg/L 便会死亡，30℃时，溶解氧量 1.84mg/L 会导致 30% 的虾死亡。对虾养殖池水的溶解氧量最好能经常保持在 5mg/L 以上，不低于 3.5mg/L。

浮头是虾池严重缺氧的表现。在正常情况下，对虾多匍匐在池底或近底游动觅食，游泳快速而平稳，且有明显的方向性，反应灵敏，稍受惊吓便迅速弹跳。若虾群分散游动、方向不定，游泳缓而无力，时而眼睛、触角露出水面，吸取表层水的氧气，受到刺激也不弹跳，甚至匍匐池边浅水处。这些现象说明对虾已浮头。浮头时虾的眼睛和触角露出水面说明浮头较严重，反之则较轻；白天浮头较严重，黎明前浮头则相对较轻；惊吓后浮头对虾立即下沉则较轻，对惊吓反应迟钝并仍浮于水面则较严重。浮头多在黎明前出现，日出之后基本恢复正常，若在夜间出现或白天继续浮头，则说明虾池缺氧已相当严重。

对虾可能出现浮头的状况是：

① 天气闷热，池水平静，无风或大风风止之后的晚上；

② 浮游植物过度繁殖（透明度在 20cm 以下），水色过浓；

③ 水色异常或突然变清；

④ 水质腐败，池底黑区扩大，有臭味溢出，傍晚时分虾池边蚊虫多；

⑤ 虾群行为反常，少数对虾白天在水面散乱游动；

⑥ 混养鱼的池中鱼浮头，糠虾、白虾浮头，螺类爬出水面。

预防浮头主要是平时要加强管理，每日凌晨和日落前测定溶解氧量，合理投饵，改善水中微生物结构，改善水中浮游生物的群落，改善水质和底质环境等。如果浮头已经出现，应立即采取增氧措施，如冲水、喷水、启动增氧机或施用增氧剂［过氧化钙（CaO_2）、高锰酸钾、过氧化氢等］，但要保护池底，切勿搅起池底污泥。浮头时暂停投饵，浮头解救后，也应适当减少投饵量。

溶解氧测定可采用化学滴定法或便携式溶氧测定仪，每天在黎明时和下午各测一次。

7. 氨氮

虾池中含氮有机物的来源主要是动物尸体、饵料浸出物、残饵和生物排泄物。对虾和其他生物密度越大，氨氮含量也就越高。虾池中的氮一般以多种形式存在，即硝酸氮、亚硝酸氮和氨氮，它们在水中可以互相转化。氨氮在水中以离子态氨（NH_4^+-N）和非离子态氨（NH_3-N）两种形态存在，并且在复杂的水环境条件下会相互转化达成动态平衡。铵（NH_4^+）毒性小，氨（NH_3）毒性大，容易通过细胞膜进入细胞内造成毒害。

影响 NH_3 和 NH_4^+ 动态平衡的水环境因子，主要是水温和 pH。pH 小于 7 时，水中的氨几乎以 NH_4^+ 的形式存在，当 pH 大于 11 时，则几乎以 NH_3 的形式存在；水温越高，NH_3 的比例越大。在高温季节，由于浮游植物大量繁殖，pH 有时高达 9 以上，这就加剧了氨氮的毒性。

通常氨氮在微生物的作用下会转化为硝酸盐，成为浮游植物可吸收利用的营养盐；水中溶解氧可促进硝化作用的进行，促使氨转化为硝酸氮和亚硝酸氮（图 3-11）。但在水中溶解氧不足时，厌氧性细菌就会将氨氮转化为有一定毒性的亚硝酸氮。亚硝酸氮等虽不引起对虾急性中毒，但会破坏对虾的鳃组织和影响血液载氧能力，长期在这种不良环境的压迫下，容易导致对虾慢性中毒，生长不良或发生病害。在对虾养殖的中、后期，池水中的亚硝酸盐更容易出现超标。

为防止氨氮和其他有毒物质的积累，要注意合理控制放养密度，合理投饵，加强水质管理，将 pH 控制在 7.8~8.2（表 3-16）。同时可采取一些对应措施：①开动增氧机，促使水体流动或全池泼洒增氧剂〔如过碳酸钠（$Na_2CO_3 \cdot 1.5H_2O_2$）、过氧化钙（CaO_2）、过氧化镁（MgO_2）、过氧化氢（H_2O_2）、过碳酸酰胺［$CO(NH_2)_2 \cdot$

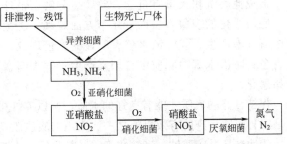

图 3-11 虾池内的硝化过程

H_2O_2]等}，以促进亚硝酸盐转化为硝酸盐；②泼洒沸石粉或活性炭等吸附剂，一般用沸石粉 $15\sim20kg/$亩或活性炭 $2\sim3kg/$亩；③使用芽孢杆菌、光合细菌、硝化细菌、放线菌等微生态制剂，通过微生物的分解作用，降低氨氮浓度；④适当换水或通过中央排水孔排污。

8. 硫化氢

硫化氢是虾池底部积累的残饵、生物尸体、淤泥等有机物腐败分解时产生的。当底部溶解氧不足，有机物氧化过程停止，水中的铁离子会与硫化氢结合成硫化铁，因而使底泥变黑，产生恶臭，这个反应在 pH 低、溶解氧量低、水温高时更容易发生。对虾多生活在底部，很容易受到硫化氢的威胁。

在养虾期间，应注意消除硫化氢的危害，可采取以下措施：①合理控制虾苗的放养密度，准确掌握投饵量，以减少对池塘底部的污染；②使用高效优质饲料，减少因饲料散失而造成水质和底质的污染；③定期科学地使用微生态制剂，如光合细菌、芽孢杆菌等，养殖中期施用沸石粉或白云石粉（$30\sim50kg/$亩），促进池底沉积有机物充分氧化、分解，控制池底硫化氢的含量不超过 $0.01mg/L$；④对虾收成后翻耕池底，挖去淤泥，充分曝晒促进有机物氧化，或泼洒生石灰，提高底质的 pH，降低硫化氢的含量；⑤启动增氧机，保持底部有足够的溶解氧，防止有机物发生厌氧分解（表 3-16）。

表 3-16　虾池水质问题成因和处理方法

水质因子	问题形成原因	处 理 方 法
缺氧	浮游生物大量繁殖，耗氧过量；藻类大量死亡或阴天	增氧、换水
NH_3-N 超标	残饵及代谢产物或腐败物造成	换水、增氧、使用吸附剂
H_2S 超标	残饵及代谢产物或腐败物造成	换水、增氧、使用吸附剂
pH 过高	浮游植物繁殖过多	换水，使用石灰石粉、白云石粉
pH 过低	嫌气性细菌分解残饵或代谢产物而产生有机酸；酸性池	换水，使用石灰石粉、白云石粉

三、改善虾池环境的措施

1. 水环境改良剂的应用

池底是养虾废物积累和物质循环释放的主要场所。养殖过程中产生的残饵、动物排泄物、尸体等沉积有机质，可以提供养分供给浮游藻类和微生物生长繁殖的需要，但过多的有机沉积物会给虾池底质、养虾水体带来极大的危害。水质的变化与底质密切相关。底质恶化而造成水质突变，常发生在养虾的中、后期。尤其有些虾池使用低质配合饲料，或投饵不当，造成池底沉积大量有机物，并腐烂分解，消耗大量氧气，产生硫化氢等有害毒物。

底质恶化的表象可从以下几个方面观察：①池底变黑并迅速扩大；②虾池浅滩部分的底土中有气泡产生；③虾池水色有明显的分色现象，如一部分暗绿色、一部分浅绿色或一部分黑青色；④潜水观察底质中有烟雾产生；⑤饲料盘上有黑色、腐臭的有机物，表示池底已经开始恶化。

保持良好的底质才能有良好的水质，所以养虾中、后期更要注意底质管理，施用底质改良剂是改善底质污染的有效措施之一。采用的底质改良剂主要有沸石粉、麦饭石、膨润土、硅藻土、活性炭、过碳酸钠、高铁酸钾、过氧化钙、石灰石粉或白云石粉等。底质改良剂具有稳定藻相、减少 pH 波动、吸附降低氨氮、消除池底硫化氢等有机物分解产生的有害物质的作用。而且，沸石粉、麦饭石等沉降池底，也隔离了对虾与池底污染物的接触。底质改良剂一般10~

15d 施用一次，每亩施用沸石粉 30～50kg，视水质和底质的污染程度而定，或按产品销售使用说明使用。目前市售的新型水环境改良剂很多，如四羟甲基硫酸磷颗粒、过硫酸氢钾复合盐等，可以酌情选用。

2. 微生态制剂的应用

微生物作为物质的分解者和转换者在自然界的物质循环中起着重要作用。养虾中大量的有机物（如养殖生物的排泄物、残余饲料、浮游动植物的尸体等）源源不断地进入养殖池，这就需要大量的微生物来完成有机物质的分解。水体中细菌可分为好氧细菌、兼性好氧和厌氧细菌，它们分解有机物作为碳源和能源，水中与底质中的有机物经过细菌的好氧分解和厌氧分解过程（图 3-12）而被逐渐降解，转化成为无机元素（矿化）而被浮游植物所吸收。

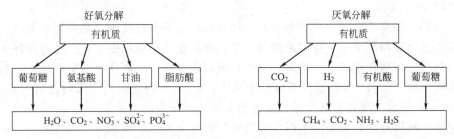

图 3-12　微生物的好氧分解和厌氧分解

目前市场上的水产微生态制剂商品繁多，主要有芽孢杆菌类、硝化细菌类、反硝化细菌类、光合细菌类（PSB）、蛭弧菌类、乳酸菌类、酵母菌类、放线菌类、有效微生物菌群（EM）等。这些微生态制剂在水产养殖中，主要发挥着营养功能、免疫功能和改善生态环境的作用。例如以枯草芽孢杆菌为主，结合多种有益微生物及生物活性酶制成的复合微生态制剂，兼有需氧与厌氧代谢机制的特性，能迅速降解养虾池内的有机物，减少有机物在池内的沉积，降低有毒水化学因子。同时，微生态制剂能对藻相产生很大的影响，它可以通过直接接触、分泌胞外物质及藻类竞争营养物质等方式溶藻或抑制藻类的生长，保持水体生态系统中营养物质的循环。

养殖过程中，应按期经常使用光合细菌及其他有益的微生态制剂，培养有益微生物生长优势，可以有效地防止底质恶化，控制病原微生物繁殖。施用微生物活菌前最好先施沸石粉，使微生物活菌能有一个更好的繁殖环境。微生态制剂的使用应按生产厂家规定的方法使用；使用后 10～15d 才能施用消毒药。

3. 消毒剂的使用

近年来，半封闭、封闭式养虾模式得到推广，即在水质正常的情况下，养虾期间一般不换水或少换水或只添加水。因此，在养殖的中后期，当对虾体长达 5～6cm 以后，特别是水温较高的 7、8 月份，为了抑制细菌、纤毛虫和病原微生物的生长繁殖，应选择晴天，每10～15d 使用一次消毒剂。如出现不良水色，如酱油色、黑死色、黄泥色或水面上有较多漂浮物时，先换水 20cm，再进行水体消毒。

目前常用的水体消毒剂有：二溴海因（二氯异氰脲酸钠）、溴氯海因、碘制剂（如双季铵碘）、漂白粉、二氧化氯等，过硫酸氢钾复合盐则是一种新型的酸性氧化剂、消毒剂和水质改良剂。漂白粉的使用量一般为 $0.5g/m^3$（有效氯）；颗粒状的二溴海因可直接撒入虾池，药剂投入后沉于池底，在池底吸水溶化，先消毒虾池底质，再逐渐释放于池水中。使用时最好按满池水来计算水体量，再计算出用药量，待排去部分水后再施药，如此操作即加大了消毒药物的浓度，可达到彻底消毒的效果。二溴海因一般使用量为 $0.2g/m^3$，施药后 4h

添满池水，水中的药物浓度仍然保持在 $0.2g/m^3$，对新进入的海水还有消毒作用。使用消毒剂消毒养殖水体，应按产品使用说明施用。也可使用有消毒作用的中药制剂，每 3～5d 消毒 1 次。一般消毒 2～3d 后，泼洒光合细菌、EM、硝化细菌等微生态制剂以改善水质。

4. 科学换水

换水是改良水质的有效措施之一。换水的作用是：增加虾池的溶解氧量，排出积累过多的有机碎屑、代谢废物，改善水质，调节盐度和透明度，还可以刺激对虾蜕皮，加速生长。

早期对虾养殖采取的是"开放式"的水质管理方式，每天必须大量换水，大排大灌。近年来，这种模式已不再适用，养殖区域水质污染和病害交叉感染日益严重，病原体可通过换水从邻近管理不善的病池传染过来或由自然海水中带来，而且换水量越大发病越严重，对虾病害发生率高，发病范围广，蔓延快。因此，不能机械地盲目换水，虾池水质条件较好时，尽量不换或少换。

养殖前期、中期不换水，主要是添水，结合采取水质调控技术，如使用增氧机、水质改良剂、有益微生物和调节单胞藻类浓度等方法，保持良好而稳定的水质。随着对虾生长，池水中的对虾代谢产物和残饵逐渐增多、水中耗氧量增大时，根据情况而酌情换水。如果有以下情况需要换水：①pH 日变化大于 0.5 或超过 7.5～8.5 的范围；②水的透明度大于 80cm 或小于 30cm；③水的颜色显著变暗；④池塘水面出现稳定的泡沫。

如果池水环境恶化，必须换水时，应当先检测近海海水水质状况，当近海发生赤潮或有害生物增多时，不宜换水；还应测定欲换入水的盐度和 pH，新旧水的盐度要相近，水的 pH 在 7.5～8.5 之间；水的 pH 高表明该水受到其他虾池水污染或其他方面的污染，pH 低则说明该水从低酸性土壤中排出或含有大量雨水或有其他污染。最好使用蓄水池里经过储存、沉淀、净化或消毒处理的水，蓄水 12h 以上，可减小换水带来的危险。

换水要采取少换、缓换的方式，少量添加，少量排放。即使水质良好，日换水量也不宜超过 30%。在换水量不到 10% 的情况下，可先排放出一定量的水，然后加满。如果换水量超过 10%，则采取一边流入一边流出的方法来换水，延长换水时间有助于减少对虾的应激反应，并能避免水环境因子的过分波动。整个养虾期间要保持水位，防止渗漏。

为了避免换水时引进可能携带病原体的自然海区海水和保护近海养殖环境，现在提倡采取封闭或半封闭式对虾养殖模式。在有充足淡水资源的地区，传统的潮差纳水半精养池（低位池）或精养高位池，在养殖初期一次性进足海水后，就不再从海区进水，而是在整个养殖期间用淡水补充因自然蒸发和吸污而损失的水量。封闭式养殖期间只添加淡水的优点是：①切断了可能来自海水的白斑病毒（WSSV）等病原菌的传播途径；②减少对虾的应激反应，降低了 WSSV 由潜伏感染转为急性感染的机会；③减少海水携带的细菌性疾病发生；④淡水能促进对虾蜕皮生长。如果在海区盐度较低而又没有淡水资源的地区，则可采取一次性往虾池内注入养殖期间所需的海水，消毒后放养虾苗，整个养虾周期内都不换水，仅抽取经过蓄水沉淀、消毒过的海水以补水。这种模式可以在某种程度上隔绝病原的传播，减少交叉感染的发生和外源污染的影响。

5. 合理使用增氧机

增氧机的功能不单是为了增加水体的溶解氧，而且由于水的搅动，也有利于池内有机碎屑、粪便、藻渣和残饵的集中，增加对虾的栖息、索饵空间。目前对虾养殖中广泛应用的增氧机设备有水车式增氧机、叶轮式增氧机、射流式增氧机（图 3-13，1、2、3）和底部微孔增氧设施（图 3-13，5、6）。耕水机（图 3-13，4）和涌浪机是水产养殖的新型增氧机械，开动时通过搅拌作用能在上下水层间产生环流效应，形成立体循环水流，从而打破水体分层以改善底部缺氧的状况。不同类型的增氧机各有特点(表 3-17)，同一池塘采用不同的增氧设备，不仅能节约电费，还能达到优势互补的增氧效果，例如凡纳滨对虾高位池养殖中，安装底部微孔增氧盘或增氧管，搭配水车式增氧机能消除水体分层；长方形低位土池可采用涌浪机和水车式增氧机配合增氧。

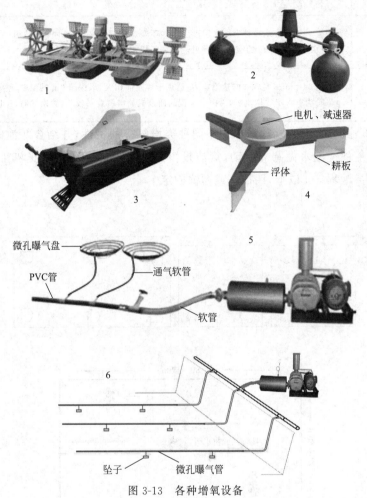

图 3-13 各种增氧设备

1—水车式增氧机；2—叶轮式增氧机；3—射流式增氧机；4—耕水机；5，6—底部微孔增氧设施

表 3-17 各种增氧设备的特点

增氧设备类型	主要特点
水车式增氧机	定向水流扬长 80～130m，有较强的推流能力和一定的混合能力，对中上水层的溶解氧提升效果较好，不会搅动底泥，产生方向水流，利于集中残饵、粪便，便于排污；适合水较浅、长方形池塘
叶轮式增氧机	旋转曝气影响半径 40～60m，有较强的混合与提水能力；综合增氧性能高于水车式增氧机（谷坚等，2011）；阴雨天增氧效果差，对凡纳滨对虾具有一定的机械损伤，能耗高（包海岩等，2009）；适宜长方形池塘，一般要求池水深 1.5～2.0m
射流式增氧机	溶解氧随着直线方向的水流扩散；一般作用于中层增氧，定向水流可以集污；不伤害虾体，适合于养虾密度大的深水虾池

续表

增氧设备类型	主要特点
底部微孔增氧设施	利用鼓风机或空压机将空气压缩送进输气管道,通过微孔曝气管释放;适合深水虾池,养虾大棚通风不畅时底部曝气增氧系统效果较好
耕水机	转速4~6r/min,搅拌上下水层产生水体环流效应,不宜在缺氧时单独使用;适用于电费较高、面积小、水深0.8~2m的池塘,可与叶轮式增氧机搭配使用
涌浪机	转速34r/min,具较强的造浪能力;适用于养殖面积大、水深超2m的池塘,晴好天气下增氧能力远超同功率水车式增氧机,阴雨天和夜间涌浪机的增氧效果较差(管崇武等,2012)

　　增氧机在虾池中的安装位置,应根据不同种类增氧机的特性,并结合虾池的大小、形状和水深来确定,应能促使池水做圆周流动,清洁投饵区(图3-14)。增氧机安装在池塘中央或偏上风的位置,距离池堤5m以上,用插杆或抛锚固定。

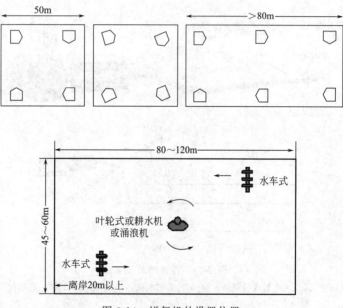

图3-14　增氧机的设置位置

　　增氧机的开机时间和次数要根据放苗密度和藻类浓度来决定,正常情况下,放苗后20天内,每天开机2次,在黎明前及中午开机2~3h,养殖20~40天后可根据需要延长开机时间;养殖后期,由于水体自身污染加大,对虾总重量增加,需要全天开机。此外,在阴雨天均应增加开机时间和次数,使水中的溶解氧量始终维持在5mg/L以上,大雨后要启动增养机使上下水层得以交换。投饵时应停机0.5~1h,以利对虾摄食。

　　在高位池高密度精养凡纳滨对虾或对虾工厂化养殖中,有条件的地方可安装制氧机或备有液态氧装置,在水中增氧浓度远高于动力增氧,可用于养殖后期补充溶解氧或救急。

四、生物絮团技术的应用

生物絮团是由细菌群落、浮游动植物、有机碎屑和一些聚合物质相互絮凝而成的絮状物，絮团大小由几微米到几百微米甚至数千微米，比表面积为 $20\sim100cm^2/mL$，絮团内的活生物体占 $10\%\sim90\%$，具有自我繁殖能力（赵培，2011）。生物絮团技术（BFT）的原理是借鉴了城市污水活性污泥的处理方法，通过向水环境中人为添加有机碳源以调控水中的 C/N，而促进养殖水体中异养细菌繁殖，将水体中的氨氮等养殖代谢产物转化成细菌的自身成分，并且通过细菌絮凝成颗粒物质而被养殖动物所摄食，从而起到了调控水质、降低饵料系数、提高养殖动物成活率等作用（罗亮，2011；王志杰，2014）。目前生物絮团技术被较多地研究或应用于盐度 20 以下的对虾和罗非鱼养殖中。培养生物絮团的做法是：使用低蛋白含量的饲料（饲料蛋白质含量为 $25\%\sim40\%$），除正常投饵之外，还在池塘水中添加有机碳（赤砂糖、糖蜜等）。

C/N 和水中溶解氧是生物絮团在形成过程中的最重要的两个影响因素。通常养殖水中的 C/N 会随着养殖时期的延长而降低，而低 C/N 会抑制异养细菌的生长（赵培，2011）。碳源添加量要根据实际养殖水体氨氮含量来计算。外来有机碳源的添加使得养殖水体中有机物含量增加，异养细菌利用有机物质大量繁殖也需要消耗大量溶解氧，因此利用生物絮团技术养虾过程中要保证水中有足够的溶解氧量。此外，生物絮团养殖系统必须配置水过滤消毒设施和高强度的持续充气、增氧设施，使生物絮团基本能处于完全悬浮状态。养殖期间要定期测定养殖池水中的絮团量，做法是在养虾池四角和中央各取中层水 1000mL，混匀后取 1000mL 用英霍夫（Imhoff）沉淀管（图 3-15）静置 15min，读取沉淀管中悬浮物的沉积量（mL/L）。一般认为对虾养殖池塘絮团量维持在 $10\sim20mL/L$ 为宜。

生物絮团技术仍存在一些问题，如生物絮团微生物组成复杂、稳定性差，养殖后期生物絮团不能被虾所食，大量絮团积累增加耗氧、影响对虾呼吸，水质不稳、CO_2 含量高、pH 值偏低，絮团老化沉降腐败等（王志杰，2014）。目前对虾生物絮团养殖试验以及通过定量添加益生菌以调控形成特定功能生物絮团的课题已成为研究热点。王超等（2015）在露天沿海土池凡纳滨对虾零水交换养殖的试验表明，以 C/N 为 16/1 添加糖蜜培养生物絮团，能有效地调控水质，并且减少 25% 的投饵量对凡纳滨对虾的体长、体重和养殖产量无明显影响。该技术在对虾越冬暖棚养殖和封闭式循环水养殖中也具有广阔的应用前景（罗亮等，2011）。

图 3-15 英霍夫沉淀管

五、养虾废水排放及其处理

随意排污的养虾模式或排污量超过近海海域自净能力的养殖模式必然导致生态环境恶化，病害肆虐，养殖生物死亡率增加，生产量降低。因此，良好的养殖水域生态环境是水产养殖业生存和发展的前提，逐步减小养虾对沿岸环境的污染，才能保证对虾养殖业可持续发展，实现经济效益、社会效益和生态效益三者统一。

根据《无公害食品　对虾养殖技术规范》（NY/T 5059—2001）规定，养虾场排出淤泥和废水，需经处理后，方可排放（图 3-16），不得随意排放化学药品、农药和其他污染物，注意减少残留饲料和营养物的排放。必须做到：①不将养殖对虾的（咸）盐水排入淡水水域；②虾池排水应经过沉淀池或废水处理池再排出天然海域，沉淀池或废水处理池面积为总养虾实用面积的 10%；③采用 $25\sim30g/m^3$ 的漂白粉处理虾池排出的废水，降低虾病暴发的风险，病虾池的水应先用漂白粉 $30\sim50g/m^3$ 消毒后再排出；④养殖池的淤泥等污物排入集污池，不得排放到河道及海滩上。

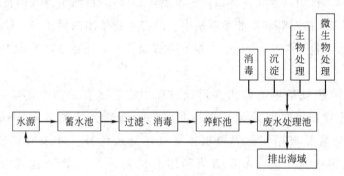

图 3-16　健康养殖用水处理流程

第七节　日常观测

一、对虾的生长测定

定期进行对虾生长测定是掌握对虾数量以及生长情况的手段，通过测定可以了解所采取的养殖措施是否合理有效，以便及时改进管理方法。一般每 5～10d 测量一次对虾生长情况。测定时应在虾池内多点取样，每次随机抽样 50～100 尾测量，算出平均体长；对虾的体长是指自眼柄基部至尾节末端的长度。也可测量对虾体重，体重测定是将各点取得的样品盛网袋中称重，再求出平均体重。中国明对虾在放养密度适当，水质、饵料较好的条件下，一般养殖前期（8cm 以前）每 10d 增长 1～1.5cm、中期 0.8～1cm、后期 0.5cm 以上，若生长速度低于上述标准，就需要分析原因，改进管理措施。

在测定对虾生长的同时，顺便观察对虾体表是否干净，检查鳃部及肠道是否正常，若发现有问题或病害要及时采取措施。测定工作在早晨和上午操作较好，夏季应避开炎热的中午，可以用旋网捕捞。

二、池中虾数的估计

准确地估计池内对虾尾数，是合理投饵、准确估产的重要依据。要完全准确地估计池中对虾的数量是相当困难的，这是因为对虾的活动和在池中的分布受到各种因素的影响而不均匀。有经验的养虾人员往往是根据虾群游动和摄食的情况来估计虾池中对虾的数量，但往往误差也很大。目前采用的方法有如下几种。

1. 旋网定量法

先用旋网在陆地上多次试撒，求出圆形网口的平均面积，再由同一人操作，根据池形及沟、滩面积之比，在池内多点多次撒网，数清网获对虾的总数，再求出每平方米虾池的尾数，再乘以虾池总面积，再乘以经验系数，即得虾池中对虾的总数。此法适于中国明对虾等白天活动的虾类、体长 6cm 以上的对虾群体。计算公式为：

$$虾池对虾总数 = K \times \frac{每网平均虾数(尾)}{旋网撒开面积} \times 虾池面积 \tag{3-3}$$

式中，K 为网口收缩系数（外逃系数、逃逸系数），其值主要随水深而增大，平均水深 1m 的池塘，K 值为 1.5，平均水深 2m 的池塘，K 值为 3 左右。

2. 饵料反推法

根据对虾实际摄食情况进行反推算。即按照初估虾数准确投入一定量饵料，根据虾池中现有对虾在某一体长时，日摄食某种配合饵料的重量（以 1 餐 1h 吃完为标准），来推测虾池中的虾数。进行数次调整后，即以较合理的日投饵量来反推全池的对虾数。

3. 监测网捕捉测定法

此法适合测定体长 2～3cm 的小虾。即在池内已知面积的小罾多点捕虾，求出单位面积的对虾数，从而求出全池的对虾数。

4. 经验成活率推算法

首先测准入池虾尾数，再参考清池效果、虾苗质量和规格、有无浮头、虾病、虾逃等异常情况，主要根据投苗后不同生长时期对虾的经验成活率，计算对虾的存池数，以此作为估计对虾各生长阶段存池数的主要参考依据。

以上各种方法可综合采用。

三、胃饱满度观察

投饵后一方面要检查残饵情况，另一方面需根据对虾胃的饱满程度来了解对虾摄食情况和对所投饲饵料的喜食程度，以便调整投饵量，提高饵料质量和改进投喂方法。甲壳薄和透明的中国明对虾、长毛明对虾、凡纳滨对虾等，可以从头胸部和背中央透过甲壳观察胃的饱满程度。根据对虾胃腔内含物的量将虾胃分为饱胃、半饱胃、残胃、空胃（图 3-17）。

图 3-17 对虾胃的饱满程度

一般在投饵后 1h，80％的虾达到饱胃或半饱胃，或投饵之前饱胃率在 20％左右，说明投饵量适宜；如虾体健康、环境适宜，而虾的胃内含物达不到上述标准，则可能投饵量不足；虾胃多不饱而有剩饵，则可能是饵料质量差或已变质，对虾拒食；虾胃饱满但对虾生长缓慢，则饵料营养不良或不易消化吸收；若虾多饱胃而池底有剩饵，则投饵量过多。

四、巡池检查

在养成过程中，凌晨和傍晚巡池是养虾的一项主要日常工作，要时时注意虾池动态和环境条件的变化（表 3-18），以防意外事故发生。巡池检查的主要内容有：

① 检查闸门是否严密，坝堤有无漏洞，网具是否破损，注意池内水位变化；

② 观察池内水色有无异常，有无气味逸散；

③ 水源及池内有无赤潮发生，夜间观测虾池内有无发光和发光强度；

④ 观察池底污染状况，注意池底的黑化区范围；

⑤ 监测饵料消耗情况；

⑥ 观察池内丝状藻类、海草等繁生状况，虾池上空、池堤内有无鸟群；

⑦ 观察对虾蜕皮情况，对虾有无反常行为、有无浮头和其他疾病的各种迹象；

⑧ 观察池内有无敌害生物（如蟹类、海蟑螂、丝状海藻等）；

⑨ 检查同一虾池对虾个体有无参差不齐现象；

⑩ 注意天气变化，做好防洪、防台风工作。

巡池要做到"四勤"：勤观察、勤除害、勤检查、勤记录。

表 3-18　对虾及虾池各种状况和判断

	良 好 状 况	状 况 不 良
对虾外观	外表光洁、附肢完整，外表体色无异常	体色红、黑、蓝、白或乳白色；身体溃烂、附肢缺损
	虾体饱满、肌肉结实	虾体纤弱、壳软、肌肉发白
	粪便黑粗、较长、无断节	粪便色淡、较细、断节、有气泡在内
	鳃腔清洁、鳃丝肉白色	鳃腔污浊、鳃叶溃烂
对虾行为与活力	虾离水后剧烈跳跃，或能爬行、昂起头胸部；离水尚能存活相当时间	离水后弹跳力弱、不久死亡
	惊动时立即跳离饲料盘；见到物影能立即退避	受惊反应迟钝、活动力弱
	池虾不易看见，静栖池底或游动觅食	对虾泊岸边、池底不动(病害)；个别虾在中、表层打转或漫游(病害)；频频有虾跳跃(害鱼追逐，或缺氧或寄生物附着)
虾池状况	启动增氧机后泡沫小且容易散	泡沫大，聚集一起不易散；泡沫漂浮时间甚长，覆盖大部分水面；水面下风处漂浮较多藻泡与死亡的藻体；池边或角落漂浮或堆积死亡的藻泥片
	饲料盘干净、吊绳无污物	盘面残饵多、吊网上有黑污物，内有死虾或其他虾类
	虾池空气新鲜、清爽	池水或池边有臭土味或异味逸出；傍晚蚊虫多
	池水中以浮游单细胞藻类为主，水色稳定，浅绿色或茶褐色	其他水色、清水变色水或色水变清水；以原生动物、轮虫、蓝藻、鞭毛藻为主；水中有昆虫幼虫，早晨池水表面有原生动物漂浮
	池边、上空无鸟群；杂蟹类、海蟑螂、藤壶少	多海鸟在池上空盘旋；池边鹭鸟啄食；杂蟹类、海蟑螂、藤壶多

五、建立生产日志制度

按照无公害水产养殖规范要求，在养殖全程建立《水产养殖生产日志（农业部渔业局印制）》，记录养殖期间的水质状况、饲料和渔药使用情况，测定的数据、观察到的现象、所采取的技术措施等档案，以便整理、分析和总结，为养殖管理提供决策依据，为今后对虾养殖积累数据资料，并在养殖全程逐步推广 HACCP 管理模式，建立规范化的质量安全管理操作规程，逐步总结对虾养殖质量安全管理的方法，推动对虾养殖无公害生产和产品质量认证。

第八节　养成期虾病的防治

随着对虾养殖集约式程度越来越高，对虾疾病的危害日趋严重，成为制约对虾养殖业发展的重要因素之一。

当前对虾发病的主要原因大致有：①病原体感染，病原体包括病毒、细菌、真菌等微生物及原生动物等，这些病原体大多数在当地自然存在，也有从其他地方带入；②不良环境因子的影响，如温度、盐度、pH、溶解氧、光照、透明度等环境因子的变化超过了对虾的忍受限度，对虾体质变弱，为病原菌的入侵提供了条件；③营养失调，饲料中所含的营养成分不完全，对虾对疾病的抵抗力差；④机械损伤，在虾苗运输及饲养管理中，对虾受损致伤，病原菌从伤口入侵。

目前，还有许多虾病尚未研究清楚，或者是已经发现其病原体、症状和危害性，但尚无有效的治疗方法。因此，虾病防治根本的问题是改善对虾生活的环境条件，加强营养，提高对虾的抗病能力。

一、病毒病防治

1. 病毒性疾病

现已见报道的对虾病毒近 20 种，如对虾杆状病毒（BP）、斑节对虾杆状病毒（MBV）、中肠腺坏死杆状病毒（BMNV）、传染性皮下组织和造血器官坏死病毒（IHHNV）、肝胰腺细小病毒（HPV）、呼肠弧病毒（REO）、黄头杆状病毒（YHV）、桃拉病毒（TVS）、白斑综合征病毒（WSSV）等。从目前我国养殖的对虾来看，对对虾养殖业产生严重影响和危害的病毒病主要有白斑综合征、桃拉病毒病和传染性皮下及造血组织坏死病等。

（1）白斑综合征　病虾活力下降，在池边漫游或伏卧，空胃；游泳无力，反应迟钝，甲壳内表面有白色或淡黄色斑点，以头胸甲尤其明显，严重者白点连成白斑，显微镜下观察呈花斑状；病虾鳃丝发黄，肝胰腺肿大，糜烂，甲壳易剥离；体色暗或呈微红色。通常在几天内便可发生大量死亡，若水质稳定，营养全面，则可维持 1 个月左右，死亡进程随着体长的增加而缩短，即大虾死亡速度高于小虾，死亡率高达 90% 以上。

主要传播途径为带病毒的食物，水中的病毒粒子亦可经鳃腔膜进入虾体，引起鳃及全身的病变。环境条件是诱发白斑综合征病毒病发生的主要因素，天气闷热、连续阴天、暴雨、虾池中浮游植物大量死亡以及底质恶化时易引发此病，发病适宜温度为 24~28℃，如果虾苗携带病毒，随时可诱发，特别是在环境突变时易急性暴发。

（2）桃拉病毒病　病原为桃拉病毒（TSV）。主要宿主为凡纳滨对虾。携带病毒的亲虾和虾苗、水、水生甲壳动物、水生昆虫、海鸟粪便等都可能是该病的传播媒介。患病虾虾体变红，尤其是尾扇变红，又称为"红尾病""红体病"；部分病虾甲壳与肌肉易分离；久病不愈的病虾甲壳上有不规则的黑斑。病虾游泳无力、反应迟钝；甲壳变软，不摄食或少摄食，在水面缓慢游动，离水后即死亡。对虾发病后病程极短，从发现病虾到病虾拒食仅仅 5~7d，随后大量死亡；如之后症状有所减缓则进入慢性死亡阶段，时有死虾发现。一般幼虾（体重 0.5~5g，体长 6~9cm）发病严重，主要出现在放养后 14~40d，死亡率高达 80%；成虾则易发生慢性感染，死亡率相对较低。

当虾池底质老化、氨氮及亚硝酸氮高，透明度在 30cm 以下；一般气温剧变后的 1~2d，尤其是水温升至 28℃后，易发此病。

（3）传染性皮下及造血组织坏死症病（IHHNV）　患病初期，幼虾触须红色，摄食量减少，生长缓慢，身体畸形，成虾的个体大小参差不齐，死亡率虽然不高，但严重影响生长速度，一般不能生长至大个体。此为典型的慢性病，对养殖对虾影响较大。可传染斑节对虾、日本囊对虾、短沟对虾和凡纳滨对虾等。

（4）斑节对虾杆状病毒病（MBV）　斑节对虾杆状病毒为感染亚洲地区养殖对虾的病毒

之一。除感染斑节对虾外，长毛明对虾、墨吉对虾等也可被感染。斑节对虾杆状病毒对虾苗的影响比对幼虾和成虾大，即使感染的虾苗不死亡，也会因病毒感染而影响虾苗健康，影响养殖工作的进行。斑节对虾杆状病毒主要感染肝胰腺及肠上皮细胞。感染虾体色暗，食欲减退，生长速度减慢，虾体瘦弱，死亡率80%以上。

(5) 黄头杆状病毒（YHV） 我国养殖的中国明对虾、凡纳滨对虾、日本囊对虾以及罗氏沼虾的部分样品中均检出了YHV。

(6) 虾彩病毒 近年发现了引起养殖凡纳滨对虾高死亡率的、二十面体结构的虾彩病毒（Qiu Liang Chen Mengmeng，Wan Xiaoyuan 等，2017）。

2. 病毒病传播途径

对虾病毒病传播途径有垂直传播途径和水平传播途径（图3-18、图3-19）。

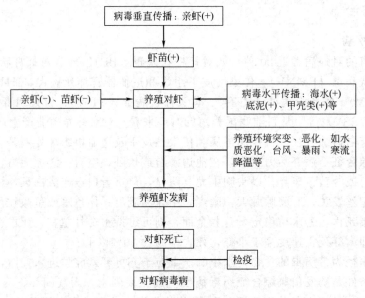

图3-18　对虾养殖池病毒传播途径

（＋）病毒；（－）无病毒

示垂直传播和水平传播

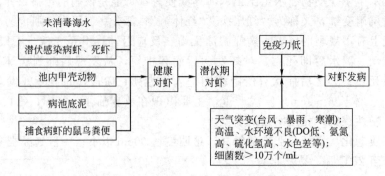

图3-19　对虾病毒病水平传播示意图

3. 病毒病诊断和检测技术

随着科学技术的不断进步，已经可以应用生物学技术在细胞或细胞超微结构的水平研究对虾的病变和病毒结构。目前已经采用或试验的诊断方法见表3-19。目前，国内外均已开发出商品化 WSSV 的核酸探针检测试剂盒和 PCR 检测试剂盒。

表 3-19 已知诊断对虾病毒性疾病的方法

方　　法	IHHNV	HPV	MBV	BMNV	BP	WSSV	YHV	TVS
直接 BFLM	−	++	++	++	++			
相位差 LM	−	−	++	++	++			
暗视野 LM	−	−	++	++	++			
组织病理切片	++	++	++	++	++	++	++	++
加强感染/组织切片	++	++	++		++			
生物检验/组织切片	+++	−	−	+	+		+	+
投射式 EM	+	−	+	+	+	++	++	++
扫描式 EM	−	−	−	−	−			
荧光抗体	r&d	−	−	++	+			
多抗 ELISA	−	−	−	−	+			
单抗 ELISA	+++	−	−	−	+			
PCR		−	+++		+++	+++		
原位杂交	+++	+++	+++	++		+++		

注：−表示未知或无人发表；+表示已知或有人发表；++表示已知或有人发表，且此法可提供较灵敏的诊断；+++表示此法可提供最灵敏的诊断；BF 表示以涂片法或组织切片直接用亮视野显微镜观察；LM 表示光学显微镜；EM 表示电子显微镜；ELISA 表示酶联免疫吸附剂测定法；PCR 表示聚合酶链式反应；r&d 表示研发。

4. 病毒病综合防治方法

对虾病毒病目前尚无有效的治疗措施和药物。因此，应贯彻"预防为主、防治结合"的原则，从改善和优化养殖环境、提高对虾抗病力等方面着手，采取综合防治的技术措施。

(1) 切断病毒传播途径 养虾场建立配套蓄水池；虾池和蓄水池进水均须经 80 目筛绢网过滤，或者养虾用水经充分沉淀或消毒处理后再引入虾池，防止病原体及携带病原的中间宿主进入虾池。放养健康、经检验不带病毒的虾苗，虾苗入池前用 50mg/L 的聚乙烯吡咯烷酮碘（PVP-I）药浴 2～5min。严禁投喂已确认可能携带病毒的冰鲜饵料，防止病从口入。收获对虾后，排干池水，曝晒池底，彻底清除淤泥、消毒除害。

(2) 改善和优化养殖环境 合理调控虾苗放养密度，投喂鲜活饵料要清洗干净并经消毒处理；合理使用微生态制剂、水环境保护剂等，保持水质相对稳定；暴雨、台风前后和盛夏高温季节更要加强管理，使虾池的水环境指标处在较好的水平，尽量减少对虾的应激反应；安装增氧机，增加池水溶解氧含量，并使池水流动、污物集聚，设法将污物排出池外；混养一定数量的鱼类、贝类或藻类，净化水环境。虾病流行季节加强巡池管理，勤观察、勤检查，暂时封闭不换水。发生虾病的池塘，要隔离封闭，避免虾体、池水与其他池塘接触，并注意用具的消毒。

（3）**提高对虾免疫力** 科学投喂优质高效的配合饲料，可在饲料中添加增加免疫力的生物活性物质，如维生素 C、多糖类等，或添加抗病毒中药。

（4）**药物防治** 在做好防病工作的同时，如果发现虾病，及时确诊并对症下药，适时、适量地使用药物。防止细菌、寄生虫等继发性疾病，全池连续 2d 泼洒二溴海因复合消毒剂 0.2g/m³。一旦发病，可全池泼洒超碘季铵盐 0.2g/m³，连续 2d，第 3 天再次泼洒二溴海因复合消毒剂 0.2g/m³；隔 2d 后，全池泼洒枯草芽孢杆菌 0.3g/m³ 及活性炭、过氧化钙。同时投喂药饵，增强对虾免疫力，每千克饲料内添加稳定型维生素 C 2～3g 及鱼油 10～20g，每天投喂 2 次，连续投喂 3～5d。同时每 10 天投喂含有中草药的饲料 1～2 餐，在每千克饲料内添加穿心莲、辣蓼、大青叶、葫芦茶（等份比例）共 10～15g。

二、细菌性疾病防治

细菌病是对虾病害中最常见病害，尤其是弧菌病危害很大。由于弧菌普遍存在于海水中，任何一个养虾地区都随时受到弧菌感染的威胁。由于弧菌可采用抗生素等药物进行治疗和控制，往往又成为对虾养殖过程中滥用药物和药物残留的直接原因。对虾常见的细菌性疾病有以下几种。

1. 弧菌病

弧菌病俗称"红腿病"，其病原体主要为副溶血弧菌（TCBS 弧菌显色培养基上菌落呈绿色，俗称"绿弧菌"）、溶藻弧菌（俗称"黄弧菌"）、鳗弧菌、气单胞菌或假单胞菌中的种类。发病季节多在 5～10 月，发病水温为 25～30℃。该病的流行往往与放养密度大、水质不良、底质污染、饲料质量差有关。常呈急性型，通常对虾发病后 2～4h 开始死亡，死亡率高达 90％。发病时虾群摄食量减少，甚至不摄食，对虾在浅水处无规则或无定向缓慢游动，或者池边、浅水区出现大量病、死虾，海鸟常到水面捕虾。

病虾附肢变红，特别是游泳肢，鳃丝肿胀、溃烂，鳃部变黄，鳃部甲壳向两侧张开。有的病虾体变白，夜间发荧光。解剖观察对虾肝胰腺和心脏颜色变浅，轮廓不清，甚至溃烂或萎缩；检查血淋巴，如发现凝血时间延长并在高倍镜下可见许多活动的杆状细菌，则可基本确诊。

对弧菌病必须采取以下的综合防治措施。

① 改善养殖环境，高温季节定期施用漂白粉（有效氯）0.1～0.5g/m³ 或其他水质消毒剂，或每 10～15 天使用 1 次溴氯海因 150～200g/亩（水深 1m）。定期泼洒光合细菌 5mL/m³ 或枯草芽孢杆菌 0.25g/m³。但注意微生态制剂和含氯消毒剂不可同时使用。

② 雨季应经常泼洒石灰调节 pH，每亩用量为 5～15kg；启动增氧机；并要经常检测水质。

③ 定期在饲料中添加中药和复合维生素、矿物盐及大蒜素等。大蒜具有抗菌作用，尤其紫皮大蒜，大蒜去皮捣烂，加少量水拌入饲料中，待蒜液吸入后即可投喂，连投 3～5 天。也可用每千克配合饲料中添加大蒜 1～2kg（去皮捣成蒜泥），用蛋清或海藻酸钠作黏合剂，充分拌和均匀后投喂，连喂 5～7 天为一个疗程。

④ 聚维酮碘＋板蓝根、大黄、穿心莲、黄连、连翘等中药，1：1 制成碘合剂，按 100kg 饲料添加 1kg 碘合剂的比例制成药饵，连续投喂 5～7 天。或将黄芪、大黄、甘草和黄芩等组成的复方中草药按 1％ 的剂量添加到凡纳滨对虾饲料中，连续投喂 12 天，可以提高对弧菌性疾病的抵抗力（王芸等，2012）。

⑤ 结合口服药物，用 1～1.5g/m³ 漂白粉或二氯异氰脲酸钠、三氯异氰脲酸钠全池泼洒，杀灭池水和对虾体表的病菌。或可用二溴海因、聚维酮碘 0.3～0.4g/m³，每 1～2 天泼洒 1 次，连续使用 3～4 次。

⑥ 定期检测水中的弧菌数量，有些弧菌在养殖水环境中是致病菌或条件致病菌，虾池水中弧菌的数量与对虾的发病程度和死亡情况有一定关系，虾池细菌总数高于 2.5×10^4 cfu/mL、弧菌数量高于 1.5×10^3 cfu/mL 时，虾池内极易发生早期死亡综合征（张婉蓉等，2015）。有条件的养虾场在放苗前、养殖期间每 5～7 天要检测一次水源、池水的弧菌总数和副溶血弧菌数，若发现水中副溶血弧菌数超过 3.0×10^2 cfu/mL、溶藻弧菌超过 8.0×10^2 cfu/mL 要及时进行水体消毒，或施用噬菌蛭弧菌，使用蛭弧菌制剂期间须避免使用抗生

素、消毒剂、增氧剂、杀虫剂、杀藻剂等化学物质，亦不与其他微生态制剂同时使用，如需使用其他微生态制剂，须间隔 24h。

2. 丝状细菌病

病原菌为毛霉亮发菌。病原体可侵袭对虾的体表部位，其中危害较大的是鳃，使鳃变黄色或褐色，镜检可见鳃或附肢上有成丛的丝状细菌。此病妨碍对虾呼吸，当水中溶解氧较低，水温和盐度突然改变、对虾蜕皮及受到其他刺激时，容易出现急性、大量的死亡。高密度精养池出现此病，若处理不及时，在几天或几周内虾的累积死亡率可达 80% 以上。该病若与聚缩虫病同时发生，就更加重了对虾的危害。此病易在有机质含量高的虾池发生。

(1) 预防方法 掌握准确的投饵量，避免残饵；经常全池泼洒枯草杆菌或光合细菌以及沸石粉以改良水质。

(2) 治疗方法 ①用浓度 $10g/m^3$ 的茶籽饼或茶皂素 $1\sim2g/m^3$ 浸泡后全池泼洒，促进对虾蜕壳，并在虾蜕壳后适量换水；②亦可用浓度 $2.5\sim5g/m^3$ 的高锰酸钾全池泼洒，4h 后换水；③全池泼洒氟苯尼考（10%）$0.5g/m^3$ 一次，同时喂饲药饵，每千克饲料添加氟苯尼考（10%）0.5g，连续投喂 3 天。

3. 烂鳃病

病原菌为弧菌或其他细菌（如柱状曲桡杆菌、气单胞杆菌等）。病虾鳃丝呈土黄色、肿胀、溃烂，镜检有大量细菌。病虾呼吸困难，浮游于水面。发病季节为 7~9 月的高温期，底质或水质不良的老化虾池常见此病。

(1) 预防方法 保持良好水质，经常采用微生态制剂及沸石粉、石灰等改良养殖环境，定期泼洒消毒剂。

(2) 治疗方法 全池泼洒超碘季铵盐 $0.2g/m^3$，连续泼洒 2 天，间隔 2 天后，全池泼洒枯草芽孢杆菌 $0.25g/m^3$ 或光合细菌 $5mL/m^3$ 一次，适当内服一些符合健康安全要求的抗菌药。

4. 黑鳃病

黑鳃是一种病症，引起黑鳃病的原因较多。病原体有细菌、霉菌（镰刀菌）和纤毛虫等，重金属污染，缺乏维生素 C 及水中氨氮含量过高也会引起。镰刀菌还可侵犯对虾体壁、附肢、眼球，寄生部位有黑色素沉积。该病的主要危害是造成对虾鳃功能障碍，影响呼吸，严重者死亡。对黑鳃病要分清是由哪一种病原引起，然后对症下药。出现过黑鳃病的虾池，应彻底清污，用漂白粉或生石灰严格清池消毒，防止再次发病。

5. 褐斑病

这是由于细菌侵入对虾甲壳伤口而引起的疾病。病虾的体表甲壳和附肢上有黑褐色或黑色的斑点。斑点的边缘较浅、稍白；中心部凹下，色稍深。对虾若能蜕壳，病情可减轻。有时病原体经病灶进入虾体内部而引起继发性感染，会造成不同程度的死亡。高密度精养对虾和越冬期间，对虾之间碰撞受伤的机会较多，水质容易恶化，发病率相对较高，一般池塘养殖发病率较低，死亡率不高，只是影响虾体外观而降低商品价值。

(1) 预防方法 要保持良好水质，科学投饵。保持适宜的养殖密度，减少刺激，避免外伤。每周投喂 2~3 次高稳维生素 C，每千克饲料添加 0.3%，以增强抗病力。

(2) 治疗方法 泼洒有效氯浓度 $0.1\sim0.5g/m^3$ 的漂白粉或其他含氯消毒剂，药浴 1~2h 后适量换水，连续进行 3~5 次。或者连续 2d 泼洒超碘季铵盐 $0.2\sim0.3g/m^3$。

6. 烂眼病

病原体为非 01 群霍乱弧菌。病虾眼球肿胀，棕褐色或白浊色，严重时眼球溃烂只剩眼柄。一般在高温季节常见，病虾大都在 1 周内死亡，死亡率在 30％左右，养殖密度高、有机质多及低盐水域易发生。发病季节为 7～10 月。

防治方法同弧菌病。

三、其他疾病防治

1. 微孢子虫病

微孢子虫营寄生生活，主要寄生在对虾肌肉和生殖腺中，偶尔也发生在血液、消化道、肝胰腺和神经组织中。被感染的对虾肌肉变白，松散柔软，白色区域不断扩大，使对虾腹部变白浊，故称"棉花虾"。

虾肝肠胞虫（*Enterocytozoon hepatopenaei*，EHP）是一种个体较小的微孢子虫，大小为（1.1±0.2）$\mu m \times$（0.7±0.1）μm，在显微镜下难以观察，主要寄生于对虾肝胰腺组织中。虾肝肠胞虫于 2009 年在泰国养殖的斑节对虾中首次分离并被命名，该孢子虫病是近年来全球对虾养殖生产中影响较严重的疾病之一。虾肝肠胞虫既可通过受精卵或种苗垂直传播，也可通过养殖水体水平传播。感染 EHP 的对虾肌肉发白、肠道吸收功能下降，严重的出现肝胰腺萎缩，虽不导致对虾死亡，但能使凡纳滨对虾生长显著缓慢。

目前对于对虾肝肠胞虫病尚无有效治疗药物，可采用以下方法防控：①委托有资质的检测机构采用荧光定量 PCR（RT-PCR）法检测亲虾和虾苗，选择不带病原的虾苗，检测对虾排泄物和水体；②工厂化养殖的室内水泥池以及日常生产用具，用 2.5％NaOH 溶液处理，3h 后再用盐酸浸洗；③尽量避免投喂鲜活饵料或将鲜活生物饵料冰冻或者经巴氏灭菌后再投喂；④有病史的虾池要用漂白粉严格消毒，对于生长缓慢的虾池，采集底泥进行检测，若检测虾肝肠胞虫呈阳性，该池塘底质必须用生石灰进行严格消毒，尽量去除池塘底泥，以排除虾肝肠胞虫寄生的隐患；⑤发现受感染的病虾应立即捞出销毁，以免被健康虾吞食后而感染；⑥适当降低养殖密度，以降低感染的概率；⑦不随意排放养殖废水，防止虾肝肠胞虫的传播。

2. 对虾肝胰腺坏死综合征

2010 年以来，我国和东南亚对虾养殖区域相继发生因不明原因导致的对虾死亡。因多发生在虾苗放养后的 5～30 天内，而被称为早期死亡综合征（early mortality syndrome，EMS）。2012 年亚太水产养殖中心网络（NACA）根据该病的组织病理学特征将其定义为对虾急性肝胰腺坏死综合征（acute hepatopancreas necrosis syndrome，AHPNS）（唐小千等，2016）。AHPNS 可引起凡纳滨对虾、斑节对虾和中国明对虾感染，其中凡纳滨对虾最为易感。

急性肝胰腺坏死病病情发展极快，虾苗或幼虾在短时间内大量死亡；病虾在水面缓慢无力游动或趴伏于池塘边坡上，肝胰腺萎缩呈淡黄色、白色，或肿胀、糜烂发红，病虾空肠、空胃，死亡率可达 90％ 以上。有研究显示，副溶血弧菌与 AHPNS 的发生存在密切关系（陈信忠等，2016），几种弧菌的某些菌株也会导致对虾急性肝胰腺坏死病。也有人认为引起养殖对虾肝胰腺坏死病是对虾养殖量超过环境容纳量、养殖生态系统失衡、致病弧菌、有害蓝藻、病毒或寄生虫、种苗质量下降等多种因素共同作用的结果（何建国等，2014；文国樑等，2015）。

防控对虾肝胰腺坏死综合征应采取生态综合防控技术：①要做好池底清淤消毒，注意保持良好的水质和底质；②购买种苗时检测是否携带致病菌；③科学施用有益微生物，形成稳定的优良菌相和藻相以防控有害菌和有害藻；④合理放养密度，避免过量投饵导致水体富营养化；⑤合理混养其他养殖品种，阻断虾病的水平传播；⑥科学饲喂维生素、益生菌、中草药、微量元素，提高对虾免疫力；⑦水源经沉淀、过滤、消毒后再使用，养殖废水经无害化处理后再外排，防止养殖场之间的互相传染。

3."白便"综合征

"白便"综合征（white feces syndrome，WFS）是近几年危害我国和东南亚地区凡纳滨对虾养殖的主要病害之一。该病的临床症状主要表现为虾池水面漂浮着很长的白色粪便（俗称"白便"），多发生在高水温期。患病池塘对虾摄食慢，生长缓慢，大小悬殊，饵料系数高，病虾肠道不饱满，肝胰脏萎缩、严重时出现"干瘪虾"，甚至"偷死"。对虾白便的形成原因，目前尚无定论。

防治"白便"综合征须以预防为主。"白便"的发生与水质、底质等环境因素密切相关，要严格控制投饵量，保持菌藻平衡、水质稳定的环境，定期调水、改善底质，能减少或推迟"白便"的发生。发现"白便"及时治疗，调节肠道有益菌群，消除肠道炎症。

4.肌肉坏死病

病虾的主要症状是腹部的第4～6节肌肉白浊，蔓延至整个腹部，受害部位肌肉坏死，直至死亡。有时也发生在附肢上。该病多发生在7～8月高温季节和盐度、水温突变时，放养密度过大、水中有机质含量过高等也会引起此病。应注意此病与微孢子虫病表现相似，均为肌肉变白，诊断时应仔细分辨、镜检。

预防方法为：加强养殖管理，防止环境因子突变。

5.痉挛病

患病对虾腹部弓起，全身僵硬，尾部弯于头胸部之下，两眼并起、僵直，严重时死亡。发病可能是高温季节对虾受到惊吓所致，也可能是因对虾饲料营养失调等引起。

预防方法为：在盛夏高温季节要注满池水，调节好水质，避免在高温时捕捉对虾，投喂营养全面、平衡的饵料。

6.固着类纤毛虫病

纤毛虫大量附着于虾鳃和体表，导致虾因缺氧、呼吸困难而死亡。取病虾鳃丝或体表附着物作浸片镜检，可见纤毛虫类附着。固着性纤毛虫大量繁殖的环境是：水温25～30℃，池水偏酸，pH 7左右，水中有机质含量高，池水污浊。

(1)预防方法　养虾前要彻底清淤消毒，保持底质清洁，定期用沸石粉泼洒全池，加强水质监控，改良养殖环境。

(2)治疗方法　可用茶籽饼10～15g/m³全池泼洒，促进对虾蜕壳，但茶籽饼不能杀死聚缩虫，故对虾蜕壳后应适当加大换水量，以免重新感染。或者可全池泼洒"纤虫净"1～1.2g/m³，次日全池泼洒0.4g/m³溴氯海因复合消毒剂，10d后全池泼洒1次"纤虫净"1.0g/m³。全池泼洒1g/m³高锰酸钾有一定的疗效。

7.软壳病

对虾甲壳薄而软，体瘦，生长慢、活力差，甚至难蜕壳，有时勉强蜕壳后即死亡。原因为长期饲料投喂不足，或使用质量低劣或变质的饲料，饲料缺钙、缺磷。

预防方法为：投喂优质饲料，补充添加磷酸二氢钙；适当加大换水量，改善养殖水质；适当投放一些贝壳粉或石灰石粉。

8.虾体变蓝

虾体变蓝主要发生在工厂化养虾中，该类商品虾卖相不好。主要原因是在室内高密度养虾条件下，水体藻类、浮游动物相对缺乏，而且投喂的配合饲料虾青素含量不足，导致养殖虾体缺乏虾青素所致。解决方法是投喂高配比虾青素、高蛋白饲料，改善对虾体色；或可投喂大卤虫，但成本高，容易带入弧菌，污染水体。

9. 水生昆虫及敌害

蜻蜓幼体、龙虱（又称水龟子）及其幼体水蜈蚣、蝌蚪等是凡纳滨对虾淡水养殖中常见的水生昆虫敌害，不仅会争食饲料，而且会捕食虾苗，危害较大。因此，放苗前应检查水中是否有这类敌害，若有发现，则先用 $1\sim2g/m^3$ 敌百虫清除，然后排干池水，7d 后及时进水投苗。在养殖过程中若发现有水蜈蚣，可灯诱捞出，发现蝌蚪也要及时捞出，也可用 $15\sim20g/m^3$ 的茶籽饼杀灭。

第九节 对虾的收获与保活运输

一、收虾时间

对虾收获的时间应根据对虾的生长情况、水温、气候变化、水质和底质的污染程度、病害情况、市场价格与需求、运输能力等因素全面考虑。

水温是决定北方地区收虾的重要因素，如露天养虾，水温降到 $13\sim14℃$（中国明对虾），对虾体长已达 12cm 以上即要收虾。

凡纳滨对虾的大棚保温养殖或工厂化养殖，一年可多茬进行，故要根据对虾生长情况（病害情况）和市场价格灵活确定收获日期。当池内对虾密度过大时，可提前收获一部分上市，剩下部分继续养成大规格虾。如有休药期规定的渔药用于防治对虾疾病时，应在休药期过后才能起捕上市，以确保产品安全。

二、收获方法

收虾的方法可以结合虾类夜行、喜沿池边游动、水流刺激活动更活跃的特点，结合虾池的条件、养殖种类以及市场需求，决定收获活虾或冰鲜虾。靠近市场或运输方便的虾场可以分批收获，灵活上市以获取较大的经济效益。收虾的方法和网具因虾的种类而异。每收完虾，养殖池塘必须彻底清淤、消毒、晒池，让池底的有机质氧化分解，以便下一茬养虾。

1. 排水收虾法

此法利用对虾沿池边群游及趋弱流、顺强流的特点，开闸放水，虾随水流进入网中。此法适宜大批量收虾，但只能出售冰鲜虾。不宜在对虾蜕壳高峰期间和软壳虾的比例超过 5% 时放水收虾。

放水收虾最好在黄昏或黎明前后对虾活动强时进行。在排水闸安装锥形袖网，一般收虾网的长度是网口宽度的 $5\sim8$ 倍。排水时要控制好流速，及时提网收虾，以免虾入网过多造成挤压损伤、提网困难或网破虾逃。如一池虾需要分次收虾时，则每次收虾结束后，应立即重新将池水纳满，以免造成池虾损失。

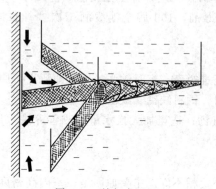

图 3-20 捕虾定置网

2. 虾笼网收虾

虾笼网亦称虾蛄网、节节网、地笼网。此法适宜于收获活虾、捕大留小、少量捕虾。虾笼网为长圆锥形，网目 1.8～2.5cm，直径为 50～70cm，虾笼网网口加上两翼（图 3-20），利用对虾夜间沿岸边环游的习性，于池边张网，虾沿池边游动时顺着网墙游入网笼中，网笼内有漏斗状内网，使虾能进不能出而被捕获。一般 5000～7000m^2 的虾池布置 10 个虾笼网，收捕时，依池中虾的密度决定收网时间，池中虾密度大时，1～2h 收网一次；虾少时，采取当天放网、次日清晨收网的办法。一般晚上和清晨虾进网较多。当网笼中捕获一定数量后，要及时从网尾倒出虾，防止网笼尾部积虾过多而致死。

3. 电网与装捞结合收虾

在闸门装上锥形网，开闸放水；待池水水位降到 50～80cm 后，根据虾池的宽度，用若干张电虾网，两人操作一张，同时拉动，并排前进，往返捕捞。每口虾池经 2～3d 的操作，便可捕获 95％以上的池虾，剩下的再干塘捕捉。此法收虾快捷、虾体干净，且不受气候和潮汐的限制，可随时捕虾上市，是目前较先进的收虾技术。

三、对虾保活运输

1. 无水保活空运

日本囊对虾耐低温，离水后仅靠鳃内剩留水分仍能存活较长时间，活虾价格高，适宜于无水保活包装、航空运输。

方法是将收获后的活虾先暂养于水池，淘汰体质弱的虾。夏季收捕时水温往往较高，应先将包装场地的水温降至较低温度，将虾装在网笼或网箱中，放入低温池，采取分梯度逐渐降温的方法，一次降温幅度不宜大于 5℃，逐级降温降至 8～10℃。在降温过程中，池面用帆布或黑布覆盖，以免对虾受惊动损伤。对虾低温麻醉后，用手抄网挑选虾，根据大小规格分级包装。包装车间室内温度为 8～10℃。填充材料采用无异味、颗粒大小 1～2mm 的潮湿杉木锯屑，锯屑和包装纸箱要事先放入冷库预冷，直至比包装的温度低 1～2℃。

包装时先在箱底铺一层 1cm 厚的潮湿低温锯屑，然后一层锯屑一层虾分层装进纸箱内，最上层为锯屑。每小箱装虾 1.5～2kg。夏季为保持低温，还要在最上层木屑上放上冰袋或"冰胶"降温，然后用胶带封箱。将封好的纸箱再装入泡沫保温箱内，再用瓦楞纸板箱外包装。空运包装必须符合航空公司运输水产品包装及操作的有关规定，内外箱要标明内装物品名称、重量和发送地址。长途运输要用冷藏车，如空运则应将汽车、飞机等衔接好，要事先联系好航班和舱位，及时发送。

2. 水箱充氧运输

带水充氧适宜于短途运输。主要使用工具有水箱、装虾筐笼、氧气瓶或增氧机、气石等。活虾装于笼内，叠放于水箱内充气运输。日本研制出一种运送活虾专用包装容器，由聚乙烯材料制成双层包装容器，双层之间放入碎冰，容器内装入杀菌消毒的海水和活虾，然后用盖封严即可运送。此法在气温 40℃，24h 内的活虾存活率仍可保持在 90％上。

3. 塑料袋充氧气包装

此法适宜于斑节对虾、刀额新对虾、凡纳滨对虾、日本囊对虾等活虾运输。做法是：收虾后暂养 1～2d，捞出对虾放入筐中，置于低温海水中冷刺激 1min，再将对虾倒入双层的塑料袋中。袋中盛少许过滤海水，保持对虾身体湿润。挤出袋内空气，充入氧气，扎紧袋口。将虾袋置于泡沫箱中，箱中放入冰袋，再把泡沫箱装入瓦楞纸箱中，封闭即可空运。

空运活虾的包装顺序由内至外：双层聚乙烯塑料袋—泡沫箱—聚乙烯塑料袋—瓦楞

纸箱；或双层聚乙烯塑料袋—聚乙烯塑料袋—泡沫箱—瓦楞纸箱。单件货物毛重不超过 30kg。

虾池混养就是采取合理的方法，因地制宜地将某些经济生物与对虾混养一池，在不影响对虾生长的前提下，同时获得一定量的其他生物产品。这是利用不同养殖对象的生活习性、充分利用水体空间和饲料的一种互利共存的生态型养殖方式。

我国沿海地区因地制宜，积累了不少水产生物混养的经验，取得了明显的经济效益和生态效益。目前我国对虾池内混养的品种有：牡蛎、缢蛏、扇贝、菲律宾蛤仔、文蛤、泥蚶、青蛤、鲻鱼、梭鲻、罗非鱼、石斑鱼、鲈鱼、黑鲷、黄鳍鲷、中华乌塘鳢、红鳍东方鲀、双斑东方鲀、大弹涂鱼、海参、海蜇、三疣梭子蟹、拟穴青蟹、江蓠等。主要的混养养殖模式有如下几种。

① 虾鱼蟹贝（或虾鱼贝）多品种混养。以养殖对虾为主，混养杂食性的鱼类、蟹类以及滤食性的贝类。

② 虾蟹（或虾贝、虾鱼）双品种混养。如虾蟹（拟穴青蟹、三疣梭子蟹）和虾贝（缢蛏、泥蚶、花蛤、扇贝、牡蛎等）混养，虾鱼（红鳍东方鲀、真鲷、黑鲷、鲈鱼等）混养。

③ 虾（蟹）藻混养。对虾（拟穴青蟹）和江蓠混养。

④ 虾参混养、对虾与海蜇混养。

⑤ 多品种轮养。利用不同品种的生长适温，在同一虾池进行不同品种的交替轮养，如第一茬放养中国明对虾、第二茬放养长毛明对虾（或日本囊对虾、刀额新对虾）的模式，或第一茬放养斑节对虾、第二茬放养长毛明对虾（或日本囊对虾、刀额新对虾），或虾鱼轮养。

各地的生产实践已经证明，虾池混养有较高的经济效益和长远的社会效益：①鱼虾贝藻合理搭配，互利共存，维护虾池的生态平衡；②提高虾池的利用率，在同一虾池中多品种混养、轮养和立体养殖，可以提高虾池的单位水体生产力；③病害频发时，提高养殖生产的保险系数，某一品种发生意外，还有其他产品收获，减少经济损失；④混养贝藻等的虾池水经过这些生物净化后排入大海，对减轻海洋污染有积极意义。

但开展虾池混养，要注意以下几个方面的问题：①根据虾池的环境条件（如底质、盐度）、混养品种的生活习性、苗种供应，合理搭配混养品种和比例，要因地制宜、因池制宜，采取合理的养殖模式；②混养品种要有经济性、速生性、适宜性、共生互利性；③混养要与虾池的清淤整池相结合，不能过分强调虾池的综合利用率，而忽视对虾池的清淤改造，否则会影响养殖品种的生存，甚至诱发病害。混养或轮养要留出一定的时间做好清淤，保持良好的水环境。

一、虾贝混养

1. 对虾与底栖贝类混养

底栖贝类潜居泥中，主要滤食底栖硅藻或浮游藻类，而对虾则以动物性饵料为主，也摄食配合饲料，它们之间不争食、不抢地盘，对虾收获后，还可以延长养贝时间，充分利用虾池的空间、时间和饵料。并且，养虾投饵、残饵等常造成水质富营养化，诱发虾病，而利用虾池肥水养贝，贝类摄食时间长、生长快、肥满度好，一般养殖 4～5 个月，即可达到商品规格；贝类的净化水质作用，也为对虾的生长创造了良好环境。虾池中混养的底栖贝类主要有缢蛏、菲律宾蛤仔、青蛤、文蛤、泥蚶、海湾扇贝等。

(1) 虾池条件　目前可养的对虾品种较多，如中国明对虾、斑节对虾、刀额新对虾、日本囊对虾、长毛明对虾、凡纳滨对虾等，但不同种的对虾对盐度、底质、水温的适应性各有差异。底栖贝类也是如此，如缢蛏、泥蚶要求底质为泥质或泥沙质，以软泥底质为佳，盐度13～23为好，雨季不低于 6.5，旱季不高于 26；文蛤生活底质以泥砂质为好，且文蛤不耐低盐；菲律宾蛤仔要求细砂砾、沙泥或硬泥沙底质，盐度适应范围较广，为 13～32；海湾扇贝底播混养要求底质为砂砾、砂泥或硬泥底，要求盐度较高，在 20～31，下限不能低于18。同时，也需要考虑虾贝混养池的水深，一般对虾和上述贝类的耐受水温上限不宜超过33℃。因此，混养要根据虾池底质、水温和池水盐度等条件，合理选择对虾和底栖贝类种类。池内环沟蓄水深度最好为 1.5～2.0m，中央滩面水深在 0.6m 以上。

(2) 虾池准备　虾池混养缢蛏、泥蚶、文蛤、菲律宾蛤仔等底栖贝类，需做蚶、蛏田或蛤埕的修造工作，蚶、蛏田或蛤埕一般建在虾池的中央滩面。贝类混养面积一般为虾池总面积的1/4～1/3，如果混养贝类养殖面积过大，放养数量过多，将会造成透明度过大，不利于虾、贝的生长。确定合适的虾贝养殖面积比例是保证虾贝生长和产量的关键技术之一。池边作为对虾投饵场所，诱导对虾到边滩索饵，便于清理残饵和污泥。环沟则作为对虾栖息场所。

按照对虾养殖的技术操作规程，池塘改造在秋冬闲季进行，主要有清淤、晒池、加固堤坝、清理环沟、平整涂面、维修闸门、堵塞漏洞等常规工作，混养底栖贝类还需整埕建畦。整埕建畦方法如下：放苗前 20d 左右，在滩面建宽 3～4m（蛏田）、长依池塘长度而定的畦田，畦田间距 0.5～1.0m，浅沟深 10～20cm，畦面通过翻土、耙平、修整完成。畦田面积不超过池塘面积的 30%。放养贝苗前，选择适宜的消毒药物，根据药物的药性失效时间长短进行清池。注意不宜使用与池内养殖贝类相克的药物。

(3) 放苗及密度　对虾苗要求健壮活泼，规格均匀，无致病菌。养殖池的饲养主体为虾类，一般每亩放养体长 0.8～1cm 的虾苗 0.8 万～1 万尾，虾苗放养密度不可过高。贝苗的放养密度可参考表 3-20。

表 3-20　虾池混养底栖贝类的放苗密度

苗　种	苗种规格	放　苗　量	放苗季节
泥蚶	0.3 万粒/kg	5 万粒/亩	2～3 月份
泥蚶	2 万～4 万粒/kg	15～20kg/亩(50 万～60 万粒)	12 月～次年 1 月份
缢蛏	壳长 1.5cm	1.5kg/亩(20 万～25 万粒)	1～5 月初
缢蛏	壳长 1cm	30kg/亩左右(约 36 万粒)	3～4 月份
文蛤	壳宽 2～3cm	400kg/亩	4～5 月份(壳宽 5～7mm)
菲律宾蛤仔	壳宽 5～7mm	100～200kg/亩	12 月～次年 3 月份(壳宽 15mm)
			6～7 月次年(壳宽 20mm)

(4) 放养　贝类与对虾混养一般是先养贝后养虾，防止对虾捕杀贝苗。为了提高对虾的成活率，虾苗（平均体长 0.8～1cm）可先在暂养池中或在该池中围网标粗至体长 2～3cm，待贝苗播种钻穴后，滩面蓄水 20～30cm，才将虾苗放入或拆网将虾苗放入混养池。为了防止对虾捕食贝类（如缢蛏），也可在蛏畦上悬空覆盖或直接覆盖大网目网片，对虾到蛏畦觅食时，触网受惊即离开。

贝苗的播种季节因各地气候和苗种大小不同而异。贝苗播种一般在大潮汛期间、阴凉天气下进行，大风、大雨天气不宜播苗。播种时，滩面水深应控制在 10～20cm，播苗后 2～3d 增加滩面水的深度。

（5）日常管理和水质调控　单胞藻类是贝类赖以生存与生长的必需食物，也是保持良好水质、预防对虾患病的重要措施。清池并纳入新水后，即可施肥培养单细胞藻类，并视池水颜色及时追肥，使池水保持黄绿色或浅褐色，保持透明度在 30～40cm。贝苗入池后，滩面水位宜保持在 20～70cm；对虾苗入池后，及时添水，并根据气温调节水位，水温适宜时可保持较低水位，以便观察贝类和对虾的生长，如遇高温与低温，适当提高滩面水位，使水温保持在正常范围内。

每天巡池，观察水色和透明度，如透明度大，水清，容易繁生丝状藻类（浒苔、水云等）而覆盖埕面、闷死底栖贝类，并占据水体空间，缠绕虾苗。当环境条件不利或丝状藻类老化衰败而大量死亡时，还会引起水质败坏，造成虾贝死亡。因此，如果发现池塘中有丝状藻类，应及时捞除，并且采取换水与施肥等方法，尽快将水色培养起来。

池水盐度需保持在虾贝的适宜生长范围。若遇暴雨，应及时排出表层淡水，雨后必须测定池水盐度并及时调整。干旱季节或有淡水源的虾池可适当加入淡水，降低盐度，以维持虾贝类生长发育所需的适宜盐度及促进生长。若遇连续阴雨天，影响了浮游植物的生长、pH偏低、水质浑浊时，应及时施用石灰，用量为 15～20g/m³。大潮期间且海区水质正常时，可适量换水（每次换水量为水量的 1/10～1/5），利用排水露滩之机，清除残饵，平整涂面，疏通排水沟，捕捉敌害生物等。小潮期不换水，可以适当加水。

在养殖的整个过程中要定期监测池水的变化，每天定时测定水温、盐度、pH、透明度和溶解氧；每隔 5d 监测一次池水的氨氮、硫化氢等指标，了解饵料生物种类等。

（6）对虾的投饵管理　对虾体长 4～9cm 之后，随着对虾摄食量的增大，池内的天然饲料生物已经不能满足对虾的生长需要，此时需要开始适量投喂配合饵料。投饵方法参照第三章第五节。

对虾饵料应投喂在边滩上，残饵需及时清除。忌把饵料投喂在养贝埕上或环沟里，以免残饵难以清除而造成养殖环境污染，引起虾、贝发病或死亡。

（7）收获　虾贝混养的养殖池，一般是对虾先收获，蛏、蚶、蛤等贝类在池中继续饲养。如进行双季虾养殖，贝类可一直留在池里生长。

2. 对虾池筏架吊养贝类

筏养是在虾池深水处设置筏架，吊养贝类。在虾池混养太平洋牡蛎、扇贝多采用垂下式吊养或筏架式吊养（图 3-21）。混养扇贝的虾池要求盐度保持相对稳定，一般以 28～34 为宜。

扇贝放入笼内养殖，笼为 5 层或 6 层，直径 30～40cm，层间隔 15cm，笼网目 2.5cm 以上。放养密度与池内浮游植物饵料和换水条件密切相关，条件好的虾池每亩可放养壳长 0.5cm 以上苗种 1.5 万～2 万粒，一般放养 0.5 万～1 万粒。混养太平洋牡蛎采取平挂式或筏式养殖，吊养面积控制在 10% 以内。每亩吊养 8000 片贝壳，每片贝壳附 15～20 粒牡蛎苗。

养殖期间对虾用药时，要注意避免伤害贝类，如混养扇贝不宜采用茶籽饼，也不能使用国家明令禁止的药物，如三唑磷等。

二、虾蟹混养

在虾池内混养的蟹类主要有拟穴青蟹、三疣梭子蟹。有以养虾为主，混养蟹类，也有养蟹为主，混养对虾。虾蟹同属甲壳类，摄食方式和摄食饵料基本相同，对水环境的温度、盐度、pH 等条件要求相似。但它们在生活习性上有所差别：对虾为底栖，早晚活动多，游泳速度较快；蟹类以穴居为主，白天隐匿，夜间觅食，行动较缓。虾蟹均具互相残杀的习性，但多在蜕壳和饵料不足时出现，只要人为地给予改善则可避免。南方地区的滩涂老式虾池单

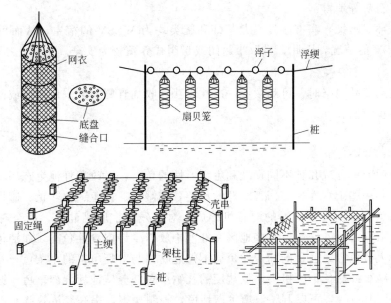

图 3-21 虾池垂下式吊养、筏架式吊养或网箱养殖贝类

养虾产量低，虾病频发，经济效益欠佳，为了提高养殖综合效益，常在虾池里混养青蟹。青蟹摄食对虾的残饵，清除患病对虾，起到提高饲料利用率、减少虾池污染和防病的作用。

1. 池塘准备

虾池为泥沙底质，水深 1.2m 以上，盐度不低于 20。在池底挖 1～2 条纵沟或横沟，沟宽 2m 左右、深 0.5m，有利于青蟹生活和放水收捕。在滩面上筑些小土堆或投放一些石块，做成洞穴，保护蜕壳蟹免被同类或对虾残食，虾池的四周用网围起高 50cm 的防逃围墙。按照常规清池除害、施肥培养基础饵料生物，使水色变成黄绿色或茶褐色、透明度达到 30～40cm，即可投放虾苗。

2. 苗种放养

虾苗投放量为每亩放 10000～15000 尾，待虾苗长至 3～5cm 后，投放壳宽 5cm 左右的青蟹苗 300～400 只。如在当地收购蟹种，则可以随收随放。

3. 饵料投喂

虾、蟹苗下池后，按常规的对虾养殖方法投喂，以投喂对虾配合饲料为主。收获前 1 个月，适当投喂小杂鱼，促使青蟹育肥。

4. 日常管理

除按对虾养殖常规管理外，虾蟹混养还要注意以下几个环节，为虾、蟹生长创造一个良好生活环境：①虾蟹混养水色以绿豆色或嫩绿色为好，透明度为 20～25cm，透明度大，虾蟹互相残杀机会多，透明度小则容易造成浮头；②防止青蟹逃逸，一般在夏秋季节天气闷热或暴雨后池水盐度突降时，青蟹容易成群结队逃跑，因此要加强巡池，暴雨后要及时排出表层淡水；③掌握好水质，前期添水，后期每 7～10d 换水 1 次，每次换水量为 10～20cm；④在养殖的中后期，水温较高，每 10～15d 泼洒生石灰 1 次，用量为 15～20kg/亩；有时结合二氧化氯、聚维酮碘等消毒剂使用，每次每种用量 0.1～0.3g/m³，5～7d 一次，但不与生石灰混合使用；⑤泼洒光合细菌、EM 菌等微生态制剂，每次用量为 3kg/亩，使用生物制剂时不能使用石灰等消毒剂。

近年沿海环境污染，病害多发，尤其虾和蟹类均为 WSSV 的宿主，从而可能发生虾蟹交叉感染 WSSV 的情况，因此，采取半封闭或封闭式养殖较为安全。

5. 收获

当虾蟹达到商品规格时，可陆续或一次性收获。收捕青蟹通常采用诱捕或网捕，捕大留小或与对虾同步起捕。

三、虾鱼混养

对虾池中混养一种或几种不同食性和生活习性的鱼类，对改善虾池生态环境具有积极意义。一般是混养一些杂食性、不伤害对虾的鱼类，如鲻鱼、梭鱼、罗非鱼、遮目鱼、黄鳍鲷等。例如鲻梭鱼类和遮目鱼，以虾池有机碎屑、对虾残饵、底栖硅藻，甚至对虾粪便等为食，可以起到清除污物的作用。有些地区在虾池中放养少许肉食性鱼类，如鲈鱼、真鲷、黑鲷、东方鲀、大黄鱼等，适量的捕食性鱼类不仅能吃掉与对虾争饵的小杂鱼，并能及时捕食病虾、死虾，减少虾病传染的机会。低盐度的凡纳滨对虾养殖池塘混养草鱼、鲤鱼、斑点叉尾鲴、鲂鱼、罗非鱼等，可以调整池塘生态环境，控制病害，提高经济效益。

虾池混养鱼类有维护虾池生态环境和预防虾病等作用，但也有与对虾争食饵料或占用空间的问题，因此，要合理选择鱼的种类、鱼种的规格和放养密度。一般以养虾为主，在正常的养虾密度基础上，投放 3~4cm 的鱼苗 300 尾/亩，如放养二龄鱼种为 80~150 尾/亩，多则影响对虾生长，鱼也不易达到商品规格。

四、虾藻混养

在虾池中混养的海藻主要有江蓠等大型经济藻类。江蓠俗称"龙须菜""海面线""海菜"，为生长在潮间带的红藻。江蓠对环境条件的要求与斑节对虾、长毛明对虾、凡纳滨对虾、青蟹相近，在生态方面有互补、互利性。海藻可以吸收虾池水中的营养盐和氨氮，起净化水质的作用，藻体上附着的大量小型生物还是对虾的良好饵料，在对虾、青蟹养殖池塘中浮筏式养殖江蓠，浮筏还可成为对虾遮阴和避暑的地方。这种互利关系有利于养殖水体水质的稳定。

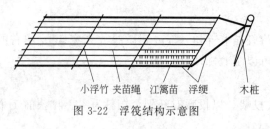

小浮竹 夹苗绳 江蓠苗 浮缰　　　木桩
图 3-22　浮筏结构示意图

虾池混养江蓠的方法是：在池边适当撒些江蓠种苗，在池中央采用浮筏夹苗栽培江蓠。浮筏结构类似紫菜筏。在虾池的两侧隔一定距离打木桩，把浮缰的两端绑在木桩上，浮筏的长度比虾池的宽度短些，小浮竹长 1.2m，每个浮筏的两端各绑几根（图 3-22）。苗绳可用 33 股（3×11）的聚氯乙烯绳制成，每隔 10cm 左右夹一簇江蓠苗。浮筏面积可占虾池水面的 30%。

第十一节　凡纳滨对虾淡水养殖

21 世纪初，我国华南地区引进凡纳滨对虾养殖取得了成功，由此从南到北掀起了凡纳滨对虾养殖的高潮，凡纳滨对虾已成为当前我国沿海和内地对虾养殖的重要品种。凡纳滨对虾在我国淡化养殖已有近 10 年的历史，南方地区一般 1 年可养殖 2～3 季，也有 2 年养殖 7 季。

一、池塘养殖条件

养殖池塘应选择淡水水源充足，无污染，水质应符合《无公害食品　淡水养殖用水水质》（NY 5051—2001），进排水方便，交通较为便利的地方。从虾的栖息、饲养管理等方面考虑，养虾池面积一般以 2000～13000m² 为宜；池深为 2m 左右；池底平坦、略向出水口处倾斜，便于放水晒塘和捕捞；底质以沙壤土、壤土为好。有 1～3 口的地下水井或无污染的天然水源。必要时还可将整个池塘底部铺设防渗膜或直接利用有防渗膜的池塘进行改造。

二、大棚池的建造

由于冬季市场上活虾少，对虾价格大幅度攀升，因此，许多地方开展了凡纳滨对虾冬季大棚养殖。采用池塘大棚养殖技术，可以在一定程度上维持水温处于凡纳滨对虾的生长适温范围，既可避免低温造成凡纳滨对虾冻伤、冻死的损失，也可延长凡纳滨对虾在池塘的生长期，提高商品虾的出池规格，取得较好的经济效益。

冬季养虾大棚池最好选择背风向阳的池塘，池形以长方形较好，池塘面积 2000～4000m²，蓄水深度 1.5～2.0m。每口池要有独立的进、排水系统，分设在池的对角两端；或者为中央排水模式，池底呈锅形向池中倾斜，池底中央设置 φ250mm 的聚乙烯排污管道，池内排污口上安装拦网，池塘水位由池外排污套管调节控制（图 3-7）。有些地区温棚养殖池塘呈长条形，面积 400～500m²，宽约 10m，深 0.7～1.2m，池塘坡度 45°，池壁铺设塑料膜。

在整个池塘上搭建大棚，棚梁和柱采用钢构、钢混、木架、竹架或多种混合均可，视大棚使用时间长短和资金而定。大棚搭建要牢固，要注意冬季当地的主要风向，最好是依据池形顺风搭盖大棚，并根据风力情况设计大棚的高低。大棚膜采用厚度 0.8mm 的白色聚乙烯薄膜或蔬菜大棚薄膜，棚顶外加盖 1 层大网目的聚乙烯网以加固薄膜。大棚要留有通风设施，预留东西向或南北向的 2 个门，以利于大棚的通风换气和人员进出。

配套足够的增氧设备，每 1000m² 配备 1.5kW 水车式增氧机 1 台，并预备柴油机带动的增氧机 1～2 台，以备停电时用。小型池子可在池底铺设充气管，每间隔 2m 设置 1 条直径为 1.5～2cm 的聚乙烯管（管上每隔 30cm 钻 1 个直径 1mm 的充气孔），用鼓风机充气。

三、清池消毒

养殖前的清池程序是：冬季曝晒→清淤→泼洒生石灰（每亩 60～90kg）→进水泡池冲洗→施用 50g/m³ 氯剂消毒（10cm 水深，每亩需含氯 80%～90% 的漂白精 4kg），并反复浇泼池壁，3d 后排水。每亩加上 0.5kg 敌百虫，可兼杀野杂鱼、虾和水生昆虫等有害生物。

四、进水及培养饵料生物

沿海地区可引进消毒海水，如每亩引入盐度 20～25 的海水 4～5t；内陆地区可采用农用海盐或卤水配兑淡水。农用盐的使用量为 600～800kg/亩，卤水的投入量为 5～8kg/亩。养殖过程中盐度不低于 1。

池塘消毒 7~10d 即可进水，进水管口用 60 目筛绢网过滤，以防野杂鱼等敌害生物进入。进水 60~80cm，调节池水 pH 为 7.5~8.5，接着施肥培养基础生物饵料。施肥量为每亩用发酵的禽畜肥 250kg，装袋投入池中，期间注意观察水色，如果发现水色趋浓应及时捞出肥袋。低水温期施肥以化肥为主，有利于生物饵料的繁殖生长，每亩用碳酸氢铵 25~30kg、过磷酸钙 10~15kg。同时配合施用光合细菌，每亩用量为 5L，选择晴天的 8:00~9:00 全池泼洒。施肥后 7~10d，池水呈黄绿色或茶褐色，池水透明度在 25~30cm，即可投放虾苗。

五、虾苗暂养淡化

我国凡纳滨对虾的苗种生产主要在福建、广东、广西、海南等南方省市（区），虾苗除当地养殖外，很大部分的虾苗是在体长 0.5~0.6cm 时空运运往北方和江浙等地，运抵目的地后再进行暂养淡化。在养殖地区实施虾苗淡化，一可降低空运成本，二可提高入池的成活率。近年在河北、山东也进行凡纳滨对虾育苗，减少了虾苗运输成本，提高了成活率。

1. 准备工作

暂养淡化池可用育苗池或养鱼池改造的水泥池，或修建专门的水泥池，淡化池面积为 20~30m²，长方形，水深 1m，池底有坡度便于排水，排水管周围用 60 目筛绢网隔离。进水采用 80 目筛网过滤，以防止敌害生物进入，且进排水方便。淡化场需有蓄水、沉淀、过滤等水处理设施，配备增氧机、增温设备和水质测试仪器。当地淡水水源方便，水质无污染。

（1）池子准备 蓄水池提前一周消毒、进水、肥水，春季以硅藻水为佳。水泥池清洗干净，新水泥池需要进水浸泡半个月，排干池水重新进水浸泡，重复三次后再排干，用高浓度的高锰酸钾溶液消毒池壁、池底，用干净水洗净。

（2）进水和调节盐度 加入过滤消毒海水，如无海水的地方可引进经 0.2g/m³ 二溴海因消毒过的淡水，添加粗海盐或人工配置海水，使池水盐度接近育苗场水的盐度。放苗前 3 天用 0.3g/m³ 二溴海因消毒池水，并施用微生态制剂培水。进水水深 60~80cm。

2. 放苗

虾苗运抵后，先取少量进行试水，确认安全后再放苗。放苗前将装有虾苗的袋子放置暂养池水面数分钟，待袋内外水温平衡，再将虾苗逐步散入池中。放苗密度视设备条件、技术水平而定，一般每立方水体放虾苗 5000~10000 尾。

3. 淡化虾苗

凡纳滨对虾仔虾对低盐度环境的耐受力主要取决于虾苗的日龄，P_7 以后的虾苗对低盐度环境的耐受力随着个体的生长而显著增强。虾苗入池稳定 24h 后，开始添加淡水，前期每天加淡水 5~10cm。虾苗淡化到盐度为 10 以后，对盐度的变化比较敏感，以每天下降 1.5~3 的速度将盐度慢慢降低至 5，稳定 2d 后再将盐度下降到 1~2，大约经 10d 使暂养池水盐度逐渐降低至 1。

4. 水质调控

添加新水时利用水泵抽取蓄水池的水，经 60 目筛绢过滤，从水池上方加水。后期每天换水 10cm，利用虹吸管排水。定期泼洒微生态制剂、沸石粉等水质改良剂，净化水质和底质。

5. 投饵管理

虾苗入池后投喂 80 目微粒子饵料，日投饵量 15～20g/万尾，随后投喂仔虾 2♯粉状饵料，日投饵量为 30～40g/万尾；后期（标粗苗）投喂凡纳滨对虾 1♯专用饵料，日投饵量为 60～70g/万尾，每天分 5～6 次投喂。还应通过检查虾苗的摄食情况、残饵情况调整投饵量，并根据虾苗的生长、水质、天气、蜕壳等情况灵活掌握。投饵量控制在以每次投饵后 2h 吃完为宜。

6. 出苗

当淡化虾苗平均体长达到 1cm 以上（或"标粗"至虾苗体长 2cm 以上）即可适时出苗。出苗应选在晴天早晨或傍晚进行，切忌在中午或雨天出苗。出苗采用"先抄后集"的方法较好，即先排放池水，将水位降低至 30cm，然后用手抄网捞苗，边捞边控制水位，当池内虾苗数量不多、水位 10cm 左右时，再完全排水，用集苗网箱集苗。收集的虾苗采用称重法计数。

六、虾苗放养

凡纳滨对虾属海水虾类，其苗种培育是在正常海水中进行的。因此，为了使虾苗能安全地从海水环境过渡到淡水环境，需要驯化使虾苗适应低盐养殖环境。淡水池塘养殖的虾苗来源有以下两种。

一种是在对虾育苗场或养殖地区的淡化暂养场完成淡化过程，虾苗已经适应养成池水的盐度，运抵养虾场即能直接下池；直接投放已经淡化了的虾苗要求体长达 1cm 以上，规格整齐、体表干净，健康活泼，对外界刺激反应灵敏，离水后有较强的弹跳力，经检测无病毒、无肝肠胞虫、无致病弧菌等。

另一种是尚未完成淡化过程（在育苗场仅淡化到盐度 10 左右），在养成池塘还需要继续淡化的虾苗。一般做法是：在养成池的上风处，选择池底平坦、进排水方便的池角建暂养池，面积为大池面积的 1/15～1/10，挖池底泥筑堤，堤高 0.8～1m，或者用农用薄膜或防渗布围栏，隔离暂养池与大池。放苗前水位 60cm，培养水色，在淡化暂养池中投入粗海盐（或海水、海水晶、卤水），使暂养池水盐度达到与育苗场出池时的盐度相近或略高。暂养密度为 1000～1200 尾/m²，放苗后每天向暂养池加注淡水 5～10cm，经 10d 左右使盐度与外池池水一致（盐度 1 以内），虾苗体长达到 2cm 以上时即可挖开堤坝或拆除围栏，让虾苗自行游入大池。

凡纳滨对虾放苗的最适水温为 22～35℃。一般一茬养殖宜在 4～5 月放苗（因地而异），以避免受春季寒潮的影响，如有温棚则可适当提前。冬季大棚养虾的虾苗放养时间一般自 9 月中下旬开始一直到 11 月份，因地区而定。放苗密度一般为 4 万～6 万尾/亩，配有增氧设备、进排水方便的精养池塘，放苗密度可增加到 8 万尾/亩；冬季气温较低，放养密度可适量增多。以养殖对虾为主的池塘少量搭配滤食性鱼类或扣蟹可以起到调节水质、防病的作用。

放苗时应注意：一是应在晴天的上午或傍晚放苗，忌在中午太阳曝晒时或雨天放苗；二是虾苗下池前 1d，取少量虾苗试养，经 24h 成活率达 85% 以上方可放养；三是放苗时水温差不能超过 3℃，应先将虾苗袋放入池水中 10～30min 再解袋入池；四是在上风处放苗，并要分散放苗；五是有条件的池塘，放苗前开动增氧机 1～2h，搅动池水，但放苗时停机。

七、养殖管理

1. 饵料投喂

凡纳滨对虾健康养殖应采用符合行业标准、地方标准和《无公害食品　渔用配合饵料安全限量》（NY 5072—2002）标准的配合饵料，不使用过期、霉变、受污染的饵料。使用药物添加剂制成药饵的药物及种类应符合农业部《饵料药物添加剂使用规范》中的规定和《无公害食品　渔用药物使用准则》（NY 5071—2002）标准要求，不得在饵料中长期添加抗菌药物。

小规格虾苗入池半个月内，主要以池水中的基础饵料生物为饵，辅以虾片、蛋羹、煮熟的淡水鱼糜等。半个月以后，完全投喂对虾配合饵料。如果投放体长 2～3cm 的大规格虾苗则可直接投喂配合饵料，投饵量可参考表 3-7，每天投喂 3～4 次。同时根据水质状况，可投喂少量的福寿螺及淡水小杂鱼，禁止使用海产冰鲜饵料。为了提高对虾的免疫力和抗应激能力，可在饵料中添加 0.1％免疫多糖、0.1％～0.2％高稳定维生素 C、0.05％维生素 B_1 等，每周连续投喂 2 天，每天 2 次，高温季节还可添加 0.05％～0.1％的大蒜素。

为准确掌握投饵量，每池设置几个饵料监测网，里面投放的饵料量为每次投饵量的 1.5％，其余撒在池塘四周，每次投喂后 2h 检查饵料监测网内的残饵量，根据残饵情况，结合天气、水温、水质适当调整投饵量。凡纳滨对虾具有昼伏夜出的习惯，所以早、晚投喂量应占日投量的 60％～70％。每 10d 左右测量一次虾的体长、体重，并及时调整投饵量。

投饵的原则是：基础生物饵料多时不投或少投，早晚多投，白天少投，少量多次；水温低于 18℃、大于 33℃时少投；池塘四周多投，中间少投；水质好、天气好时多投，阴雨大风天时少投或不投；蜕壳时少投。

2. 水质调控

为了减少外界对虾池的影响，整个养殖期间一般不换水或少换水，采取半封闭或封闭的养殖模式。放苗时水位 60～80cm，前期每天添水 3～5cm，加满后根据水质情况少量换水，可适当添加淡水，也可适当加入盐，使池水的盐度保持在 1 以上。添加的地下井水或河水，要注意弧菌总数和重金属离子含量。如弧菌数超标，可用蛭弧菌或过硫酸氢钾复合盐在蓄水池中先行处理，重金属离子超标要用 EDTA 二钠盐处理。凡纳滨对虾养殖水质指标见表 3-10。

定期泼洒底质改良剂和微生态制剂净化底质和水质。保持池水 pH 相对稳定，若 pH 过高可通过换水或施用醋酸、柠檬酸等弱酸来调节；pH 过低，则可泼洒石灰澄清液。集约化低盐度养虾的池水要保持有合适的钙、镁、锰以及硬度和总碱度，放苗后可定期施用钙（如葡萄糖酸钙）、镁（如白云石粉）、磷（如磷酸氢钙）等，既能稳定水环境的 pH 和水色，也能促进对虾正常蜕壳。

3. 防治杂藻

凡纳滨对虾的养殖前期和肥水阶段，池中常生长丝状绿藻，使虾池水变清、变瘦，水中浮游生物难以繁殖；而水温高、pH 高、含氮高、有机质丰富，雨水多，水变淡后，虾池中则容易繁殖蓝藻（"水华"）。

(1) 丝状藻类防治　丝状藻类俗称"青苔"，多发生在 2～4 月份。在冬闲季节排干池水，曝晒池底，施生石灰将其杀死；或清淤及翻耕池底，彻底清池、消毒。虾池进水后，适当提高水位，降低池水透明度，繁殖微藻以抑制丝状藻类的生长。当池内出现丝状藻类时，可人工将其捞起，但须注意避免藻体断裂而传播繁殖。在对虾体长 4cm 后可使用除藻剂

（如扑藻净 $1g/m^3$）杀除，之后施用光合细菌，防止丝状藻腐败后的不良影响。腐殖酸钠是一种有机弱酸盐，色乌黑，施用后具有快速遮光效果，可用于"青苔"的早期预防，将其与肥水方法相结合，可以较长期地控制"青苔"。

（2）蓝藻防治 蓝藻（如铜绿微囊藻）是低盐度养殖凡纳滨对虾的重要危害之一，蓝藻大量暴发使水体严重恶化，释放的毒素也会严重危害虾的健康。防治微囊藻应采取综合措施，处理方法为：① 蓝藻发生早期要及时换新水，加快培育绿藻和硅藻等有益藻类，使之成为优势藻类以抑制有害藻的生长；② 高温季节要控制池水中的氨氮含量，定期施用枯草芽孢杆菌、乳酸菌、EM 菌、光合细菌等，净化水质，抑制蓝藻的繁殖；③ 适当放养罗非鱼、鲢鱼等，摄食池中的微囊藻；④ 蓝藻大量繁殖时，选择晴天中午排放下风处的表层水，或在池塘下风水面用密筛绢网捞取，或在蓝藻集中处泼洒杀藻药物，分批分片地杀灭蓝藻，如 $0.50mg/L$ 的稳定性二氧化氯（ClO_2）能部分地杀灭蓝藻、$1.00mg/L$ 能将蓝藻全部杀灭，但需要选择对虾刺激较小的药物，尤其是幼虾阶段，要避免在对虾集中蜕壳时杀蓝藻。

4. 环境调控

大棚养殖因密闭，棚内空气含氧量相对较少，要定时或不定时地打开棚门，交换空气，把棚内二氧化碳等废气排出棚外。根据气候情况，一般每天中午和凌晨 2~4 时开启增氧机 1~2h。气温高、气压低、空气沉闷时，尤其要注意池水的溶解氧含量，养殖中后期一般要全天开启增氧机。养殖前、中期，大棚内气温过高时可将四周塑料薄膜掀起，增加棚内空气的流通性而降低温度，中后期则要将大棚严密封闭，以防水温下降；冷空气来袭时，加高水位，有条件的可加注地下水。

5. 病害防治

凡纳滨对虾健康养殖要严格贯彻"以防为主，防治结合"的方针，定期做好水体消毒，做到"无病先防，有病早治"。药物使用必须按照《无公害食品 渔用药物使用准则》（NY 5071—2002）的规定执行。定期在饵料中加入免疫多糖、维生素 C 等，提高对虾的免疫力。有条件的话，定期使用 PCR 试剂盒检测对虾白斑病毒，或使用 2216E 或 TCBS 弧菌培养基采用平板计数法检测养殖水体异养细菌总数和弧菌总数以及副溶血弧菌、溶藻弧菌数，当弧菌总数较高时，可用 $0.3~0.5g/m^3$ 二氧化氯或使用二氯异氰尿酸钠和季铵盐络合碘进行消毒，已经发病且采用杀菌消毒剂的池塘，在治疗 5~7 天后添加微生态制剂调节水质。也可施用噬菌蛭弧菌，一般为每亩 1m 水深用量为 250~1000mL。

八、适时收获

凡纳滨对虾经过 80~90d 的养殖，达到商品规格时（60~80 尾/kg）便可开始收获。凡纳滨对虾在水温低于 16℃ 以下时便停止摄食活动，进入假死状态，低于 9℃ 即死亡，所以，在低水温到来之前必须全部捕捞上市，否则将会造成损失。冬季大棚养殖一般养至春节前后、对虾体长规格达到 50~60 尾/500g 时收获。淡水养殖的凡纳滨对虾上市前 1~2 周可再加入适当的海水或粗盐，提高虾池水的盐度，减少商品虾的土腥味，当盐度加到 10 时可上市，此时商品虾肉质结实、虾壳硬、活力好。或在饵料中添加 4% 的食盐投喂 40 天以改善凡纳滨对虾肌肉营养成分及风味（吴新颖，2008）。

收虾多采用定置虾笼网、结合拉网的方法收获，捕大留小，陆续上市销售，最后干塘捕捞。收获后排干池水，整理消毒虾池，准备下季放养。

第十二节　对虾增殖放流技术

渔业资源增殖放流是恢复渔业资源、提高渔业生产力的有效手段，并已在全世界广泛开展。

一、对虾放流标志方法

为了观察和研究放流对虾的生长、洄游、繁殖等情况，为大规模人工放流、增殖沿海对虾资源提供科学依据，进行一定数量的对虾标志虾的放流是十分必要的，目前国内外采用的对虾放流标志技术和正在试验的方法有以下几种。

1. 外部标志法

体外悬挂或黏附标志牌或标志物[图 3-23(a)～(c)]；切除对虾（日本囊对虾）一侧尾扇[图 3-23(d)]。

2. 体内标志法

金属线码标志法（coded wire tag，CWT），是将已编码的直径 0.25mm、长 1mm 的金属细丝[图 3-23(e)]用器械埋注虾体（体长 3cm），回捕时通过 X 射线或小型金属探测器检出，再用 NaOH 溶液溶解肌肉，取出金属标志物在显微镜下读出数码。该方法虾体的伤口小，愈合快，很少造成组织损伤。与体外标志相比，它几乎不影响虾类的捕食、游泳。

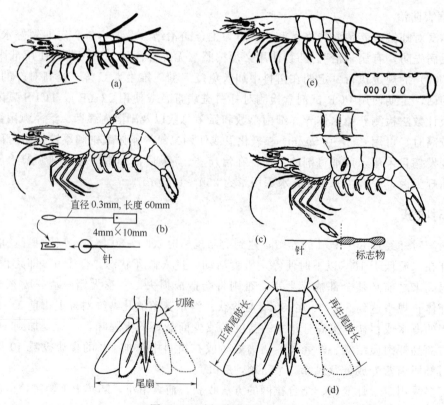

图 3-23　对虾放流标志方法

3. mtDNA 标志技术

国外正试验于经常蜕皮的虾蟹类的放流追踪研究。

二、对虾增殖放流

渔业资源增殖放流，就是通过人工对某一资源量减少的品种进行培育，在某一特定的环境里进行放流，增加该种群的资源量，从而达到增产增效的目的。渔业资源增殖放流为一门新兴的技术，是水产养殖、渔业资源、渔业捕捞、环境保护、生物工程、渔业管理以及新兴技术等学科领域的综合应用，它包括放流水域渔业生态环境与渔业资源状况调查、放流品种的确定、放流亲体的种质选育、苗种培育、放流苗种规格与质量要求、苗种检验方法与检验规则、苗种计数与运输方法、放流水域环境监测、放流过程监管、回捕技术、放流效果评价等一系列环节。2006 年，国务院批准发布了《中国水生生物资源养护行动纲要》，确立了以资源增殖保护、生物多样性与濒危物种保护、水域生态保护与修复三大行动为重点工作的落实方案，在全国广泛开展了渔业资源增殖放流活动，积极促进资源养护。

我国以中国明对虾种苗增殖为代表的近海资源增殖试验起步于 20 世纪 80 年代中后期，首先在黄海进行中国明对虾放流，在浙江象山港和福建东吾洋移植放流中国明对虾；经过 30 多年的努力，中国明对虾、日本囊对虾、长毛明对虾等的放流增殖已初具规模，并取得了一定的经济效益和生态效益。增殖放流对扩大天然虾类种群数量、增加渔业资源、保护水生生物多样性以及维护生态平衡起到了重要作用，渔业资源增殖的放流办法越来越受到重视。

本章小结

对虾养殖技术不断改进、更新，由半精养向精养、集约式养殖发展，封闭式循环水养殖作为一种高效、节水、环保的养殖模式已得到广泛关注，凡纳滨对虾淡水养殖和冬季大棚养殖模式在沿海和内地得到广泛推广。养殖场主要设施有进排水系统、扬水站、蓄水沉淀池、虾苗中间培育池、养虾池、废水处理池等。

对虾养殖的准备工作主要有清淤整池、消毒除害、培养水色等环节，水色、透明度、水温、盐度是放苗的主要条件。为了提高成活率，要选择健康的虾苗或对虾苗进行病毒检测，虾苗最好经中间培育（标粗）再放养。放苗密度根据养殖设施、养殖方式、种苗大小、饵料供应、养殖产量与规格、养殖生产季节及管理经验等情况综合考虑。饵料是养虾的主要投入，对虾养成饵料分基础生物饵料、鲜活饵料和配合饵料，要根据虾池虾数及个体大小、健康状况、生理状况、天气、水温、水质、饵料等因素调整投饵量，要"少量多次、日少夜多、均匀投撒、合理搭配"。"养虾就是养水"，水质因素包括温度、盐度、溶解氧、酸碱度、氨氮、硫化氢等，添换水、开动增氧机以及使用水环境改良剂、微生态制剂或消毒剂是调控虾池水质、改善水环境的有效措施。养虾期间要定期和不定期对虾进行生长测定和健康情况观察，估计池内对虾尾数，每日多次巡池检查，做到勤观察、勤除害、勤检查、勤记录。对虾养殖病原体包括病毒、细菌、真菌等微生物及原生动物等，虾病防治的主要措施是优化养殖环境、提高对虾抗病力、切断病毒传播途径等。虾池混养是将某些经济生物与对虾混养一池，充分利用水体空间和饵料的一种互利共存的养殖方式，主要有虾蟹混养、虾贝混养、虾鱼混养、虾藻混养或多品种混养、多品种轮养。养殖对虾一般 3～4 个月即可收获，收虾的方法和网具因虾的种类而异。采用无水保活空运或水箱充氧运输或塑料袋充氧包装可以活虾上市。

增殖放流是将人工培育的苗种，投放到合适的海域，进行适当的管理，对增加天然虾（蟹）类种群数量、保护渔业资源具有重要作用。对虾标志方法有外部标记、体内标记和 mtDNA 标记等。

复习思考题

1. 对虾养殖模式有哪些？各有什么特点？
2. 健康养虾的虾池需要配备哪些设施或设备？
3. 简述养虾前的准备工作流程和操作要点。
4. 放苗前怎样进行池塘清整（过程）？清池药物有哪些？
5. 养虾投饵要掌握什么原则？根据什么调节投饵量？
6. 简述虾池水环境因子出现问题的原因和处理方法。
7. 简述对虾养殖过程中改善虾池环境的综合技术措施要点。
8. 在池塘里，对虾有什么活动习性？不正常时有什么表现？
9. 简述对虾病毒病的传播途径和综合防病方法。
10. 简单说明健康养虾的主要操作流程。
11. 虾池混养有什么好处？各种混养模式有什么特点？
12. 简述对虾放流增殖的意义，对虾放流标志的方法有哪些？

第四章 ▶▶ 红螯光壳螯虾养殖技术

学习目标

1.熟悉红螯光壳螯虾的形态特征、生活习性与繁殖等生物学特性。

2.掌握红螯光壳螯虾的人工育苗方法。

3.掌握红螯光壳螯虾池塘养殖技术要点。

红螯光壳螯虾简称红螯螯虾，是名贵的淡水经济螯虾之一，原产于澳大利亚，隶属于节肢动物门、甲壳纲、十足目、拟螯虾科（Parastacidae）、光壳虾属（*Cherax*）。因与海水龙虾亲缘相近，外形相似，故称澳洲淡水龙虾。澳洲螯虾有 100 多种，目前，已经大规模养殖的主要是红螯光壳螯虾（*Cherax quadricarinatus*，英文名 Rer Claw，亦译为四脊滑螯虾）；同属的马龙光壳螯虾（*C. tenuimanus*，英文名 Maron，或译为马朗螯虾或麦龙虾）和亚比光壳螯虾（*C. deatructor*，英文名 Yabbie），其中亚比虾个体较小，喜好打洞，推广的不多。马龙个体较大，价格也较高，但是其对水温、水质要求非常高，易患病死亡，而且养殖周期较长，所以推广的效果也不是很好。

红螯光壳螯虾具有个体大、食性杂、适应性强、生长快、抗病力强、肉质鲜嫩、耐长途运输、可鲜活上市等优点，因而引起世界各国的兴趣，许多国家和地区均引进养殖，20 世纪 90 年代初引入我国。现在，世界各地主要水产养殖国家都在大力推广该品种，其市场前景广阔。

第一节 红螯光壳螯虾的生物学

一、形态特征

红螯光壳螯虾（图 4-1）体色为褐绿色，体表光滑，身体由头胸部和腹部构成，外披一层坚硬的几丁质外壳；红螯螯虾头胸部由 13 节组成，头部 5 节、胸部 8 节，互相愈合，上覆头胸甲。头胸甲背部有 4 条沿身体纵轴方向排列的脊，左右对称，为鉴定该种的重要标志。

红螯光壳螯虾的腹部由 7 节组成，6 个腹节和 1 个尾节，分节明显，且能相对运动，腹节背面蓝绿色，有较多黄褐色斑点；尾节扁平状，与第 6 腹节的扁平附肢共同组成尾扇，尾节背面左右两侧各有一枚硬棘。

红螯光壳螯虾具 5 对步足，第 1～3 对步足螯状，第 1 对步足特别强大，背面蓝绿色、有黄褐色斑点，雄性螯足更为发达，且螯足的外侧顶端具一膜质的鲜红斑块，雌性则无。第 4、

5 对步足呈爪状。雄性生殖孔开口在第 5 对步足基部，雌性生殖孔开口在第 3 对步足基部。

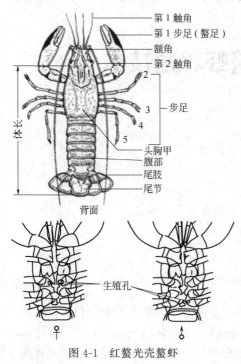

图 4-1 红螯光壳螯虾

二、生活习性

红螯光壳螯虾营底栖爬行生活，昼伏夜出，白天潜伏在水中洞穴或隐蔽物下，夜晚活动觅食，喜群居，有挖洞的习性。红螯光壳螯虾能在河流、湖泊、水库、池塘和稻田等各种淡水水域中栖息繁衍，对环境的适应能力很强，耐低氧，耐高温，离水一段时间不会死亡。最适生长水温为 20～34℃，不耐低温；水温 10℃ 以下，摄食量明显减少；水温 4℃ 以下死亡。

三、食性

红螯光壳螯虾为杂食性，稚虾、幼虾以动物性饵料为饵，成虾兼食植物性饵料。在自然水域中，红螯螯虾摄食有机碎屑、水生植物、小型水生动物以及动物尸体等；人工养殖条件下摄食豆饼、米糠、麸皮、小杂鱼、贝类肉、畜禽下脚料、瓜皮、胡萝卜、山芋、各种菜叶和对虾配合饵料等。红螯光壳螯虾对饵料蛋白质水平的要求低于其他多数经济虾类，因此饵料成本较低。在 28% 蛋白水平组，红螯光壳螯虾生长最快，饵料系数最低，肥满度和出肉率也较高。

四、蜕壳与生长

红螯光壳螯虾的一生要经多次蜕壳，pH 应保持在 7.0～8.5，否则不利于其蜕壳生长。通常稚虾离开母体后，每隔 1.5～2d 蜕壳 1 次，幼虾 4～6d 蜕壳 1 次，成虾蜕壳间隔时间更长。

红螯光壳螯虾在水温适宜、饵料丰富的条件下，幼虾经 6 个月的养殖，体重可达 60～140g，经 1 年养殖一般可达 250g 左右。

五、繁殖习性

红螯光壳螯虾雌雄异体，从外观上很容易鉴别（表 4-1）。

表 4-1 红螯光壳螯虾雌雄虾的外观区别

形态	雄性	雌性
大螯颜色	大螯外缘有一块明显的红色斑纹	螯呈蓝色
大螯长短	螯长超过体长	螯长小于体长
生殖孔位置	第五对步足基部	第三对步足基部

红螯光壳螯虾性成熟较早，6～12 月龄可达性成熟。属一年多次产卵类型，繁殖时间较长，从 4 月份开始，可延至 10 月份结束。繁殖适宜温度为 22～33℃，最适水温为 28～30℃。水温稳定在 20℃，红螯光壳螯虾就可以交配产卵。在我国长江中下游地区，6 月份为繁殖高峰，在人工加温条件下，也可提前到 3～4 月份进行繁殖。雄虾排出的精荚黏附于雌

虾第 3 步足基部生殖孔之间的腹甲上。交配后 24h，雌虾排放卵子，精荚随即破裂释放出精子，完成受精过程。受精卵呈葡萄状黏附于雌虾腹肢刚毛上。红螯光壳螯虾为多次产卵类型，一般体重 80g 的抱卵虾，其抱卵量为 600～700 粒。雌虾抱卵孵化期，尾扇经常弯曲折向腹部爬行或栖息，以保护受精卵或稚虾。

关于红螯光壳螯虾交配前是否需要蜕壳，该观点仍存在分歧。有学者认，为红螯螯虾雌雄交配前，需要进行生殖蜕壳，也有研究表明红螯光壳螯虾产卵雌虾未发现蜕壳现象。

第二节　红螯光壳螯虾的人工繁殖

红螯光壳螯虾在我国不能自然越冬，长江中下游地区需建温室越冬。人工繁殖通常在加温育苗室进行。可单独建立控温育苗室，也可利用有充足淡水源的对虾育苗场或河蟹人工育苗场或罗氏沼虾育苗场进行育苗生产。亚比光壳螯虾和麦龙光壳螯虾的栖息、生长、繁殖等生物学特性与红螯光壳螯虾大同小异，其人工繁殖和虾苗培育可参照红螯光壳螯虾的方法进行，在此不再赘述。

一、亲虾选留

亲虾的质量直接关系到人工繁殖的成败。通常选留的亲虾，要求规格整齐、颜色鲜艳、体表光滑、体质健壮、活动有力、附肢完整。亲虾的体长要求在 9cm 以上。亲虾的雌、雄比例为 3：1，这样的比例可以保障虾充分受精，又能节约亲虾成本开支。

二、亲虾培育

1. 培育池

通常为室内水泥池，也可为土池。每个培育池面积为 20～40m²，保水深度 0.5～0.6m，并配备增氧、进排水管道及加热设施。在培育池内设置一些网片、毛竹、瓦片或PVC 短管等，池水面放置一些漂浮水生植物，为亲虾提供栖息隐蔽场所。因在土池越冬期间的亲虾容易打洞，池壁最好为水泥护坡，堤埂周围设置 30cm 高的防逃网。

2. 亲虾放养

亲虾放养前，用生石灰、漂白粉或高锰酸钾等药物浸泡消毒培育池，待药性消失后过滤进水 0.5m，池水加热升温到 16～20℃。亲虾进池前，用 1～2kg/m³ 食盐水或 200mL/m³ 福尔马林洗浴虾体，浸泡 10min 左右，清除附着生物后再移入亲虾池。亲虾的放养密度视亲虾的规格质量而定，通常每平方米可放养 10～15 尾。亲虾入池放养通常在 10 月下旬至11 月进行。

3. 亲虾强化培育

通常将红螯光壳螯虾亲虾的越冬与强化培育结合在一起进行。主要管理措施如下所述。

(1) 水温调控　越冬方法有塑料温棚保温法、锅炉加温法、温泉水或工厂余热水越冬法等，越冬期间培育池的水温控制在 16～20℃。强化培育升温时，将水温逐步调到 25℃ 以上。

(2) 饵料投喂　通常投喂蛋白质含量较高的虾蟹配合饵料，同时兼投一些小杂鱼、低质贝类，每隔 3～5d，投喂一定量的蔬菜和嫩草。日投饵量为亲虾体重的 4%～5%。

饵料中大豆磷脂对红螯光壳螯虾雌虾卵巢发育具有促进作用，在培育红螯光壳螯虾雌虾亲体过程中，含 6.5% 鱼油的基础饵料至少补充 2% 的大豆磷脂有利于雌虾卵巢的快速发育。

对处于性腺快速发育阶段的雄性红螯光壳螯虾，饵料中胆固醇的最适添加量在0.50%～0.75%。

(3) 水质管理 每隔 3～4d 换水 1 次，每次换水 1/3。不间断充气，同时做好清污工作，保持培育池水质清新。

三、亲虾的产卵与受精卵孵化

1. 交配、产卵

在水温 25～30℃的条件下，亲虾性腺很快发育成熟，并开始交配产卵。视水温和营养等条件，雌虾一年可抱卵 3～4 次，每尾雌虾的抱卵量因个体大小而异，一般为 400～1400粒。通常雌雄虾交配 24h 后，雌虾开始排卵，精卵结合，雌虾抱卵于腹部。

2. 受精卵孵化

不同亲虾的性腺成熟和抱卵时间不一致。因此，当亲虾养殖池陆续出现抱卵虾时，以肉眼观察抱卵之卵色，按抱卵虾卵的颜色深浅分池同批孵化，以使出苗时间较为整齐。抱卵虾放入孵化池前，应使用 20mg/L 的高锰酸钾溶液浸泡 30min。孵化（育苗）池水深 60～70cm，投入少量水葫芦。每平方米放养 10～15 尾。受精卵孵化期间，不间断充气，溶解氧保持 5mg/L 以上。投喂新鲜的水生植物和鱼肉、贝类肉等动物性饵料，也可投喂虾蟹配合饵料。每 3～4 天换水一次，每次换水 1/3～1/2。孵化水温保持在 25～28 ℃，保持水质良好。

受精卵经黄绿色→黄色→橘红色→红色→暗红色等变化，透明区逐步扩大，卵球膨大并拉长，眼点出现，附肢形成，最后稚虾破膜而出。水温在 26～29℃时，孵化时间为 42～47天。当发现受精卵呈暗红色时，将池水排干，清洗池底污物，再注水 50～60cm，投放单胞藻种，培养基础饵料生物，并投放塑料编织网捆扎成的附苗器。

刚出膜的稚虾攀附在亲体的腹部，依靠卵黄营养，7～10d 后稚虾开始主动摄食，离开母体独立生活。当抱卵亲虾孵出稚虾后，应及时把亲虾移出育苗池，以免残食稚虾，并投喂足够的饵料，以便亲虾再次达到性成熟。

四、虾苗培育

将体长 0.6～0.8cm 的稚虾培育至 2.5～3cm 的幼虾，称为虾苗培育。幼虾培育 1.5～2个月，其全长从 1cm 长到 2.0～3.0cm，体重达 1.0～2.0g。

1. 培育池

虾苗培育通常直接在孵化池中进行，规模化培育红螯光壳螯虾虾苗则可采取集中孵化，并建设一定数量的培育池与其配套。

虾苗培育池可用室内水泥池，每个池的面积为 20～40m²，池水 0.5～0.6m，设施要求与虾类育苗池基本相同。在培育池中投入一些水生植物，为虾苗提供栖息隐蔽场所。

也可以利用大棚池进行虾苗的培育，大棚池的全称应是塑膜大棚池，它采用蔬菜用的条式塑料膜钢管大棚结构，跨度 8～10m，长度 40～60m；池宽 5～6m，长度 38～58m，池深80cm，水深 50～60cm。建塑膜大棚池的时间宜早，应不迟于 2 月底或 3 月初。从开挖池沟至搭建大棚，要留出时间给棚池内水体加温。水体的加温利用大棚的温室效应即能达到目的。棚内水深 50cm 的水体、江浙地区自然光条件下，经 15～20 天的加温，清明前水温就能升到 18～22℃。

2. 稚虾培育密度

直接在孵化池中培育虾苗。稚虾密度通常按每平方米虾池放抱卵亲虾 10～15 尾来掌握，一般每平方米虾池可投放稚虾 5000～6000 尾。

3. 饲养管理

（1）饵料投喂　红螯光壳螯虾幼虾一离开母体即能摄食，因此可在培育初期先以丰年虫初孵无节幼体、轮虫和小型枝角类为主，培育一定时间后，转入大水泥池或土池培育时，再以投喂煮熟的蛋黄为主（每万尾苗 1～2 个），全池泼洒，后期随着个体的生长，可投喂煮熟的碎鱼肉。逐步替换用粗蛋白含量为 44%～46% 的虾用开口饵料投喂，虾苗日投饵率 3 次/天。当仔虾长到 2cm 以上时即可投喂颗粒饵料，投饵量为存池虾体重的 15%，并要根据水温、摄食、生长情况适当增减。

（2）水质管理　培育水温保持在 27～29℃，并不断充气，使池水溶解氧保持在 5mg/L 以上，pH 为 7～8.5。所换水为过滤水，每次加水不超过 10cm，最好有微流水。避免过量投饵，在水中不能有剩饵和废物沉积，及时清污。

4. 虾苗的捕捞与运输

稚虾经 25～30 天的培育，成为体长达 2.5～3cm 的虾苗，此时可出池销售或进行商品虾养殖。

幼虾稚嫩，且贴塘底活动，不易捕捞，又极易损伤，最好以细密地笼分批捕捞出塘。具体的方法是：制作网眼为 0.4cm 的地笼若干只，每日下午 5～6 时将地笼放入培育池，2h 后起捕，即可以捕到大量幼虾。如果地笼仅捕到少量幼虾，再次捕捞时，在笼内加饵料诱捕，效果明显。地笼诱捕时间不能太久，以免大量幼虾挤入地笼，密度太高易造成大批死亡，造成不应有的损失。经一周或 10 天的连续捕捞，约 80% 以上的幼虾都能捕出，转入成虾养殖池成活率甚高。

虾苗捕后用网箱集中暂养，并称重计数。红螯光壳螯虾虾苗离水可较长时间不死，故 4～5h 的短途运输，可直接用泡沫箱装运，使用 50cm×50cm×30cm 的泡沫箱，箱内放水草，略加一点水，每箱可装 600 尾左右，运输的成活率可达 95% 以上。长途运输可用活水车等装运。

第三节　红螯光壳螯虾池塘养殖

一、池塘养殖条件

红螯光壳螯虾的养殖池塘面积以每口 3000～5000m² 为宜，池形以长方形、东西向为好，池深 1.2～2m，池底比较平坦，且淤泥较少，虾池光照条件较好，池内栽有水生植物，面积约为虾池的 1/2。虾池保水性能较好，具有进排水设施。

养虾池水源充足，水质符合国家规定的渔业水质标准。通常虾池水的溶解氧要求保持在 5mg/L 以上，pH 7～8，透明度 40cm。

二、虾苗放养

1. 放养前的准备工作

在虾苗放养之前，要干池清淤，平整池底，维修闸门池埂、进排水渠道；每亩虾池用生石灰 75kg 全池泼洒消毒。在虾池内移栽马来眼子菜、轮叶黑藻、伊乐藻等水生植物，还可在虾池内设置塑料网片等，以增加螯虾的栖息场所。

2. 放苗量

虾苗的放养量根据虾池条件、虾苗规格以及管理水平等而定。粗放型养殖放养密度较低，一般每亩放养规格为3cm左右的虾苗1000～2000尾，精养为5000～10000万尾。还可在虾池内增放一些鲢、鳙、鲫等鱼种，充分利用虾池空间和饵料资源并净化水质。

三、养殖管理

1. 饵料投喂

（1）**饵料** 红螯光壳螯虾为杂食性，人工养殖的饵料有植物性饵料，如水草、白薯、南瓜以及豆饼、小麦等；动物性饵料有小杂鱼、低质贝类、蚕蛹以及配合饵料等。

（2）**投饵** 根据红螯光壳螯虾不同生长发育阶段合理投饵。在人工养殖条件下，虾苗放养后的15d内以动物性饵料为主、植物性饵料为辅，小杂鱼等要煮熟加工成糜状，投喂在浅水水草丛中；养殖中期，逐渐转向以投喂植物性饵料为主、投喂动物性饵料为辅，可多投喂一些谷物饵料，以及水草、白薯、南瓜等；后期则应多投动物性饵料，以促进螯虾增加体重。做到"两头精、中间青"。

要根据季节、天气、水质、螯虾摄食情况，调整投饵量。通常鲜活饵料的日投饵量为在池虾体重的6%～10%。投喂量为：体长1.5～5.0cm，日投喂量为虾体重的8%～10%；体长5～10cm，为5%～8%；体长10cm以上，为3%～5%。生产中红螯光壳螯虾幼虾阶段建议早晨7：00～9：00和下午15：00～17：00分别投饵一次，各占当天总投量的40%和60%左右；也可在夜晚21：00～23：00增喂一次，三次的投饵量分别为40%、20%和40%左右，可以充分利用饵料，防止水质恶化。同时考虑适当搭配中上层白天摄食的鱼类混养，增加收益。投饵要定质、定量、定时，多点投喂，均匀投喂，避免争食。在池塘四周设饵料台，以便观察摄食情况。

2. 水质管理

虾苗放养初期，虾池水位为0.5～0.6m，随着水温的升高将虾池水位提高到1m以上。根据水质情况，每7～10天换水1次，每次换水1/3；每隔半个月施沸石粉1次，用量为10kg/亩，或者施用生石灰13kg/亩，以稳定池水的pH；放苗后，每隔15～20天施用光合细菌1次，用量为10kg/亩，拌湿沙均匀泼洒在池底，以改善养殖环境。红螯光壳螯虾为热带虾，养殖水温最好保持在26～30℃，以利其快速生长，争取当年达到上市规格。

3. 日常管理

（1）**水草、隐蔽物管理** 水草不足或衰老时要及时移栽补充，隐蔽物不足时要及时补充。

（2）**防逃** 红螯光壳螯虾在水质恶化、缺氧时，会爬上池埂，寻找新的生活环境。池塘养殖红螯光壳螯虾，要在池沿设置防逃设施，防止逃逸。

（3）**做好防汛工作** 在汛期到来之前，要备好防汛器材，加固池埂，严防暴雨冲垮池埂。

（4）**巡池检查** 每天巡池3次，检查螯虾摄食生长情况，观察虾池水质；发现异常情况，及时采取对策。同时，做好养殖日记，为改进养殖技术积累资料。

（5）**病害防治** 随着红螯光壳螯虾养殖业的发展，疾病逐渐增多，主要有寄生虫病、细菌性病和病毒病。近年来，在野生及人工养殖的红螯光壳螯虾中发现大量病毒，实验已表明，红螯光壳螯虾对WSSV相当敏感，WSSV能自然感染红螯光壳螯虾并引起大量死亡。因此，要坚持"预防为主"的原则，做好病害防治工作。

四、商品虾的收获与运输

1. 商品虾收获

红螯光壳螯虾的收获时间主要由水温决定。当水温降至 10℃ 以下，红螯光壳螯虾的活力减弱，水温再继续下降就会引起死亡。红螯光壳螯虾的收获通常在 10 月下旬至 11 月中旬，南方地区可推迟到 12 月。达不到上市规格和选留作为亲虾的成虾要及早放入有保温设施的越冬池。

红螯光壳螯虾商品虾的捕捞方法有手捞网和地笼网捕捉以及降低虾池水位围网捕捉，最后干池捕捉。捕获的商品虾集中于网箱暂养，冲洗去除污物，称重计数，按不同大小规格出售。

2. 商品虾运输

红螯光壳螯虾商品虾的运输主要采用干运法。将捕捞上来的商品虾放入塑料筐，筐内置适量水草，用汽车等运输工具运输，也可将商品虾直接放入冷藏运输车中运输。一般运输时间在 5h 之内，成活率可达 95％ 以上。

本章小结

红螯光壳螯虾简称红螯螯虾，俗称澳洲淡水龙虾，具有食性杂、适应性强、生长快、易鲜活销售等优点。红螯光壳螯虾体褐绿色，头胸甲背部有 4 条纵向脊，雄性螯足更为发达，且螯足的外侧顶端具一膜质的鲜红斑块，雌性则无。红螯光壳螯虾能在各种淡水水域中栖息，营底栖爬行生活，昼伏夜出，耐低氧，耐高温，26～30℃ 为其生长最适水温，不耐低温。雌雄异体，雌虾抱卵于腹部孵化。刚出膜的稚虾攀附在亲体腹部，7～10d 后稚虾离开母体独立生活。红螯光壳螯虾呈杂食性，稚、幼虾以动物性饵料为饵，成虾兼食植物性饵料。育苗饵料有轮虫、对虾配合饵料、卤虫幼体、蛋黄、豆浆等。稚虾经 25～30d 的培育，体长达 2.5～3cm，即可投入池塘养殖。养殖期间投饵要定质、定量、定时，多点投喂；适量换水，施用微生物制剂、消毒剂、吸附剂等调节水质和底质。一般当年年底达到上市规格，水温降至 10℃ 之前要及时收获，商品虾的运输主要采用干运法。

复习思考题

1. 三种养殖光壳螯虾的生活特点是什么？
2. 如何鉴别红螯光壳螯虾的雌雄？
3. 简述红光壳螯螯虾的育苗技术。
4. 如何通过受精卵的颜色，判断红螯光壳螯虾卵的发育程度？
5. 虾苗分塘时，如何对虾苗进行捕捞？
6. 简述红螯光壳螯虾的池塘养殖技术要点。

第五章 ▶▶ 罗氏沼虾养殖技术

学习目标

1. 熟悉罗氏沼虾的形态特征、生活习性、食性、蜕皮、生长与繁殖等生物学特性。

2. 掌握罗氏沼虾的人工育苗方法和池塘养殖技术。

3. 了解罗氏沼虾网箱、稻田养虾及河道养殖方法。

罗氏沼虾（*Macrobrachium rosenbergii*）又名马来西亚大虾、淡水长臂大虾，原产于东南亚、南亚、西太平洋岛屿。现已发现最大的雄虾体长 40cm、体重 600g，雌虾体长 25cm、体重 200g，有"淡水虾王"之称。罗氏沼虾具有个体大、生长快、食性广、肉质鲜美等特点，养殖周期短，经济价值高，受到不少国家的重视，成为世界性的养殖对象。我国 1976 年开始从日本引进罗氏沼虾试养，1977 年人工繁殖成功，目前已成为国内主要的淡水养殖虾类。

第一节 罗氏沼虾的生物学

罗氏沼虾在分类学上隶属于甲壳纲、十足目、长臂虾科（Palaemonidae）、沼虾属（*Macrobrachium*），与我国广泛分布的日本沼虾（青虾）同属。

一、形态特征

罗氏沼虾躯体肥壮、短粗，外披一层几丁质甲壳。全身分为头胸部和腹部。头胸部粗大，腹部自前向后逐渐变小，末端细。头胸甲完整地覆盖于头胸部的背面及两侧，身体由 20 节组成，头部 5 节，胸部 8 节，腹部 7 节（图 5-1）。除腹部第 7 节外，每个体节各有一对附肢。雄虾个体大于雌虾，雄虾第 2 步足特别发达，长度超过体长，呈蔚蓝色。罗氏沼虾体色呈淡青蓝色并间有棕黄色斑纹，体色随环境条件而变，水透明度大，体色淡；水透明度小，体色则深。

二、生态习性

罗氏沼虾成虾营淡水生活，淡水交配产卵；幼体阶段生活在半咸水中，幼体变态为幼虾时，又转入淡水生活。在原产地，罗氏沼虾主要生活在受潮汐影响的江河下游以及与之相通的湖泊和水道。

罗氏沼虾为热带虾，生活的适温范围为 18～34℃，最适水温 28～31℃；水温 16℃时，行动迟缓；14℃以下，开始逐渐死亡。在我国，适宜的养殖时间只有 4～5 个月。

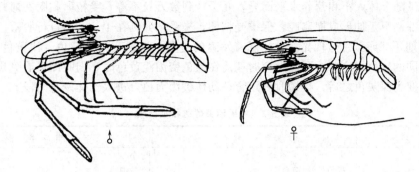

图 5-1　罗氏沼虾外部形态

罗氏沼虾营底栖生活，喜栖息水草丛中。一般白天潜伏在水底或水草丛中，夜晚觅食，人工养殖白天投饵也摄食。罗氏沼虾有互相残杀和霸占地盘的习性。罗氏沼虾的活动强度与外界环境的变化有关，特别是对水温、水流及水中溶解氧量等的变化，反应极为敏感。罗氏沼虾不耐低氧，溶解氧低于 3mg/L 时，虾即浮头。

三、食性

罗氏沼虾为杂食性（表 5-1），不同的生长发育阶段，其摄取的饵料也不同。人工养殖以投喂商品饵料为主，天然饵料为辅。动物性饵料有鱼、虾、贝类和蚕蛹、蚯蚓等；植物性饵料有豆饼、花生麸、麦麸、米糠、酒糟、浮萍、水草等，配合饵料是高密度养殖的最佳饵料。

表 5-1　人工饲养条件下罗氏沼虾各生长发育阶段的食物组成

生长发育阶段	食　物　组　成
刚孵出的溞状幼体	卤虫无节幼体
经 4、5 次蜕皮后	鱼肉碎片、鱼卵、蛋黄等以及其他细小的动物性饵料
淡化后的幼虾	水生昆虫幼体、小型甲壳类、水生蠕虫、有机碎屑、幼嫩植物碎片
成虾阶段	水生昆虫、软体动物、蚯蚓、小鱼虾、各种动物尸体、水生植物、谷物豆类等

四、蜕皮与生长

与其他虾类一样，罗氏沼虾的蜕皮活动贯穿于整个生命过程中，幼体发育、幼虾和成虾生长、附肢再生以及亲虾交配繁殖等都是通过蜕皮来实现的。刚孵出的溞状幼体体长 1.7～2.0mm，营浮游生活，经 20～30d 变态为仔虾，体长 7～9mm。体长 3～4cm 的幼虾，经过 4～5 个月的饲养，雄虾体长可达 13cm 以上，雌虾体长达 10cm 以上。若春天放养越冬后的幼虾（体长 5～6cm），到年底雌虾可达体长 13～14cm、雄虾可达体长 17～18cm。

五、繁殖习性

罗氏沼虾雌雄异体，雌雄虾在外形上各具不同特征，容易识别（表 5-2）。

在自然条件下，一冬龄的罗氏沼虾达性成熟。性腺位于头胸甲的背部，性成熟时，通过透明的头胸甲背面可看到橙黄色的卵巢或乳白色的精巢。性腺充满头胸甲背部时则表示即将产卵。罗氏沼虾具生殖蜕壳习性，雌虾脱壳后几小时，雌雄虾开始交配。精液呈块状附着于雌虾第 3～5 步足之间。雌虾在交配后数小时开始产卵并体外受精，产卵多在夜间。罗氏沼虾为多次产卵种类，第 1 次产卵后，强化培育 30～40d，卵巢又逐渐发育成熟，第 2 次交配产卵。罗氏沼虾怀卵量随个体大小和营养水平而异，几千粒到数万粒不等。受精卵黏附在雌虾腹部附肢上，雌虾腹部侧甲延伸形成抱卵腔，保护受精卵，未受精卵则在1～3d内自行脱落。

抱卵初期，虾卵颜色呈现亮黄色，随着发育的进行，逐渐变为橘黄色、浅黄色、浅灰色、深灰色。不同的颜色对应着不同的发育时期。在颜色变为浅黄色时，肉眼即可看到黑色颗粒状的复眼；在变为深灰色之后，经短时间培育，幼体破膜而出，进入幼体发育阶段。

表 5-2 罗氏沼虾雌雄特征比较

项 目	雄 虾	雌 虾
同龄个体	大	小
第二步足	较粗长，蔚蓝色	较细短，灰蓝色
第五步足基部之间距	较狭窄	较宽阔，呈"八"字形排列
生殖孔位置	第五对步足基部内侧	第三对步足基部内侧
第二腹足内肢	其内缘有一棒状突起(雄性附肢)	无
性腺成熟颜色	乳白色	橙黄色
抱卵腔	无	腹部较发达，侧甲延伸形成

刚孵出的幼体称为溞状幼体，这是罗氏沼虾整个生命周期中唯一在咸淡水中度过的生活阶段。溞状幼体在一定的温度、盐度、溶解氧量和饵料等适宜条件下，经过11次蜕皮变态成仔虾，各发育期的主要形态特征见表5-3。仔虾之后逐步转入淡水水域营底栖生活（图5-2）。

表 5-3 罗氏沼虾各期幼体的主要形态特征和生活习性

幼体期	形 态 特 征	生 活 习 性
Z_1	无眼柄，第二触角鞭未分节	浮游，卵黄营养，集群、趋光强
Z_2	有眼柄，步足5对	卵黄减小，开始摄食卤虫幼体
Z_3	上额齿1个，第2触角鞭2节，尾节与第6腹节分开	卵黄消失，大量摄食
Z_4	上额齿2个，触角鞭3节，尾肢内外具刚毛	
Z_5	触角鞭4节，尾节侧刺1对	摄食量增大
Z_6	腹肢雏芽出现，尾节侧刺2对，触角鞭与触角片等长	
Z_7	腹肢芽延长，分内、外肢无刚毛，触角鞭长于触角片	
Z_8	腹肢外肢有刚毛，内肢无刚毛，第1、2步足有雏形螯，触角鞭7节	斜倒立倒退游泳，集群，喜弹跳
Z_9	腹肢内、外肢均有刚毛，第1、2步足有完全的螯，触角鞭9节	
Z_{10}	上额齿3～5个，触角鞭11～12节	
Z_{11}	上额齿11个，触角鞭14～15节	垂直旋转运动，将变态成仔虾
仔虾	上额齿11个，触角鞭32节或更多	水平游泳，底栖，杂食性

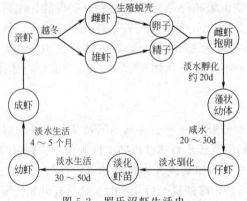

图 5-2 罗氏沼虾生活史

第二节　罗氏沼虾的人工育苗

罗氏沼虾育苗场需有完整的海、淡水供水系统，供气系统，供热系统，以及亲虾促熟培养池、孵化池、育苗池、饵料培养池等设施。沿海地区可以利用对虾育苗场设施培育罗氏沼虾苗。

一、亲虾的选择

为了避免近亲繁殖，亲虾最好引进原种或者跨地域采购、搭配组合。若采用养殖虾作为亲虾则应选留第一批或第二批虾苗养成的虾。入冬前严格挑选 1 龄亲虾，选用健康、活力强、附肢完整、体表清洁、规格整齐的虾作为亲虾。雌虾的规格为 40～60 尾/kg，雄虾的规格为 30～40 尾/kg；雌雄比例为 (5：2) ～ (3：1)。

二、亲虾的运输

亲虾的运输方法视路途远近及亲虾大小、数量而定。

1. 尼龙袋充氧运输

适用于少量、长途运输。尼龙袋双层、规格以 40cm×40cm×60cm 为宜，每袋盛水 10～15kg，装虾密度为 0.2～0.3kg/10L，充氧密封后装入纸箱。因亲虾的额剑尖锐，为防刺破尼龙袋应在亲虾装入尼龙袋前将其尖端剪去。

2. 敞口帆布箱运输

适于近距离运输，帆布箱规格为 0.8m×0.8m×1.0m，运输密度为 0.5kg/20L，运输途中需不断充气或充氧。

此外，还可用水桶、竹箩等容器进行短距离、小批量运输。大批量运输可用活水车。罗氏沼虾对水温变化较为敏感，在运输过程中，要求原生活水域、运输用水和新放养水域三者水温变化不宜太大，水温差不宜超过 3℃。

亲虾挑选、运输后要进行消毒，可采用福尔马林 100mL/m³ 浸泡 30min，以防亲虾受伤感染发病。

三、亲虾的越冬与培育

1. 亲虾越冬池

越冬池为室内水泥池或保温大棚池，配置增温和充气设备。池面积视生产规模而定，一般面积在 50～100m²，水深 1.5m 以上，池底平坦，向排水口倾斜，以利排水。在池底设置隐蔽物和悬浮附着物（网片）以增加亲虾蜕皮时的栖息场所，减少自相残杀。放养前培育池用浓度为 50g/m³ 的漂白粉浸泡 1～2d，消毒杀菌，洗刷干净后注入新水，以备放入亲虾。

2. 培育用水

要求水质清新，溶解氧保持在 4mg/L 以上；水温恒定，以 23～30℃为好，pH 7～8.5 为宜。采用盐度 4 的咸淡水越冬，可减少疾病发生并提高交配率。

3. 亲虾放养密度

亲虾放养密度根据培育池面积、亲虾的生理状况及个体大小以及饲养管理水平和培育季节而定。一般越冬期的放养密度为 7～10 尾/m²；产卵期为 4～6 尾/m² 较适宜。池塘设施较好的亲虾越冬池，在池水深 50～70cm 时，可放亲虾 35～45 尾/m²。

4. 亲虾管理

当水温降到 20℃ 时，要把亲虾移入越冬池。当年冬季到翌年 2 月，水温控制在 20～22℃，不要低于 18℃ 或高于 23℃。防止温度过高造成亲虾性腺发育加速，提前产卵。水温过高可采用冲注低温新水或开启温棚散热等措施降温，水温过低则要做好升温保暖工作。

在亲虾培育过程中，投喂含高蛋白的饵料，同时补充一些含维生素高、纤维少、易于摄食的新鲜瓜菜茎、叶等青饵料，配合饵料、鱼肉、螺肉、青饵料等相间搭配投喂，使亲虾获得全面的营养。日投喂量为亲虾总重量的 4% 左右，以每次投喂前检查有少量剩饵为准。一般每天 8:00～9:00、17:00～18:00 各投喂 1 次。越冬期间要定期清除池底污物与残饵。当气温高时，要注意室内或温棚内的通风换气。当水体溶解氧量降到 3mg/L 以下时，要充气增氧。

四、亲虾的产卵与孵化

在育苗前一个月，将水温逐渐提高至 25～26℃，同时投喂沙蚕、鱿鱼、小鱼、螺蛳、蚬子等鲜活饵料。日投饵 2～3 次，投喂量为虾体重的 5%～8%。增加换水量以保持水质清新，促进亲虾性腺发育成熟并交配、产卵。

抱卵虾孵化的适宜水温为 24～30℃，最适温为 26～28℃。孵化期间连续不断地充气，使水中溶解氧处于接近饱和状态，供给亲虾和胚胎发育足够的氧气。抱卵亲虾池要保持安静，不使之受惊，尽量避免捕捉，需要搬动时，操作要小心细致，防止卵粒脱落。

根据卵色可将抱卵虾分成灰色、棕色、黄色 3 个等级，挑选出来分池饲养。卵为棕色、黄色的抱卵虾在清水池（淡水）中暂养，此类抱卵虾摄食量较大，约为体重的 8%；当卵色转为灰色时，抱卵虾摄食渐少，应控制投饵量。当卵色由橙黄变为灰色时（一般为产卵后 12d），每天加入少量海水，使幼体孵出时池水的盐度达到 10～12，以满足幼体孵出时的生理需要，而且能够提高孵化速度。若将灰褐色卵的抱卵虾直接移入盐度为 10～12 的半咸水中，经过 1～3d 即可孵出幼体。

五、幼体培育

在幼体孵出前 1 周，先将水温升至 28～30℃，然后将经 $15g/m^3$ 高锰酸钾溶液浸泡 15min 的抱卵亲虾放入孵化池中孵化，获得受精卵。将抱灰卵虾移入幼体培育池，待溞状幼体全部孵出之后，捞出亲虾，留下幼体在培育池内进行培育；或用 80 目筛绢网做成拉网，将池中的溞状幼体捞出，移至育苗池培育；或利用幼体的趋光特性，采用光诱法收集幼体，这可避免收集过程中造成幼体损伤，提高 Z_1 的成活率。

1. 育苗条件

育苗池为水泥池，配备充氧、加温设备以及进、排水管。池面积 10～80m²，蓄水深度 0.8～1m。同时配备足够的卤虫孵化池（桶）和生物饵料培养池。孵化池培育前均用 $10g/m^3$ 的强氯精消毒。溞状幼体需在海水中生长发育，可利用天然海水，如无条件，也可人工配制海水（表5-4）。人工海水配制一般先配成浓缩海水，经沉淀后取其上清液，然后再与淡水混合均匀，配成盐度为 12 的海水。

表 5-4　人工海水配方

配制海水成分	用　　量	配制海水成分	用　　量
氯化钠	10kg/t	硼酸	120g/t
氯化钾	180kg/t	溴化钾	20g/t
氯化钙	360g/t	硫酸镁（工业）	3kg/t

2. 幼体培育密度

从抱卵虾池中捞出的溞状幼体转移到育苗池中，密度为 3 万尾/m³。不同日龄的幼体不宜合并在一起，否则影响成活率。

3. 饵料投喂

罗氏沼虾幼体培育时，饵料的适口性和营养性非常重要。罗氏沼虾溞状幼体间具有相互蚕食的习性，尤其在饵料不适口或不足时，相互蚕食现象严重；开口的饵料中如果缺乏必需的营养物质，容易造成溞状幼体的大量死亡或者营养不良，影响其以后生长。溞状幼体培育以卤虫无节幼体为主要饵料。幼体孵出后第 2 天进入溞状幼体Ⅱ期时要及时投饵，投喂卤虫密度为 10 个/mL 左右，早晚各投饵 1 次；随着溞状幼体的蜕壳生长，投饵量应增加。为降低生产成本和保证饵料供应，蛋羹常被用于作为卤虫无节幼体的部分代用饵料，蛋羹用一个鲜鸡蛋＋5g 鱼粉＋3g 田螺肉糜组成，以保证营养的供应。生产中保持温度在 90℃左右、蒸制 3～5 min 蛋羹即熟，最容易被溞状幼体消化；蒸制时间过长的鸡蛋在虾体内消化慢，严重影响虾体摄食和育苗水质，育苗成活率低。投喂人工饵料宜少量多次，日投饵 4～6 次。

4. 水环境管理

溞状幼体培育水的盐度为 10～12，pH 7～8.5，连续充气，氨氮控制在 0.6mg/L 以下。育苗适温范围一般为 28～31℃，最适温度为 24～25℃。幼体发育较快，有利于加快生产周期和减少死亡率。如需要换池时，两池温差不得超过 2℃。每天上、下午各吸污 1 次，及时将沉底饵料和污物吸出。吸污中，如有少量溞状幼体随污物流到过滤网中，应及时分离，吸污后将其放回池中。一般每 3～4d 换水 1 次，换水量随幼体培育时间和水质变化而定，一般为水体总量的 50%～75%。在水体中添加一定量的葡萄糖和枯草芽孢杆菌，培育形成生物絮团应用在罗氏沼虾育苗中，可以改善水质，降低氨氮、亚硝酸氮，抑制致病菌繁殖，提高育苗成活率（刘杜娟等，2013）。

5. 幼体淡化

在水温 28～31℃条件下，经 15 天左右的培育，溞状幼体变态成为仔虾。当 90% 以上的幼体变态成仔虾，即可进行淡水驯养工作（称为淡化）。淡化前，停气 10～15min，用小抄网先将池内未变态的溞状幼体捞起放入其他相同发育阶段的培育池中继续培育。淡化时，先将池内水位降低，然后在较浅的一端加入淡水，在另一段吸出咸淡水，保持进出水量基本一致。一般是 3 天内分 4 次加入淡水，第 1 次加 30%，第 2 次加 40%，第 3 次加 50%，第 4 次加 50%，使盐度逐渐降到 1 左右；水温降低每次不超过 2℃。第 4 天调整水温后即可出售。

经淡化后出池的罗氏沼虾苗，体长 0.7～0.8cm，体质幼嫩，摄食力和抗病力较弱，需要经过 1 个月左右的虾苗中间培育阶段，待幼虾体长 3～5cm、池水温稳定在 20℃以上时，即可集苗计数，放入成虾池养殖。

第三节　罗氏沼虾的成虾养殖

一、虾苗放养前的准备工作

1. 池塘条件

罗氏沼虾养殖池塘面积要适中，以 2000～5300m² 为宜，水深 1.2m，底质以沙壤土为好。要求水源良好充足，排灌方便，能经常保持一定的微流水。虾池一定要坚持合理密度种植水草。水草种植面积占全池水体总面积的 15％～30％。种植的水草品种，以轮叶黑藻与伊乐藻为最佳，苦草次之。还可投放竹梢、树根，以及架设网片等增加罗氏沼虾的栖息隐蔽场所。

2. 整池清塘

养虾池经过 1～2 年使用，淤泥增厚，底质较差，池塘蓄水减少，在养殖期间极易因水质环境变坏而影响罗氏沼虾的正常生长，严重时甚至会引起死亡。因此，放养前需要对虾池进行清淤消毒，以利于水质稳定和罗氏沼虾的生长、栖息。整池清塘方法见第三章第三节。

3. 培育水色

一般清池后 7～10d，过滤注水 60～70cm。施肥一般采用经过发酵的禽畜有机肥，施肥量为 200kg/亩，具体视池塘条件、水质状况、施肥方法等而灵活掌握。肥水后 5～7d，水色呈茶绿色或油绿色、透明度 35～40cm 时即可投放虾苗。

4. 苗种暂养（中间培育）

苗种暂养是指将育苗场培育的全长 1cm 左右的虾苗培育到体长 2cm 以上的大规格虾苗的过程。暂养的虾苗放养后成活率高而稳定，且便于估算池内罗氏沼虾数量及准确投饵。

暂养池可利用养成池，也可专门修建塑料大棚暂养池。池中设隐蔽物，水深 1m，池底坡度大，能顺利排干池水。放苗前亦应清池和繁殖饵料生物。选择晴天放苗，每亩放养虾苗10 万～15 万尾，配备充气设施的大棚池，每亩放苗量可达 80 万尾左右。根据池中基础饵料生物多少，适当投饵；控制水质，使池水溶解氧不低于 4mg/L。当虾苗体长 2cm 左右时，在排水闸门设锥形袖网，网的末端连接网箱，缓慢放水收苗，大规格虾苗的计数一般可采用带水称重法。

二、虾苗放养

罗氏沼虾适宜放养水温在 20℃ 以上，长江流域一般在 5 月份之后。生产上大多采用塑料大棚池暂养虾苗，放养时间可提前到 4 月中旬；如配备加温设备，则可提前到 3 月份放养，待水温稳定在 20℃ 以上后，再移入池塘养殖。一般有以下两种放养模式。

(1) 单茬养殖　一般每亩可放养体长 0.8cm 左右的淡化虾苗 1.8 万～2.0 万尾；体长 1.0～1.2cm 的幼虾 1.3 万～1.5 万尾；体长 1.5～2.0cm 的幼虾 1.0 万～1.2 万尾；体长 3.0～4.0cm 的虾苗 0.35 万～1 万尾。其中每亩可套养白鲢鱼种 70～80 尾，或白鲢夏花 300 尾。

(2) 二茬养殖　第一茬在 5 月中旬至 8 月上旬放养，每亩放体长 1.5～2.5cm 的虾苗1 万～1.5 万尾，套养白鲢鱼种 70～80 尾或白鲢夏花 300 尾，收虾后鱼留塘继续养殖；第二茬在 8 月上旬至 10 月下旬养殖，此时第二茬虾苗在专池培育成至体长 5cm 左右，在第一茬基本捕尽的情况下，每亩放养 1.5 万～2 万尾。

两种放养模式都必须及时捕捞，捕大留小，降低载塘量以提高生长速度。根据罗氏沼虾集中上市的特点，双茬养殖模式能延长销售季节，具有季节价格优势，经济效益较好，但技术要求较高，生产投入较大。

投放虾苗要选择气候稳定、晴天放苗；放苗操作要缓慢，以免环境剧变。

三、投饵管理

罗氏沼虾杂食性，但偏爱动物性饵料。动物性饵料与植物性饵料结合投喂的效果比使用单一饵料好。一般放养后 1 个月内，投放浸泡的豆渣、黄豆粉、花生麸、麦麸、鱼粉、蛋品以及浮萍和幼嫩的水草等。1 个月后投喂颗粒饵料，并增加投喂动物性饵料。常用的动物性饵料为鱼、虾、贝类以及蚕蛹、蝇蛹、蚯蚓、蛋品、禽畜内脏等。日投饵量按照虾的不同生长阶段而确定，并根据虾的摄食状况灵活调整（表5-5）。

表 5-5　罗氏沼虾养殖的日投饵量

虾体重/g	日投饵量占虾体重的百分比 （以干重计）/％	虾体重/g	日投饵量占虾体重的百分比 （以干重计）/％
<1	15～20	5～10	8～10
1～5	10～15	>10g	5～6

大部分罗氏沼虾（除蜕壳虾外）白天摄食较少，晚上则活动能力加强，摄食加强，而且胃容量小、肠管较短，饵料在体内消化时间不超过4h，不耐饥饿。因此，结合养殖情况，饵料投喂应少量多次，每天分早、中、晚3次，下午和晚上的投喂量应占总量的60％以上，这样可以极大地提高饵料的利用率，加快罗氏沼虾的生长，降低成本，提高效益。每天具体的投饵量主要是根据实际的摄食情况以及水质、温度而定，做到适量，以不留残饵为原则。投饵白天投在深水区，夜晚投放于浅水草丛中，沿池塘边缘四周在离岸2m以内的区域均匀撒放、多点抛投，以确保全池虾能均匀摄食。

四、水质管理

罗氏沼虾养殖水体要求 pH7.5～8.5，溶解氧 5mg/L 以上。罗氏沼虾池一般要求铵态氮不超过 3mg/L，亚硝酸盐不超过 0.02mg/L。透明度 30～35cm，水色以黄绿色为佳，池水透明度超过 40cm 时应适当追肥，施用过磷酸钙有促进虾体甲壳生长的作用。养殖中期平均每天换水 5％～10％，后期 10％～20％，换水时间以中午为好。如条件允许，每隔7～10d 冲水 1 次，并造成一定的水流，能改善水质环境和刺激罗氏沼虾的蜕壳。养殖后期，池塘水质向酸性发展，此时宜用生石灰改良水质，生石灰用量一般为 10～20mg/L。

罗氏沼虾的溶解氧窒息点为 0.8～1mg/L，高于鱼类，因此池塘缺氧时虾先浮头。7～9月份是虾的生长旺季，水温较高，阴雨天气多，尤其要注意池中溶解氧变化，防止缺氧，应根据天气、水质情况及时开机增氧。发生浮头时，虾会向池塘四周爬行，但待浮头后才发现，则往往损失较重，因此，应以预防为主，多观察和预测，发现征兆及时采取解救措施（见第三章第六节）。

五、日常管理

池塘的日常管理是一项非常复杂的工作，涉及虾的自身因素、水体环境、气象、人为因素以及这些因素之间的相互影响等，管理人员一定要仔细观察、摸索规律，根据具体情况，采取相应的措施。每日凌晨及傍晚巡塘，仔细观察池塘的环境变化、安全状况、虾的活动情况，并做好养殖日记。

在处理与运输幼虾、仔虾、成虾时应减少环境的突然变化。养殖池塘在高温季节要防止水温过高或突然变化，应经常换水、注入新水及充气增氧。近几年来，我国沿海和内陆省份罗氏沼虾养殖业发展迅猛，养虾产量不断上升。但罗氏沼虾养殖病害也频繁发生，并对生产造成较大损失。对于罗氏沼虾的病害，要立足于防，严格管理，做好预防工作。罗氏沼虾病害防治方法可参考第三章第八节。

六、捕获

罗氏沼虾的捕获时间取决于成虾的生长情况、池内状况、上市规格和水温。一般来说，水温低于 22℃就应开始捕虾，在水温降至 15℃以前收完。在水温和条件允许的情况下，应尽量晚捕，以便提高产量。

1. 捕获方法

(1) 地曳网收虾 捕虾的地曳网,其结构大致与捕鱼用地曳网相同,一般为 20 目。若池底平坦,一般一次拉网可捕起池虾的 60%~70%,连拉 2~3 次即可。

(2) 排水捕虾 罗氏沼虾在日落或日出时比较活跃,在排水口安装好锥形袖网后开闸放水,虾便会随水流入网中。

(3) 干塘捕虾 在池虾已基本捕完的情况下,可排干池水或抽干水捕捉。

(4) 轮捕轮放 一般 7 月初即开始第一次轮捕,直至 8 月底,每 12d 左右捕一次。9 月初至 10 月上旬 15d 左右轮捕一次。

2. 活虾运输

起捕后,先将虾冲洗干净,再放入网箱暂养,暂养数量不宜过多,放养时间不宜过长,以免自相蚕食而造成损失。

运输方法有:①干法运输。40cm×40cm×10cm 的泡沫盒,外套塑料袋充氧运输,每盒可装虾 4~5kg。②塑料袋密封充氧运输。80cm×40cm 塑料袋,装水 1/4~1/3,每袋装虾 11.5kg。③鱼篓运输。用氧气瓶充氧或小型直流泵充氧,篓中用帆布袋装水 100~150kg,每 50kg 水放 5kg 虾,此法成活率较高。④湿法运输。用湿水草放在竹箩筐底,将虾平放在上面,再用水草密盖在虾体上,一层草一层虾,每隔 15min 淋水 1 次,可保活运输 2~3h。

七、其他养殖方式

养殖罗氏沼虾除了采用一般池塘养殖方式外,还有网箱养殖、稻田养殖及河道养殖等方式。

1. 网箱养虾

网箱面积一般为 2~7m² 或 3~7m²,网目大小视放养规格而定,水深控制在 1.2m 左右,可单层单箱,也可设 2~3 个水平隔层,成为多个小栖息层的网箱。

在水面比较宽阔的水域,网箱的排列应为"品"字形、"插花"形或"人"字形布局,网箱之间距离 10m 左右;如在河道内设置网箱,因受水域条件限制应在河道一侧成"一"字形排列,可以每两只网箱成 1 组,每组间隔 20m;池塘内放置网箱采用沿池塘宽"一"字排列,数量视池塘大小和水质好坏来确定。

网箱养虾的投饵管理参照池塘养虾方法进行。

2. 稻田养虾

(1) 养虾田块选择与配套设施 选择水源充足、排灌方便、不受旱涝影响、无农药污染、地势低凹、保水力强的田块为佳。

在稻田四周开挖一圈环沟,上口宽 1.5~2m,坡比 1:2,沟深 0.8m 左右。同时在田头的一端挖 1 个 150m² 左右的小坑,坑深 1~1.2m,以便前期暂养虾苗,沟坑总面积占大田的 10% 左右,形成坑沟相通的网络。作为强化培育虾苗和稻田干水时虾类栖息之用。坑沟周围筑埂,留出缺口与大田畦沟相通,田埂加高至 50~60cm,埂顶宽 1m,以防汛期、雨涝季节溢水逃虾。进出水口装密网,防野杂鱼虾进入稻田及下水口逃虾。

(2) 准备工作 在放养虾苗前 10d,用 60kg/亩生石灰兑水泼洒,杀灭天敌和病原菌,消毒除害,待药性消失后即可放入虾苗。在水中增设人工隐蔽物,以利虾栖息和蜕壳,减少互残,在沟埂种植空心菜或水面养水葫芦等效果均比较好。田间消毒 1 周后即可进水,并投放经发酵的鸡粪、猪粪等,培育适口饵料。施肥量视水质而定,一般为 40~50kg/亩,透明度掌握在 30cm 左右。

(3) 虾苗放养和强化培育 当水温稳定在 20℃即可放虾。虾苗运抵后先将盛虾苗的尼龙袋放入养虾的水体中漂浮约 10min，以调节温差，然后将虾苗慢慢倒入盆内，逐渐加水进去，再把盆内水舀出，直至虾苗适应水质、水温的变化，游动活泼后方可倒入沟坑内。虾苗放养密度为 6000～7000 尾/亩。

购回的虾苗规格小、体质弱，大田直接养殖成活率低。采取集中精养、强化培育是提高稻田养虾成活率的主要环节，可利用虾坑作为虾苗强化培育的场所。在坑堤四周围好薄膜，薄膜下端埋入土中 20cm，暂养坑放苗密度为 250～300 尾/m²；放苗 3d 内以投喂卤虫幼体为主，然后投喂蒸蛋、鱼糜等，每日 3～5 次；15d 后投喂黄豆粉或花生麸粉，日投饵 0.5～0.8kg/亩，每天投喂 4 次。在坑四周放一些树枝、瓦片等物，供幼虾栖息和隐蔽。约经 1 个月培育，虾体长 2.5～3cm，即可放入大田养殖。

（4）饲养管理　稻田养虾要定期换水，最好能保持长年微流水状态。早稻晒田、收割时必须保持虾坑内水位稳定、溶解氧量充足。一般水色以黄绿色或褐绿色为好，透明度在 25cm 左右。

养殖中期（前期为强化培育阶段；中期为第 30～60 天）改投颗粒饵料，每日投喂 4 次，投饵量为虾体重的 13%；后期（第 60～120 天）每日投喂 3 次，投饵量为虾体重的 3%～6%。配合饵料蛋白质含量 35% 以上。

（5）处理好虾稻关系　稻田养虾要处理好虾与稻田用水、肥与药的相互关系。除秧苗搁田外，平时大田水层应保持 15cm 左右。3～5d 加注 1 次新水，以满足虾对水质清新的要求。以施基肥为主、追肥为辅，不用碳铵追肥，以防伤虾。养虾稻田一般不需用药防治病虫害，如确需用药可选用高效低毒药，并注意使药物喷洒在水稻茎叶上，避免药物直接落入水中，同时还可暂时加深水层，以缓解落水药物的浓度。

（6）捕获方法　当水温降至 18℃ 以下，虾的活动力减弱，摄食量减少，生长缓慢，就可起捕。收捕时先将水排掉一半，用网反复拉捕，最后排干水捕捉。

3. 河道流放养殖

选择天然河沟水面，建造拦虾设施，投放罗氏沼虾苗种，以利用水体天然饵料为主而取得一定产量的养虾方法叫流放养殖。罗氏沼虾流放养殖应根据各地自然资源和气候特点，选择水源充足、水温适宜、饵料丰富、水质好、易于管理的河道进行养殖。河道流放宜放体长 3.5cm 以上的幼虾，使之可与天然水体中的日本沼虾抗衡，并在竞争中占优势，放养密度控制在 1000 尾/亩以内。

河道流放养殖的主要捕虾工具有丝网、牵网、虾笼和水底曳行拖网等，以上捕虾工具及方法选择并使用得当，能将绝大部分的虾捕起；个别漏网的可在水温 14℃ 时到河边捕捞。河道放流罗氏沼虾是一项省工、省投资的养虾方式。

本章小结

罗氏沼虾为一种大型长臂淡水虾，体色呈淡青蓝色并间有棕黄色斑纹，头胸部粗大，腹部自前向后逐渐变小；雄虾第 2 步足粗长而显著。适温范围为 18～34℃，水温 16℃ 以下会因不适而死亡；不耐低氧，生长盐度在 10 以下。罗氏沼虾营底栖生活，喜栖水草丛中，杂食性。雌虾抱卵，潘状幼体阶段生活在半咸水中，营浮游生活，经 24～35d 蜕皮 11 次，变态为仔虾，转为淡水底栖生活。

人工繁殖的亲虾最好引进原种或者跨地域进行采购搭配组合。水温 20℃ 以下时，亲虾移入越冬池，翌年春季育苗前 1 个月进行亲虾强化培育，提高水温，强化营养，调节水质，促进卵巢发育成熟并交配产卵。成熟亲虾在水温 24～30℃ 时产卵和孵化，根据卵色将抱卵虾分成灰色、棕色、黄色 3 个等级，选择分池饲养。幼体孵出前，将抱灰色卵的亲虾移入幼体培育池，待幼体孵出后捞出亲虾，留下幼体原池培育；或在幼体孵出次日，收集溞状幼体另池培育。溞状幼体培育的主要饵料有卤虫幼体、蛋黄等。每天吸污 2～3 次，定期换水。在水温 28～31℃ 条件下，经 18～19d 的培育，溞状幼体变态成为仔虾。仔虾阶段后开始进行淡水驯化，使之适应淡水生活。

罗氏沼虾养殖方式有池塘养殖、稻田养殖、网箱养殖和河道养殖等，池塘养殖有一茬养殖和二茬养殖。罗氏沼虾仔虾在放养前最好经过中间培育，以提高成活率。适宜的放养水温为 20℃ 以上，采用保温大棚池或棚内加温，则放养时间可提前。罗氏沼虾食性杂，主要投喂粮食加工下脚料、浮萍、水草、杂鱼虾贝、蚕蛹、配合饵料等，投饵量日少夜多。养殖中期高温季节要注意调节水质、适时开动增氧机，预防虾病。罗氏沼虾收获时间取决于池内状况、上市规格和水温，商品虾在水温降至 15℃ 之前应捕获结束。

复习思考题

1. 简述罗氏沼虾的生活史。
2. 怎样区别罗氏沼虾的雌雄个体？
3. 简要说明培育罗氏沼虾亲虾和抱卵虾的主要技术要点。
4. 简述罗氏沼虾各期幼体的主要形态特征和生活特点。
5. 罗氏沼虾在各个生长发育阶段主要摄食哪些饵料？
6. 简要说明罗氏沼虾育苗的主要操作流程。
7. 简要说明罗氏沼虾的池塘养殖管理要点。

第六章 ▶▶ 克氏原螯虾养殖技术

克氏原螯虾（*Procambarus clarkii*），俗称克氏螯虾、蝲蛄、淡水小龙虾，分类上属节肢动物门、甲壳纲、软甲亚纲、十足目、蝲蛄科（Cambaridae）、原螯虾属（*Procambarus*）。克氏原螯虾原产北美，1918年被引入日本，1929年经日本传入我国。克氏原螯虾适应性强，自然种群发展很快，现已广泛分布于全国，成为我国一种重要的淡水虾类资源。克氏原螯虾味道鲜美，有一定的观赏价值，近年来国内克氏原螯虾消费量猛增，成为家常菜肴。由于消费量急剧增加，导致克氏原螯虾的天然资源量锐减，因此开展人工养殖，能获得良好的经济效益。

第一节 克氏原螯虾的生物学

一、形态特征

克氏原螯虾体表具有坚硬的甲壳，身体由头胸部和腹部组成，体节20节，除尾节无附肢外，有附肢19对（图6-1）。头胸部愈合呈圆筒形，前端具一三角形的额角。第1对螯足特别发达，第2、3对呈钳状，后2对步足呈爪状；腹部较短；雌性第1对腹肢退化，雄性前2对腹肢演变成钙质交接器。尾部有强大的尾扇，抱卵期和孵化期的雌虾尾扇弯曲保护受精卵和仔虾。

二、生活习性

克氏原螯虾栖息在食物较丰富的静水河沟、池塘和浅型湖泊中，营底栖爬行生活，白天潜伏水底的角落、石块旁、草丛或洞穴中，夜晚出来觅食；

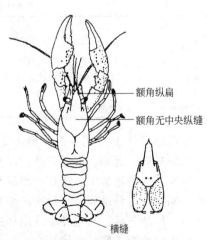

额角纵扁

额角无中央纵缝

横缝

(a) 克氏原螯虾外观　(b) 头胸甲

图6-1　克氏原螯虾

有时因饥饿或水透明度较低，白天也觅食。克氏原螯虾适应环境能力强，对水体的富营养化及低溶解氧有较强的适应性，水中溶解氧含量不足时，克氏原螯虾常借助水中物体攀爬到水表层，将鳃腔露出水面呼吸，甚至爬上陆地呼吸，离水能成活 1 周以上。克氏原螯虾适温范围为 −15～40℃，在我国大部分地区能自然越冬，最适温度为 18～31℃。在水体缺氧、缺饵、污染及其他生物、理化因子发生改变而不适的情况下，常常爬出水面进入另一水体。大雨时，克氏原螯虾常爬出水体外。

克氏原螯虾有较强的掘洞能力，在无石块、杂草及洞穴的水体，常在池塘水面以上 20cm 处的堤岸掘洞。掘洞行为多出现在繁殖期和越冬期，生长期基本不掘洞。克氏原螯虾也可利用人工洞穴和水体原有洞穴或其他隐蔽物藏身。

三、食性

克氏原螯虾杂食性稍偏动物性，刚孵出的幼体以其自身卵黄为营养；Ⅱ期幼体能够滤食水中的藻类、轮虫、腐殖质和有机碎屑等；Ⅲ期幼体能够摄取水中的小型浮游动物，如枝角类和桡足类等。幼虾已具有捕食水蚯蚓等底栖生物的能力，到成虾时食性更杂，能捕食甲壳类、软体动物、水生昆虫幼体和水生植物的根、茎、叶，水底淤泥表层的腐殖质及有机碎屑等，以及人工配合饵料，当食物供应不足时有自相残杀的习性，主要是捕食刚蜕壳的软壳虾。

四、蜕壳与生长

克氏原螯虾生长过程中多次蜕壳，生长条件好的情况下，3～4 个月即可达到上市规格。蜕壳与水温、营养及个体发育阶段密切相关。幼体一般 4～6 天蜕皮一次，离开母体进入开放水体的幼虾每 5～8 天蜕皮一次，后期幼虾蜕皮间隔一般为 8～20d。一般蜕皮 11 次即可达到性成熟，性成熟后一年蜕皮 1～2 次。该虾寿命一般为 2～3 年，甚至更长。

五、生殖习性

克氏原螯虾在天然环境中 9～12 个月龄达性成熟。在人工饲养条件下，一般 6 个月可达性成熟。克氏原螯虾性成熟个体呈暗红色，未成熟个体呈淡褐色、黄褐色、红褐色不等，偶见蓝色个体。雌雄个体外形上特征明显，易于区别（表 6-1）。

表 6-1　克氏原螯虾雌雄特征比较

项　目	雄　虾	雌　虾
个体	大	小
第 1 步足	螯强大，外侧有一明亮的红色疣状突起	螯较小，疣状突起不明显
腹肢	第 1、2 对腹肢管状、较长，一般伸入胸部腹面步足之间，特化为交接器	第 1 对腹肢较细小
生殖孔	开口在第 5 对步足基部	开口在第 3 对步足基部
抱卵腔	无，腹部相对狭小	有，腹部膨大

克氏原螯虾 3～9 月交配，群体交配高峰期在 4～6 月。在自然水域，亲虾交配后开始掘穴，雌虾产卵、抱卵、抱仔（虾）以及越冬均在洞穴中完成。交配时雄虾通过交接器将精荚贮存在雌虾的纳精囊中，雌虾产卵时与精荚放出的精子在体外相遇而受精，受精卵圆形、深褐色，黏附在雌虾腹肢上，每次产卵数百粒。抱卵和抱仔（虾）亲虾大多出现在 10 月至翌年 3 月，经越冬后，来年春季放出仔虾、幼虾。

刚孵出的第 1 期仔虾体长 5～6mm，靠卵黄营养，附在母体腹部生活，第Ⅱ期仔虾体长 6～7mm，仍附在母体腹部，能摄食水流带来的碎屑和浮游生物，第Ⅲ期仔虾长 9～10mm，能短距离游离母体腹部；随后仔虾与母体离开洞穴进入开放水体而成为幼虾。

第二节 克氏原螯虾的人工育苗

一、半人工育苗法

半人工育苗的方式是利用水泥池或较小的土池进行亲虾培育，在其交配产卵后，将抱卵亲虾投放到成虾养殖池塘中。此种方法育苗量较小不适宜大面积养殖。

育苗水泥池面积不限，池深80cm左右，室外池高温季节需设置遮阳网；土池面积不大于500m²，池深1m左右，四周设有防逃网，池埂、池底条件要求易于亲虾的捕捞。

挑选体质健康无残肢的性成熟亲虾，雌雄比例（2～3）：1。水泥池放养密度0.5kg/m²，土池0.25kg/m²。水位保持在30～50cm，高温天气可适当将水位加深到50～80cm。

在适宜水温范围内，每天投喂杂鱼、豆饼等饵料，投喂量为总虾重的3%～5%，早晚各投喂1次，其中傍晚投喂全量的70%；水温低于16℃时，随温度降低逐渐减少投喂量。水质要求溶解氧充足，每天换水1次，定期用消毒剂消毒。

在经过20～40d的培育后，部分亲虾抱卵、抱仔，此时可将抱卵的亲虾挑出，计数后放入成虾养殖池塘。

二、全人工育苗法

全人工培育克氏原螯虾苗，是利用水泥池培育亲虾，让其在水泥池中抱卵、孵化、产仔、育成虾苗。此法要求水泥池较多，配套设施齐全。

一般以室内水泥池为好，面积不限，池深0.8～1m，池底用瓦片、石棉瓦等设置人工巢穴，移植少量的水生植物（水花生、水葫芦）等，每池配备充气设备。

每年的7～8月从养殖池塘或天然水域捕捞、挑选健康、无残肢的亲虾，放入室内水泥池，投放密度为30～40尾/m²，条件较好的池投放亲虾50～60尾/m²，雌雄比例2：1。

每天投饵2次，多投喂蛋白质含量较高的饵料，如活贝肉、鱼肉、水丝蚓、蚯蚓及屠宰场下脚料等，投饵量为虾体重的3%～5%，并定期投放水葫芦、水花生、轮叶黑藻等。

保持池内水位25～30cm，每天加注1次新水或微流水，清除残饵、污物、死虾等；采取控制光照（24h遮阳网遮光）、增氧、流水刺激（每晚12h流水）、控制水温（13～29℃，平均23℃）的方法，促进亲虾交配、产卵。

雌虾产卵24h后，挑选抱卵雌虾带水小心移入孵化池，集中孵化。待幼体孵化后，向池中投放单胞藻、轮虫、蛋黄、鱼糜，或向孵化池中加注培育有丰富浮游生物的池水。待幼虾离开亲体后，用捞网移出亲虾。幼虾密度前期为3万～5万尾/m³，体长2cm后降低到0.5万～1万尾/m³，直到3cm达到下池塘养殖的规格，即可分批捕捞幼虾。

三、仿生态育苗法

自然状态下长江流域克氏原螯虾繁殖盛期在9月下旬至11月底，利用克氏原螯虾种群秋冬穴居至早春出洞的习性，任其自然产卵、孵化，当年的虾苗或抱卵虾越冬至翌年水温上升，再收获大规格的虾苗。此法成本低，可操作性强。

亲虾培育土池面积500～3000m²，水深1m，底质以壤土为好，有充足良好的水源，四周搭建防逃墙，放养前7～10d用50～60kg/亩生石灰干塘消毒。消毒后经过滤注水1m左右，施入腐熟畜禽粪100～200kg/亩培养水色。池内投放供虾攀爬栖息的隐蔽物，如树枝、树根、竹筒等，并移栽水生植物。

挑选亲虾一般在 7～8 月份，直接从天然水域或养殖池捕捞。要求雌虾体重 30g 以上、雄虾 40g 以上，雌雄比为（5：2）～（3：1）。放养量 75～100kg/亩。亲虾培育期间，日投饵量为亲虾体重的 3%～5%，每天早、晚各投喂 1 次。每 10～15 天换水 1 次，每次换水 1/3；每 20 天用生石灰 10～25g/m² 兑水泼洒 1 次，以保持良好水质。

亲虾约于 9 月大量掘洞、交配，10 月中旬后陆续产卵。10 月底前产的卵经过 15～20d 孵化，成为仔虾；11 月后所产的卵则与亲虾一起越冬，待翌年水温适宜时再孵出，或已孵出的仔虾依附在亲虾腹部越冬。在此期间，保持池塘水色，保证幼体有足够的饵料生物摄食。春天大量仔虾孵出后，除投喂亲虾饵料外，还投喂枝角类、桡足类、豆浆、鱼糜、微粒子饵料等幼虾饵料，投饵量为幼虾体重的 30%。孵化后的亲虾要及时捞出，留下幼虾继续培育到体长 2～3cm。

第三节　克氏原螯虾的成虾养殖

一、稻田养虾

稻田养殖克氏原螯虾是利用稻田的浅水环境，辅以人为措施，既种稻又养虾的一种养殖模式。稻田养殖克氏原螯虾可为稻田除草、除害，少施化肥、少喷农药，提高稻田单位面积的经济效益，是目前采用较多的养殖模式之一。

1. 稻田的选择

稻田养克氏原螯虾要选择水源充足、不受旱涝影响，水质清新、无污染，土壤肥沃、保水性能好，阳光充足的稻田。

2. 稻田的改造

为了便于稻田浅灌、晒田、施肥、施药和养虾管理，必须在养虾稻田开挖虾沟和暂养小池。一般沿稻田四周开挖虾沟，宽 4～6m，深 0.8～1m，坡比 1：2.5，面积较大的稻田可在田内挖"井""日""十"或"田"形沟以及增设几条小埂，田内沟宽 0.5～1m、深 0.5～0.6m，小埂为管理稻田之用。开挖虾沟的泥土用于加固、加高田埂。暂养小池可开在虾沟交叉处或田的四角，与虾沟相通，一般面积为 1.0m²，深 0.8～1.0m。田埂、虾沟、水稻种植区的面积比一般为 1：2：7。进、排水口设在稻田相对两角的土埂上并设立防逃网。在田埂顶内侧，距田埂斜面 0.5m 处挖一条深 20cm 左右的沟，再将加强塑料薄膜的一端埋入沟内，用土压紧、夯实，最后用竹箔或小木棍将加强塑料薄膜垂直支撑起来并固定好，确保塑料薄膜高出埂面 40～50cm。

虾苗放养前，需要对稻田进行消毒除害。对于新建虾田宜选用生石灰消毒，杀灭水体中的野杂鱼和病原体，减少养殖期间病害的发生，消毒时虾沟内留水 0.2m 左右。若虾田中有亲虾，则应采用巴豆或茶籽饼消毒，同时杀灭水体中的野杂鱼。稻田施肥采用每亩施用经过充分发酵的猪粪、鸡粪等有机肥 400kg。

虾沟内栽种轮叶黑藻、马来眼子菜等水生植物，面积约占虾沟面积的 1/3；同时设置一些瓦片、竹筒等，增加克氏原螯虾栖息隐蔽场所，减少克氏原螯虾打洞。春、夏季可投放螺蛳，既为虾提供活饵料，又可净化水质，消化池底腐殖质，活螺蛳投放量以 200kg/亩为宜。

3. 虾苗放养

选择栽种不易倒伏、病虫害少的水稻品种，在插秧后，保持 8～10cm 田水约 1 周，保证秧苗成活和虾苗活动。早放苗既可延长虾在稻田中的生长期，又能充分利用稻田施肥后所培养的大量天然饵料。放养时间为 3～4 月放养幼虾苗和 9 月份放养抱卵亲虾两种模式。9 月份放养抱卵亲虾的密度为 30～40kg/亩；3～4 月份放养幼虾苗密度为 1.2 万～1.5 万尾/亩或 60～80kg/亩。注意抱卵亲虾要直接放入外围大沟内饲养越冬，秧苗返青时再引虾入稻田生长。

4. 饲养管理

投饵时精粗饵料合理搭配，一般 8～9 月以投喂植物性饵料为主，10～12 月多投动物性饵料。在动物饵料不足的情况下，可以采取灯光诱捕飞行类昆虫及其他可供虾类摄食的活饵料。适合的饵料品种有豆粕、菜饼、麦面和野杂鱼、螺蛳等，以及优质的小龙虾配合饵料。日投饲量为存塘虾总重量的 2%～6%。初春、深秋低温季节每天下午 17：00 投喂一次，夏天高温季节每天 8：00、17：00 各投喂一次，投喂量分别为日投饲量的 30%、70%。饵料投放于浅滩上和水稻种植区，秧苗刚栽植时水稻种植区不投饵。

放养初期，田水宜浅，但因虾长大及水稻抽穗、扬花、灌浆均需大量水，可将田水逐渐加深到 12～15cm。同时，注意观察田沟水质变化，一般每 3～5 天加新水一次；盛夏季节，每 1～2 天加一次，保持田水清新。每天巡田 3 次，观察虾的活动和摄食情况。平时做好排洪、防涝、防逃和防盗工作。每隔半个月用生石灰化浆全池泼洒，浓度为 15～20g/m³，保证克氏原螯虾的正常生长与蜕壳。对养殖水体杀虫和稻谷杀虫时，应避免使用菊酯类的杀虫剂，以免对克氏原螯虾造成危害。稻田养虾敌害较多，如水蜈蚣、蛇、水鸟、鳝鱼、水老鼠等，要加强田间管理，并及时驱捕敌害。当虾放养后，还要禁止家鸭下田，避免损失。

5. 捕获

经过 2 个月左右饲养，一部分克氏原螯虾达到商品规格即可用地笼网捕大留小、轮批收捕。在捕捞季节，每天傍晚之前把地笼放在虾田边上或水草生长茂盛的区域，里面放进腥味较浓的野杂鱼等诱饵诱捕，第二天早上将笼内小龙虾倒出，取大留小。笼捕能将大多数小龙虾捕出，剩下的可以干田捕捉。排干田水，小龙虾便聚集在虾沟的底部，此时人工捡取即可。一般是在水稻即将收割或在水稻收割后，排水收捕时间不能太晚，否则虾会因水温下降而挖洞潜伏，一般收获时间不得超过 10 月上旬。如果收虾季节过迟，虾已潜入洞穴，则可用手挖捕或夹子夹捕，或可待翌年收获。

养殖克氏原螯虾的稻田要实行轮养、休养，周期一般为 3 年。如果无新田转养，可将原养殖克氏原螯虾的稻田腾空 1/3 作为轮作用。

二、池塘养虾

1. 养殖场地

一般的湖泊、河沟、池塘、沼泽地及改造后的低产稻田均可用来养殖。池塘面积以 2000～3335m² 、水深以 0.5～1m 为宜，中间深，四周浅，底质为壤土，池坡土质较硬，有进排水系统。养殖水面四周埂宽应在 1.5m 以上，埂上设置高 0.5m、内壁光滑的防逃墙或防逃板。池塘中心设置宽 1.0m 以上，高出水面 0.2m，两端与池埂不相连的泥埂，四周有浅滩，以便打洞穴居。养殖水质应符合《无公害食品　淡水养殖用水水质》（NY 5051—2001）的规定。

2. 放养准备

在虾苗入池前 20～30d，排干池水，清除淤泥和平整池底。也可在池底的中部挖一条水沟或在池塘坡底四周开挖一条沟，主要有利于早期虾苗的培育管理和捕获时操作方便。清池消毒按照常规方法进行操作。清池后过滤注入新水，施用有机肥 75～100kg/亩，培育浮游生物，并随着池水位的增加，逐步追施肥，具体视水色而定。在池中移植栽培水花生、水葫芦、轮叶黑藻、凤眼莲等漂浮、挺水、沉水植物，面积占虾池面积的 2/3。春、夏季还可放养河蚌、螺蛳等。

3. 虾苗放养

同一池塘放养的虾苗或虾种，要求规格一致，一次放足。虾苗活力要强，附肢齐全，无病无伤，如购买的野生虾苗，需经人工驯养一段时间后才能放养，以避免相互残杀。虾苗、种虾下池前，用 3％食盐水浸浴虾体 5～10min，以杀灭寄生虫和致病菌；放苗种时间应选择晴天的上午，避开高温天气。

(1) 夏季放养 以放养当年孵化的第一批幼虾为主，放养时间在 7 月中下旬，幼虾规格为体长 0.8cm 以上。放养密度为 3 万～4 万尾/亩。10 月份部分虾可起捕上市。

(2) 秋季放养 以放养当年培育的大规格虾苗为主，放养时间在 8 月中旬至 9 月。体长 1.2cm 左右的虾苗，放养密度为 2.5 万～3 万尾/亩；体长 2.5～3cm 的虾苗，放养密度为 1.5 万～2 万尾/亩。让其自然繁殖，作为第二年养殖的苗种。同时每亩可混养鲢鳙夏花鱼种 50～100 尾。但不可与鲤鱼、罗非鱼、青鱼混养。

(3) 冬春放养 一般在 12 月或翌年 3～4 月放养。以放养当年不符合上市规格的虾为主，规格为 100～200 只/kg，放养密度为 1.5 万～2 万尾/亩。7 月份即可起捕上市。

4. 投饵管理

仔虾和幼虾阶段，主要摄食轮虫、枝角类、桡足类以及水生昆虫幼体，应通过施足基肥、适时追肥，培养大量生物饵料供其捕食，同时辅以人工投饵。8、9 月是克氏原螯虾快速生长阶段，以投喂麦麸、豆饼以及嫩的青绿饵料、南瓜、山芋、瓜皮等为主，辅以动物性饵料。5、6 月份是克氏原螯虾亲虾性腺发育的关键阶段，而 11～12 月则是克氏原螯虾营养积累准备越冬阶段，应多投喂动物性饵料。如鱼肉、螺蚬蚌肉、蚯蚓以及屠宰场的动物下脚料等，从而充分满足淡水小龙虾生长发育对营养的要求。就小龙虾的整个养成期来说，一般动物性饵料占整个养成期投饵量的 35％～40％，各种草类及谷实类植物性饵料占 55％～60％，具体的搭配比例按照小龙虾的不同生长阶段进行调整。

在水温 20～32℃、水质状况良好的条件下，克氏原螯虾的摄食量相当旺盛，通常鲜活饵料的日投饵量为虾体重的 8％～12％，干饵料或配合饵料则为 3％～5％。根据季节、天气、水质、虾的生理状况而调整。天气晴朗、水质良好、龙虾活动吃食旺盛时，应多投饵，而高温、连续阴雨天气或水质恶化时，则应少投或不投；大批克氏原螯虾蜕壳时，应少投饵，蜕壳后则应多投饵；克氏原螯虾生长旺季应多投饵，虾在发病或活动不太正常时少投饵。一般每天投喂 2～3 次，投饵以傍晚为主，约占全天投饵量的 70％。克氏原螯虾的游泳能力较差，活动范围较小，且具有占地的习性，故饵料的投喂要采取定质、定量、定时、定点的方法，投喂均匀，使每只虾都能吃到，避免争食，促进克氏原螯虾均衡生长。

5. 水质管理

克氏原螯虾耐低氧能力很强，且可直接利用空气中的氧气，过肥的水质也能生存，池塘养殖克氏原螯虾的水质管理比较容易。保持池塘溶解氧在 5mg/L 以上，pH7～8.5，透明度 40cm 左右，水色呈豆绿色或茶褐色为好，施肥次数和数量以适当的水色和透明度为准。每 15～20 天换水 1 次，每次换水 1/3～1/2；每 20 天泼洒 1 次生石灰水，每次用量为 10kg/亩左右，增加水中游离钙的含量，帮助克氏原螯虾蜕壳。池塘通常水深保持在 1m 左右，高温季节和越冬期水位可深些。在整个养殖期内，水位要保持相对稳定，不要忽高忽低，以免影响虾的穴居生长；当水体溶解氧低、水质老化，或遇连续阴雨等天气时，应减少或暂停投饵，如发现龙虾反应迟钝、集群到池边并爬上岸时，说明水体缺氧已较严重，这时要及时加注新水或开启增氧机增氧。

6. 日常管理

每天早晚巡回检查，观测池塘水质变化，检查进、排水网，了解克氏原螯虾摄食活动状况，清理养殖环境，保持水生植物数量，发现异常及时采取对策。当水中溶解氧低、水质老化，或遇闷热、连续阴雨等恶劣天气时，应减少投饵量或停止投饵或及时注水或开动增氧机。汛期和台风季节，要做好防汛工作，严防洪水冲垮田埂或浸水引发逃虾。及时驱捕敌害，防止蛇、鳝、鼠等吞食克氏原螯虾。病害防治使用药物要符合《无公害食品 渔用药物使用准则》（NY 5071—2002）的规定。

7. 轮捕轮放

克氏原螯虾经 3～5 个月的生长，体重达 30g 以上即可收获。如果放养大规格的虾种，经 1～2 个月的饲养可达上市规格。可以采用地笼、虾笼、手抄网等捕捞工具，一般用地笼网，每天傍晚将地笼网放入池塘中，每隔 3～4h 取虾一次。捕大留小，轮捕轮放，适当补放虾苗，以达到高产的目的。在夏天气温高时，要注意做到勤收勤放地笼网，因时间过长虾会闷死在笼中，秋后龙虾会钻入洞中，捕捞较困难，可用药物刺激赶虾出洞，然后用网拉或干池捕捉。

三、河道养虾

河道养殖克氏原螯虾技术是除池塘养殖、稻田养殖外的另一种低成本、高收益的养殖模式。选择水花生、水浮莲、茭白等水生植物覆盖率占水面 50% 的河道，两端用密网围栏，围栏高出水面 1m，基部入土 25cm。3 月份就近收购投放 1.5～3cm 的幼虾，或 5～6 月份收购从其他水域捕捞的抱卵亲虾，要求规格在 50g/只以上，投放量为 2000 只/亩，让其自然繁殖。由于河道内生长有大量的水草、螺蛳可供虾苗摄食，故无需投饵。在具有微流水的河道内饲养克氏原螯虾，有利于促进螯虾蜕壳生长。幼虾经过 60d 饲养长到 40～50g/只即可收捕。

本章小结

克氏原螯虾为长江中下游地区常见的淡水经济虾类，体表具有坚硬的甲壳，性成熟个体体色呈暗红色，偶见蓝色。克氏原螯虾营底栖爬行生活，喜阴怕光，有较强的攀缘和掘洞能力，也有很强的耐污、耐低氧能力，适应水温范围为 −15～40℃，杂食性。克氏原螯虾一般蜕皮 11 次达到性成熟，性成熟后一年蜕皮 1～2 次。克氏原螯虾雌雄异体，从腹部游泳肢、螯足、生殖孔开口位置等可以区别雌雄，交配后精荚在纳精囊中贮存数月。克氏原螯虾 3～9 月交配，亲虾交配后开始掘穴，雌虾产卵、抱卵、抱仔（虾）以及越冬均在洞穴中完成。来年春季放出仔虾、幼虾。

克氏原螯虾育苗方式有多种。半人工育苗是利用水泥池或较小的土池进行亲虾培育，在其交配产卵后，将抱卵亲虾投放到成虾养殖池塘中；此法育苗量较小不适宜大面积养殖。全人工育苗是利用水泥池培育亲虾，让其在水泥池中抱卵、孵化、产仔、育成虾苗；此法要求水泥池较多，配套设施要齐全。仿生态育苗法是利用克氏原螯虾种群秋冬穴居至早春出洞的习性，任其在培育池内自然产卵、孵化、抱仔，当年的虾苗或抱卵虾越冬至翌年水温上升，再收获大规格的虾苗；此法成本低，可操作性强。

稻田养殖克氏原螯虾是利用稻田的浅水环境，辅以人为措施，既种稻又养虾的一种养殖模式。

复习思考题

1. 克氏原螯虾的繁殖习性有什么特点？
2. 如何识别克氏原螯虾的雌雄亲虾？
3. 简述克氏原螯虾的仿生态育苗技术要点。
4. 简述克氏原螯虾的稻田养殖技术要点。
5. 简述克氏原螯虾的池塘养殖技术要点。

第七章 ▶▶ 日本沼虾养殖技术

学习目标 👆

1.熟悉日本沼虾的形态特征、生活习性、食性及繁殖特性。

2.掌握日本沼虾的人工育苗方法和池塘养殖技术。

3.了解网箱和稻田养虾方法。

日本沼虾 *Macrobrachium nipponense* (De Haan)，属节肢动物门、甲壳纲、十足目、长臂虾科，因体色青蓝并伴有棕绿色斑纹，故名淡水青虾、青虾、河虾。其分布于中国、日本和东南亚地区。在我国，日本沼虾广泛分布于南北各地的江河湖泊中，也常出现在低盐度的河口地带。特别是在江苏太湖、河北白洋淀、山东微山湖等处的日本沼虾最为著名。日本沼虾是我国淡水虾类中较大的一种，其适应性强、分布广，具有食性杂、养殖周期短、繁殖能力强、肉质鲜嫩等特点，深受广大消费者喜爱。

第一节 日本沼虾的生物学

一、形态特征

日本沼虾体外有一层薄而透明的几丁质外壳，头胸甲的前端向前延伸，形成长而尖锐的额角，其长度可达头胸甲的 3/4～4/5，额角上缘具 12～15 个小齿、下缘 2～4 个小齿（图 7-1）。

二、生活习性

日本沼虾广泛栖息于湖河池沼之中，多集群生活于水草丛生、水流缓慢、水深 1～2m 的沿岸区域。除了冬季越冬移入较深的水层外，在生长季节，日本沼虾的栖居水深通常不超过 1m。日本沼虾要求生活水域水质清新、溶解氧充足，不耐低氧环境，适宜中性偏弱碱性的水体，最适 pH

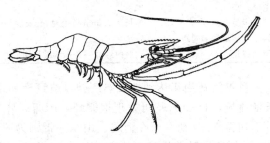

图 7-1 日本沼虾

范围为 7.3～7.6。日本沼虾的游泳能力较弱，仅能作短距离游动，多数时间在水草或水中附着物上攀缘爬行。广温性，生存水温为 1～37℃，适宜水温 18～30℃，在我国大部分地区可以自然越冬。日本沼虾白天多潜伏在阴暗处，夜间出来活动与摄食。在人工养殖的情况下，白天投饵时，也会出来寻觅食物，但数量仍比夜间少得多。

三、食性

日本沼虾杂食性，食性随着个体发育而转化。幼虾阶段以浮游生物为食，成虾阶段则以水生植物的腐败茎叶、丝状藻类以及动物（鱼、贝类等）尸体为食，有时也捕食小型无脊椎动物。人工养殖条件下，日本沼虾对各种养鱼饵料均喜食，如米糠、麸皮、豆饼、酒糟、豆渣、麦粉、米饭、蚕蛹、蚌肉、螺肉、鱼肉等，尤其喜食蚯蚓。日本沼虾幼虾饵料中的最适蛋白质含量为 38.9%～40.3%；中虾饵料最适蛋白质含量为 38.71%～40.3%；成虾饵料最适蛋白质含量为 36.2%～39.15%。日本沼虾对赖氨酸的需求量占干饵料的 1.91%，占饵料蛋白的 5.41%。在人工养殖条件下，必须投以适量的动物性饵料，以免自相蚕食。摄食强度主要取决于水温。一般水温上升到 14℃左右时开始摄食，水温 18℃以上正常摄食，4～10 月份摄食强度加大，越冬期间很少摄食，只在气温略有回升时，才少量摄食。

四、蜕皮与生长

日本沼虾一生蜕皮 20 次左右。溞状幼体到仔虾，1～3d 蜕皮 1 次，经过 10 次蜕皮，进入幼虾期。在幼虾阶段，7～10d 蜕皮 1 次，进入成虾阶段，15～20d 蜕皮 1 次。雌虾在交配前还须蜕皮 1 次，抱卵虾则不蜕皮。在水体正常溶解氧条件下，日本沼虾末期幼体蜕皮变态的适宜水温为 25～26℃。

日本沼虾生长很快，一般 5～6 月孵出的虾苗生长 45d 后体长可达 3cm，性腺发育成熟。至当年 10 月份，雄虾最大个体长达 6.2cm，一般平均体长为 4～5cm，越冬期停止生长，次年春季水温回升，又迅速生长。满一周年的日本沼虾体长达 6～7cm，少数雄虾最大可达 9.4cm。体长 3cm 以下的未成熟个体，雌雄虾的生长速度基本一致。性成熟后，雄虾生长快于雌虾。日本沼虾寿命一般仅 14～18 个月，雄虾的寿命比雌虾短。越冬后的日本沼虾，一般在 7 月上旬开始死亡，8 月份成批老死。因此，日本沼虾的养殖周期应从当年 6～7 月份放虾苗到第二年 6 月收获。

五、繁殖习性

日本沼虾雌雄异体，体长 2cm 以下难以鉴别雌雄，体长 2cm 以上易于肉眼识别（表 7-1）。

表 7-1 日本沼虾雌雄虾的区别

项　目	雄　虾	雌　虾
个体大小	大	小
第二步足	体长达 7.5cm 以上时,其长度为体长的 1.5 倍左右	较细小,长度不超过体长
第 4,5 步足基部间距	较狭窄	较宽,"八"字形排列
第二腹足	内肢内缘具一条棒状雄性附肢	无

日本沼虾当年达到性成熟产卵，适宜产卵水温在 18℃以上，最适水温为 24～27℃。在长江流域，4～9 月均可发现抱卵虾，产卵高峰期为 6～7 月。华南地区的产卵期较长，自 3 月下旬至 12 月初。而在河北、山东一带则为 6～9 月。一般每尾亲虾每个繁殖季节产卵 2～3 次，抱卵量随着体长、体重的增加而增加。体长 4～6cm 的雌虾抱卵数高者达 5000 粒左右，最低仅 600 粒左右。日本沼虾雌虾抱卵孵化，卵从产出到孵化需 20～25d，孵化率一般在 90% 以上。受精卵孵化后即为溞状幼体。溞状幼体经过一系列的变态才能变成外形与成体相似的幼虾。刚孵出的溞状幼体以自身的卵黄为营养，不摄食。孵化后第 3 天幼体开始摄食，主要饵料是轮虫、枝角类、桡足类等小型甲壳动物、小蠕虫以及有机碎屑等。

第二节　日本沼虾的人工育苗

一、亲虾的选择

用于人工繁殖的亲虾或抱卵虾，可以从江河湖泊捕捞的大虾中挑选，也可以在人工养殖的池塘中挑选。抱卵亲虾要求体长在 5～6cm，规格整齐，体质健壮，无病无伤。选购抱卵虾时，要选择受精卵呈绿色、黄绿色或黄色的，若受精卵呈青灰色并已出现眼点，此时受精卵已快要孵出溞状幼体，极易从母体上脱落，会降低出苗率，并给操作和运输带来不便。对一些远离湖区或亲虾来源不方便的地区，必须在秋季收集好越冬亲虾。供越冬繁殖的亲虾要选择体大、肥壮、行动活泼、肢体完整未受损伤的成虾作为明年的繁殖亲虾，尽量选择体长5cm 以上、体重 4g 以上的亲虾，雌雄虾的配比通常为（3～4）：1。运输亲虾应根据距离长短、数量多少，选择适当的运输方式，可采用船运或车运。运载亲虾的容器，可用敞口帆布桶、木桶或尼龙袋等。

二、亲虾的越冬管理

亲虾越冬可在水泥池或土池中，水泥池以 100～300m² 为宜，水深 1.0m 左右，土池以 500～1500m² 为宜，池底放置一些树根、瓦片、砖块等，虾池不需加温设备。放养亲虾的池塘，在放养前必须做好清池工作。

通常越冬放养在 12 月开始，水泥池饲养密度为 0.3～0.5kg/m²，土池放养密度为 5～10kg/m²。亲虾在越冬期间，适当投饵，水温低于 10℃，可减少投饵或不投饵。翌年春水温上升到 10℃以上时，随温度的增加而加大投饵量，一般日投饵量为虾体重的 3%～5%，以保证亲虾积累营养和正常生长发育。饵料可投米糠、豆饼、轧碎的螺贝类、小杂鱼虾类，亦可投喂颗粒配合饵料。越冬期间做好防污、防敌害等工作。北方严冬季节，还要防止池水结冰，以防亲虾因缺氧窒息而死。

三、亲虾的培育

亲虾培育池面积 1000～3000m² 为宜，水深 1～1.5m，最好设在水源充足、水质优良、排灌方便的地方。池中应适当种植一些耐肥水的沉水植物，如轮叶黑藻。水生植物在池塘中所占面积以不超过水面 1/4 为好。亲虾放养前按常规清池方法清整池塘。

一般亲虾放养量为 10～40kg/亩，雌雄比为（2～4）：1。亲虾放养时应尽量减少运输水温与池塘水温之间的温差，一般不超过 3℃。

亲虾入池后要加强营养，以投喂优质全价配合饵料为主，投喂量为亲虾体重的 2%～5%，并适当加喂鲜活饵（如螺蛳肉、蚌肉、鱼肉等）。日投 2 次，上午投喂每日总量的 30%，黄昏前后投 70%。

四、育苗模式

目前应用较多的育苗方式有以下两种。

1. 土池育苗

池塘面积 667～1300m² 为宜，为南北向的长方形，正常水深约 1.5m，水源清洁无污染，排灌方便，进水口用 80 目网袋过滤，防止野杂鱼类、蛙卵等敌害生物进入。

3月下旬排干池水开始晒塘,一直晒到池底发白开裂;放亲虾前半个月注水15~20cm,用150kg生石灰化浆后连渣全池泼洒,第二天用铁耙在池底拖动以搅匀底泥。清塘7天后加入新水至50cm,施发酵腐熟好的猪粪肥300kg作基肥,用以培育小型天然饵料生物,透明度控制在25~30cm。

放养前先清池,在池中铺设一些供虾栖息的隐蔽物。亲虾放养一般在4~9月(华南地区提早到3月)进行。将肢体完整、体质健壮的性成熟雌雄青虾放养于经过严格清塘的池塘中,每亩放养5~10kg。抱卵虾下塘后,每隔3~5天补充新水一次,直到水深1m左右。任亲虾在池中交配、产卵、孵化,并直接在池中培育成仔虾。从交配到虾苗孵化约需一个月。

繁殖期间适当投饵,饵料有豆饼、菜籽饼、蚌肉、鱼肉、螺蛳肉以及各种草食性鱼类的配合饵料等均可。日投喂量为亲虾体重的5%~10%。上午占30%,下午占70%,具体投喂量根据日本沼虾吃食情况进行调整。在出现幼体之前隔天投喂适量蛋白质含量为34%以上的日本沼虾配合饵料及碎螺蛳肉。日常管理注意水质不要过肥,可一星期注水10cm左右,防止缺氧泛池。

定期取样检查亲虾的蜕皮、产卵情况,如大部分雌虾已抱卵,待受精卵颜色从橘黄色变成灰褐色并出现眼点时,表明即将孵化。这时应向池中施放腐熟后的有机肥(发酵时加入占肥料量1%~2%的生石灰做消毒处理),培养轮虫、枝角类、桡足类等浮游动物,供虾苗摄食。每隔10天施入腐熟的猪粪肥,每5~7天加新水10~20cm,池水的透明度应控制在30~40cm,并根据池水的透明度及时注、排水,到日本沼虾苗种培育后期池塘水深保持1.2m以上,定期检测水体pH值,pH<7.0时,则每亩用生石灰5kg全池泼洒,以调节水质。

溞状幼体孵出后应设法陆续将池中的亲虾捕出,避免亲虾留在池中繁殖第二批虾苗而造成仔虾规格大小不等。捕获亲虾在白天,将淹没在水中的树枝轻轻提出水面,然后将抄网伸到树枝下面,抖动树枝等附着物,亲虾即会掉进抄网中。如此几次就可将大部分亲虾捕出。

土池育苗投资少、易操作,但幼虾容易缺氧浮头,且虾苗捕捞困难。

2. 网箱育苗

目前常用的土池网箱育苗法有两种。

一是用大网目网箱直接安放在育苗池中,网箱中放养抱卵亲虾,孵出的溞状幼体穿过网目直接进入池中,孵化完成后直接取走网箱,此操作方便易行。

二是池中安放大型育苗箱,箱内再配置1~2只小型孵化箱。网箱中放适量水草,供抱卵虾隐蔽,网箱中或网箱外最好有增氧设备。受精卵出现复眼时将亲虾移入网箱,溞状幼体孵出后穿过网目进入育苗箱,然后取出孵化箱,保持育苗网箱周围清洁、水体交换通畅。在育苗箱中直接培育成幼虾即可出苗、计数,分塘饲养。网箱育苗的优点是易于操作管理、投饵方便,虾苗易捕捞;缺点是要经常清洗网箱、劳动量大,气温高时,幼虾易出现烫死现象。

五、虾苗培育

溞状幼体孵化出来到培育成1~1.5cm的幼虾需30d左右。当育苗池中大量出现第1期溞状幼体时,每天用黄豆0.5~1kg/亩磨豆浆全池泼洒,作为幼体的补充饵料,以后逐步增加到每天4.0kg,视水中浮游生物量的多少,适当增减。投喂方法:每天上下午各投喂1次。另外,适当追肥,保持水透明度30~40cm。经过10~15d培育,虾苗长至0.6~0.8cm,逐步减少豆浆的投喂量,增加投喂日本沼虾粉状配合饵料,投饵量为每天2~3kg/亩,投喂时间每天17:00~18:00,将饵料放在池边浅水处。虾苗长至1cm后,不再泼洒豆浆，每天早晚投喂两次日本沼虾专用后期配合饵料。

经过 25～45d 的培育，幼虾体长大于 1.5cm 时，可见大量幼虾在水边游动，特别是水流动时，大量幼虾会逆流而游，此时可开始进行捕捞虾苗。拉苗前一天下午停止投饵，并降低水位到 1.0m 以下，然后再补充新水到 1.2m。捕苗方法有抄网捕苗、排水收集虾苗和拉网捕捞。

第三节　日本沼虾的成虾养殖

日本沼虾成虾养殖方式主要有池塘养殖、网箱养殖和稻田养殖。

一、池塘养虾

1. 池塘选择

池塘面积 2000～6000m²，池水深 1.0～1.5m，以利于光照和增加溶解氧。池塘进排水系统配套，在进出水口敷设 40～60 目筛绢。水源充足，水质清新无污染，池塘不渗水。池四周栽种水花生或水葫芦，占池水面积的 1/3，并用竹竿或粗绳固定，以便日本沼虾栖息隐蔽，池内配备增氧机。清塘消毒方法同亲虾培育池。

2. 养殖模式

养殖虾苗有天然捕捞虾苗、成虾池自育虾苗（直接投放抱卵虾）、专池培育虾苗等，以专池人工培育虾苗为好。

(1) 池塘单养　日本沼虾单养一般进行两季养殖。每季养殖都要经过池塘清整、池塘消毒、种植水草、注水施肥等前期准备工作。春季养殖放苗时间为 12 月至次年 3 月，虾苗规格为 500～2500 尾/kg，放养量为 20～50kg/亩，养至 4 月中旬捕大留小，直至 6 月底全部收获。第 2 季放苗时间为 7 月，虾苗规格 1.5～2.5cm，放养量为 5 万～12 万尾/亩，抱卵虾投放 3～4kg/亩。10 月初开始收获。

(2) 池塘混养　混养一是以养虾为主，搭配中上层鱼类（白鲢和银鲫等）；二是以养鱼为主，鱼虾混养。以养虾为主的，每亩可放仔虾 4 万～6 万尾，以养鱼为主的，每亩放养虾苗 1 万～2 万尾。

3. 养殖管理

在虾苗下池前先施有机肥培养饵料生物，在虾苗入池后，视天然饵料数量的多寡，适量投喂人工饵料。将粉状饵料加水搅拌成糊状（豆饼糊、米糠糊等）堆放在水深 20～30cm 的浅滩处。体长 2cm 以上改投颗粒状饵料。日本沼虾对各种商品饵料的喜食程度和利用率不同。日本沼虾喜食的动物饵料有螺蛳、鱼粉、鱼糜等，植物饵料有豆饼、米糠、麸皮等。菜饼、米糠等混合糊状饵料投喂，其利用率低，易恶化水质。因此，日本沼虾高密度精养时，以优质高效的配合饵料为主，动物性饵料占 30%。投饵应根据天气、水质、水温以及虾的摄食情况灵活掌握、及时调整。投饵应沿池边浅滩处进行，每天投饵 2 次，日少夜多。

养殖过程中，始终保持水质"肥、活、嫩、爽"，确保虾池水质良好和天然饵料充足。每隔 15d 泼洒生石灰 1 次，提高 pH 和增加水中钙离子，保持池水 pH 在 7～8。坚持早晚巡塘，观察有无浮头现象，发现浮头立即冲注新水或开增氧机；防野杂鱼进入或日本沼虾逃逸，捕杀蛇、老鼠等，清除青苔和池周杂草；检查摄食和生长情况；做好水质管理工作。

4. 收获

在密养的池塘中，根据日本沼虾的生长情况，4 月底开始用抄网和地笼网捕出达到商品规格的成虾，留下幼虾继续生长。到 6 月底 7 月初干池收获。秋季收虾一般自 9 月中下旬开始，12 月以后采用手抄网、虾拖网或干塘收获。4cm 以下的小虾经过暂养继续养殖。

二、网箱养虾

1. 水域选择

网箱养殖青虾应选择在湖汊、库湾、河道岸边等水域中进行。水质清新无污染，水深不低于 2m，透明度 40～70cm，pH 7～8.5，溶解氧量 3mg/L 以上，有一定的水流，风浪小，背风向阳，环境安静，注意避开交通要道。

2. 网箱准备

网箱用 24 目/cm² 聚乙烯网片制成，长方形，网箱面积有 40～60m²、20～30m² 和 10m² 三种规格。网箱高 1.3m，入水深 0.9m，露出水面 0.4m 作防逃网。养殖网箱以竹、木作框架，用桩、锚、石块等物固定。网箱浮动敞开式，随水位变动而升降；也可制成封闭式网箱，箱口盖网须高出水面 0.3m。通常每 5 只网箱排成一行，箱行距 5～6m。为提高养殖成活率，在网箱水面放养水葫芦、水浮莲及水花生等漂浮性水生植物，其覆盖面占箱内水面的 1/4。用绳索将水生植物集成条状与网箱长边平行排列，但需离开箱壁，以免日本沼虾攀逃。箱底和箱中部吊养苦草、轮叶黑藻等沉水性植物。

3. 幼虾放养

日本沼虾生长速度快、养殖周期短，可采用春季和夏季两次放养的养殖模式。第一季于 2～3 月放养，放养规格为 1000～2000 尾/kg 的越冬幼虾，每平方米网箱放养 400 尾左右；第一季虾起捕后，7 月中旬再放养 6 月份培育的 2000～5000 尾/kg 的仔虾，每平方米放养 500 尾左右。幼虾应在晴天早晨或阴天不闷热时放养，要求虾苗健康无病、肢体完整、规格整齐；一次性放足，放养时须认真过秤、计数，并带水操作。

4. 饵料投喂

以配合颗粒饵料为主，适当搭配螺、蚬、蚌、小杂鱼肉。颗粒饵料粒径应视虾体大小而调整。根据日本沼虾的摄食和生活习性，坚持"四定"投饲原则，投饵时要注意白天少投，傍晚多投，均匀投喂，日投喂量为虾体重的 5%～8%，具体视虾摄食和天气变化情况灵活掌握。

5. 饲养管理

坚持早、中、晚巡箱，防敌害生物损箱，防洪水冲箱，防大风翻箱。经常清洗网衣，以保持良好的水体交换。及时清除箱底残饵等污物，更换水草，防止水质恶化。加强病害防治，每隔 15～20d，用生石灰 15～20g/m³、二溴海因 0.2g/m³ 对网箱水体及附近水域泼洒 1 次。如发现日本沼虾身上附着纤毛虫，可用硫酸铜 0.7g/m³ 兑水全箱泼洒，隔 7d 再用药 1 次。

6. 适时捕捞

第一季虾一般自 4 月底开始选捕，每隔半个月捕 1 次，把体重 2.5g/尾（规格 400 尾/kg）以上的大虾选捕上市，到 7 月中旬全部出箱。第二季虾从 9 月份起进行轮捕，捕大留小，到 12 月起捕完毕。

三、稻田养虾

稻田养虾是"以稻为主，以虾为辅"，既可改善稻田生态环境，又不占用土地，并增加虾的产量，是一项值得推广的养殖方式。

1. 稻田选择

养殖青虾要选择排灌方便、水源充足、水质良好的田块，要求保水性能好，土壤肥力强。稻田养殖区最好集中连片，每块面积在 3000～12000m² 。养虾稻田选好后，结合农田整修，开展稻田养虾工程建设，加高加固田基，开挖水沟，以便可以多蓄水养虾。改造工程与其他稻田养虾类同。选择栽种茎秆坚挺、耐肥力强、不易倒伏、病虫害少、米质优良的水稻品种。

2. 放养

日本沼虾放养在秧苗活棵以后进行。放养前在沟中施放禽畜粪肥培养水质，移植沉水植物，占沟面积的 1/2，为日本沼虾创造良好的生态条件。稻田养育虾的放养方式有三种。

(1) 放抱卵虾 天然水域收购体长 6cm 以上的抱卵亲虾，每亩稻田放 0.5～1kg，让亲虾自繁自育。

(2) 放幼虾 主要是上年饲养的未达到上市规格的幼虾，体长 2～3cm，每亩放幼虾 1 万～2 万尾。

(3) 放虾苗 当年繁殖的虾苗，规格整齐，体长 1～1.5cm，每亩放养 1.5 万～3 万尾。

3. 饲养管理

虾苗阶段以浮游生物和有机碎屑为饵料，可投喂粉状饵料，以后改用颗粒饵料或米糠等投喂，另外还可适当投喂一些动物性饵料。每天投喂 2 次，上午 8 时投日投饵量的 1/3，傍晚 6 时投余下的 2/3。日投饵量为虾重量的 2%～8%，并根据季节和天气情况随时进行调整。

在加强稻田田间管理上一定要坚持定期换水，每次换水 20cm 左右，使虾沟内的水质保持清新，特别是夏秋高温季节更应勤换水，为日本沼虾生长提供良好的生态环境。定期泼洒石灰水 20mg/L，并尽可能避免使用农药。如必须使用，则应选用高效低毒农药，并注意使用方法，以减少对日本沼虾的危害。每天巡查 2～3 次，勤观察虾的生长情况，防止老鼠、水鸟、水蛇等进入养殖区危害日本沼虾，防止漏水造成日本沼虾逃跑，及时清除污物，严禁污染物进入。

4. 捕捞

经过 2 个月的精心饲养，10 月份即可用小地笼或虾笼进行轮捕，捕大留小，直到春节前后，将水缓慢排至集虾潭，用抄网或虾拖网起捕全部青虾，集中上市。

本章小结

日本沼虾是我国常见的淡水虾类，广泛栖息于水草丛生的湖河池沼中。广温性，不耐低氧环境。适宜水温 18～30℃，其在我国大部分地区可以自然越冬。日本沼虾白天多潜伏在阴暗处，夜间出来活动与摄食。日本沼虾杂食性，幼虾阶段以浮游生物为食，成虾阶段则以水生植物茎叶、丝状藻类以及动物（鱼、贝类等）尸体为食。其生长很快，一般 5～6 月孵出的虾苗生长 45d 后体长可达 3cm，性腺发育成熟。雌虾经生殖蜕皮、交配产卵后抱卵孵化，产卵高峰期为 6～7 月，卵从产出到孵化需 20～25d。

人工繁殖的亲虾或抱卵虾可以从江河湖泊捕捞的大虾中挑选，也可以在人工养殖的池塘中挑选。亲虾放养前清整池塘。一般每亩放养亲虾 10～40kg，育苗可用土池或网箱。幼体孵出后捞出亲虾，在原水体继续培育仔、幼虾。

日本沼虾成虾养殖方式有池塘养殖、网箱养殖和稻田养殖等。一般都进行两季养殖，第 1 季放养时间为 12 月至次年 3 月，第 2 季放养时间为 7 月。第 1 季虾约在 4 月底开始捕捞，捕大留小。第 2 季收虾一般自 9 月中下旬开始，12 月以后采用手抄网、虾拖网或干塘收获，4cm 以下的小虾经过暂养继续养殖。

复习思考题

1. 简述日本沼虾的食性。
2. 如何鉴别日本沼虾的雌雄性别?
3. 试述日本沼虾的育苗方式。
4. 简述池塘养殖日本沼虾饵料是如何投喂的。
5. 日本沼虾养殖有哪些模式?

第二篇
蟹类增养殖技术

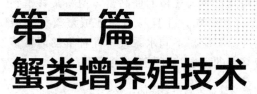

第八章 ▶▶ 中华绒螯蟹养殖技术

学习目标 👆

1.掌握中华绒螯蟹的外部形态和内部构造。

2.掌握中华绒螯蟹的生态习性和繁殖习性。

3.掌握中华绒螯蟹的工厂化人工育苗技术和土池生态育苗技术。

4.掌握中华绒螯蟹蟹种、成蟹的养殖技术。

第一节 中华绒螯蟹的生物学

中华绒螯蟹，俗称河蟹、大闸蟹、清水蟹、螃蟹等，为大型食用蟹类，其肉味鲜美，很受人们欢迎。20 世纪 80 年代末，我国中华绒螯蟹人工育苗技术取得突破，使养殖技术得以普遍推广。

一、分类和形态构造

1. 分类

中华绒螯蟹（*Eriocheir Sinensis* H. Milne-Edward）在分类上属于节肢动物门（Arthropoda）、甲壳纲（Crustacea）、软甲亚纲（Malacostraca）、十足目（Decapoda）、爬行亚目（Reptantia）、方蟹科（Grapsidae）、绒螯蟹属（*Eriocheir*）。绒螯蟹属有 4 个种，即中华绒螯蟹、日本绒螯蟹（*E. japonicus*）、直额绒螯蟹（*E. rectus*）、狭额绒螯蟹（*E. leptog-*

nathus)。中华绒螯蟹和日本绒螯蟹个体大，养殖产量高，具有较高的经济价值；后 2 个种个体小，无经济价值。中华绒螯蟹在我国渤海、黄海与东海沿岸诸省均有分布，有 2 个种群，其中北方种群以辽河、黄河水系蟹为代表，南方种群以长江、瓯江水系蟹为代表。日本绒螯蟹在我国主要分布于福建、广东、广西、台湾等沿海地区。

中华绒螯蟹的北方种群和南方种群，在原产地均能长成大规格的商品蟹，但将其移殖到与原生态条件差异较大的地区后，原有的生长优势将受影响，并且易与当地绒螯蟹种群杂交，造成种质混杂和经济价值下降。因此，养殖生产上不应将不同水系或不同种群的河蟹移殖到异地养殖。中华绒螯蟹、日本绒螯蟹和杂种绒螯蟹的主要特征见表 8-1 及图 8-1。

表 8-1　中华绒螯蟹与日本绒螯蟹、杂种绒螯蟹头胸甲形态的比较

形态特征	中华绒螯蟹	日本绒螯蟹	杂种绒螯蟹
头胸甲形状	隆起明显	呈平板状，隆起不明显	介于两者之间
额缘额齿	4 个额齿尖，缺刻深，特别是左右 2 个呈"U"形	4 个额齿平，缺刻浅	4 个额齿尖，缺刻中等，特别是左右 2 个呈"浅锅形"
额后疣状凸起	具 6 个疣状突起，前面一对前凸似小山状，后面中间一对明显	具 4 个疣状突起，前面一对稍向前凸，后面中间无疣状突起	具 4~6 个疣状突起，前面一对稍向前凸，中间一对不明显
第 4 侧齿	小而明显	退化	小，有时仅有痕迹

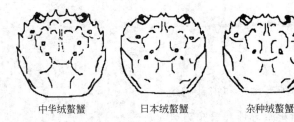

中华绒螯蟹　　　　日本绒螯蟹　　　　杂种绒螯蟹

图 8-1　三种绒螯蟹头胸甲特征的比较

2. 外部形态

中华绒螯蟹甲壳一般呈墨绿色，腹面灰白色（图 8-2）。身体分头胸部和腹部；腹部退化，折贴于头胸部之下。蟹类体节 21 节，其中头部 6 节、胸部 8 节、腹部 7 节；但头胸部愈合，节数不能分辨。5 对胸足伸展于头胸部的两侧，左右对称。

图 8-2　中华绒螯蟹

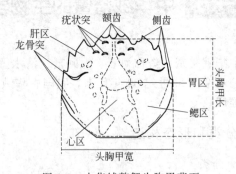

图 8-3　中华绒螯蟹头胸甲背面

(1) 头胸部　头胸部背面覆盖一背甲，称头胸甲，俗称"蟹兜"（图 8-3），头胸甲中央隆起，表面凹凸不平。头胸甲边缘分额缘、眼缘、前侧缘、后侧缘和后缘。额缘具 4 个额齿，中央 2 个为内额齿，外侧为外额齿，中央两额齿间一凹陷最深，其底端与头胸甲后缘中点之连线，为头胸甲长度，表示中华绒螯蟹的体长。左右前侧缘各具 4 齿，为侧齿，由前至

后依次变小。第 4 侧齿之间距为头胸甲的宽度，即表示蟹的体宽。额后有 6 个疣状突。

根据头胸甲上的凹凸区域及与内脏的相关位置，分为胃区、心区、肠区、肝区及鳃区。头胸甲不仅覆盖背面，其前端还折入头胸部之下（图 8-4、图 8-5），头胸部腹面的其余部分则被胸部腹甲所包被，腹甲四周密生绒毛；胸部腹甲Ⅰ～Ⅲ节愈合为一，但节痕尚可辨认，生殖孔位于胸部腹甲上，雄蟹在第 7 节，雌蟹在第 5 节（图 8-6）。

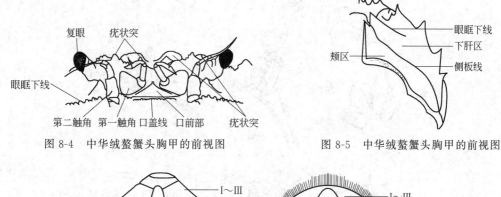

图 8-4　中华绒螯蟹头胸甲的前视图　　　　图 8-5　中华绒螯蟹头胸甲的前视图

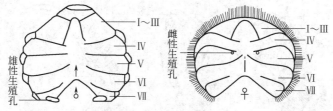

图 8-6　中华绒螯蟹的胸板

（2）腹部　蟹类腹部退化，紧贴头胸部下面折向前方，通常称为"蟹脐"，四周有绒毛。幼蟹腹部均为长三角形；随着生长，雌蟹渐呈圆形，雄蟹仍为狭长的三角形（图 8-7）。展开腹部可见中线有一隆起的肠道以及腹部附肢。

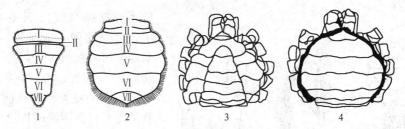

图 8-7　中华绒螯蟹的腹部

1—雄性；2—雌性（图中罗马数字为腹节节数）；3—未成熟个体，
腹脐不能完全覆盖腹甲；4—成熟个体，腹脐能覆盖腹甲

（3）附肢　中华绒螯蟹的附肢因机能的分工而形态各异，但均由双肢型演变而成。头胸部的附肢有：2 对触角、1 对大颚、2 对小颚、3 对颚足、5 对步足（图 8-8）。腹部附肢退化，雌蟹 4 对，雄蟹 2 对。雌蟹腹肢着生于第 2～5 腹节上，具内、外肢，密生细长刚毛，用于附着和抱持卵粒。雄性腹肢退化，已特化为交接器，着生于第 1～2 腹节上（图 8-9）。

3. 内部构造

打开河蟹的头胸甲，即可见胃、肝脏、心脏、鳃、生殖腺等重要内脏器官（图 8-10）。

（1）消化系统　中华绒螯蟹的消化系统包括口、食道、胃、中肠、后肠和肛门。口位于大颚之间，食道短，末端通入膨大的胃，胃内具胃磨，胃壁上有 1 钙质小粒，蟹蜕壳后，钙

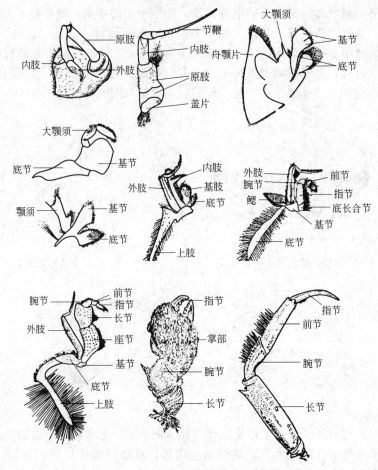

图 8-8　中华绒螯蟹头胸部附肢

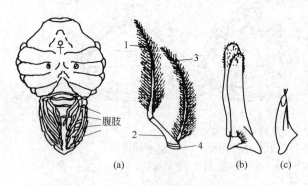

图 8-9　中华绒螯蟹腹部附肢
(a) 雌性　1—内肢；2—基节；3—外肢；4—底节
(b) 雄蟹第 1 腹肢（交接器）；(c) 雄蟹第 2 腹肢

质小粒逐渐被吸收到柔软的新外壳中，使壳变硬。中肠短，后肠较长，末端开口在腹部末节。中华绒螯蟹消化腺即肝胰脏，左右两叶，橘黄色，肝脏还有贮藏养料的机能，以备在缺食的冬季以及洄游时供给营养。

(2) 呼吸系统　鳃 6 对，位于头胸部两侧鳃腔内。鳃腔通过入水孔和出水孔与外界相通，水从螯足基部的入水孔进入鳃腔，再由第 2 触角基部下方的出水孔流出。中华绒螯蟹登陆时，不断地自水孔向外吐水，嘶嘶作响并形成泡沫；若干露时间长，则第1 对颚足内肢会将出水孔关闭以防鳃部干燥，故中华绒螯蟹适宜于长途干运。

(3) 循环系统　心脏位于头胸部的中央，略呈五边形，外包一层围心腔壁。蟹的血液无色，血液由心脏发出的动脉流出，进入细胞间隙中，然后汇集到胸血窦，经过入鳃血管，进入鳃内营气体交换，再由鳃静脉汇入围心腔，经由心脏上的 3 对心孔，回流到心脏。

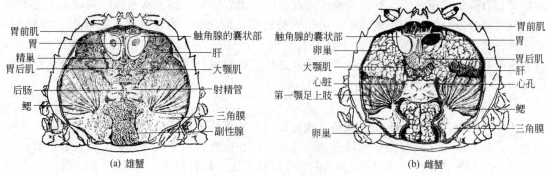

图 8-10 中华绒螯蟹的内部构造

(4) 排泄器官 蟹的排泄器官为触角腺,又称绿腺,为左右两个卵圆形的囊状物,被覆在胃的背面,开口在第二触角基部。

(5) 神经系统 位于头胸部背面、食道之上、口上突之内,有一略呈六边形的神经节,亦称脑(图 8-11)。脑神经节向前和两侧发出 4 对主要的神经,向后通过一对围咽神经与头胸部腹面的中枢神经系统连接。腹部具一大腹神经团,分出许多分枝,散布到腹部各处,腹部感觉十分灵敏。蟹感觉器官较发达,除复眼和平衡囊外,第 1 触角、第 2 颚足指节上的感觉毛有味觉功能。

(6) 生殖系统 雄蟹精巢[图 8-12(a)]乳白色,位于胃两侧,在胃和心脏之间相互融连,射精管在三角膜下内侧与副性腺汇合,其管变细,开口于第 7 节腹甲的皮膜突起之处(阴茎)。副性腺为有许多分枝的盲管。

雌蟹卵巢左右两叶,呈"H"形[图 8-12(b)],成熟时呈紫酱色或豆沙色,充满头胸甲的大部分空间并延伸到腹部前端和后肠两侧。卵巢有一对很短的输卵管与纳精囊相通,纳精囊开口于腹甲第 5 节的雌孔上。纳精囊交配前是一空盲管,交配后充满精液,膨大并呈乳白色。

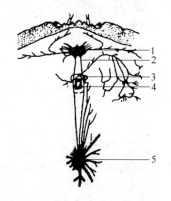

图 8-11 中华绒螯蟹的神经系统
1—脑;2—围食道神经;3—围食道神经节;
4—食道;5—腹神经团

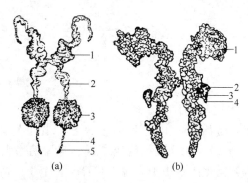

图 8-12 中华绒螯蟹的生殖腺(腹面观)
(a) 1—精巢;2—射精管;3—副性腺;
4—输精管;5—阴茎
(b) 1—卵巢;2—纳精囊;3—输卵管;
4—雌孔

二、生态习性

1. 栖息习性

中华绒螯蟹生活在水质清新、水草丰盛的江河、湖泊和池塘中,喜栖居泥岸或滩涂洞穴或隐藏在石砾、水草丛中。在潮水涨落的江河中，蟹穴多位于高、低水位之间；而湖泊中河蟹的洞穴较分散，常位于水面之下。中华绒螯蟹掘穴能力强，严冬季节，潜伏洞穴中越冬。但在土池散养成蟹，掘穴率较低，为 $10\%\sim20\%$，且多为雌蟹；大多数个体藏匿底泥中，只露出眼和触角，维持呼吸；或是寻找藏身之处，有时也会堆挤在一起。精养池塘池壁坡度大于 $1:3$，中华绒螯蟹在饲养期几乎不打洞。

2. 感觉与运动

中华绒螯蟹的神经系统和感觉器官较发达，对外界环境反应灵敏。复眼视觉敏锐，人在河边走，远处或隔岸的蟹会立刻钻进洞穴或逃走；在夜晚微弱光线下，也能觅食和避敌。

中华绒螯蟹能在地面迅速爬行，也能攀高和游泳。爬行以 4 对步足为主，偶尔也用螯足。起步时，以一侧的步足抓住地面，对侧的步足在地面直伸起来，推送身体斜向前进。第3、第 4 对步足较扁平，其上着生刚毛较多，有利于游泳。

3. 食性

中华绒螯蟹杂食性，但偏爱动物性饵料，如鱼、虾、螺、蚬、河蚌、水生昆虫等，并残害同类，对腐臭的动物尸体尤感兴趣。在自然环境中，因动物性饵料缺乏，中华绒螯蟹主要取食水草、水生维管束植物或一些岸边植物。幼蟹、成蟹一般白天隐居于洞穴中，夜晚出洞觅食。夏季蟹的食量大，但耐饥能力也很强，十天半月甚至更久不进食也不致饿死（但须保持鳃腔湿润）。

4. 自切和再生

当中华绒螯蟹受到强烈刺激或机械损伤时，常会发生肢体自切。断肢处位于附肢基节与座节之间，此处构造特殊，既可防止流血，又可再生新足。断肢数天后，就会长出一个疣状物，继而长大（图 8-13）。但附肢再生仅在蟹蜕壳生长阶段，变为"绿蟹"后，再生能力也即停止。

再生芽
基节
底节
基节
底节

图 8-13　蟹类断肢再生过程

5. 蜕壳与生长

中华绒螯蟹一生大约蜕壳 20 次。其中幼体阶段 5 次，仔蟹（豆蟹）阶段 5 次，蟹种（扣蟹）阶段 5 次，成蟹阶段 5 次。身体的增大、形态的改变和断肢的再生均与蜕壳有关，在中华绒螯蟹生活史中，蜕壳贯穿于整个生命活动过程中。

中华绒螯蟹幼体阶段，通常 $2\sim3d$ 或 $3\sim5d$ 蜕皮变态 1 次。随着蟹的生长，蜕壳间隔时间逐渐拉长，幼蟹在水温、饵料适宜的条件下，$5\sim6d$ 蜕壳 1 次；而体重 $15\sim20g$ 的幼蟹则 10 多天蜕壳 1 次。幼蟹或大蟹蜕壳时，先在头胸甲的后缘与腹部交界处出现裂缝，头胸甲的侧板线处也出现裂痕，裂缝愈裂愈大，新体从裂缝处蜕出。蜕壳的同时，胃、鳃、后肠等也蜕去几丁质的旧皮，蟹体上的刚毛也随旧壳一并蜕去。蜕壳后的"软壳蟹"需要在原地休息 $1\sim1.5h$ 才能爬动，钻入隐蔽处或洞穴中，24h 后新壳即达到一定的硬度，开始正常活动。蜕壳前蟹壳呈黄褐色或黑褐色，蜕壳后的蟹体色淡，腹甲白。中华绒螯蟹蜕壳需要浅水、弱光、安静和水质清新的环境，并喜欢躲藏在水生植物下蜕壳，晚间（半夜至黎明）是蜕壳高峰时段。蟹类在蜕壳过程中，如受外界干扰或发生障碍（如某附肢蜕不出等），将使蜕壳时间延长，甚至会因蜕壳不遂而死。

蟹通过蜕壳而生长，幼体期间每蜕 1 次壳，身体可增大 1/2；以后随着个体增大，每蜕 1 次壳，头胸甲增长 1/6～1/4。中华绒螯蟹的生长受水质、水温、饵料等环境因子的制约；饵料丰富，则蟹的蜕壳次数多，生长迅速；环境条件不良（如咸水、高温）则停止蜕壳，生长缓慢。

三、繁殖习性

1. 生殖洄游

中华绒螯蟹生殖洄游前，个体较小，壳色土黄色，人们称其为"黄蟹"。每年 8～9 月，"黄蟹"完成生命过程中的最后一次蜕壳（又称生殖蜕壳）后，即进入成蟹阶段，此时背甲呈青绿色，称为"绿蟹"（表 8-2）。"绿蟹"甲壳不再增大，而性腺迅速发育，体重明显增加，"黄蟹"蜕壳成为"绿蟹"即标志着中华绒螯蟹已进入性成熟期。中华绒螯蟹在淡水中生活两秋龄后，便开始成群结队、浩浩荡荡地离开栖息地，向通海的江河移动，沿江河而下，到达河口咸淡水中交配繁殖，这就是中华绒螯蟹生活史中的生殖洄游。

表 8-2 黄蟹和绿蟹的特征比较

形 态 特 征	黄 蟹	绿 蟹
头胸甲颜色	淡黄色或土黄色	青绿色或墨绿色
雌蟹腹脐形状	三角形,不能覆盖胸甲腹面	椭圆形,能覆盖胸甲腹面
雌蟹腹脐边刚毛	短而稀	长而密
雄蟹螯足刚毛	短而稀	长而密
雄性交接器	软管状,未骨化	坚硬、骨质化
肝脏、性腺	肝脏大(橘黄色)、性腺小	性腺体积增大、大于肝脏
蜕壳	蜕壳生长	不再蜕壳
生殖洄游	尚未	开始生殖洄游

因水温差异，我国南、北方地区中华绒螯蟹的性腺成熟时间不同。北方地区 9 月份左右，中华绒螯蟹的性腺逐渐成熟，开始生殖洄游；而长江以南地区，性腺成熟较晚，生殖洄游的时间大约在 11 月下旬。

2. 性腺发育

"黄蟹"性腺尚未成熟，肝脏较大，为卵巢重的 20～30 倍；卵巢、精巢等均呈淡肉色，体积小，其重量不到体重的 1％，故肉眼难以鉴别雌雄性腺。变为"绿蟹"后，性腺迅速发育，卵巢重逐渐接近肝脏重；进入交配产卵阶段，卵巢重则明显超过肝脏，体积和颜色变化显著。中华绒螯蟹卵巢发育大致分为 6 期（表 8-3）。雄蟹性腺发育，因确定发育期困难，尚未加以分期。

表 8-3 中华绒螯蟹卵巢发育分期

卵巢发育期	卵巢发育情况
第Ⅰ期	性腺乳白色,细小,重 0.1～0.4g;肉眼较难分辨雌雄性腺
第Ⅱ期	卵巢呈淡粉红色或乳白色,较膨大,比第Ⅰ期增重 1 倍多,重量为 0.4～1g;肉眼已能分辨雌雄性腺
第Ⅲ期	卵巢紫色,体积增大,重 1～2.3g;肉眼可见细小卵粒
第Ⅳ期	卵巢呈紫褐色或赤豆沙色,重 5.3～9.5g;接近或超过肝重;卵粒明显可见
第Ⅴ期	卵巢呈紫酱色或赤豆沙色,体积增大,充满头胸甲;卵粒大小均匀,游离松散,卵巢重超过肝重的 2.5 倍
第Ⅵ期	出现黄色或枯黄色退化卵粒,过熟卵可占卵巢的 1/4～2/5

卵巢中卵细胞是分批发育成熟的。当雌蟹第一次产卵后，伴随着腹肢上受精卵胚胎发育和幼体孵化，体内萎缩的卵巢又开始重新发育和成熟，并能第2次、第3次产卵。

在人工养殖过程中，当年蟹种因营养过剩、有效积温过高或水环境差（如盐度高）等原因，致使性腺开始发育，造成一龄蟹种性早熟（俗称"小绿蟹"）。早熟蟹个体小，不再蜕壳，而可参加生殖洄游，到翌年春天死亡。

3. 中华绒螯蟹的交配产卵

(1) 交配 到了性成熟阶段，中华绒螯蟹对温度、盐度和流水等外界因子的变化十分敏感。俗话说"西风起、蟹脚痒"，每到晚秋季节，水温下降，中华绒螯蟹便开始降河生殖洄游。随着中华绒螯蟹的降河，其性腺越趋成熟，当亲蟹群体游至入海口的咸淡水交界处（盐度为15～25）时，雌雄亲蟹进行交配产卵。12月到次年3月，是中华绒螯蟹交配产卵的盛期，交配产卵的适宜温度为8～12℃。水温8℃以上，性成熟的雌雄蟹只要一同进入盐度0.8～3.3的海水环境中，均能顺利交配。

交配前，雄蟹首先"进攻"雌蟹，经过短暂的格斗，雄蟹以大螯钳住雌蟹的步足，雌雄蟹呈相拥姿势。抱对后，雌蟹打开腹部，露出胸部腹甲上的生殖孔，雄蟹也随即打开腹部，将其按住雌蟹腹部的内侧，使雌蟹腹部暂时不能闭合，交接器末端紧贴雌孔，将精荚输入雌孔，贮存在纳精囊内。交配过程短则几分钟，长则数天，视性成熟的程度而定。中华绒螯蟹有多次重复交配的习性。

(2) 产卵 雌蟹交配后，在水温9～12℃、海水盐度8～33时，经7～16h产卵。卵子经输卵管与纳精囊输出的精液汇合经由雌孔产出，受精卵仍为酱紫色或赤豆沙色，卵径0.3mm左右。雌蟹腹肢上分布有大量黏液腺和分泌管开孔（杨万喜，周宏，2003），卵排出后向刚毛移动过程中，与腹肢表面和刚毛上的黏液接触，卵的表面逐渐被黏液包被，黏液黏稠部分产生卵柄，多个卵扭动逐渐形成绳状结构（图8-14）而附着到刚毛上（王吉桥、刘晶、姜静颖等，2006）。

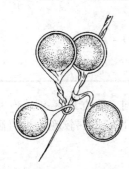

图8-14 卵黏附于刚毛上的情形

中华绒螯蟹在淡水中虽能交配，但不能产卵。海水刺激是雌蟹产卵和卵子受精的必需条件。海水盐度8～33时，雌蟹均能顺利产卵。卵巢发育成熟，一旦具备产卵环境，雌蟹不经交配亦能产卵，但此类卵未受精，不能发育。雌蟹产卵的外界条件除盐度外，与水温、水质以及亲蟹密度等也有关。在低水温（5℃以下）、水质不良或密度过高的情况下，雌蟹虽然产卵，但卵不能黏附于刚毛，而会全部或大部散落水中，导致"流产"现象。

雌蟹产卵量与体重成正比，体重100～200g雌蟹，怀卵量30万～65万粒，多者80万～90万粒。第2次产卵的产卵量较少，为数万粒到十几万粒；第3次产卵量更少，为数千粒到数万粒。第2、3次产卵，卵径较小，人工育苗成活率低。雌蟹第1次产卵孵幼完毕，会用螯足清除腹部内肢刚毛上的剩余卵子和卵壳，以准备下一次产卵。

(3) 胚胎发育 受精卵在雌蟹腹肢内肢刚毛上孵化。孵化过程受到母体良好的保护，因而孵化率很高。

受精卵表面光滑清晰，原生质均匀，随后开始卵裂，进入多细胞期、囊胚期和原肠期。原肠期后，可镜检观察到，卵内开始出现新月形的白色透明区，与卵黄块有明显区别，此白色透明区即是胚体。随着胚胎发育的进展，卵黄不断被消耗，透明区越来越大，卵色外观越来越淡。接着在透明区出现附肢雏芽和复眼，胚胎进入发眼期。复眼内先为橘红色线条状，色素逐渐加深，进而长成黑色椭圆形的复眼。继复眼出现之后，心脏开始搏动，附肢、腹节、头胸甲相继形成。此时，卵黄极小，缩小成蝴蝶状。卵外观呈灰白色，此时胚体进入原溞状幼体阶段（图 8-15）。当胚体心跳频率达到每分钟 150～200 次时，溞状幼体开始破膜而出。

中华绒螯蟹胚胎发育速度与水温密切相关。在水温（9.6±3.6）℃到 23℃之间，胚胎均能发育，最适发育水温为 18～23℃。在 27～28℃ 的高温环境下，则容易造成胚胎死亡。在适宜范围内，水温越高，速度越快。水温 23～25℃ 时，经 20d 左右幼体即能孵化出膜；水温 10～18℃，则需 1～2 个月才能完成胚胎发育。在自然水域的越冬期间，胚胎发育缓慢，长期滞留于原肠阶段，胚胎发育可达 4～5 个月之久。此外，海水盐度突变对胚胎发育也有明显影响，胚胎发育必须在海水中才能正常进行。

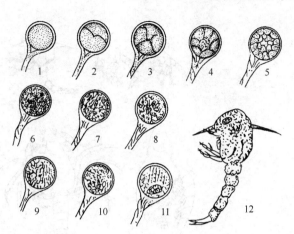

图 8-15　中华绒螯蟹的胚胎发育
1—受精卵；2—2 细胞期；3—4 细胞期；4—16 细胞期；5—多细胞期；6—囊胚期；7—原肠期；8—眼点前期；9—眼点期；10—心跳期；11—色素形成期；12—原溞状幼体

（4）幼体发育　中华绒螯蟹初孵幼体称溞状幼体，经 5 次蜕皮变态为大眼幼体；大眼幼体经 1 次蜕皮变成仔蟹；幼蟹经多次蜕壳才逐渐长成成体。

① 溞状幼体。溞状幼体营浮游生活，每 2～5d 蜕皮 1 次，依次变态为第 2、3、4、5 期溞状幼体（图 8-16）。伴随着每次蜕皮，溞状幼体的形态发生变化，第 1、2 颚足外肢末端的羽状刚毛数、尾叉内侧缘的刚毛对数以及胸足与腹肢的雏芽出现与否是区分各期溞状幼体的主要依据（表 8-4）。

表 8-4　溞状幼体各期形态特征鉴别表

时　期	体长 /mm	第 1、2 颚足外肢末端的羽状刚毛数	尾叉内侧缘的刚毛对数	胸足、腹肢雏芽
Z_1	1.6～1.8	4	3	未出现
Z_2	2.1～2.3	6	3	未出现
Z_3	2.4～3.2	8	4	未出现
Z_4	3.5～3.9	10	4	出现
Z_5	4.5～5.2	12	5；腹肢呈棒状	胸足基本成型

溞状幼体具有趋光性，依靠颚足的划动和腹部不断伸曲来游泳和摄食。初期溞状幼体多浮游于水体表层和水池边角，成群聚集；后期则多下沉水底层。幼体摄食单细胞藻类、轮虫、贝类担轮幼虫、沙蚕幼体、卤虫无节幼体、蛋黄、豆浆等。

② 大眼幼体。第 5 期溞状幼体蜕皮即变态为大眼幼体（图 8-16，6）。大眼幼体头胸甲扁平，体长 4～5mm，复眼大而显著，故称大眼幼体，也称蟹苗。大眼幼体具螯足、步足和游泳肢，具有较强的攀爬能力和快速游泳能力，也可攀附水草上，能短时离水生活。大眼幼体具很强的趋淡性、趋流性和趋光性，随潮水进入淡水江河口。大眼幼体性凶猛，能捕食较大的浮游动物，如枝角类、桡足类等，也捕食同类。

③ 仔、幼蟹。大眼幼体蜕皮即成为仔蟹，仔蟹头胸甲长约 2.9mm、宽约 2.6mm，腹部折贴于头胸部之下，已具备 5 对胸足，腹部附肢退化，形态与成蟹相似。仔蟹似黄豆大小，

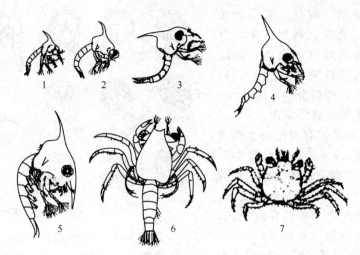

图 8-16　中华绒螯蟹各期溞状幼体、大眼幼体及幼蟹

1～5—第 1～5 期溞状幼体；6—大眼幼体；7—幼蟹

故也称豆蟹。仔蟹继续上溯进入江河、湖泊中生长，经过若干次蜕壳，逐步生长为幼蟹（蟹种）。

幼蟹体形渐成近方形，能爬行和游泳，开始掘洞穴居。幼蟹杂食性，主要以水生植物及其碎屑为食，也能取食水生动物腐烂尸体和依靠螯足捕捉多种小型水生动物。

四、生活史

中华绒螯蟹生命周期一般为 2～3 年，从受精卵开始，经过胚胎发育，经溞状幼体、大眼幼体（蟹苗）、仔蟹（豆蟹）、幼蟹（蟹种、扣蟹）、黄蟹、绿蟹、抱卵蟹等不同生活阶段，直至衰老死亡（图 8-17）。

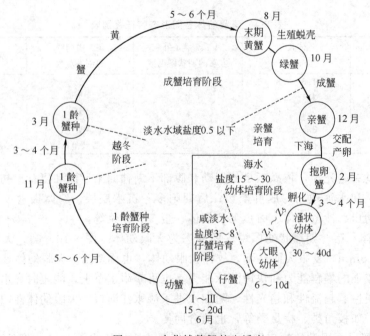

图 8-17　中华绒螯蟹的生活史

第二节　中华绒螯蟹的人工育苗技术

中华绒螯蟹人工育苗主要包括雌雄蟹（以下简称亲蟹）的选留与培育、亲蟹的人工促产、抱卵蟹的饲养及育苗管理等几个方面。

一、亲蟹的选留与培育

1. 亲蟹的选留

亲蟹的来源一般有两个途径：一是每年繁殖季节从海淡水交汇处捕捞天然抱卵蟹，这种蟹卵质好，抱卵量大，亲蟹体质健壮，但此种方法不利于保护中华绒螯蟹的自然资源；二是每年秋季蟹汛时，从淡水水域捕捉性成熟的中华绒螯蟹进行人工育肥、交配，促产成抱卵蟹。这种方法能根据生产需要控制亲蟹的数量，人为安排人工繁殖蟹苗的时间，目前多采用该种方法。

选择的亲蟹要求是活泼健壮、肢体齐全、无伤病、无畸形的绿蟹，规格要求雌蟹每只体重 100g 左右，雄蟹每只 100～150g，雌雄比例（2～3）:1。在选留亲蟹时还应了解亲蟹的苗种来源，是长江蟹种、辽河蟹种还是瓯江蟹种，最好选择适合本地区养殖的中华绒螯蟹。同时，还应该避免中华绒螯蟹近亲交配，种质退化。在选留亲蟹时最好选两个以上点的同一品系的雌雄蟹交叉搭配。

2. 亲蟹的运输

收齐亲蟹后便可用筐、笼、蒲包和网丝袋运输。筐子规格为 60cm×40cm×40cm，笼子呈腰鼓形，高 40cm，腰径 60cm，蒲包容量 5～6kg，短途可用网丝袋，每袋装 30～40 只，扎紧，起运前把笼浸湿，并垫些水草起保湿作用，将亲蟹腹部向下平放在水草上，层层压紧，防止爬动。蒲包不垫草，但应浸湿放好后扎紧。运输前要喷洒一次水，运输途中要防止风吹、雨淋、日晒及通风不良等。

3. 亲蟹强化培育

中华绒螯蟹人工育苗，亲蟹培育是关键技术之一，亲蟹质量好坏直接影响到卵质、孵化率及幼体体质，进而决定了整个中华绒螯蟹育苗生产的成败。为了获得较高的交配率、产卵率，获取较大的抱卵量和高质量的受精卵，在亲蟹交配前需要对人工养殖或淡水水域捕获的亲蟹进行强化培育，促进性腺进一步发育成熟，强化培育一般为 20d 左右。收购的亲蟹专池饲养，常用的有室外土池培育和室内水泥池培育。

（1）室外土池培育　培育池应选择在避风向阳、靠近水源、环境相对安静的地方，池塘面积一般为 667～2000m²，水深 1～1.5m，底质以泥沙土或黏土为好。亲蟹入池前要做好清池工作，彻底清除池底淤泥，池底翻耕、曝晒 10d 以上。消毒一般采用生石灰（75～100kg/亩）或漂白粉（7～8kg/亩）全池泼洒，7d 后注入淡水。亲蟹池塘要有防逃设施，也要防止老鼠、水蛇等敌害进入池塘。放养密度一般控制在 10 只/m² 左右。雌雄亲蟹分开培育，尤其是在无法用纯淡水暂养的地区，更要注意雌雄分池，以免中华绒螯蟹在盐度的刺激下提早交配产卵。

（2）室内水泥池培育　亲蟹室内培育池一般为水泥池，面积 20～50m²，池深 1.5～2.0m，池壁有压沿或其他防逃设施。亲蟹入室前，应做好充分准备，亲蟹池、工具及隐蔽物均要用浓度为 20g/m³ 的高锰酸钾或 100g/m³ 漂白粉进行严格的浸泡消毒，再用淡水冲刷干净；亲蟹用水冲洗干净。池底铺 5～7cm 厚的沙，其上用砖瓦构筑蟹洞，池内保持水深 1m 以上，放养密度 10～15 只/m²，池水溶解氧保持在 5mg/L，池内水温保持相对稳定，前期一般 4～7℃，中后期视促产时间逐步升温到 12℃。

亲蟹强化培育期间的常规管理工作主要有投饵、换水和防逃。

(1) 投饵 饵料的种类较多，有沙蚕、蛤肉、新鲜小杂鱼、河蚌肉等。投饵数量可视情况而定，一般以第 2 天早上有少量剩余为宜。日投喂量约为亲蟹体重的 5%～10%。如投饵不足，亲蟹饥饿缺食，则会影响性腺发育以及抱卵蟹的顺利越冬，增大死亡率。投喂时间一般在下午 4 点以后，将所投饵料沿暂养池四周均匀堆放，并堆放在水位线以下。

(2) 换水 由于亲蟹育肥期间摄食量大，新陈代谢旺盛，且培育密度较高，因而池水容易恶化，故需每 3～4 天换水一次，每次换水 1/3 左右，以保持水质清新。

(3) 防逃 为防止亲蟹外逃，每天必须加强巡查，检查防逃设施是否完好，特别是拐角处和接缝处。另外还需做好防盗工作，要有专人值班。

4. 促进亲蟹交配产卵

每年 10 月下旬至翌年 3 月上旬是天然中华绒螯蟹交配产卵盛期，各地可根据生产需要确定人工促产时间。

(1) 交配池 交配池最好用专用池塘，可选露天土池或室内水泥池，池塘要求基本与亲蟹培育池相同，土池应分深水区和浅水区，深水区水深 1.5m 以上。交配池在使用之前同样需要药物清池。如用水泥池，其底应铺砂、加瓦、造穴，周壁以塑料膜等隔离，既作蟹的隐避物也可防止蟹脐和步足磨伤。

亲蟹强化培育池也可兼作交配池，但需在交配前将原池内淡水抽出，注入经沉淀的海水，再将一定比例的雌蟹和雄蟹放入即可。

(2) 交配 将经强化培育的亲蟹，按雌、雄比（2～3）∶1 的比例，放入盐度为 18～30 的交配池中，水深 0.8～1.0m，放养密度为 5～10 只/m²，交配时的适宜水温为 8～12℃。在海水刺激下，雌雄亲蟹非常兴奋，能很快进行交配、产卵，快的在第 2 天即能见到抱卵蟹。通常一周后抱卵率可达 90% 左右，10d 左右雌蟹基本全部抱卵。交配后的雄蟹要及时出售，不宜久养，否则将陆续死亡；另一方面如不及时捕出雄蟹，则会在池中继续追逐雌蟹，拥抱交尾，造成雌蟹受伤、流产。

在实际生产中，也可以在每年 10 月上旬，将收购的亲蟹直接放入海水池中，在培育过程中让其交配产卵，待到水温为 8℃ 左右时，再将雄蟹和未抱卵的雌蟹捕出，留下抱卵蟹待用。这种促产方法要求雌雄亲蟹体质健壮，性腺发育良好。

在远离海区的内陆地区，在没有天然海水的条件下，可以按中华绒螯蟹繁殖的条件来配制人工海水。人工配制海水的所有化学元素及其含量必须接近天然海水，才能取得人工促产及育苗的成功，其具体过程和天然海水相同。

二、抱卵蟹的饲养

亲蟹交配产卵后，经过一段时间的饲养，腹部所怀的受精卵就进入卵细胞分裂阶段，直至幼体出膜。抱卵蟹的饲养过程也是胚胎发育、幼体孵化的过程。因此抱卵蟹饲养得好坏将直接影响孵化率。抱卵蟹的饲养方法主要有露天池塘散养和控温散养两种。

1. 露天池塘散养

饲养方法与亲蟹培育相似。即放入抱卵蟹之前，土池要彻底消毒，待药物毒性消失后再放入抱卵蟹，密度控制在 2～4 只/m²。放蟹前池子要放足水，水深控制在 2.0m 左右。当蟹池水温达到 5℃ 以上时，要定时添加和更换新鲜海水；亲蟹池水温上升到 8℃ 以上时，亲蟹的胚胎开始积温，发育逐渐加快，亲蟹的体能消耗增加，这时除调节好水质外，还要增加投喂一些新鲜的饵料，以满足亲蟹的生理需要。

2. 控温散养

（1）控温散养的方式 控温散养抱卵蟹，是根据孵幼时间的需要而控制水温的升降，其方式有室内水泥池和大棚土池两种。室内水泥池散养，多数是利用中华绒螯蟹育苗室或饵料培育室等饲养；大棚土池散养，一般是建造宽 8～10m、深 1.2～1.5m、面积 500～2000m^2 的长方形池沟，池内安装必要的增温、增氧等设施。

抱卵蟹自室外移至室（棚）内前，室内暂养池及管道应消毒刷洗，池内所加海水的盐度、温度应与室外基本一致。水深控制在 1m 左右，将抱卵蟹冲洗干净，剔除雄蟹，按 10～15 只/m^2 的密度投放池内。因抱卵蟹喜聚集在池的边角，会因挤压导致伤残或卵子脱落，所以投放密度不宜过大，可以在池内放一些筐使抱卵蟹较均匀地分布在池内。

（2）饲养管理

① 充气。24h 不间断充气，保持水体溶解氧在 5mg/L 以上。

② 人工筑蟹巢。中华绒螯蟹喜穴居，在暂养池内用瓦片、水泥瓦等搭建人工蟹巢，或者用连根带泥的草坯做穴，不仅能供抱卵蟹栖息，而且能防止抱卵蟹相互拥挤，避免造成肢体损伤。

③ 控制光照。中华绒螯蟹喜暗光，暂养期间应在池上或屋顶上挂些黑布帘，用以遮光。

④ 投饵。抱卵蟹的饵料以其爱吃的小杂鱼、青蛤、杂色蛤、沙蚕、山芋等为主。水温10℃时，投饵量为蟹群体重的 1.5%～2%，以后随着水温升高投饵量也要相应增加，每天投饵量以第 2 天略有剩余为好。每日投饵两次，早晨投全天饵量的 1/3，晚上投 2/3，饵料要求新鲜，并冲洗干净。蛤类要用刀劈开，小杂鱼用刀剁碎，清洗后均匀投入水中。

⑤ 换水。抱卵蟹饲养期间，要保持水质清新，水温较高时，每日换水一次，换水量100%。同时清除残饵及死蟹，加水时要加等温、等盐的洁净海水。

⑥ 温度。抱卵蟹刚入池时，一般室外水温为 10～12℃，移入室内后首先在自然温度下暂养 1～2d，使抱卵蟹逐渐适应新的环境，当蟹活动和摄食转入正常后即开始升温，升温幅度以每日不超过 1℃为宜。当温度超过 12℃时，胚胎发育开始启动，升温的速度与胚胎发育的速度同步，但抱卵蟹饲养的水温不宜超过 18℃，以免胚胎发育过快。

在抱卵蟹的饲养期间，工作人员要定期观察卵的发育情况，当胚胎心跳速度达到150 次/min 以上、卵的颜色由紫酱色逐渐变成灰白色，即标志着幼体即将破膜，应立即准备布幼。

3. 抱卵蟹的越冬管理

在自然界生活的中华绒螯蟹，产卵后要经过一个漫长的冬季。特别是在北方地区，每年的 11 月末到第二年的 3 月份，抱卵蟹要在室外封冰的土池中度过，为了保证其胚胎正常发育，提高越冬的成活率，越冬期间的管理工作非常重要。

（1）越冬池的处理 在亲蟹育肥暂养期间，就要准备好越冬池，使池水有充分的时间在秋风的作用下进行涡动混合，使越冬池水含有充足的溶解氧。越冬池在使用前要进行清淤、消毒，要求彻底清淤，淤泥厚度不得超过 10cm，消毒方法同育肥池的消毒方法。

消毒后，放入海水，要求水深 2.0m 以上，另外，对越冬池水也要提前 5～10d 施用漂白粉消毒，浓度为 20～30g/m^3，同时做好防逃设施。

越冬池存放抱卵蟹的密度不宜过大，一般每亩 1000～1500 只为宜。

（2）越冬期间的管理

① 饵料投喂。此时水温较低，早期（水温一般在 10℃左右）可适当投喂一些小杂鱼或

在越冬池四周水位线上插一些高粱穗。注意投喂小杂鱼的数量不宜过多，以免败坏水质。

② 防逃。每天坚持巡池，认真观察抱卵蟹的活动以及摄食情况、水质变化情况、防逃设施有无损坏等，发现问题要及时处理。

③ 封冰后管理。要做到每天打冰眼，最好是在冰面上顺着风向打几条冰沟，每天清除冰眼或冰沟内冰块，目的是便于观察池水的透明度，掌握冰下溶解氧的情况，同时池中产生的二氧化碳也会及时释放出去，保证抱卵蟹安全越冬。

另外，遇到下雪时，一定要及时扫雪，而且要彻底，保证池水的光照充足。

三、中华绒螯蟹的人工育苗

中华绒螯蟹育苗就是将抱卵蟹所抱的受精卵孵化出溞状幼体，再把溞状幼体培育成蟹苗的全过程。中华绒螯蟹人工育苗的方式，目前主要有天然海水工厂化育苗、大棚土池育苗以及室外土池生态育苗等。

1. 中华绒螯蟹天然海水工厂化育苗

(1) 场址的选择与建设

① 场址选择。中华绒螯蟹天然海水工厂化育苗场址应选在水质清新、无污染、海水盐度在 15～30、淡水供应充足的近海地区，同时要求电力供应充足、交通方便。

② 育苗主要设施。中华绒螯蟹人工育苗场的主要设施与中国明对虾育苗场的设施基本一致。由于中华绒螯蟹的大眼幼体需要淡化，所以，中华绒螯蟹人工育苗场要有淡水供水系统，包括室外淡水沉淀池和室内外的淡水供应管道。

(2) 中华绒螯蟹的布幼

① 布幼前的准备。在布幼前要对育苗池、气石、气管、进排水设施、育苗工具等进行彻底消毒。一般先使用稀盐酸刷洗，然后用 $50g/m^3$ 高锰酸钾溶液冲洗。育苗工具也要放入到池水中浸泡，最后用过滤海水冲洗干净，布好气石或气管，等待进水。育苗池在放抱卵蟹前 4～5d，向池内加入 70～80cm 深的过滤海水，预热，将温度加至需要的温度。并在培育池的海水中施肥，接种培养单细胞藻类，使单细胞藻类密度达到 10 万个/mL 以上，供孵化出的幼体摄食。

亲蟹放入培育池前要进行消毒，把挑选出来的待产抱卵蟹集中放在小的容器中，用 $20g/m^3$ 高锰酸钾溶液药浴 15～20min 或 25～30mL/m^3 的福尔马林溶液消毒，也可以使用 50～80g/m^3 的制霉菌素药浴 30min，以杀死卵上寄生的聚缩虫、丝状菌、原生动物等，然后用新鲜过滤海水冲洗干净后装笼。

② 布幼方法。传统的做法是采用挂笼法。笼子用聚乙烯网片制作或用竹片编织而成，容积 0.3～0.6m^3/个。选择胚胎发育一致（心跳 130～160 次/min）的抱卵蟹，按每只蟹笼装 25～30 只或者每平方米 2～3 只放入蟹笼或产卵网箱内，每只笼内不要放入过多，防止亲蟹挤压受损。

此方法操作的关键是挑选胚胎发育同步抱卵蟹，尽量保证同一育苗池的幼体出膜时间基本一致，最长不要超过 48h。为了达到同一池幼体发育同步的目的，首先要挑选受精卵已发育到心跳期且心跳频率达到 150 次/min 以上的抱卵蟹，此时受精卵外观为淡灰色且颜色透亮；其次采取集中布幼的方法，即：将 3～5 倍于育苗池计划投放量的抱卵蟹，集中放入一个育苗池中，由专人值班，每隔一定时间取样检查幼体出膜情况，测算育苗池内幼体密度，当达到计划放幼量的 70%～80% 时，每隔几分钟就要检查一次幼体密度，当达到要求的密度时，迅速将蟹笼移入另一个育苗池继续布幼。

③ 布幼密度及测定方法。育苗池的幼体密度一般控制在每立方水体 25 万～35 万尾，一

般不超过 40 万尾。如数量过高，则管理要求高、难度大、风险大。实际生产中要根据具体情况，合理计划布幼密度，以便利用有限的抱卵蟹，生产出更多的蟹苗。

幼体密度的计数，目前用得较多的方法是随机抽样法。用 125mL 或 250mL 的取样瓶取样，育苗池样点的分布呈梅花形，根据池子大小确定 5～9 个点，每个点又分上、中、下三层。计数一般在晚间进行，计数前先将照明灯关掉，10min 后开始取样计数，每层取一个样，每点取 3 个样，取样时将取样瓶倒扣到所要取样的水层，然后翻转过来，等瓶内装满水后提出，倒入塑料桶内，一个育苗池取样结束后，将桶内有幼体的水搅匀，取 3 瓶分别计数，测算出每瓶中的幼体数，求平均值，以平均数算出每立方水体幼体的数量。

产空的抱卵蟹最好放在室外土池饲养，几天后就可第 2 次抱卵。但抱卵量只相当于第 1 次抱卵的 20%～30%。

(3) 幼体培育　刚孵化出的幼体称为第 I 期溞状幼体（Z_1），经过 5 次蜕皮变成大眼幼体（M），即蟹苗，期间需 18～22d。人工培育蟹苗就是从工艺流程上尽量满足各期幼体生长发育所需的良好条件，以提高苗种产量。生产中主要有以下几个方面的工作。

① 幼体饵料的投喂。幼体饵料的投喂要根据其食性转变要求进行调整（见表 8-5）。溞状幼体 I 期（Z_1）主要投喂单细胞藻类，Z_1 末期搭配适量的轮虫或初孵卤虫无节幼体，在培育过程中如果单细胞藻类不足，还可适当投喂蛋黄或豆浆，蛋黄用 200 目以上的筛绢搓碎，用水稀释，投喂时做到少量多次；溞状 II 期幼体（Z_2）食性开始转变，减少摄食单细胞藻类，摄食动物性饵料增多，此时以投喂轮虫和初孵卤虫无节幼体为主，单细胞藻类为辅；进入溞状幼体 III 期（Z_3），食性完全转化，以动物性饵料为主，因此不再投喂单细胞藻类、蛋黄和豆浆等，而以投喂卤虫无节幼体为主，并搭配适量的轮虫；进入溞状幼体 IV 期（Z_4）和 V 期（Z_5）阶段，由于初孵卤虫无节幼体和轮虫个体小，因此要投喂后期卤虫无节幼体；大眼幼体（M）阶段，其行动敏捷、食性凶猛，在水体中能捕食比自己大的饵料个体，如果饵料不足，自残现象严重，此时要多投喂卤虫成体、枝角类、桡足类、剁细的小白虾肉等，不足时再搭配一些蛋羹。实践证明，大眼幼体阶段投喂鲜活、充足、适口的饵料是提高幼体成活率的关键。

表 8-5　各期幼体投喂的饵料种类

幼　　体	投　饵　种　类
Z_1	以单细胞藻为主，蛋黄、豆浆为辅，末期辅以轮虫和卤虫无节幼体
Z_2	以轮虫、卤虫无节幼体为主，辅以单细胞藻
Z_3	以卤虫的前期无节幼体为主，搭配轮虫
Z_4、Z_5	以卤虫的后期无节幼体为主
M	以卤虫成虫、枝角类、桡足类、细虾肉为主，搭配蛋羹

生产中还可以投喂中华绒螯蟹育苗专用微粒饵料（粗蛋白含量≥48%），其具有营养价值高、适口性和稳定性好的特点，育苗成活率高。

② 换水。水质清新是幼体生长发育的必需条件，管理水质是育苗的核心技术之一。在育苗生产中，保持良好水质的措施主要是添换水，在溞状幼体 I 期到 III 期，一般以加水为主，溞状幼体 III 期后半期开始换水，每天换水量为总水体的 20%，溞状幼体 IV 期可以加大到 40%，溞状幼体 V 期换水量为 50%～100%，每天可分 2～3 次进行，最好边排边进。到了大眼幼体期，因投喂鱼糜、小白虾肉等容易败坏水质的饵料，最好保持微流水。换水网的网目也要随幼体增大而不断调整。除了添换水之外，育苗过程中还可以定期在培育池中泼洒益生菌等微生态制剂，分解因粪便、残饵腐败产生的氨氮和硫化氢，提高幼体成活率。

③ 水温调节。幼体发育速度与温度有直接关系，幼体发育的适温范围是 19～25℃。在

适温范围内，水温越高，幼体发育越快。水温控制应掌握逐渐提高的原则，幼体蜕皮一次，水温升高 0.5～1℃，以促进发育。

④ 充气。由于溞状幼体趋光性和集群性强，有时会造成局部缺氧而死亡，因此需要不断充气。幼体培育前期（Z_1～Z_3），保持水面呈微波状，以幼体不集中于池边或池角为宜，随着幼体发育和水位加深，适当加大充气量，水面由 Z_4 期的微沸腾状调整到 Z_5 期呈沸腾状。

⑤ 光照。溞状幼体有明显的趋光性，对过强的直射光有回避反应，因此，幼体培育室内的光线不要太强，溞状Ⅰ～Ⅲ期幼体适宜的光照强度为 5000～6000lx，后期为 6000～10000lx。育苗室内不宜有直射光，白天让阳光透过玻璃瓦均匀照射室内，夜晚尽量少开灯。

⑥ 淡化降温出池。中华绒螯蟹是海水生、淡水长的甲壳动物，当 80％以上的溞状幼体变态为大眼幼体时，要向培育池中添加淡水，降低盐度，同时降温。每天盐度下降幅度不超过 5，温度下降不超过 2℃，经过 4～5d 淡化，使培育池水盐度降到 3 左右，水温降至自然水温时，可视室外气温状况，安排出池。捞苗前 10min，培育池停止充气，待残饵、粪便等污物全部沉入池底，蟹苗（大眼幼体）因缺氧而游动于水面，此时用 20 目筛绢手抄网捕捞，出池的蟹苗既干净也无损伤；也可利用蟹苗的趋光性在晚间先灯光诱捕后再用虹吸的方法将其捕净，蟹苗出池后应立即将其装入苗箱等器具中做好运输准备。

⑦ 蟹苗运输。长途运输常用的有木制蟹苗箱和尼龙袋充氧运输两种方法。

a. 木制蟹苗箱运输。箱长 60cm、宽 40cm、高 10cm，每个木框侧面中间均开气窗，以便观察和通风，长边气窗规格为 28cm×3.5cm，短边为 14cm×3.5cm。框底及气窗均用网目为 1～2mm 的聚乙烯网布绷紧固定。每只箱的上沿做成凸榫，下沿做成凹榫，以便上下相叠，密封吻合。一般 5～10 箱为一叠，最上端用一箱盖盖住即可（图 8-18）。运输时，先将蟹苗箱浸湿洗净，底铺少量柔软的水草，蟹苗均匀散铺在箱底，每箱装苗 0.5～1kg。装好后，捆紧起运，途中每隔几小时喷洒 1 次清水。此法适于行程在 20～30h 的运输。

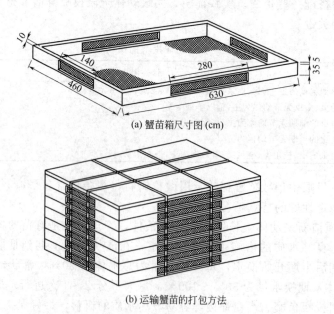

(a) 蟹苗箱尺寸图 (cm)

(b) 运输蟹苗的打包方法

图 8-18　蟹苗箱尺寸和运输捆扎示意图

b. 尼龙袋充氧运输。尼龙袋规格为 70cm×30cm，在袋中装入 1/5～1/4 洁净的淡水，加入金霉素或四环素适量作消毒剂，每袋放蟹苗 0.5kg 左右，充氧后扎紧袋口放入专用纸箱中运输，此法运输蟹苗 24h 内成活率可达 95％左右。

2. 大棚土池育苗

利用塑料大棚及锅炉控温培育蟹苗能克服外界环境的影响，而且具有投资少、易操作等特点，现将其与工厂化育苗不同之处介绍如下。

(1) 育苗大棚建造　选在海、淡水源丰富，交通便利的海边搭建大棚，大棚用毛竹或钢管搭骨架，上方用双层透光防雨塑料或玻璃钢太阳板覆盖，棚两端设门。每个大棚内挖 4～6 个育苗池，育苗池形状以长方形为主，面积 20～30m²，深度在 1.2m 以上，隔堤宽 1～1.5m，坡比为 1∶2，池底用塑料薄膜铺垫，防止渗透。

(2) 升温、充气、进排水等系统设置　在每个土池安装升温管道和 1 个阀门，用锅炉或自制土锅炉提供热源，锅炉总蒸发量按育苗水体匹配，一般每 1000m³ 水体配备蒸发量一吨锅炉 1 台或总蒸发量为 1m³/h 的土锅炉 2 台。

充气设备也应与育苗水体相适应，根据育苗水体规模配备相应功率的充气机，充气管道和气石的安装与工厂化育苗一致。

进排水用微型水泵来完成，抽海水→蓄水池→沉淀过滤池→大棚配水池→育苗池，排水时将水泵放入土池网箱中直接抽出。

亲蟹的选育、促产及育苗管理等可参照工厂化育苗。

3. 室外土池人工育苗

近年来，随着中华绒螯蟹养殖业的蓬勃发展，中华绒螯蟹室外土池人工育苗，因投资少、利润高、易操作、排放水不污染环境、苗种抗病力强、成活率高等特点，逐渐取代室内工厂化育苗。室外土池生态育苗的整个过程完全置于室外天然土池中，同室内工厂化育苗相比，人为干预和控制的因素减少，受自然条件影响较大，育苗产量相对不稳定；同时，室外土池生态育苗，恢复或半恢复了中华绒螯蟹的自然生活习性和节律，对蟹苗是一个严峻的自然选择，优胜劣汰，能有效地保护中华绒螯蟹的种质资源。

(1) 育苗土池的准备

① 育苗土池的结构。土池近方形，单池面积以 1200～2000m² 为宜，池深 2.0～2.5m，保持水深 1.0～1.5m。池底要求硬底、平坦，池周尽可能陡峭一些，以免幼体在池水水位变动时搁浅干死。土池两端分设进水口及出水口，保证在育苗结束后，能把池水放干。

② 饵料池的结构。室外土池生态育苗要求有一定的饵料池，即培育单胞藻、轮虫的土池。一般饵料池与育苗池的面积比为 1∶1。饵料池一般集中在一起，便于进水、排水等日常管理，单池面积一般在 1200～2000m²，池深 1.5m 左右，保持水深在 0.8～1.0m。

(2) 清池消毒　育苗土池要进行清池消毒处理，特别是用过的池子。一般在育苗结束后，应把池水排净，在第二年的春季，用推土机把池底的散土、淤泥推到池坝上，尽可能地多增加曝晒时间。轮虫池在育苗结束后，也要把池水排干，由于池底有轮虫休眠卵，一般不需要清池。

(3) 进水消毒　育苗土池一般在开始育苗前一个月进水，北方一般在 4 月初。进水时一定要用 150 目或 200 目的筛绢网袋过滤，此项工作很重要，目的是尽量防止鱼卵、沙蚕幼体及才女虫幼体等敌害生物进入育苗池。育苗池水的盐度一般在 20 左右。

育苗池进水后，每天要用浮游生物网取水样，观察水中是否有桡足类、枝角类、多毛类等敌害生物，如果桡足类、枝角类较多，必须用 1.0～1.5g/m³ 的敌百虫处理；如果池水中才女虫、沙蚕幼体较多，必须要用 10～20g/m³ 茶籽饼消毒。

在布苗前 10d 左右，还要用 30～50g/m³ 的漂白粉消毒池水，5～7d 以后，池水的透明度一般在 50cm 左右，pH 在 8.2 左右。

饵料池进水时机更应该有计划地把握。轮虫池水的盐度在 20 左右均可，对于新池进水后，要有计划地施肥和繁殖浮游植物，以及接种轮虫。最终目的就是使轮虫分批次形成繁殖高峰，最大限度地满足中华绒螯蟹溞状幼体生长的摄食要求。

（4）布苗 当亲蟹的胚胎发育到心跳期，并且每分钟跳动 150 次以后，卵的颜色已经明显发白时，就要准备布苗。此时可以挑选发育速度同步的亲蟹放入容器中，用制霉菌素消毒，然后装入笼中。放于育苗池的近上风口处。一般每亩育苗池用亲蟹 50 只左右。

（5）投饵 室外土池生态育苗的另一关键技术环节是饵料问题。要求做到以下几点。

① 浮游植物。布苗时要求苗池中要有一定数量的浮游植物，水色呈黄绿色，透明度在 50cm 左右。

② 轮虫的投喂量。在布苗之前，视育苗池水中藻类数量的多少，可适量向苗池接入一些轮虫，接种量不能过大，否则，轮虫会把池中的藻类滤食干净，同时轮虫的数量增加，会同溞状幼体争夺空间，消耗溶解氧。布苗以后，就要及时投喂轮虫，具体投喂量参照表 8-6。

表 8-6 中华绒螯蟹土池育苗的轮虫投喂量　　　　　单位：kg/亩

幼体发育阶段	Z_1	Z_2	Z_3	Z_4	Z_5	M
轮虫投喂量	1.5～2.5	2.5～5	5～10	10～20	20～30	30～40

注：轮虫为滤水浓缩的轮虫。

轮虫一般上午投喂，下午用浮游生物网取样，观察水中轮虫的数量，如果不足，应及时补喂。每天早晨取样观察时，如发现池中轮虫剩余较多，可以停喂或少喂。

（6）出苗 室外土池生态育苗的淡化过程一般在室内进行，当大眼幼体变齐 2～3d 时，就要把大眼幼体移入室内水泥池，进行淡化。捕捞主要采取灯诱和拉网两种方法。首先，在育苗池的四角安装钨丝灯或水银灯，灯离水面 30～50cm，在晚上用灯光诱惑，然后用抄网把大眼幼体捞到容器中。一般连续灯诱两个晚上，基本可以捕捞干净。也可以用自制的 20 目拉网拉苗。

（7）淡化 首先，要把室内育苗池清洗干净、加水，池水盐度调到与室外土池盐度相同。每立方水体投放大眼幼体 500g 左右。淡化期间的日常管理工作同室内工厂化育苗一样。淡化 3～4d 后，可以陆续卖苗。

室外土池生态育苗中，抱卵蟹的培育方法与工厂化人工育苗中的培育方法基本相同。

第三节 中华绒螯蟹的池塘养殖

中华绒螯蟹的养殖可分为蟹种培育和成蟹养殖两个阶段。前者是指把刚出池的蟹苗经过 5～6 个月的饲养，到当年年底或第二年 3～4 月份长成纽扣大小的幼蟹；成蟹养殖是指将上述规格的小幼蟹养至性腺成熟，达到商品规格。

一、蟹种培育

生产中常分两步进行，首先把大眼幼体在小水体中培育 20～30d，大约经过 5 次蜕壳，生长到每只体重 40～50mg、同黄豆大小的 V 期幼蟹（俗称豆蟹）；再将豆蟹同池或分池培育成每只体重 5～30g，即一龄蟹种（俗称扣蟹）。

1. Ⅴ期幼蟹池塘培育

(1) 培育池规格与要求 培育池面积以 1200～2400m² 为宜，池堤宽 1～2m，坡比 1∶(2～3)，水深 0.5～1.0m，培育池四周挖一环沟，中间留滩面，占地约为池底的 2/3，池底向出水口处倾斜 2‰～3‰ 的坡度，便于排干池水捕捉蟹种。

(2) 放养前的准备工作

① 培育池清整。蟹苗放养前排干池水，整平池底，清除过多的淤泥，保持淤泥 5～10cm 深，修好堤岸和进排水口，若发现漏洞或裂缝要填补后再进行清池。清池药物常用的有生石灰和漂白粉，生石灰清池一般在蟹苗放养前 1～2 周时间进行，每亩用量在 60～80kg，在池底四周挖数个小坑，将块状生石灰倒入坑内，加少量池水，待生石灰吸水完全溶化后不待冷却即向四周均匀泼洒；漂白粉清池在放养前 5～7d 进行，干池后每亩用 5kg 左右（有效氯为 30%）。待药性消失后向池中注水，使池水深度达 30cm 左右。

② 水色培养。蟹苗有清水下塘和肥水下塘两种培育方式。清水下塘蟹苗缺乏适口饵料，蟹苗成活率较低，生产中多用肥水下塘。施肥应以发酵的牛粪、鸡粪、猪粪等有机粪肥为好。新开挖的池塘，每亩施肥量不低于 300kg，旧池塘每亩施肥量 100～200kg。

③ 防逃设施建造。Ⅴ期幼蟹培育过程中，防逃设施的建造要遵循防逃高效、安全耐用、造价低廉等基本原则。生产中常用方法有以下几种。

一是砖砌防逃墙，选用普通红砖，沿蟹池四周砌墙，砖墙墙基应向池埂下砌 30～40cm，高出池埂 40～50cm，靠蟹池的一面要用水泥抹平，增强表面的光滑性能，为提高防逃能力，砖墙的上沿也可做成"Γ"形，这种防逃墙坚固耐用，不怕风吹日晒雨淋，也不需要经常维修，安全可靠，但造价偏高；二是钙塑板防逃墙，选用抗氧化能力较强的钙塑板，沿蟹池四周埋设，用木桩或竹桩固定支撑，通常钙塑板埋入土内 10～20cm，高出地面 50cm，两块钙塑板接头处要紧密，不留缝隙，四角做成椭圆形，这种防逃墙材料来源广，建造工艺比较简单，为目前使用较多的一种，但由于钙塑板易老化，又易被大风刮倒、大雨冲倒，因此，要注意经常检查维修，确保安全，提高防逃性能；三是石棉瓦防逃墙，按照设计要求，选购或定做一定规格的石棉瓦，按防逃墙建造要求进行铺设，这种防逃材料来源较广，防逃性能也较好；四是塑料薄膜防逃墙，选用市售的塑料薄膜，先沿池四周固定木桩，通过木桩支撑网片，再在网片上贴塑料薄膜，这种防逃墙比较简易，建造也比较方便，但塑料薄膜易老化，经不起风吹日晒，使用时间不长。

④ 水草移植。Ⅴ期幼蟹培育过程中，部分蟹种常在水位线上下泥穴中久居不出，摄食反应能力也差，俗称"懒蟹"。"懒蟹"个体极小，不适合养殖。生产中为了减少"懒蟹"的数量，还要进行水草移植，增加蟹苗栖息场所，降低"懒蟹"比例。移栽水草的种类主要有轮叶黑藻、苦草、菹草、马来眼子菜、金鱼藻等，移栽方法可采集整株水草，将根部包上泥团，投入池中即可。移栽水草后，要保持一定水位，防止因池水少，水草露出水面被晒死。移栽水草不超过养殖水面的 30% 为宜，应栽在离池边 1～2m 的浅水地带。

(3) 蟹苗放养 当室外水温稳定在 15℃ 以上时即可放苗，放苗应选择在上风口水草较多的地方。如果是木箱运苗，下池前用培育池内的水多次喷洒、充分湿润后放入池中；如是尼龙袋充氧运输蟹苗，应先将运输袋放入池水中以缩小温差（一般不超过 3℃），再将苗放入池中，放养密度 6 万～13 万只/亩。

(4) 投饵 蟹苗入池后，除天然饵料外，还需投喂一些浆状或粉末状饵料，如蛋羹、鱼粉等，动物性饵料的投喂量一般为蟹苗体重的 20% 以上。每昼夜投喂次数不少于 6 次。蟹苗下塘 3～5d 后蜕皮变成Ⅰ期幼蟹，生活方式由浮游变为底栖，此时改投糊状饵料或小颗粒饵料。制作糊状或小颗粒饵料的原料主要有：小野杂鱼虾、蚕蛹、螺蚌肉、动物内脏、豆饼、菜籽饼、豆渣等。制作饵料时，应将上述原料先加工成熟食，然后用绞肉机绞成肉糜，再用 40 目筛绢过滤后，与其他原料（均要粉碎至 40 目以上）混合，制成糊状或小颗粒饵料，沿池边浅水处遍撒。日投饵量应占幼蟹体重的 15% 以上。每昼夜投喂次数不少于 4 次，白天投饵量占日投饵量的 30%～40%，傍晚和夜间投饵量占日投饵量的 60%～70%。

Ⅴ期幼蟹培育过程中要做好防暴雨、防敌害、防缺氧、防逃等工作。经过 30d 左右的精心培育，其规格可以达到 3000 只/kg 左右，Ⅴ期幼蟹培育工作完成。

2. Ⅰ龄蟹种池塘培育

Ⅰ龄蟹种培育方法与Ⅴ期幼蟹池塘培育比较相似，但在培育池建造、放养密度及日常管理等方面有所不同，现就其不同方面介绍如下。

(1) 培育池规格与要求 蟹种培育池要选择建造在水质清新、水源丰富的区域，培育池东西向，长方形，四角略呈弧形，面积 5000～15000m² 大小不等。蟹池分深水区和浅水区，深水区一般离围堤底部 1～2m 处开挖，深水区水深应达 1.5m，面积占池塘 1/4～1/3，为了便于蟹种在天气突变等情况下能迅速退居深水区，还应在池内挖"十"形或"井"形的沟，沟宽 2m、深 0.6m，沟距 5～10m。浅水区保持水深 15～40cm，并栽种伊乐藻或苦藻等有利于蟹种生长的水生植物，既为中华绒螯蟹提供直接的饵料，同时还为其提供蜕壳和栖息的环境。

(2) 放养密度 Ⅰ龄蟹种放养密度一般控制在 2 万～2.5 万只/亩，具体放养密度可视池塘情况、蟹种规格大小和养殖水平而定。

(3) 日常管理

① 饵料投喂。饵料可分为天然饵料（浮游生物、水生植物、底栖生物等）、人工饵料（如麦子、菜饼、豆饼、南瓜等）和配合饵料。

投喂饵料应遵循"四定"原则，即定时、定量、定质、定点，以投喂后 2h 内吃完为宜。蟹种培育期间饵料投喂分两个阶段，第一阶段是控制阶段（7～8 月），主要以投喂植物性饵料为主，占投喂量的 70%，动物性饵料为辅，占投喂量的 30%；第二阶段是促长阶段（9～11 月），主要以投喂动物性饵料为主，其成分占总投喂量的 70%。日投喂量为蟹体总重的 5% 左右，同时还要根据气候、水质、前一天的摄食情况以及病害发生情况等灵活掌握。

② 水质管理。培育池是蟹种赖以生存的环境，池水质量好坏是决定蟹种能否健康生长的关键，尤其是放养密度较高的培育池。要适时注水、换水，保持水质清新，培育池池水的透明度控制在 50～80cm 为宜。饲养期间，每 5～7 天换水一次，在高温季节，有条件的地方可以增加换水次数，换水时可以先排出 1/3～2/3 的池水，再注入新水，换水一般在上午进行。另外，在养殖期间每隔 10～15 天向环沟泼洒生石灰水一次，用量为 15～20g/m³，特别是在夏季，换水条件差的池塘，更要经常用生石灰消毒。到了蟹种培育中后期，也可以定期向培育池中泼洒益生菌等微生态制剂，能有效降低水体中的氨氮等有害物质，起到改良水质的作用。

③ 保护蜕壳蟹。蟹种培育过程中要创造良好的蜕壳环境，提供良好的隐蔽场所，到了蟹种培育中后期，由于蟹种的摄食，水草的数量会大量减少，此时便应适当增补水草；在幼蟹蜕壳期间，水中应保持一定的钙离子浓度，可以定期在水体中施用生石灰，补充水体中钙离子浓度，同时，在投喂的饵料中添加一定数量的钙质食物和蜕壳素保证其顺利蜕壳。

除此之外，在日常管理工作中还要做到"四查""四勤"和"四防"工作。"四查"，即查蟹种吃食情况、查水质、查生长、查防逃设备；"四勤"，即勤除杂草、勤巡塘、勤做清洁卫生工作、勤记录；"四防"，即防敌害生物侵袭、防水质恶化、防蟹种逃逸、防偷盗等。

(4) 蟹种捕捞 蟹种的捕捞方法一般有以下几种。一种是工具张捕，可在蟹种培育池中安设地笼、甩笼等工具。方法是将工具安放在蟹种经常摄食、活动的地方，每天取蟹种 2～3 次。二是抄网抄捕，在蟹种培育池一摊一摊地布上水花生、水葫芦等水生植物，天暖时把小杂鱼、螺、蚌肉等饵料洒在上面，引诱蟹种觅食和栖息，用带兜的抄网捕捉蟹种。三是进水聚捕，一般白天放干培育池中的水，在进水口附近埋设一些塑料桶、塑料浴盆、缸等容器。傍晚进水时，蟹种就会从四周爬向进水口处，从而掉入塑料桶、塑料浴盆、缸等容器中。如果配以灯光，效果更好。连续几天反复排水、进水，基本可以捕捉干净。四是人工捕捉，一般在上述方法收捕后进行，排干池水用小竹篾或小铁锹等将穴居的蟹种挖出并立即冲洗干净。操作要细心，以防蟹种受伤。

3. 蟹种的越冬管理

在北方用作第二年养殖成蟹或者暂留待卖的蟹种，必须要经过室外越冬过程，越冬期长达 5 个月左右，并且有 3～4 个月的结冰期，给越冬期间的管理工作造成很大的困难，在实际生产中由于越冬期间管理不善，而造成蟹种全军覆没的事例常有发生，造成了不必要的经济损失。目前常用的蟹种越冬方式主要有两种，即池塘越冬和网箱越冬。

(1) 池塘越冬 这种方式是北方最常用的较为安全的蟹种越冬方式。

① 池塘的准备。越冬池塘一般以 1000～2000m² 大小的池塘为好，而且水深要求在 2.0～2.5m。

放蟹种前必须把越冬池水抽干，如果淤泥较多，必须彻底清除底泥，直至见到硬底为止。在放蟹种前 10～15d 要对越冬池进行消毒，具体方法是：将越冬池进水 10cm 左右，用生石灰或漂白粉消毒，杀灭池中的各种病原体和敌害生物。生石灰用量为 50～100kg/亩，漂白粉用量为 3～5kg/亩。

消毒 24h 后进水。越冬池水源为无污染的淡水，水质清新，透明度在 40～50cm，如果水源充足，可以先加 1.0～1.5m 深，在封冰前把池水补至 2.0～2.5m 深。

越冬池塘的周围同样也要有防逃设施。

② 蟹种入池。一般在 11 月初，水温在 4℃ 以下，蟹种可以放入越冬池中。蟹种越冬的密度一般为 500～750kg/亩，蟹种放入越冬池前，要进行称重和挑选，规格相差悬殊的蟹种要分池越冬，便于以后出售。

③ 封冰前的管理。蟹种放入越冬池以后，在结冰前还要继续育肥，提高其质量，此有利于提高越冬的成活率。为防止因投饵而败坏水质，要注意观察投喂，尽量少投，每天投喂一次即可，而且最好投喂全价颗粒饵料。

每天观察池水颜色变化，如果池水发绿、发红或水的透明度在 20cm 以下时，则必须换水。坚持每天巡池，认真观察蟹种的活动情况、摄食情况、水质变化情况以及蟹种有无死亡现象，并做好防逃防盗工作，发现问题及时解决。

④ 封冰期间的管理。为了便于观察越冬池中的蟹种活动情况、池水透明度大小，以及监测池中溶解氧情况，要求每天必须打冰眼，并且及时清除冰眼中的冰块。

遇到下雪天气，雪停后必须及时扫雪，此项工作非常重要。越冬期间保持冰面透明，有利于越冬池中浮游植物的光合作用，增加越冬池中溶解氧。

(2) 网箱越冬 网箱越冬就是把蟹种放在网箱中，网箱固定在越冬池中。目前市场上有出售专门用于蟹种越冬的网箱，一般每平方米可放蟹种 5kg 左右。网箱越冬蟹种的优点是便于回捕，回捕率高；缺点是网箱中的蟹种抓伤、磨伤严重，降低了蟹种的质量。

网箱越冬的准备工作以及越冬期间的管理工作与池塘越冬基本一样。

二、成蟹池塘养殖

1. 池塘条件

根据中华绒螯蟹的生态习性,养蟹池塘要选择水源充沛、水质良好、水草资源丰富、环境安静、路畅电通的地方。池埂坚固,防止中华绒螯蟹打洞,能保持池塘水位,面积 4000～20000m²,水深在 0.8～1.5m,池中央有浅滩平台区,离池四周 1～2m 处留有沟形的深水区带;池埂坡比 1:(2～3),淤泥 5～10cm,埂四周用钙塑板、石棉瓦或尼龙薄膜加聚乙烯网片等作防逃设施,蟹池进排水口还应用铁丝网拦好,以防蟹外逃(图 8-19)。

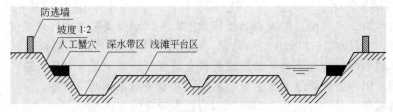

图 8-19　中华绒螯蟹精养土池结构示意图

2. 放养前准备

(1) 清塘消毒　成蟹池在放蟹种前要彻底排干水清池,一方面是为清除敌害生物,另一方面要清除淤泥。留淤泥 5～10cm,用于种植水草和培育底栖生物,有条件的情况下,池塘清整可以在冬季进行,抽干池水,冻晒池底一个月,能有效清除淤泥中的敌害生物。在放养蟹种前 15d 进行消毒,消毒时主要选用生石灰、漂白粉等低毒高效药物,以生石灰清塘最适,能杀灭野杂鱼和一切敌害生物,同时又能净化水质,具体做法与蟹种培育中池塘的清整方法相同。

(2) 种草投螺　水草为中华绒螯蟹提供栖息和隐蔽的场所,净化水质,降低氨氮含量,增加溶解氧,也可作中华绒螯蟹的天然饵料,能起到调节水温、清洁蟹体的作用。一般在蟹池消毒一周后即可开始种草投螺,水草覆盖率占池塘总面积的 40%～70%;水草常见品种为伊乐藻、苦草和轮叶黑藻,三种水草分开种植,种植面积以 1:1:1 为宜,确保中华绒螯蟹养殖主要季节池塘都有水草。水草种植后灌水 10cm 深,使其扎根发棵,每亩施有机肥150kg 左右。螺蛳在养蟹塘中可以为蟹提供鲜活的饵料,也能清除残饵,每亩投放螺蛳 200～300kg;一般分两次投放,第一次在清明前后投放总量的 70%,第二次在夏季前后投放总量的 30%。

(3) 蟹种放养　蟹种放养一般在每年 2～4 月份进行,南方放养较早,北方放养稍晚。蟹种的质量是成蟹能否养殖成功的关键,选择蟹种一要注意规格,北方地区宜选择 80～120只/kg 的蟹种,规格较小的蟹种将会影响商品蟹的规格,南方地区一般选择 120～200 只/kg的蟹种,当年养殖可达 125g/只以上;二要注意质量,要求其大小整齐、活动能力强、体表无任何寄生物和杂质的适合本地区养殖的中华绒螯蟹蟹种。放养密度根据池塘条件、养殖技术水平和蟹种大小而定,一般每亩放养蟹种 700～1000 只为宜。

选择蟹种时特别要注意剔除性早熟的蟹种,已经性成熟的蟹种,养殖过程中成活率很低,不能用来养殖。两者外部形态区分方法可参考表 8-7。

表8-7 正常蟹种与性早熟蟹种外部形态区分特征

部 位	正常蟹种	性早熟蟹种
背甲	背壳呈黄绿色;背甲较平	背壳呈墨绿色;背甲分区明显,表面凹凸不平
腹部	♀:脐呈三角形	♀:脐呈半圆形
	♂:脐后缘平坦,未突起	♂:脐后缘突起
绒毛	稀而短;螯足掌节没有绒毛或有少量	密而长;螯足掌节、指节等绒毛较多
步足	刚毛短而细;步足可见明显斑点	刚毛粗而长;步足无明显斑点
交接器	颜色为暗白色;硬度小,易弯不易断	颜色为瓷白色;硬度较大,易断不易弯

　　蟹种选购时一般就近进行,避免由于长途运输对蟹种的刺激和损伤。若是经过长途运输的蟹种,体内水分损失较大,因此,在放养之前要让蟹种充分湿润,具体做法是:将蟹种连同运输器具先放到池塘边3～5min适应气候,然后把蟹种放到塘中5～10min反复离水、浸水,让蟹种充分湿润。有条件的情况下可以在蟹种湿润后用营养物质(如电解多维)药浴2min左右,提高蟹种抗应激能力,进而提高蟹种的成活率。

　　3. 饲养管理

　　(1)投饵 中华绒螯蟹在池塘养殖的整个过程中,除利用池塘中人工培植的水草和底栖生物外,主要靠人工投喂饵料,成蟹养殖的饵料种类来源广而杂,植物性饵料有水中的轮叶黑藻、马来眼子菜、苦草、水花生、陆地的瓜果、蔬菜等,谷物中有小麦、花生饼、豆饼等;动物性饵料有鲜活的螺、蚌贝、小鱼、虾、蚕蛹、猪血、畜禽内脏等。但动物性饵料利用率低,易造成水质污染,近年来,河蟹养殖过程中配合饵料使用比例越来越大。

　　配合饵料投喂过程中要做到"四定",即定时、定点、定质和定量。在投喂时间上,因河蟹白天隐蔽在水草丛下阴暗的地方,黄昏以后才出来觅食,因此投喂时间应在傍晚,水温15℃左右,隔日投喂一次,水温20℃以上,每天投喂一次;投喂沿池塘四周区域为主,池塘中间养殖沟无水草区域也可以投;投喂饵料要求配方科学、营养丰富,变质发霉饵料不能投喂;每天的投饵量要根据具体要求的生产情况而定,具体做到"四看",即"看季节、看天气、看水质、看蟹的活动情况"。在季节方面,2～4月份,天气较冷,河蟹摄食量少,可用颗粒饵料或鲜活小杂鱼开食;清明以后,水温逐渐升高,可按河蟹体重的5%～6%投喂颗粒饵料;高温季节由于水温较高,有时气压偏低,往往影响河蟹正常吃食,正常天气按河蟹体重的3%～5%投喂即可;白露以后河蟹趋于性成熟,应加大投喂量积累营养。在天气方面,晴朗天气应多投,阴雨天少投,闷热天不投,以免饵料腐烂变质败坏水质。在水质方面,水质清新可多投,水质较肥应少投。坚持每天早晚巡塘,观察蟹的活动情况,同时,每塘搭建1～2个1m²左右的食台,沉于池塘边水底,检查河蟹吃食情况,傍晚投喂以早上食台上无剩饵为宜。

　　(2)水质、底质调控 中华绒螯蟹喜欢较清瘦的水质,成蟹养殖期间,做到"春浅、夏满、秋勤、冬深",通过加注新水有效控制水位、调节水质。总体要求为:前期水肥(透明度25～30cm)、水浅;中期水瘦(透明度30～40cm)、水深;后期水清(透明度40cm以上)。一般水温上升到10℃就要开始肥水,控制水体透明度,防止青苔生长。生产中可以施用生物肥水膏肥水,同时接种硅藻种,利用硅藻控制水体透明度;也可以向水体中投放渔用腐植酸钠、黄腐酸钾,使水体着色,控制青苔的同时促进水草生长。

　　养殖前期少量加水,保持低水位,促进水草根和茎生长,防止高温期水位升高后水草被风浪折断。水温25℃后逐步加入新水提高水位,每次加水量不超过15cm,高温季节10～15天换一次水,每次换1/4～1/3;秋天勤换水,如发现水质变坏或遇闷热天气,要及时换水,并结合增氧。

中华绒螯蟹是一种底栖生物，塘底环境好坏对中华绒螯蟹生长有着重要影响。养殖期间除了注意水质调节外，还应注意池塘底质的改良。特别是一些残饵、代谢产物积累严重的老塘，7～8月份高温季节，如果管理不当，淤泥厌氧分解产生大量有害物质，将影响蟹的生长。在中华绒螯蟹养殖生产中后期，适时使用微生态制剂、吸附剂和增氧剂等来改良底质、水质，预防成蟹底板发黄、发黑和病害的发生。

(3) 蜕壳期管理　中华绒螯蟹从蟹种到成蟹养殖过程中，要经过几次蜕壳，在池塘养殖中要保证中华绒螯蟹蜕壳顺利完成，减少蜕壳未遂或软壳蟹的发生，提高养殖成活率，应该做到以下几点。

① 养殖期间要注意调节池塘水质，保证养殖池塘清新的水质。

② 养殖池塘要有适量的水草，保证成蟹蜕壳时有安静、隐藏的场所，免受敌害侵袭和同类残食。

③ 掌握中华绒螯蟹的蜕壳规律，做好蜕壳期的管理工作。一是在蜕壳高峰前 10d 左右在饵料中添加一定量的蜕壳素和复合维生素，促进中华绒螯蟹同步蜕壳，减少相互残杀；二是在水体中施用磷酸二氢钙、过磷酸钙等矿物质，调节水质和增加水体钙含量；三是在蜕壳期保持环境安静，减少人为操作对其产生的影响；四是在中华绒螯蟹蜕壳期间要适量减少投饵，做到少量多次。

(4) 巡池　每天坚持巡池是成蟹养殖日常管理工作中的一项重要内容，早晨、傍晚、换水及阴雨天，更要仔细巡查，观察水质有无变化、蟹生长是否正常，防逃设施、池坝有无漏洞，以及摄食情况等。

(5) 敌害与蟹病防治　中华绒螯蟹的敌害主要有水老鼠、青蛙、鸟类等，其中以水老鼠危害最大。中华绒螯蟹夜间活动在池坡边，特别是刚蜕壳的软壳蟹，行动缓慢，最易受袭击。防治的办法可采用药饵毒杀及人工捕捉等。

养殖中华绒螯蟹过程中，所发生的疾病主要有真菌病、细菌性疾病和寄生虫病。对于蟹病防治应坚决贯彻"以防为主，防治结合"的方针。对各种蟹病首先要做好预防：①在中华绒螯蟹放养前，要彻底清塘消毒，杀死池塘病原体；②放养时要对中华绒螯蟹及各种套养鱼虾类进行体表消毒，杀灭蟹体和鱼虾体表病原体；③在饲养过程中，要适时、适量换水，保证水质清新，高温季节更要调节水质，养殖中后期要适时、适量地用生石灰、微生态制剂等调控水环境。

4. 养殖期间病害防治

(1) 颤抖病

① 病因与症状。由细菌或病毒感染引起。初期病蟹摄食量减少，甚至完全停食。活力弱，反应迟钝，螯足握力减弱、蜕壳困难，常因蜕不了壳而死。病蟹离水后附肢常环绕紧缩，将身体抱作一团，或撑开爪尖着地；若将步足拉直，松手后又立即缩回。随着病情发展，步足爪尖枯黄，易脱落；螯足下垂无力，掌节以及指节常出现红色水锈，接着步足僵硬，呈连续颤抖，口吐泡沫，不久便死亡，因此被称为"颤抖病"或"抖抖病"。解剖病蟹，可发现肌肉萎缩，鳃丝肿大，严重时鳃呈铁锈色或微黑色，三角膜肿胀，体腔严重积水。血淋巴稀薄，凝固缓慢或不凝固；心脏、腹节神经肿大，心跳乏力；肝胰腺呈淡黄色，严重时呈灰白色。

② 流行情况。4～10月为发病季节，8～9月为高峰，发病时水温为 20～35℃，以 25～28℃最为严重。从幼蟹到成蟹均可发病，当年繁殖生长的 1 龄蟹发病率较低，发病以 100g 以上的 2 龄蟹为主，死亡率高达 100%。

③ 防治方法。a. 清除池底过多的淤泥，池底淤泥厚度小于 5cm，并用浓度为 200g/m³

的生石灰或浓度为 $20g/m^3$ 的漂白粉（含有效氯 30%）等药物清塘。栽种水草，使水草覆盖面积达 30% 以上。b. 不从颤抖病发病地区购买苗种，苗种入池时用 $3\%\sim5\%$ 的食盐溶液浸泡 5min 或用 $15mL/m^3$ 的福尔马林溶液药浴 15min。c. 加强饲养管理，进行生态防病，定期消毒、调质改底；投喂优质、适量饵料，及时清除残饵。d. 发病时泼洒二溴海因 $0.2g/m^3$ 或聚维酮碘 $250mL/m^3$，严重时须连用 2 次；内服"蟹抖福星"（按 2% 添加）和板蓝根、大青叶、虎杖、黄芪、银翘等（单味或合剂，每 50kg 蟹体重用 250g），连喂 $5\sim7d$。

（2）甲壳溃疡病

① 病因与症状。主要由有分解几丁质能力的细菌感染引起。病蟹甲壳有黑褐色斑点，有时呈铁锈色，以腹面较常见。早期症状为褐色斑点，斑点中心部稍凹下，晚期斑点扩大为形状不规则的大斑，中心处为较深的溃疡，边缘变为黑色。病轻时可随着生长蜕壳后自愈，病重则会因蜕壳受阻而死。

② 流行情况。在越冬亲蟹中较为流行。

③ 防治方法。a. 投喂营养全面的优质饵料，定期调节水质。b. 捕捞、运输、放养和挑选等操作要小心，防止蟹体受伤。c. 池水用 $25mL/m^3$ 福尔马林全池泼洒，隔 $1\sim2d$ 再用一次，同时在饵料中添加抗生素及蜕壳素投喂，连喂 $5\sim7d$。

（3）烂鳃、黑鳃病

① 病因与症状。由细菌感染引起。病蟹鳃丝变色，多黏液，有炎症感染的局部溃烂或缺损。患病蟹食欲减退，行动迟缓，经常爬出水面，最后因呼吸困难而死。

② 流行情况。多发生于 $6\sim8$ 月的高温期，池底淤泥多、水质恶化的池塘发生频繁。多见于 80g/只以上的个体，具有病程长、累积死亡率高的特点。

③ 防治方法。a. 养殖前清除池底过多的淤泥，养殖中后期泼洒 EM 菌等微生态制剂，保持良好的水体环境和底质。b. 发病时检查病蟹如有寄生虫首先杀虫，用二溴海因全池泼洒，浓度为 $0.3g/m^3$；内服氟苯尼考 0.2% 和三黄粉 0.3% 比例配制的药饵，连续投喂 5d。

（4）肠炎病

① 病因与症状。为一种革兰阴性杆菌感染引起。病蟹消化不良，肠胃发炎，打开腹甲，轻压肛门，可见有黄色黏液流出。

② 流行情况。水温高于 $24℃$ 时较为流行。

③ 防治方法。a. 不投喂发霉变质饵料，在饵料中经常添加免疫多糖和生物制剂，改善消化道微生物环境。b. 流行季节定期在饵料中添加 5% 的大蒜素，连喂 3d。c. 发病时，全池泼洒二溴海因 $0.3g/m^3$，同时每千克饵料中添加"肠病宁"和诺氟沙星 0.5g，连续投喂 $5\sim7d$。

（5）水霉病

① 病因与症状。由水霉菌感染。蟹卵表面、病蟹体表、附肢或伤口出现灰白絮状病灶，伤口部位组织溃烂，病蟹行动迟缓，食欲减退，蜕壳困难而死。

② 流行情况。蟹卵、幼体和成蟹均会被感染，发病率高，蟹卵及幼蟹发病时易造成大量死亡。

③ 防治方法。a. 在捕捞、运输和放养过程中应谨慎操作，防止蟹体受伤，蜕壳前，增投一些动物性饵料，促使其蜕壳。b. 做好水体消毒工作，保持良好水质。c. 患病时可用 $3\%\sim5\%$ 盐水浸浴病蟹 5min，然后用 5% 碘酒涂擦患处。

（6）固着类纤毛虫病

① 病因与症状。由累枝虫、聚缩虫、单缩虫、钟形虫等着生引起。发病初期，蟹体表长着一层绒毛状物，蟹壳呈灰黄色，无光泽，用手摸蟹壳光滑且黏。病蟹行动迟缓，爬出水

面,对外来刺激反应迟钝,显微镜观察可见纤毛虫类原生动物及丝状藻。发病中晚期,蟹体周身被厚厚的附着物包围,病蟹食欲减退,生长停滞、蜕壳困难。

② 流行情况。7~9月高温期多发,水温越高则纤毛虫病的发生越频繁。蟹种及成蟹均可发生,病程长,发病率可达90%以上,死亡率25%左右。

③ 防治方法。a. 做好养殖前清池消毒,降低放养殖密度,养殖中要经常采用池底改良活化素、光合细菌、复合芽孢杆菌改善水质和底质。b. 发病时可用"甲壳净"(主要成分硫酸锌)全池泼洒,用量为200~300g/亩,病重时隔天再用一次。第5天全池消毒1次,以防细菌从伤口侵入,引起细菌感染,饵料中掺拌氟苯尼考0.2%~0.3%制成药饵,连喂5d。

(7) 蜕壳不遂

① 病因与症状。病蟹体弱或因缺钙或缺某些微量元素,均可引起蜕壳不遂,在此主要指由后者引起的疾病。病蟹常潜伏在池塘四周浅水处或水草上,全身发黑,甲壳后缘与腹部交界处有较大的裂痕,不能蜕壳或蜕壳后不久死亡。

② 流行情况。该病主要危害幼蟹与100g左右的成蟹,有时个体较大的蟹以及干旱或离水较长时间的蟹也易患此病。此病较为常见,如治疗不及时亦会引起较大的死亡率。

③ 防治方法。a. 每月定期用生石灰或过磷酸钙全池泼洒1次。b. 适当加注新水,保持水质清新,移植适当的水草,提供蟹蜕壳的外部环境。c. 定期拌饵投喂蜕壳素和贝壳粉,适当增加动物性饵料的比例。

(8) "水瘪子"病

① 病因与症状。中华绒螯蟹外观发暗,部分头胸甲畸形(向上凸起),外壳发软(手指轻捏即下陷),大多空肠,肝脏发白、发灰、发红甚至糜烂,黑鳃,身体肌肉组织萎缩甚至消失,形成空壳。关于"水瘪子"发病原因还在研究中。

② 流行情况。该病在成蟹养殖6月份开始出现,近年来,在长江流域中下游地区较为常见,如防治不及时会引起较大的死亡。

③ 防治方法。a. 投放优质蟹种。b. 投喂优质饵料,减少冰鲜鱼等污染水体饵料投喂;c. 保持水质清新、池底卫生,定期检查水质,及时降解农药对蟹的毒害。

5. 收获

俗话说"蟹立冬,影无踪",秋季是中华绒螯蟹的收获季节。捕捞一般在10~11月份,有的地区9月下旬即开始起捕。收获方法有放水收捕,地笼网、迷魂阵捕捞,也可利用中华绒螯蟹的趋光习性,夜晚灯光诱捕。

本章小结

中华绒螯蟹生活在水质清新、水草丰盛的淡水水域中,喜栖居泥岸或滩涂洞穴或隐藏在石砾、水草丛中。中华绒螯蟹每年秋季开始降河生殖洄游,在入海口的咸淡水交界处,雌雄亲蟹交配。雌蟹产卵、抱卵孵化,初孵幼体为溞状幼体,经5次蜕皮变态成为大眼幼体,大眼幼体趋淡、进入江河,经1次蜕皮变成仔蟹,仔蟹继续上溯进入淡水水域,经若干次蜕壳成长为幼蟹。中华绒螯蟹人工育苗包括亲蟹选留与培育、人工促产、抱卵蟹饲养及育苗管理等环节。

亲蟹一般为海淡水交界处捕捞的抱卵蟹和秋季在淡水水域收购的性成熟蟹。10月下旬至翌年3月上旬是天然中华绒螯蟹交配产卵盛期,根据生产计划,在盐度为18~30(内陆地区也可配制人工海水)、水温8~12℃时,在土池或土泥池促使亲蟹交配、产卵。亲蟹抱卵时间长,期间要控制好水质、水温,投喂优质饵料,定期观察卵的发育情况。人工育苗有工厂化育苗、大棚土池育苗以及室外土池生态育苗等方式。当胚胎心跳速度达到150次/min以上时,即准备布幼,布幼的关键是使同一育苗池的幼体孵出时间基本一致和控制适宜的密度。溞状幼体饵料主要有单细胞藻类、轮虫、卤虫无节幼体，大眼幼体投喂卤虫成体、枝角类、桡足类、碎虾肉等。当80％以上溞状幼体变态为大眼幼体时要进行淡化和降温。

中华绒螯蟹的养殖分为蟹种培育和成蟹养殖两个阶段。蟹种培育是将大眼幼体培育20～30d，培育成Ⅴ期幼蟹（豆蟹），再将豆蟹培育成Ⅰ龄蟹种（扣蟹）。蟹种一般在2～4月份放养，池塘放养密度根据池塘条件、养殖技术水平和蟹种大小而定。成蟹养殖饵料有人工配合饵料、冰鲜鱼等动物性饵料，投饵原则是"定时、定点、定质、定量"。水质管理做到"春浅、夏满、秋勤、冬深"。养殖中华绒螯蟹的疾病主要为真菌病、细菌性疾病和寄生虫病，应采取"以防为主，防治结合"的方针，养殖中后期要适时用适量的生石灰、微生态制剂等调节水质和改良底质。中华绒螯蟹池塘养殖至秋季可收获。

复习思考题

1. 简述中华绒螯蟹的基本形态特征及雌雄区分方法。
2. 中华绒螯蟹的繁殖习性有什么特点？
3. 抱卵蟹培育期间的主要管理要点是什么？
4. 简述中华绒螯蟹工厂化育苗主要管理技术要点。
5. 何谓蟹种培育？
6. 简述中华绒螯蟹池塘养殖技术要点。
7. 蟹类养殖期间常见疾病有哪些？
8. 颤抖病防治方法有哪些？
9. 纤毛虫病防治方法有哪些？
10. 蜕壳不遂防治方法有哪些？

第九章 ▶▶ 三疣梭子蟹增养殖技术

学习目标 👆

1.掌握常见的梭子蟹形态及生态习性。

2.掌握三疣梭子蟹的繁殖习性和幼体发育的特点。

3.掌握三疣梭子蟹人工育苗技术流程和操作要点。

4.掌握三疣梭子蟹池塘养殖技术要点、育肥技术以及活体包装运输方法。

梭子蟹在分类上隶属于甲壳纲（Crustacea）、软甲亚纲（Malacostraca）、十足目（Decapoda）、梭子蟹科（Portunidae）、梭子蟹属（*Portunus*）。我国梭子蟹的种类很多，已经发现的有 17 种，其中体型大、食用价值、经济价值较高的有三疣梭子蟹（*Portunus trituberculatus* Miers）、远海梭子蟹（*P. sanguinolentus* Herbst）和红星梭子蟹（*P. pelagicus* Linnaeus）等数种，其中以三疣梭子蟹产量最高，个体最大，分布最广。三疣梭子蟹是我国沿海重要的捕捞蟹类，近些年因过度捕捞造成梭子蟹自然资源日益减少。为适应市场需要和保护渔业资源，近年沿海省市已开展人工养殖和放流增殖。

第一节 梭子蟹的生物学

一、形态特征

梭子蟹头胸甲表面稍隆起，覆盖有细小颗粒；一般宽度大于长度，呈梭形，故称梭子蟹。额缘具 4 枚小齿，头胸甲前侧缘具 9 锐齿，末齿长刺状，向左右突出延伸。步足 5 对，螯足长而大，第 5 对步足平扁如桨，称游泳足。常见经济梭子蟹主要有三种（表 9-1，图 9-1）。

表 9-1　常见经济梭子蟹的特征比较

学　名	俗　名	头胸甲主要特征	我国海区分布
三疣梭子蟹	冬蟹、白蟹、枪蟹	茶绿色、有斑点；具 3 个疣状突起（胃区 1 个，心区 2 个）	黄海、渤海、东海
远海梭子蟹	远游梭子蟹、蓝花蟹、花蟹	有较粗的颗粒；雌雄体色相异，雄蟹头胸甲天蓝色、白色云纹，雌蟹体色粉绿色，具浅色斑纹	东海、南海
红星梭子蟹	三眼蟹、三点蟹、三星梭子蟹	具有 3 个紫红色圆斑	福建以南沿海

(a) 三疣梭子蟹　　　　　　(b) 远海梭子蟹　　　　　　(c) 红星梭子蟹

图 9-1　常见梭子蟹

二、生活习性

三疣梭子蟹生长在近岸浅海，栖息在水深 10～50m 的海区，以 10～30m 泥沙底质的海区群体最密集。三疣梭子蟹白天多潜伏在海底，夜间游到水表层觅食，有明显的趋光性。三疣梭子蟹行动敏捷，善游泳，游动时依靠末对步足在水面上划动，通常顺海流而行，但遇到障碍或受惊时，能迅速向后倒退和潜入下层水中。在海底，以前 3 对步足缓慢爬行；潜沙能力极强，潜沙时靠躯体挪动、末对步足掘沙，迅速将身体埋藏起来，仅留眼和触角露于沙外。蜕壳时，常躲藏在岩石之下或海藻间直到蜕壳完成，新壳变硬之后，才出来活动。

三疣梭子蟹生活水域的盐度在 30～35；适应水温 8～31℃，最适生长水温为 15.5～26.0℃。水温对三疣梭子蟹的生活有较大影响（表 9-2），秋末冬初水温降到 10℃时，三疣梭子蟹逐渐移居 10～30m 深处，潜入海底泥沙中越冬，6℃以下进入冬眠状态，大个体可潜沙 10cm 深。三疣梭子蟹在生殖洄游和越冬洄游季节，常集群活动。

表 9-2　水温与三疣梭子蟹的活动状态

水温/℃	生 活 状 态	水温/℃	生 活 状 态
−1.5	不摄食,部分个体在浅水区冻死	14	摄食量下降,开始向深水区移动,活动正常
0～6	不摄食,昼夜潜沙,呈休眠状态	15～26	摄食量大,活动正常,生长快
8～10	开始停止摄食,活动力弱,潜伏深水处		

梭子蟹在天然水域中主要摄食瓣鳃类、十足类、多毛类、小杂鱼虾、动物尸体以及海藻等。梭子蟹性情凶猛、好斗，领地行为明显，自大眼幼体阶段起就有明显的互相残杀行为。

三、繁殖习性

春季出生的三疣梭子蟹，当年年底即可交配，翌年春季产卵；晚秋出生的个体，则在翌年才交配，第三年早春产卵。大部分雄蟹 9～10 月性成熟，南方地区晚些，在 11 月亦成熟，性成熟后即能进行交配。三疣梭子蟹交配季节随地区以及个体年龄而有不同。黄、渤海海区，7～8 月为越年蟹交配的盛期，9～10 月为当年蟹交配的盛期；在浙江，交配期为 7～11 月，以 9～10 月为盛期。雄蟹在雌蟹未蜕壳前，持续追逐 2～5d，雌蟹蜕壳即行交配，交配所需时间 2～12h。秋季交配后存于纳精囊内的精子一直贮存到翌年春季。

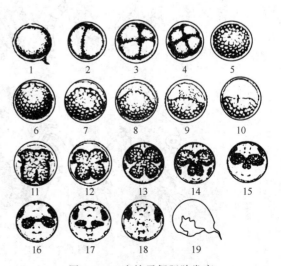

图 9-2　三疣梭子蟹胚胎发育

雌蟹交配时卵巢尚未成熟，11月至翌年2月，三疣梭子蟹雌蟹卵巢成熟，"肉肥膏满"，此时为沿海传统的冬季捕捞季节，其中以12月至翌年1月为旺汛期。

越冬以后，随着水温的回升，三疣梭子蟹性成熟个体自南向北，从越冬场向近岸浅海、河口、港湾作生殖洄游。在春夏（4～9月）季节，集群洄游到近岸3～5m的浅海产卵。我国沿海产卵期由南向北向后推移，广东、福建沿海2～4月，黄渤海4月下旬至7月上旬。一般早期产卵的多为甲壳宽18cm以上的大型个体，进入产卵盛期以后则为中、小型个体。雌蟹产卵量与个体大小有关，一般10万～300万粒。第1次产卵孵化后，经12～20d又可第2次产卵。大个体雌蟹可连续产卵3～4次，每次产卵数量逐渐减少，产卵期间雌蟹不蜕皮也不交配。受精卵附着在雌蟹腹肢刚毛上，抱卵孵化。

刚产出的卵块浅黄色，卵径330～380μm，随着胚胎发育过程中卵黄不断被吸收，卵块颜色也逐渐加深，呈现橘黄色→茶褐色→灰黑色的颜色变化；卵块体积也随之增大，孵化前卵径为400μm左右。梭子蟹胚胎发育分卵裂期、囊胚期、原肠期、卵内无节幼体期和卵内潘状幼体期（称为原潘状幼体）（图9-2）。通过卵块颜色的变化，可推测孵化时间。孵化多在夜间（20:00～04:00）进行，时间经1.5～2h。

水温18～20℃，经15～20d原潘状幼体以背刺刺破卵膜而孵出，开始浮游生活。幼体发育分为4期潘状幼体（一般为4期，但因低温或饵料不适等环境条件影响下也可能变为5、6期）和1期大眼幼体，然后发育成与母体相似的第1期仔蟹（图9-3）。从仔蟹到成蟹要经过多次蜕壳。春季出生的仔、幼蟹的蜕壳周期较短，生长十分迅速，水温在20～31℃范围内，第1期仔蟹至性成熟约需3个月，雄蟹蜕壳8～10次，雌蟹蜕壳9～10次。成蟹阶段，由于蜕壳周期延长，甲壳增长缓慢，但因性腺不断发育，体重大幅增加，雌蟹较雄蟹更为显著。秋季水温渐低，经过了一段时间的育肥和成长后，三疣梭子蟹陆续向越冬场洄游。冬眠后的雌蟹来年产卵后，可继续蜕壳生长，第3年还可产卵繁殖。雄蟹则在第2年越冬洄游前大量死亡。

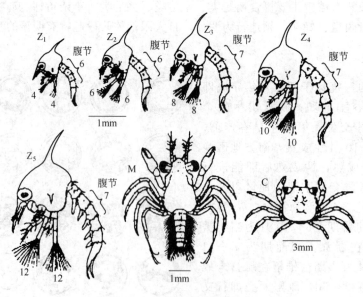

图9-3 三疣梭子蟹幼体发育

第二节　三疣梭子蟹的人工育苗

一、育苗设施及准备

三疣梭子蟹人工育苗可以利用对虾育苗场或河蟹、海水鱼育苗场的设施。

育苗前一个月要做育苗的准备工作，清洗消毒蓄水池、过滤池、输水管道、育苗池及各种用具；检修育苗场设施和设备；培养单细胞藻类、轮虫等活饵料；采购相关的饵料和药品。

二、亲蟹培育

1. 亲蟹来源

三疣梭子蟹亲蟹的来源有三个途径：①秋季挑选已交配的人工养殖雌蟹，在室内水池越冬，培育至来年春季，促使亲蟹产卵和抱卵；②秋末冬初收购已交配的自然海区雌蟹，经越冬培育至来年产卵；③春季产卵季节捕获未产卵的雌蟹，或已抱卵的雌蟹。

选择亲虾的标准是：无病、无外伤、附肢齐全、活力良好、体表清洁、体重 250g 以上的雌蟹；抱卵蟹腹部坚实紧收，抱卵呈黄色或橙黄色，卵块轮廓、形状完整无缺损。

2. 亲蟹运输

三疣梭子蟹亲蟹运输可采用活水船、活水车或水箱充氧运输，水箱运输容量为 100～120 只/m³。雌蟹用橡皮筋或细绳将螯足缚到胸甲上，防止争斗，造成损伤。应注意已充分发育的胚胎，易受环境变化的影响而发生"流产"（亲蟹弃卵），抱卵蟹捕获后要立即放入新鲜海水中，运输中不能干露时间过长，以免胚胎死亡。运输途中要避免水温、盐度等环境因子急剧变化。

3. 亲蟹培育管理

亲蟹可采用水泥育苗池作为培育池，长方形为宜，培育池要充分刷洗、消毒处理。未抱卵蟹培育池在池底铺 10cm 的海沙作为亲蟹的栖息区，在排水口一端留出池底 1/3～1/2 的位置作为投饵与亲蟹摄食区。抱卵亲蟹池可不铺沙。培育池用黑色塑料薄膜遮盖池面，光照控制在 500lx 以下，且起保暖作用。调整水温、盐度、pH，投放散气石 0.5 个/m²，进水 40cm，控制充气量使水面呈微波状即可。

亲蟹进场后先暂养，待恢复体力后用 30～50mL/m³ 甲醛溶液浸浴 5min，然后再入池培育。培育密度为 3～5 只/m²（越冬期间密度一般 8～10 只/m²）。

亲蟹培育的饵料主要是鲜活贝类、鱿鱼、沙蚕、小型虾蟹类、小杂鱼等，以蛤类最好，投喂量为亲蟹体重的 5%～15%。每日换水后投饵料，白天投全日量的 1/3、晚上投 2/3，日投饵量随水温升高而增加，以残饵略有剩余为宜。

越冬期间保持水温 6～8℃。日换水 20%～30%，3～5 日彻底换水 1 次，保持池水 pH7.6～8.2，盐度 26～31，溶解氧 5mg/L 以上。每周全池泼洒土霉素 2～3mg/m³ 或聚维酮碘 15mL/m³ 药浴 15min；如沙层变黑，则将亲蟹移出，彻底翻沙清洗并用高锰酸钾消毒。如果发现病蟹、死蟹要及时捞出进行检查，找出病因、死因，对症下药。

越冬期过后，南方地区随自然水温上升，要逐步增加换水量和投饵量；北方地区一般需要增温促熟，可视生产需求以确定升温时间，一般自 6～16℃缓慢提温，每日升温 0.2～

0.4℃，约经 30 日亲蟹即可抱卵。

春季购入亲蟹的育苗场，亲蟹入池稳定 2～3d 后开始升温，每天升温 0.5～1℃，逐渐升至 20℃，恒温待产，经 15～20d 培育，亲蟹即开始抱卵。此阶段每天换水 50%～100%，换水时清除死蟹及残饵。7～10d 洗沙一次。每日观察亲蟹的产卵情况和检查胚胎发育的状况。

发现抱卵蟹要及时拣出，另池培养。亲蟹抱卵后，每天升温 0.5℃ 直至 22℃，恒温孵化，抱卵蟹培育池水维持 EDTA 二钠盐浓度为 2～5mg/m³，不定期使用抗生素等药物抑制细菌和寄生虫的繁殖。

三疣梭子蟹亲蟹在培育过程中常有亲蟹死亡：一是在翻池次日，体弱亲蟹因惊吓、应激引起体力消耗以及不适应环境变化而死；二是培育池内水温 19℃ 以上时，死亡数增多；三是抱卵蟹在入池（桶）待放散幼体过程中死亡或前晚未放散幼体的亲蟹次日移回培育池后死亡。因此，要减少搬动抱卵蟹，避免两只抱卵蟹同居一处而发生厮打。已移出的未放散幼体的抱卵蟹，不要再放回铺沙的培育池，避免再从沙中挖出。或可制作网箱（50cm×50cm×50cm）放置在培育池中，网箱内再隔成几个单独空间，将抱卵蟹单个放入小隔箱内，分别饲养管理。

南方初夏气温逐渐上升，水温超过 22℃，使得放散的幼体质量差。亲蟹培育室要采取降温措施，保持水温稳定，如池中放冰块、池上方挂遮光网、开窗、室内通风等均是有效的措施。

三、幼体培育

1. 排放幼体

排放幼体方法有两种：一是挑选抱卵蟹直接在育苗池内孵化排放幼体，不选优幼体，生产性育苗大多采取此法；二是在小水体中集中孵化，溞状幼体选优入池培育。

幼体培育池或幼体排放池、桶均要彻底消毒（200g/m³ 漂白粉溶液浸泡 24h），洗刷干净，放进沙滤水 1.0～1.2m；水温控制在 20～22℃，盐度、pH 与亲蟹培育池用水一致。

幼体即将孵出的征兆是：①亲蟹所抱受精卵呈灰黑色、极易脱落；②膜内溞状幼体（胚胎）心跳已达 180 次/min 以上，即将在 12h 左右放散幼体；③蟹脐由原来贴近腹部逐渐被卵子推张开至最大位置，几乎与蟹壳在同一平面上。这些现象表明卵膜内幼体即将在 10 余小时内放散。再取抱卵蟹腹部少许受精卵粒，在显微镜下观察膜内幼体的心跳次数，以确定抱卵蟹是否到了放幼的时间。确定即将孵化时，傍晚时分捞出亲蟹，用亚甲基蓝 0.01g/m³ 药浴 30～45min 或 20g/m³ 高锰酸钾药浴 10min 或制霉菌素 40g/m³ 药浴消毒 30min，杀灭附着在受精卵和亲蟹体表的原生动物（主要为固着性纤毛虫），然后将抱卵蟹轻轻放入蟹笼（或小网箱、塑料筐），每笼一只，悬吊于培育池或放散池（桶）中，待放散幼体。育苗池中幼体密度达到要求密度时，将蟹笼移入下一个池中。一般幼体密度控制在 10 万～20 万个/m³，每池布幼时间不超过 12h。幼体排完后，将亲蟹移回原池。梭子蟹排幼时间大多在夜间 8 时至翌日凌晨 4 时。

2. 幼体培育管理

(1) 幼体选育 优质溞状幼体具有趋光集群特性（表 9-3），利用此习性，可以选择优质的幼体进行育苗生产。选优操作时，先停气 5～10min，待健康溞状幼体聚集浮于水体上层后，用 100 目手捞网将游动活泼的优质溞状幼体捞出或采用虹吸法移到育苗池中培养。

表 9-3 三疣梭子蟹溞状幼体质量优劣鉴别

等 级	活 力	分布水层	集群	趋光性	幼体形态
1	好	表层	集群性强	强	正常
2	良好	上层	集群弱	较强	正常
3	较好	中层	较差	一般	多数正常
4	较差	下层	不集群	较弱	少数正常
5	差	底层	不集群	无	异常

(2) 水环境控制 育苗生产用水必须经过充分的沉淀，如海水细菌含量较高时，可用 $20\sim100g/m^3$ 浓度的漂白粉处理，经检测余氯消失方可使用。水中投放抗菌药新诺明磺胺甲噁唑 $1\sim2g/m^3$、EDTA二钠盐 $2\sim10g/m^3$。散气石布置密度为 $2\sim3$ 个/m^2。育苗期间的主要水质指标控制在 pH $7.8\sim8.6$，溶解氧 $5mg/L$ 以上，氨氮低于 $0.4mg/L$，光照强度 $1000\sim3000lx$（表 9-4）。换水要防止水温和盐度突变，温差控制在 $0.5\sim1.0℃$，盐度变化控制在 $2\sim3$。池内悬挂附着网后换水应注意网片不要干露时间过长，或可采用边排水边进水的方法，以免造成大眼幼体或仔蟹脱水死亡。

表 9-4 三疣梭子蟹育苗水环境管理控制

发育期	Z_1	Z_2	Z_3	Z_4	M	C_1
水温/℃	$20\sim21$	$21\sim22$	$22\sim23$	$23\sim24$	$24\sim26$	渐降至自然水温
盐度	$25\sim31$	$25\sim31$	$25\sim31$	$25\sim31$	$20\sim25$	$15\sim20$
充气量	微波状	微波状	微波状	沸腾	强沸腾	强沸腾
日换水量/%	添水	添水	$20\sim30$	$50\sim60$	$50\sim60$	$60\sim100$(分2次)
换水网目			60目	40目	40目	40目
经历时间		$Z_1{\rightarrow}M$：$10\sim12d$			$M{\rightarrow}C_1$：$5\sim6d$	

由于残饵、幼体粪便及死亡幼体在培育池的堆积，容易影响幼体的生长变态，甚至造成育苗失败。Z_4 期间吸污或倒池是获得高产的关键措施之一。吸污一般在白天进行，操作时要慢，防止将池底污物搅起，造成幼体死亡。倒池时，先用虹吸管带水将苗吸入另一池中，待两池水位平衡后，再将原池水吸入排水沟的网箱内，捞出幼体用桶提到另一池中，最后拔塞放出剩余的幼体。倒池也可在 M 期间进行，此时倒池可在晚上进行，采用虹吸及灯诱网捞的方法，工作量小且对幼体损伤小。

三疣梭子蟹从溞状 I 期幼体发育至仔蟹的时间与水温有关（表 9-5），水温 $22\sim27℃$，需 $16\sim21d$。

表 9-5 水温与幼体发育时间   单位：d

水温/℃	$Z_1\sim Z_2$	$Z_2\sim Z_3$	$Z_3\sim Z_4$	$Z_4\sim M$
$20\sim22$	$4.5\sim5$	$3\sim3.5$	$3\sim3.5$	$3.5\sim4$
$24\sim26$	$3.5\sim4$	$2.5\sim3$	$2\sim2.5$	$3\sim4$
$26\sim28$	$3\sim4$	$2\sim2.5$	$2\sim3$	$2.5\sim4$

(3) 饵料投喂 溞状幼体即开始摄食，应在排幼或投放溞状幼体前，在幼体培育池中投放单胞藻类，作为幼体的开口饵料和兼做水色。幼体饵料主要为藻粉、虾片、B.P、微粒饵料、光合细菌等（表 9-6）。

表 9-6 三疣梭子蟹育苗各期幼体饵料系列

饵料种类	Z₁	Z₂	Z₃	Z₄	大眼幼体	仔蟹Ⅰ期	仔蟹Ⅱ期
硅藻	——	——	——				
螺旋藻粉	——	——	——	——			
B.P	——	——	——	——			
光合细菌	——	——	——	——			
虾片	——	——	——	——	——		
微粒饵料(单元)	——	——	——	——	——	——	——
轮虫		——	——	——			
卤虫幼体		——	——	——	——		
卤虫成体					——	——	——
鱼贝肉糜					——	——	——

注：配合饵料随幼体发育调整洗饵筛绢网目。

溞状Ⅰ期、Ⅱ期幼体饵料主要以单胞藻、轮虫等生物活饵为主，当生物饵料不足或缺乏时，可以补充螺旋藻粉、虾片、酵母和豆浆等人工代用饵料，投饵量为 $3\sim6g/m^3$，一般 2 种以上混合投喂；溞状Ⅱ期增加投喂烫死的卤虫幼体，卤虫幼体数量保持 $2\sim3$ 个/mL 为宜；溞状Ⅲ期和Ⅳ期幼体主要以活卤虫幼体为主，同时可加投少量蛋羹、微型胶囊饵料；溞状Ⅳ期变态成为大眼幼体后，增加投喂活卤虫成体和桡足类、枝角类，减少变态过程中幼体互相残杀。投饵量约为幼体体重的 $100\%\sim200\%$，以水中略有残饵为宜，每日投喂 $6\sim8$ 次，宜少量多投，并根据幼体密度大小、饵料剩余量而灵活调整（表9-7，表9-8）。轮虫投喂前用浓缩小球藻液（或扁藻、金藻，或加入鱼肝油、鱼油）强化 6h，卤虫幼体亦用鱼肝油强化 6h 后再投喂，以增强溞状幼体的变态率和成活率。

表 9-7 三疣梭子蟹育苗的投饵量

饵料种类	Z₁	Z₂	Z₃	Z₄	M	C₁
单胞藻类	10~20	5~10	2~3			
虾片、微粒饵料	0.2	0.5	1	1		
轮虫	1:3①	1:2	1:1	1:1		
卤虫幼体		1:(1~3)	1:(5~10)	1:(30~50)	1:(50~100)	水中保持一定量
卤虫成体						体重的50%~100%
鱼贝肉糜						体重的100%以上

① 幼体（只）：轮虫或卤虫（只）。

(4) 设置隐蔽物 当溞状幼体变态为大眼幼体后，生活习性发生较大改变，游泳速度快，捕食能力增强。当大眼幼体密度大、饵料不足时，互残现象就很严重。必须采取措施预防大眼幼体自相残杀：①同一池的幼体孵出时间一致，密度合理；②加强饵料的投喂及管理，使幼体发育同步；③增加散气石布置密度，增大充气量，使其减少相互接触的机会；④降低池水透明度，避免幼体趋光集中，使幼体分布均匀；⑤在池中投放网目为 $30\sim40$ 目的聚乙烯网片或人造海藻。网片的投放数量按池中幼体的密度而定，一般每立方水体投 $0.5\sim1m^2$ 网片；投放时间在第 3 日龄大眼幼体期为宜，过早投放，刚变态后大眼幼体活力较差，在持续充气条件下，幼体易于被动附着，或附着不均匀，不利于大眼幼体的主动摄食。

表 9-8　各期幼体投饵量[①]

发育期	单胞藻 /(10⁴ 个/L)	蛋黄 /(g/m³)	螺旋藻粉 /(g/m³)	毛虾粉 /(g/m³)	蛋糕 /g	卤虫幼体 /(个/只)	卤虫/鱼糜 /(g/m³)	酵母 /(g/m³)
Z_1	5～10		0.5					1
Z_2	5～10	1.5～2	1			30		2
Z_3		2	2	0.2		40		1
Z_4			2	0.5	60	50		
M				1	450	30	10～15	
C							250	

① 幼体培育密度 5 万～15 万只/m³。

(5) 病害防治　三疣梭子蟹人工育苗过程中，对幼体危害性较大的病害有弧菌病、丝状细菌病、聚缩虫病、畸形等。保持水质清新是预防育苗疾病的主要手段。预防和治疗方法可借鉴对虾育苗等经验（表 9-9）。

表 9-9　三疣梭子蟹育苗常见病害及其防治方法

病　害	病原体	症　状	控制、治疗方法
弧菌病	鳗弧菌、副溶血弧菌、溶藻弧菌	体色浑浊、趋光减弱，活动不正常，4～6h 内死亡率高达 80% 以上	聚维酮碘 10～15g/m³ 全池泼洒，1h 后换水，每天 1 次，连用 3d
丝状细菌病	毛霉亮发菌	鳃及体表附着丝状菌，黏附纤毛虫、单胞藻、碎屑污物等，幼体游泳力弱而处于水体下层或底层，沉底死亡	高锰酸钾 0.5～0.7g/m³ 全池泼洒，6h 后大量换水，连用 2d
荧光病	荧光假单胞菌	夜间可见池内幼体发光，持续 2～3d；死亡率高	漂白精 0.5g/m³，每天 1 次，连用 3d；或饵料中添加 0.1% 的复方新诺明或 0.05% 的土霉素投喂 3～5d
固着类纤毛虫附着	聚缩虫、钟形虫、单缩虫、累枝虫	附着幼体的鳃、体表，幼体游动缓慢，摄食力降低，不能蜕壳，黏脏，下沉而大批死亡	全池泼洒制霉菌素 30～35g/m³，经 2～3h 后换水，或先排水施药 2～3h 后将水加满；或福尔马林 10～20mL/m³、高锰酸钾 2～4g/m³ 全池泼洒；或新洁尔灭 0.5～1mL/m³ 全池泼洒
链壶菌病	链壶菌寄生	菌丝缠绕幼体、活力下降，严重时 1～3d 内死亡率达 100%	用亚甲基蓝 0.1～0.5g/m³ 全池泼洒，连用 3 次；或氟乐灵 0.01～0.1g/m³ 全池泼洒，每日 1 次
畸形	亲蟹培育期间水温变化大或水中重金属离子超标	溞状幼体头胸甲上的棘刺断或短小，颚足外肢的游泳毛断或弯曲	亲蟹培育、产卵时水温稳定；亲蟹培育和排幼池中投放 EDTA 二钠盐 2～10g/m³

四、仔蟹出池

当大眼幼体（M）变态为仔蟹（C_1）时，将培育水温、盐度、光照逐渐调至与养殖海区相接近时，即可出池。先将附在附着基上的仔蟹提上来，放入水槽中，然后排水至水深 20～30cm，再用捞网捞取和由池底排水孔集苗。刚变态的仔蟹（C_1），甲壳宽 3～4mm，体重 10mg，甲壳柔软，足易脱落，出苗应小心操作，防止蟹苗受伤。蟹苗计数一般采用重量计数法。

蟹苗运输通常是水运，用大塑料桶或木桶加水充气运输。桶内装附着基或铺人工海藻。容积为 $1m^3$ 的水桶，可放蟹苗（C_1）10 万～15 万尾连续运输 20h 以上。

五、土池人工育苗

三疣梭子蟹土池人工育苗成本较低、苗种健壮，操作简单，有利于批量生产；缺点是只能根据自然水温适时育苗，无法提早培育出蟹苗。主要操作如下所述。

(1) 准备土池 培育池面积 1～2 亩，水深 1.2～1.5m，沙泥硬底质，池壁为水泥护坡或覆盖薄膜，以免幼体被搁浅死亡。池塘其他条件与对虾养殖池相同。

(2) 池水处理 用 200 目筛绢过滤进水，漂白粉消毒，余氯消除后施肥培育自然硅藻，使池水呈淡茶色。

(3) 亲蟹管理 选择自然海区体重 300g 以上的抱卵蟹，每笼一只，吊养于土池中。每天早晚投喂冰鲜鱼，清除残饵，同时观察其胚胎发育情况。镜检胚胎心跳在 180 次/min 左右时，挑选卵色较一致的亲蟹，浸泡药浴杀灭蟹体上的纤毛虫，随后放入池水中排幼。每亩投入排幼亲蟹 4～6 只，一口池的排幼最好一次完成，不得超过 2 天。溞状幼体密度以 300万～500 万只/亩为宜。

(4) 饵料和水质管理 溞状Ⅰ期幼体以硅藻为主要饵料，搭配虾片，每天每亩投 2kg 左右，分 4～6 次投喂；溞状Ⅱ期幼体之后投喂轮虫、卤虫幼体、桡足类、卤虫成体、鱼糜。水温 20～24℃，大约经过 25 天发育成大眼幼体，此时在池内投放网片以供幼体附着。育苗期间池水透明度控制在 30～50cm，必要时补施尿素 $5g/m^3$、过磷酸钙 $0.5g/m^3$。发育到 C_2 后适量换水，可两天换水一次，每次换 1/3。

(5) 蟹苗起捕 仔蟹培育到 C_2～C_4 期后要及时起捕，减小密度，避免残杀。可利用幼蟹的趋光特点夜间灯光诱捕。

第三节 三疣梭子蟹的增养殖

目前梭子蟹养殖在全国沿海已广泛开展，养殖面积逐年增加，主要以养殖三疣梭子蟹为主。养殖方式主要有池塘养殖、浅海蟹笼吊养、蓄养育肥、低坝高网养殖、沉箱养殖、单体筐（盒）养殖等。

一、三疣梭子蟹苗中间培育

直接在池塘中放养 C_1～C_2 期的蟹苗，成活率较低，又难以掌握池塘内梭子蟹的数量，容易造成养殖管理困难。因此，采取中间培育的方法可以显著提高养殖初期的成活率。梭子蟹中间培育（亦称暂养），即是将仔蟹（C_1、C_2）培育成壳宽 2～4cm 的幼蟹的过程。

中间培育池面积在 $2000m^2$ 以内，设有进排水闸，池水能排干或池底仅留少量积水，水深 1.2m，底质为沙质或沙泥质，池底适量铺沙堆，投置棕榈丝（土池）或无结网片（水泥池）为隐蔽物。C_1～C_2 期蟹苗的放养密度为 15～20 只/m^2。中间培育以投喂鱼糜、小杂虾为主，辅助投喂一些蟹用配合饵料。每亩配备功率为 1kW 的水车式增氧机，每天开动增氧机增氧，保持池底水体溶解氧含量在 4mg/L 以上。经过 20～30d 培育，即可捕捞。早期可在晚间用地笼网起捕；后期可干塘清捕。捕苗操作尽量小心，避免断肢伤苗。

　　幼蟹起捕后置于放入石莼等海藻的塑料筐、厚纸箱或泡沫箱内运输，放苗密度为 200～300 只/m²；还可用聚乙烯袋（50cm×100cm）装入海水，每袋放入 100～200 只蟹苗，充氧运输。运抵目的地后要及时投放入养成池塘。

　　中间培育的另一普遍做法是，在沙质底养成池的北岸向阳避风处，用 20 目筛网拦出一块水面，水深 20～30cm，拦网面积根据暂养蟹苗多少而定。暂养蟹苗密度一般 100 只/m²。投喂饵料主要为活卤虫和活蓝蛤，卤虫投喂量可适当控制，蓝蛤经水洗后可一次多投，如有条件可在暂养池中播上一薄层的蓝蛤，防止蟹苗因缺少饵料而自相残杀。水温适宜条件下，经过 10～20d 的暂养，蟹苗长成壳宽 3～4cm 的幼蟹，即可计数、拔网放入养成池养殖。

二、三疣梭子蟹池塘养殖

1. 养殖池塘

　　三疣梭子蟹养殖池以土池为佳，其结构与对虾养殖池类似，也可利用对虾池养殖梭子蟹。应选择供电、供水方便、海区无污染、盐度适宜、有淡水水源，进排水方便，面积 10000m² 以下，水深 1.5～2m、底质为沙质或沙泥的池塘。如底质淤泥严重，则需清除淤泥，适量加沙，在池底设沙堆，一般每亩设直径 1m 的沙堆 30 个左右，在池内投放一些瓦罐、石块、海藻等隐蔽物，为梭子蟹提供较好的生长环境。

2. 蟹苗放养

　　蟹苗放养前，池塘应经过清淤、消毒、清除敌害，安好进排水闸滤网，网滤进海水 50cm 后适当肥水。每亩放养壳宽 2～3cm 的幼蟹 4000～5000 只，选择规格一致的蟹苗。进排水条件好的池塘可适当多放。当水温稳定至 15～17℃时，即可放苗。

　　三疣梭子蟹还可与鱼类（红鳍东方鲀等）、对虾类（日本囊对虾、中国明对虾、凡纳滨对虾等）、贝类（扇贝、菲律宾蛤仔）混养。每亩放鱼种 30～40 尾，放养对虾苗 2000～3000 尾，可以收到增产增收的效果。

3. 养殖管理

　　(1) 饵料管理　三疣梭子蟹为杂食性，凡新鲜的低值鱼、虾、贝、蟹以及大型绿藻等，均可作为饵料。投饵量依蟹大小而异，甲宽 8cm 以下，日投饵量为梭子蟹总体重的 3%～5%；甲宽 8cm 以上，日投饵量为体重的 6%～8%。每日早晨和傍晚各投饵 1 次，傍晚多投，早晨少投。投饵还要根据水温的变化和残饵等情况及时调整，当水温超过 35℃或低于 14℃，应减少投饵或停止投饵。三疣梭子蟹也摄食配合饵料，其蛋白质含量要求在 31% 以上，颗粒直径 4.8～5.6mm，颗粒长 12～19mm。使用对虾的配合饵料或湿软颗粒饵料，也可收到好的效果。养殖后期适当加大精料的投喂量，以利梭子蟹育肥。高温期在饵料中加入中草药、大蒜等预防疾病，定期在饵料中添加 0.2% 的维生素 C、0.1% 的免疫多糖，增强梭子蟹的体质。梭子蟹有同类相残的习性，多发生在蜕壳和饵料严重不足时，因此，要及时观察，调整投饵量。

　　(2) 水质管理　养殖期间视水质情况适量添、换水。前期以添水为主，中、后期适量换水；天气不好或海水浑浊时控制换水。暴雨前应尽量在池内蓄足海水，做好排淡准备，暴雨后及时排去上层淡水，及时施用沸石粉及石灰石粉。如果盐度变化大，还要向池内泼洒粗盐。有增氧机的池塘要及时开动增氧机，预防水体分层。夏季池水盐度偏高，除换水外，有条件的地区可引淡水，使池水盐度保持在 25 左右，以利于梭子蟹蜕壳生长。保持水中的溶解氧 4～5mg/L，盐度 15 以上，水色为浅绿色或淡褐色、透明度 30cm 左右。放养密度较大的池塘需要配备增氧设施。

　　每隔 15d 左右交替泼洒生石灰（15g/m³）、漂白粉（1～1.5g/m³）、二氧化氯

（0.5～0.6g/m³）等消毒剂，不定期施用沸石粉等底质改良剂，施用光合细菌、EM 菌等微生态制剂，改善水质，但注意微生态制剂不得与消毒剂同时使用。平时注意做好水温、盐度、pH、溶解氧、透明度等的观测和记录工作。

近年有些地区采用海水池塘底部增氧技术，使梭子蟹养殖池塘内能保持较高的溶氧量。做法是采用对虾育苗场的供气系统，配备罗茨鼓风机，在池塘底部铺设 PVC 管，通过在 PVC 管上的小孔将空气充入到池塘内（图 9-4），增加池塘底层的溶解氧量。一般凌晨 2～6 时开启增氧机；中午开启 2～3h；阴雨天、闷热天、梭子蟹蜕壳期必须开启充气泵。此举能抑制池内有害生物的滋生，促进底部有机废物的降解，改善池塘水质环境，有利于梭子蟹生长蜕壳和提高养殖成活率。

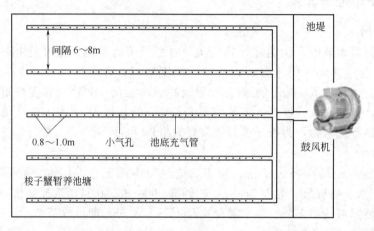

图 9-4　梭子蟹育肥池塘充气管示意图

（3）巡池检查　定期检查闸门、堤坝是否破损、漏水，发现漏洞及时补堵，严防梭子蟹逃逸。观察水色变化、残饵状况、蟹活动及生长情况。

（4）雌雄配养　因雌蟹价格比雄蟹高，有条件的地方可在养殖过程中逐步将雌雄蟹分开饲养。9～10 月份梭子蟹开始交配时，可将大部分雄蟹捕出池另池养殖，控制原池内雌雄蟹比例为 3：1，10～11 月将雄蟹全部起捕出售，雌蟹留池育肥。

（5）病害防治　梭子蟹养殖主要有弧菌病、甲壳溃疡、断肢、纤毛虫附着、孢子虫寄生、硅藻或绿藻附着、蜕壳不遂、感染白斑病毒病等多种疾病。放苗密度过大、过量投饵、池塘水体富营养化等因素都可能造成梭子蟹发生病害。养殖过程中，要坚持预防为主、科学饲养的原则，采取综合管理措施：①放养前应彻底清淤整池、切断病原体的传播途径；②投放健康蟹苗；③投喂海产鲜活饵料要清洗干净、消毒处理；④投喂优质饵料，增强梭子蟹抵抗能力；⑤定期使用微生态制剂，改善养殖环境。

4. 收获

三疣梭子蟹在养殖过程中，根据生长规格和市场价格，随时都可捕捞上市，采取边捕边养的方式，捕大留小，捕雄留雌。捕捞应根据季节和需要，采取不同的捕捞方式。一次性捕捞，水温在 14℃ 左右时，可提闸放水用涨网捕获，也可根据需要用刺网捕获。

三、三疣梭子蟹蓄养育肥（育膏）

9～10 月为自然海区或人工养殖三疣梭子蟹的捕捞旺汛期，捕捞已达商品规格的成蟹、或肥满度不够、或已交配的雌蟹，将其移至室内水泥池或大棚池塘暂养，蓄养育肥（育膏），翌年春节前后起捕出售以获得更大的利润。蓄养时间根据市场行情和季节而定，为 30～

120 天。

蓄养育肥（育膏）水泥池面积 200～500m²，底铺沙 15～20cm，设进排水口、增氧设施。沙质池塘面积以 1000～2000m² 为宜，大池可用网片隔开，以便于管理和收获。放养密度为当年蟹 6～9 只/m²。蓄养育肥（育膏）管理方法类同池塘养殖。池塘单体筐养是将塑料蟹筐以浮筏式置于池塘水体上层，水泥池单层筐养则将筐体连接，浮于水面上。蟹筐规格约为 40cm×30cm×40cm，筐底部放置 25cm×15cm×10cm 沙盒 1 个，铺放 10cm 左右的沙供蟹栖息，筐内水深约 30cm。较大的筐可分隔，一个分隔内养 1 只蟹。池塘大棚或筐顶遮光，池底铺充气管道。每天傍晚投饵，按体重的 5%～10%投喂新鲜杂鱼，次日清晨清除残饵，每天用沙滤水换水 20%～25%（沈烈峰等，2013；王春琳等，2013）。

四、三疣梭子蟹浅海延绳笼养殖

浅海笼养三疣梭子蟹采用延绳式的方式，不仅可防止梭子蟹自残，并且拓展了浅海养殖空间。

1. 海区选择

选择水质清新，水深 3～8m，风浪适中、水流舒缓，流速在 30cm/s 以下的有岛礁屏障、无工业污染的内湾海区。最好选择离岸较近、野生贝类丰富的海区，便于饵料供应及养殖管理。水体透明度适中，pH7.8～8.4，盐度 20 以上、溶解氧 4mg/L 以上。

2. 养殖设施

养殖方式为延绳式蟹笼（图 9-5）吊养，延绳长 60～100m，以直径 2.5～3cm 的聚乙烯绳作大绠，两头用桩固定于海底，延绳笼横流设置。大绠上每隔 4m 安设一浮子，浮子浮力 15～20kg 以上。蟹笼用直径 0.6～1cm 的聚乙烯绳固定在大绠上，笼间距为 1～2m，吊绳长度根据季节而调节，一般 0.3～2m。

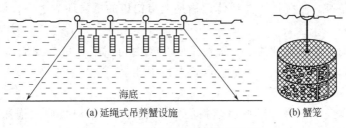

(a) 延绳式吊养蟹设施　　(b) 蟹笼

图 9-5　延绳式吊养蟹设施示意图

蟹笼为网笼，间隔层为直径 30～35cm 的圆形底盘（盘上钻多个直径 0.3cm 孔），每一吊笼4～5 层，外包裹网目 1～1.5cm 的网衣；单笼层高 15～18cm，每层笼设一个 7cm×7cm 的门。也可用闲置的扇贝笼作吊养蟹笼。

3. 蟹苗中间培育

自当地育苗场购入壳宽 1.2cm 的三疣梭子蟹幼蟹，放小型虾池暂养。虾池预先清淤、肥水。中间培育期间，投喂大卤虫、桡足类及鱼糜等，日投饵量为幼蟹体重的 100%～200%，采取少量多次的原则，每天喂 3～6 次。每日根据实际情况适当换水。经 30d 左右的养殖管理，三疣梭子蟹长至壳宽 4～5cm 的放笼规格。

4. 蟹种放养

放养的蟹种要求壳硬，活力强，附肢完整。放养时水温在 20℃左右为好，每层笼放一只，以防蟹蜕壳时相互残杀，最好雌雄分笼，以方便出售。操作过程中要减少对幼蟹的损伤，尽量避免太阳曝晒，缩短干露时间，以提高成活率。然后将装好蟹苗的蟹笼吊养到海区已设置的浮缭上。

如果从事梭子蟹育肥，则在 9～10 月待梭子蟹交配后选择规格 0.15～0.5kg/只的雌蟹装笼放养。

5. 养殖管理

饵料以野生低质贝类为主，低值鱼虾、海藻也可作为梭子蟹的饵料。梭子蟹壳宽 4～5cm 以下时，宜投喂小贻贝（壳长 2.5cm 以下）或小杂鱼等。此后投喂贝类、杂鱼、海藻等。如投喂活贝类可适当多投，1 次投够 3～5d 的食量，可以减少劳动强度，但高温期间要适当缩短投饵间隔。

在蟹笼刚放置海区时可将吊绳放短，让蟹笼尽量靠近水表层，以后随气温和水温的升高，再将吊绳逐渐放长，高温期使蟹笼置于 2m 以下的水深处。此举既可防止表层水温超出梭子蟹的耐温上限而致蟹死亡，又可防止因风浪太大，蟹笼过度摇晃而影响蟹的生长。每隔 15～20d，要清除笼内碎壳 1 次，如果蟹笼上附着物太多，也可换笼。在幼蟹阶段，投饵、清洗等工作完成后不应将蟹笼猛掷回海区，以免梭子蟹因震荡而受惊吓。

投饵的同时，要检查梭子蟹的生长情况，剔除死蟹和断肢蟹，检查蟹笼、浮缆、吊绳、浮子等有无破损，如发现问题及时解决。每隔 10d，抽样测量养殖蟹，掌握生长情况。因养殖区水稳定离岸又近，养殖设施需要安排人员看护。

6. 收获

经 4～6 个月养殖，三疣梭子蟹长到壳宽 16cm、体重 250g/只左右的商品规格，就可根据市场行情适时收获。收获时间通常在秋末，水温降到 14℃时应及时收获。若是育肥蟹，平均壳长规格可达 20cm，体重达 0.35kg/只以上，可暂养在春节前后价格较高时出售。

五、三疣梭子蟹活体包装运输

活梭子蟹价格高，三疣梭子蟹活体运输是上市销售的重要环节之一。

1. 干运

运输路途短时，可采取此法，三疣梭子蟹 20℃时可耐干时间 7～8h。将蟹冲洗干净、用橡皮筋捆绑螯足，整齐摆放在塑料框中，盖上盖子扎紧。

2. 泡沫箱充氧运输

将三疣梭子蟹螯足捆绑，摆放厚塑料袋中，充氧。将塑料袋放入泡沫箱内，用胶带封口。如气温高，可在箱内放少量冰块降温。一般 50cm×50cm×35cm 的泡沫箱可装蟹 20kg，25℃运输 10h 成活率可达 90% 以上。

3. 水箱运输

将三疣梭子蟹螯足捆绑，整齐摆放在塑料框（或网框）中，盖上盖子。再将蟹框放入水箱中（或大塑料桶），视水箱容量叠放。箱内加满清洁海水，放入散气石若干个，运输中连续充气（或充氧气）。高温运输时需要控温或用冷藏车运输。一般每立方米水体可运输150～200 只。

4. 木屑包装干运

选择肢体完整、体态饱满的健康成蟹，暂养 1～2d，让其排尽粪便，剔除弱蟹。然后逐级降温，一次降温幅度一般不超过 6℃，使梭子蟹进入休眠状态（此时水温一般在 7～8℃）。接着将蟹送入包装车间（气温 8～10℃），包装用的木屑与纸箱应先降温，然后将木屑平铺纸箱底层，厚 1.5cm，再将捆绑螯足了的蟹平摆在锯末上，再盖上 1～2cm 木屑，如此摆上 3～4 层，再用木屑填满封箱，低温存放运输。运抵目的地后放养在低温海水中，待其慢慢复苏，再以活蟹出售。三疣梭子蟹出口或长途运输常采用此法。

六、三疣梭子蟹放流增殖

我国三疣梭子蟹资源曾经非常丰富，但由于海洋环境污染、长期捕捞过度等原因，自20世纪80年代开始，我国沿海海区三疣梭子蟹资源持续衰退。渔业资源增殖放流是恢复渔业资源、提高渔业生产力的有效手段。为此，近年我国渔业部门通过实施增殖放流和伏季休渔等措施来保护和增加自然海区三疣梭子蟹的资源，取得了明显的经济、社会和生态效益。

三疣梭子蟹具有放流周期短、增殖产量大、效果快、回捕率高、收益大等特点。三疣梭子蟹生长海域范围较小，移动距离（从放流点到回捕点的直线距离）为1～59km，稚蟹移动范围很小，产卵群则由深水区向浅水区移动，移动范围20～30km。当年标志放流的三疣梭子蟹苗，回捕率最好的实例为50%，平均为12%，与其他的增殖放流品种相比较，三疣梭子蟹放流使当年的渔获量得到提高，一部分梭子蟹群体进入下一个繁殖期，繁殖后代，这对提高自然海区的三疣梭子蟹资源量具有重要的意义。增殖放流的苗种来自人工培育的梭子蟹苗，直接放流或经过中间培育再行放流。

同时，沿海有关各省（市）还制定了保护三疣梭子蟹的规定。如"春保、夏养、冬捕"的生产方针，即春季产卵季节不能捕捞抱卵亲蟹；夏季不宜捕捞产后肉瘦、体重125g以下的幼蟹；秋季有计划地捕捞越冬洄游的三疣梭子蟹。通过相继多年的增殖放流和保护，对恢复三疣梭子蟹资源起到了积极的推动作用。

本章小结

我国常见的梭子蟹主要有三疣梭子蟹、红星梭子蟹、远海梭子蟹等，主要养殖三疣梭子蟹。三疣梭子蟹头胸甲具3个疣状突起，红星梭子蟹头胸甲上具3个紫红圆斑，远海梭子蟹雌雄体色相异，雄蟹天蓝色，雌蟹粉绿色，均具花纹。梭子蟹白天潜伏，夜间觅食，栖息泥沙底质，潜沙能力强。适应盐度13～38，水温8～31℃，6℃以下潜沙冬眠。梭子蟹性情凶猛，自大眼幼体阶段起有明显的互相残杀行为。当年初出生的三疣梭子蟹个体在9月中旬至10月下旬进入交配期，春夏季节为产卵季节。梭子蟹可多次产卵，抱卵孵化。幼体发育经溞状幼体变态为大眼幼体，进而成为仔蟹。梭子蟹人工育苗工艺流程包括亲蟹的选择、运输及培育（包括越冬培育、促熟培育和抱卵蟹培育）、孵化、幼体培育、病害防治及出池等。育苗饵料主要是单胞藻类、轮虫、配合饵料、卤虫幼体和大卤虫等。育苗成活率与亲蟹质量、幼体培育密度、饵料数量和质量、育苗池中的水温、盐度、隐蔽物等环境因子有关。

梭子蟹养殖方式主要有池塘养殖、箱（笼）养和浅海延绳笼吊养等。池塘养殖主要包括养殖池塘选择与处理、蟹苗放养、养殖管理及收获等过程。养殖过程中，要严格控制盐度、溶解氧、透明度、底质等水质条件，投喂新鲜饵料，并根据实际条件调整投喂量，做好病害防治工作。浅海延绳式笼养梭子蟹，每层笼放一只，可避免梭子蟹相互残杀，养殖成活率高，而且拓展了浅海养殖空间。笼养梭子蟹投喂贝类、杂鱼、海藻等，养殖期间要及时调整蟹笼吊养深度和清理蟹笼，养殖4～6个月可收获。梭子蟹活体上市运输方法有带水运法和干运法，木屑包装干运法适宜于长途运输和出口。三疣梭子蟹具有生长快、养殖效益高的特点，还具有放流移动范围小、回捕率高等特点。我国以增殖放流和伏季休渔等措施来保护和增加自然海区三疣梭子蟹的资源。

复习思考题

1. 鉴别我国常见梭子蟹的种类。
2. 简述三疣梭子蟹的生态习性。

3. 简要说明三疣梭子蟹亲蟹培育的主要环节。

4. 简述三疣梭子蟹越冬培育方法。

5. 简述三疣梭子蟹人工育苗技术要点。

6. 如何判断幼体放散的时间？

7. 怎样进行幼体选优？

8. 简述三疣梭子蟹人工育苗的幼体培育的饵料系列。

9. 三疣梭子蟹养殖蟹类有哪些模式？

10. 查阅资料，了解三疣梭子蟹资源增殖放流的意义和与方法。

第十章 ▶▶ 拟穴青蟹养殖技术

学习目标

1.掌握拟穴青蟹的生活习性和繁殖习性。

2.掌握亲蟹产卵管理、人工育苗主要环节的管理技术。

3.掌握拟穴青蟹养殖管理主要技术环节。

4.掌握拟穴青蟹育肥管理主要技术环节。

拟穴青蟹 *paramamosain*，简称青蟹，俗称蚂，主要分布于热带、亚热带沿海，我国广泛分布于广东、广西、福建、台湾、浙江等沿海地区。青蟹具有生长快、个体大、适应性强、耐干露、易运输、肉味鲜美、养殖效益好等特点，故为我国的重要海洋经济养殖蟹类之一。随着青蟹人工育苗技术的突破和养殖技术的改进，青蟹养殖业获得了很大的发展，养殖模式多样化。

第一节 拟穴青蟹的生物学

一、形态特征

采用形态学和分子标记等方法的研究结果表明，青蟹属有 4 个物种，分别为拟穴青蟹、锯缘青蟹（*S. serrata*）、紫螯青蟹（*S. tranquebarica*）和榄绿青蟹（*S. olivacea*）。可从头胸甲额缘 4 齿的长度、形状（图 10-1），螯足掌节外刺、螯足腕节内刺的有无以及螯足及步足斑纹来区分 4 个种类（表 10-1）。分布于我国的青蟹优势种主要是拟穴青蟹，其他 3 个物种仅分布在海南沿海和北部湾。

| 拟穴青蟹 | 锯缘青蟹 | 榄绿青蟹 | 紫螯青蟹 |

图 10-1　4 种青蟹额缘齿的比较

表 10-1   四种青蟹的主要特征比较

中文学名	主要特征	分布海域
拟穴青蟹	背甲淡青绿色,额缘齿中高,尖锐三角形;游泳足无明显网状花纹;腕节外刺较发达,大部分个体螯足腕节内刺退化成一小瘤状凸起或完全退化,少部分较发达	我国沿海优势种,适盐范围广
锯缘青蟹	额缘齿高,尖钝形;螯足与游泳足有深绿色网纹;螯足掌节外缘具 2 个大小相近的刺;螯足腕节内刺发达;体型最大	主要分布在东南亚沿海,多种盐度较高的大洋性海域
紫螯青蟹	额缘齿中等,钝形;螯足紫色;螯足掌节外缘具 2 个大小相近的刺;螯足腕节内刺发达;后两对步足具明显的颜色较深的斑纹	盛产于南亚、东南亚海域,我国不常见
榄绿青蟹	额缘齿低,圆形;螯足橙红色;螯足掌节外刺较其他 3 种退化;螯足腕节内刺完全退化	主要产于东南亚,我国主要分布在南方海域

拟穴青蟹(以下简称青蟹)躯体分为头胸部和腹部。头胸甲呈青绿色,背面隆起而光滑。头胸甲前缘有额齿 6 个,三角形左右缘有侧齿 9 个,似锯齿状(图 10-2)。胸足 5 对,第 1 对钳状,称螯足,用于防御攻击和摄食;第 2、3、4 对呈爪状,称步足,用于爬行;第 5 对呈桨状,称游泳足,作游泳用。

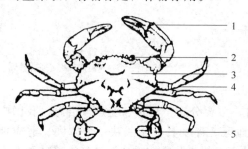

打开头胸甲,可见内脏中央有一个透明微黄的心脏,左右侧为鳃腔,具有 6 对白色的鳃。消化道自口经过一段短的食道与胃相通,后面连接细直的肠道直通腹部末端的肛门。胃的两侧有土黄色的肝脏,占据头胸甲的大部分。雌性生殖系统包括卵巢、输卵管、纳精囊;雄性生殖系统包括精巢、输精管和副性腺。

图 10-2   拟穴青蟹外部形态
1—螯足;2—眼;3—背甲;
4—步足;5—游泳足

二、蜕壳与生长

青蟹一生中大约要经过 13 次蜕壳,即 6 次幼体发育蜕皮、6 次生长蜕壳和 1 次生殖蜕壳,伴随着幼体的蜕皮、蟹种的蜕壳,个体不断长大。

三、食性

青蟹属肉食性甲壳动物,在自然环境中常以蛤仔、兰蛤、短齿蛤、蟹守螺等小型贝类以及小鱼、小虾蟹、藤壶等为主食,也摄食鱼虾尸体及藻类等。在不同的生长阶段,其觅食饵料不同,幼蟹偏于杂食性,个体越大,越趋向于肉食性。青蟹有同类相残的习性,食物不足时常会捕食刚蜕壳的软壳蟹。

四、栖息与活动

青蟹为广盐性、广温性蟹类,喜栖息在咸淡水交界的河口、内湾之潮间带(图 10-3);栖息在潮差较大、潮水畅通的泥滩、沙泥或沙底的滩涂上,也栖息于红树林沼泽浅海内湾、江河入海口,营穴居或隐居生活,具有领地性。能在咸淡水中生长发育,其适应海水盐度范围为 5~33,最适盐度为 13~17。水温的适应范围为 12~32℃,最适水温为 18~25℃,水温低于 5℃时,停止活动和摄食。青蟹对水中溶解氧量有一定要求,蜕壳时需氧更多。青蟹耐干能力较强,离水后只要鳃腔中存有少量水分,鳃丝湿润,便可存活数天。

五、繁殖习性

1. 繁殖季节

青蟹成熟繁殖季节主要与水温有关。自然海区水温达到 18℃ 以上时,青蟹摄食活

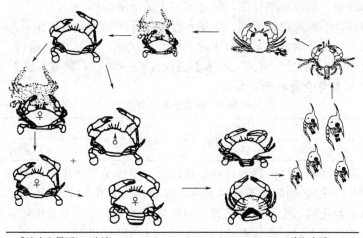

咸淡水交界河口、内湾　　　　　　　　　　外海水域

图 10-3 青蟹的生活史

动正常，性腺开始发育，在南方沿海天然海区或者养蟹池中，全年可见到卵巢成熟的青蟹，但繁殖旺季一般在 3～6 月份和 9～10 月份；在炎热盛夏、冬季低温、雨季盐度变化大时，成熟亲蟹较少。

2. 交配与产卵

青蟹一般 1 年达性成熟。雄蟹体重 110g 以上就有交配能力。雌蟹经过生长的最后一次蜕壳、腹甲变圆、腹肢长满绒毛（图 10-4）时即进入交配时期。青蟹交配是在雌蟹蜕壳后，新壳还没有硬化以前进行的。交配时间通常持续 2～3d，交配完毕后，雄蟹还守候雌蟹一段时间，直至雌蟹壳硬化才离开。交配后精子贮存在雌蟹纳精囊内，交配后数周甚至数月后才受精。通常青蟹交配一次其精子可供 2 次产卵用。

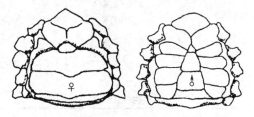

图 10-4 拟穴青蟹的腹面观

肉眼容易辨识雌雄青蟹是否交配，其主要特征是：交配时拥抱摩擦而致雌雄蟹腹部有刮擦痕。已交配的雌蟹，腹节宽，呈椭圆形，腹部周围刚毛密集，打开腹部可见生殖孔被输卵管的分泌物所塞住；轻压头胸甲后缘与腹节交接处的中央，可见黄豆粒大小的乳白色圆点。

交配后的雌蟹，在纳精囊内的精子刺激下，卵巢开始发育。根据卵巢大小，颜色、形态特征，将卵巢发育过程划分为 6 期：①未发育期，卵巢极细，透明；②发育早期，卵巢带状，乳白色；③发育期，卵巢迅速增大，呈淡黄到橙黄色；④近成熟期，卵巢橘红色；⑤成熟期，卵巢呈鲜亮橘红色，卵粒可辨；⑥排卵后期，卵巢萎缩。

在饵料充足，水温、盐度适宜的条件下，交配后的青蟹经 30～40d 卵巢发育成熟，卵巢占据整个头胸甲下及其前侧缘，直至肛门附近。此时如外界条件合适，便可产卵。正常情况下雌蟹在夜间产卵，也有在下午产卵，但这属于不正常时间的产卵，所产卵量少，产卵后多数掉到池底，不易将卵黏附在腹肢刚毛上，似流产状态。成熟的卵子经过输卵管至纳精囊与精子结合而受精，然后从生殖孔排出体外，黏附在腹部腹肢的刚毛上。雌蟹抱卵量通常与体重成正相关，个体大的卵量多，一般每只雌蟹的怀卵量 150 万～400 万粒。亲蟹产过卵后即开始卵巢的发育，在一年内可多次抱卵。

3. 胚胎发育

受精卵排出体外后开始卵裂，经囊胚期、原肠期、无节幼体期、5 对附肢期、7 对附肢期、复眼色素形成期、原溞状幼体期，孵化出第Ⅰ期溞状幼体。

青蟹抱卵期间，不断地摆动附肢，驱动水流，保证胚胎得以进行正常的新陈代谢并冲洗去附着于卵上的污物。胚胎发育速度与水温有密切的关系，在适温范围内，水温高孵化快，反之则较慢（表10-2）。胚胎发育适宜的水温范围为20～30℃，最适水温为25～30℃。水温超过32℃时，胚胎发育会受影响。

表10-2　青蟹胚胎发育速度

水温/℃	22～23	24～25	26～28	29～30	31～32
孵化时间/d	21～22	18～20	14～16	12～13	10～11

青蟹受精卵随着胚胎发育的进展，卵的颜色会发生一系列变化：橘黄色→淡黄色→棕黑色→灰黑色（即将孵化）。同时随着胚胎发育，卵径增大致使腹部卵团变大，腹节逐渐伸展而不易合拢，将要孵化时，抱卵雌蟹的腹节伸展接近水平状态。当受精卵呈灰黑色、胚体心脏每分钟搏动100次以上时，即说明幼体将在1～2d内孵化出来。

4. 幼体发育

青蟹受精卵孵化后成为溞状幼体。幼体发育过程为：受精卵→溞状幼体（Z_1～Z_5）→大眼幼体（M期）→仔蟹（C期）。各期幼体的主要形态特征见表10-3、图10-5。

表10-3　青蟹幼体发育各阶段的主要特征

发育期	体长/mm	第1、2对颚足外肢末端羽状刚毛数	复眼	步足形态
Z_1	1.4～1.6	4根	无柄	
Z_2	1.4～1.6	6根	无柄	步足雏形出现
Z_3	1.7～1.9	8根	无柄	步足芽状
Z_4	2.4～2.6	10～11根	无柄	步足棒状
Z_5	3.3～3.4	第1对12～13根；第2对14～15根	具柄	步足显著棒状
M	3.5		具柄	第1步足指节螯状
C_1	头胸甲长2.8		具柄	与成体相似

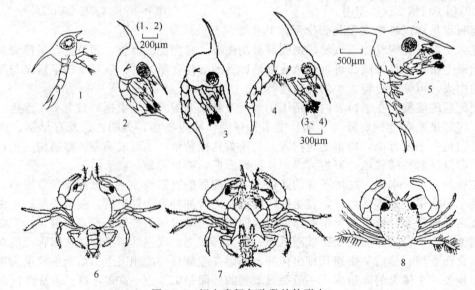

图10-5　拟穴青蟹各阶段幼体形态

1—Ⅰ期溞状幼体；2—Ⅱ期溞状幼体；3—Ⅲ期溞状幼体；4—Ⅳ期溞状幼体；
5—Ⅴ期溞状幼体；6—大眼幼体（背面）；7—大眼幼体（腹面）；8—幼蟹

第二节　拟穴青蟹的人工育苗

一、育苗设施的准备

拟穴青蟹人工育苗可以利用海水鱼、对虾育苗场的设施设备，但需要有充足的淡水供应，以供育苗后期使用。育苗生产准备工作和要求见第一篇第二章第二节。

在育苗生产（幼体培育）开始前1个月左右需要培养单细胞藻类和轮虫。

二、亲蟹培育

1. 亲蟹培育池

培育池可用水泥池或土池，一般采用水泥池。水泥池可用对虾亲虾培育池或育苗池。室内池清洗干净，然后用$20g/m^3$的高锰酸钾消毒。池底铺上消毒的细沙$5\sim10cm$，铺沙占池底面积的$50\%\sim60\%$。排水口附近不铺沙，用作投饵场。铺沙有利于亲蟹产卵时将卵附着在腹部的刚毛上，同时也有利于抱卵蟹活动时剔除依附于卵上的真菌。在池底用砖块、石块或水管筑成"蟹屋"，供亲蟹隐蔽和栖息。池上搭盖遮光设施，使白天光照控制在$50\sim100lx$范围。池内放气石1个$/m^2$。

2. 亲（膏）蟹的选择、运输

亲蟹的来源有两种：一是从天然海区捕获的已交配雌蟹、膏蟹或抱卵蟹；二是从由人工养殖的青蟹中挑选雌性青蟹（膏蟹）。选择卵巢已进入头胸甲前侧缘、腹脐分节处凹凸显著、颜色棕红、体重$250\sim400g$、健康无病、附肢完整的膏蟹。最好选用天然海区捕获的膏蟹，体质健壮，寄生生物少，孵化率和出苗率高。

收购抱卵蟹更要选择无外伤、附肢健全、活力强的个体，并要求腹部坚实、紧收，卵块形状完整，色泽鲜明。

亲蟹运输时要绑缚螯足，防止互相攻击致伤。一般用湿咸草捆扎后，平放于具通气孔的泡沫箱中干运。抱卵蟹不可干运，需采用活水或带水充氧运输。运输水温$20℃$以下为宜，要避免长时间的干露及盐度、水温的剧烈变化，防日晒、风吹和雨淋。

3. 亲蟹培育管理

（1）入池前的处理　收购的抱卵蟹或亲蟹（膏蟹）运到育苗场后，先用池水逐步洗淋，使其与池内温差逐渐减少到$2℃$以内。亲蟹入池前用$10g/m^3$的高锰酸钾或$20mL/m^3$的福尔马林消毒$2\sim5min$，尽量减少附着生物带入池内。

（2）放养密度　放蟹密度宜疏不宜密，一般为$1\sim2$只$/m^2$，以避免格斗造成损伤。抱卵蟹最好单独培育。

（3）饵料投喂　亲蟹培育要投喂优质饵料，青蟹喜食贝类、杂鱼、活沙蚕，贝类以缢蛏和牡蛎最佳。饵料要先消毒后再投喂，每天投饵量为蟹体重的$7\%\sim10\%$，以每次略有剩余为准。

（4）促熟　亲蟹交配后有时要经很长时间才能产卵，在水泥池中饲养往往会使卵巢退化。为了促进亲蟹卵巢加快成熟、早产卵，可采用切除眼柄的方法，即切除性腺饱满的雌蟹的眼柄，同时控制适宜的水温（$20\sim25℃$）和投喂优质饵料，即可以诱导亲蟹产卵。

切除眼柄的方法有直接切除和低温麻醉切除法。前者以小剪刀或烧红的镊子用力夹眼柄基部；后者则将亲蟹置于 3～4℃ 低温下"麻醉"10～20min，待触其眼柄不缩入眼窝后再行切除。切除方式有切除单侧或双侧，双侧切除诱导卵巢成熟及产卵方面比单侧切除的效果明显，即能较快达到性腺成熟和产卵。此法虽能有效地促使亲蟹性腺成熟和产卵，但抱卵蟹却常常在临孵化时出现异常蜕壳而死亡，而单侧切除眼柄在正常繁殖季节一般不能有效地促使性腺成熟与产卵。如果切除眼柄时期掌握不对，即使亲蟹能抱卵，孵化率也很低（＜5％）（林琼武，1994）。

卵巢成熟的雌蟹（膏蟹）若饵料丰富，温、盐度适宜，经过切除眼柄等措施催产，强化培育 1 周左右，便会自行产卵，并抱卵。

(5) 水环境管理 亲蟹培育水温为 25～30℃，控制日温差小于 1℃。盐度为 25～30，盐度低亲蟹卵巢不易成熟，而抱卵蟹卵易脱落，胚胎也会死亡。在水泥池中培养，需要不断充气，保证溶解氧量不低于 4mg/L。每日换水 1 次，同时清除残饵及死亡亲蟹，抱卵后日换水量要增加。每隔 4～5d，彻底翻洗、消毒沙层，防止变黑，或倒池 1 次，"蟹屋"也要清洗消毒。未抱卵的雌蟹需要每天干露 1h 左右，连续几天，以利于亲蟹产卵。

(6) 抱卵蟹观察 亲蟹抱卵后要编号标记，每天清洗池子时观察胚胎发育情况。取少许卵粒在显微镜下观察胚胎发育状况、有无真菌或聚缩虫感染；观察心跳，预测抱卵蟹的孵化日期。注意抱卵蟹不能干露，观察胚胎时操作要迅速。

(7) 防病 亲蟹培育期间，管理不善或因投饵不当造成底质黑化，会使抱卵蟹腹部卵块附着细菌或原生动物，而使受精卵腐烂并降低孵化率。因此，一般每隔 3～5d 用福尔马林、高锰酸钾或制霉菌素对抱卵亲蟹实施药浴预防。或可定期用亚甲基蓝 20～30g/m³ 消毒 10min；或高锰酸钾 10g/m³ 消毒 2min；或聚维酮碘 1g/m³ 消毒 10min 防治丝状细菌病；用 0.05％～0.1％ 新洁尔灭（原液浓度为 5％）的海水稀释液浸泡 1h 或 200mL/m³ 福尔马林药浴 5min 杀灭聚缩虫、钟形虫等固着性纤毛虫。

三、幼体孵化

1. 准备工作

从抱卵到孵化一般需要 11～13d。当受精卵卵径由 280μm 增至 380μm、颜色变为黑灰色或黑色、胚胎上出现紫色斑点、心跳频率达到 150 次/min 以上时，即预示着幼体将在 1～2d 内孵化出膜。此时将亲蟹用 50g/m³ 制霉菌素浸泡处理 2h；或高锰酸钾 10g/m³ 消毒 40min，然后移入孵化池内准备孵化幼体。同时应抓紧时间备好幼体孵化池和育苗池，清洗、消毒，放入沙滤海水。

2. 孵化方法

孵化方法有二：①将即将孵出幼体的抱卵蟹装入蟹笼，垂挂在育苗池或孵化池中孵化；②将抱卵蟹移入孵化池中充气孵化，然后将趋光性强、活力好的上层幼体捞出，经严格消毒后再投入育苗池内培育。

溞状幼体孵出一般在 5:00～9:00，以 6:00～7:00 较多，其他时间孵化的幼体质量较差。即将孵化时，抱卵蟹骚动不安，不停地以螯足着地在水池中爬行，腹部不断地向身体后方展开、上翘，不断地划动游泳肢，使躯体急剧游动。孵化时亲蟹以前面的步足支撑身体，后两对步足则不断地撕扯腹部的卵块，并有节奏地收缩腹部使幼体破膜而出。幼体孵化一般历时 20min。孵出速度快、时间短，说明胚胎发育同步，幼体健壮。

3. 选育和计数

孵出的溞状幼体在停气或微充气的条件下，集群、趋光、上浮；趋光性越强，幼体越壮。用圆底筛绢手抄网（100 目）将上层幼体移到小型水池或玻璃钢水槽，充气使幼体分布均匀并取样计数，在集苗池（槽）水中加 $50mL/m^3$ 碘液（4%）消毒 2min，然后移入育苗池。

四、幼体培育

1. 准备工作

育苗池以 $20\sim30m^3$ 的水体为佳。育苗池洗刷后，用 $10g/m^3$ 漂白粉浸泡消毒半小时并冲洗干净，再用 $20g/m^3$ 高锰酸钾消毒，最后用过滤海水冲洗干净。池内布气石 $1.5\sim2$ 个$/m^2$。所有育苗工具用 $50g/m^3$ 的高锰酸钾溶液浸泡消毒。

育苗用水经黑暗沉淀和沙滤，或在沙滤水中再施加 $0.1g/m^3$ 的高锰酸钾消毒海水。育苗池水位为 $80\sim100cm$，水中添加 EDTA 二钠盐 $5g/m^3$，接种单胞藻（扁藻、金藻、小球藻）浓度为 $(10\sim12)\times10^4$ 个$/mL$。溞状幼体入池前 1 天接种轮虫，密度为 5 个$/mL$。

2. 幼体培育管理

（1）幼体投放密度 溞状 I 期幼体的入池密度为 $(5\sim10)\times10^4$ 个$/m^3$。

（2）饵料及投喂 溞状幼体孵出之后即开口摄食，及时投饵很重要。溞状幼体开口饵料是浮游硅藻、扁藻、螺旋藻、轮虫等，轮虫是 $Z_1\sim Z_2$ 期的良好饵料；Z_3 投喂卤虫无节幼体或与轮虫混合投喂；单独投喂轮虫或过迟投喂卤虫，溞状幼体存活率低，而且可能会多出一个发育期。每天投喂动物性活饵料 $2\sim4$ 次，投喂足够且适宜的活饵料（轮虫、卤虫、桡足类、裸腹蚤）是青蟹育苗成功的关键。在育苗期间，单胞藻、活饵料和人工饵料（微粒子配合饵料、虾片、肉糜、蛋黄）合理搭配使用（表 10-4，表 10-5），也可获得较高的成活率。影响青蟹幼体存活、变态发育的关键因素是饵料中的 n-3 PUFA 含量，尤其是 DHA。用富含 n-3 PUFA 的鱼油产品对轮虫和卤虫无节幼体进行营养强化十分必要，尤其是 Z_3、Z_5 和 M 发育期对饵料营养需求很敏感，这是青蟹幼体发育变态的关键时期。

表 10-4　青蟹各期幼体的日投饵量

饵料种类	Z_1	Z_2	Z_3	Z_4	Z_5	M
单胞藻$/(10^4$ 个$/mL)$	30	20	20	15		
轮虫$/($个$/mL)$	58	$10\sim15$	$15\sim20$	$15\sim20$		
卤虫无节幼体$/($个$/mL)$			20	30	50	60
虾贝肉糜（体重的百分比）						200

表 10-5　青蟹各期幼体的日投饵量

饵料种类	Z_1	Z_2	Z_3	Z_4	Z_5	M	C_1	C_2
人工饵料[①]$/(g/m^3)$	$3\sim5$	$4\sim6$	$2\sim3$	$1\sim2$	$1\sim2$			
轮虫$/($只$/mL)$	$5\sim8$	$10\sim15$	$15\sim20$	$15\sim20$	$10\sim15$			
卤虫幼体$/($只$/mL)$			5	10	20	$15\sim20$		
卤虫成体（苗重倍数）						$1.5\sim2$	$1.5\sim2$	$1.0\sim1.5$

① 日投喂 6 次以上。

（3）水环境调控

① 水温。溞状幼体适宜的温度为 $25\sim30℃$，最好为 $25\sim27℃$。随着幼体发育，最适温度逐渐上升，大眼幼体对高温的适应能力较强。如果后期溞状幼体还继续培养在 $25℃$ 及以下温度，溞状幼体发育期增加（第 6 期溞状幼体出现）的概率就会提高。

② 光照。青蟹幼体有显著的趋光性。育苗期间要调整好适宜的光照强度，特别是育苗

后期，要避免阳光直射，夜晚尽量不开灯或使光源远离育苗池，以免大眼幼体和仔蟹聚集而互相残杀。育苗期间控制光照强度为 3000～10000lx，前期低，后期高。

③ 盐度。溞状幼体培育阶段的盐度要求较稳定，盐度宜控制在 23～30。大眼幼体对低盐度有较强的适应性，且在低盐环境中生长更快，故培育到大眼幼体阶段时应逐渐降低盐度至 15～20。

④ 微藻调控水质。扁藻和海水小球藻因富含青蟹幼体所必需的多种维生素和脂肪酸，既可作为青蟹前期幼体的优质植物性饵料，且对投入的动物性生物饵料（轮虫、裸腹溞、卤虫等）亦有营养强化的作用；育苗期间保持适当的藻类浓度，能降低并消除育苗水体中的有机物和其他有害物质，保持良好的育苗环境。

⑤ 添换水和吸污。育苗期间要适当添换水（表 10-6），每次换水后加 EDTA 二钠盐 2～5 g/m³，并补充一定数量的单胞藻液。育苗过程中，如果池底较脏，则需要吸污（图 10-6），必要时进行换池。

表 10-6　青蟹育苗的换水量和充气量管理

发 育 期	日换水量/%	换水袋网目	充气量
Z_1	添加 10～20cm	120	微量充气、水面微波状
Z_2	20～30	120	加大充气量,水面微沸状
Z_3	40～60	100	水面微沸状
Z_4	40～60	100	强充气,水面沸腾状
Z_5	40～60	80	水面沸腾状
M	80～120	80	水面沸腾状
C_1	80～120	40	水面沸腾状

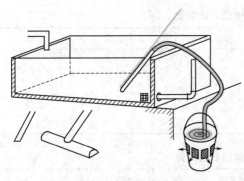

图 10-6　吸污及其工具

⑥ 其他水质因子调控。育苗中要不断充气，调节充气量和气石的分布，控制 pH 为 8.0～8.3，氨氮小于 0.03mg/L，溶解氧 5mg/L 以上。

(4) 幼体观察　在育苗期间，应经常观察幼体活力、摄食、变态、体表清洁程度等，如发现幼体异常，及时找出原因并采取相应措施。

(5) 病害防治　青蟹在育苗期会经常出现细菌性、真菌性和纤毛虫病。常见的弧菌病可用 2g/m³ 氟苯尼考等防治，连用数日；真菌病可用 0.03～0.05g/m³ 的氟乐灵防治；固着类纤毛虫病常见是聚缩虫，育苗后期水中有机物较多，很容易发生聚缩虫，保持水质清洁是预防的有效措施，严重时可用 20mL/m³ 的福尔马林全池泼洒，1d 内换水。青蟹育苗病害防治措施，具体可参照对虾的育苗病害防治方法。

(6) 投放附着物　大眼幼体和仔蟹有强大的螯足和较强的趋触行为，能捕食比自身还大的食物，并常抓住池中的悬浮物随水漂浮或附着在海藻上。因此习性，在大眼幼体阶段要在育苗池中投入附着物，以减少自相残杀和提高育苗成活率。当 30% 左右 Z_5 变态为大眼幼体时，开始在水中投放大网目网片、人工海藻等附着物。附着物悬挂在水面下 20cm，距底 10cm 处。也可在阳光充足的育苗池中引进浒苔、石莼、江蓠等海藻，既可改善水质，也为大眼幼体和仔蟹提供栖息场所，减少自残死亡。但浒苔等海藻易缠绕，不方便幼体出池计数和收苗。

大眼幼体经 5～6d 培育即将变态成为仔蟹时，要适时出池，转入二级培育池中继续进行培育。整个育苗至 C_1 或 C_2 期结束，所需时间 26～28d（表 10-7）。

表 10-7　青蟹幼体各个发育阶段所需要的时间

发育阶段	Z_1	Z_2	Z_3	Z_4	Z_5	M	C_1	C_2
水温/℃	26～26.5	27～27.5	27～27.5	27.5～28	28～28.5	28～29	27～28.5	自然水温
时间/d	4～5	2～3	3～4	3～4	3～4	6～7	3～4	出苗

五、蟹苗培育

蟹苗培育（也称中间培育）是将人工培育的大眼幼体移入二级培养池，培育至可供池塘养殖生产的苗种规格。

1. 培育池

二级培育池可采用水泥池或土池，要求海淡水供应充足、水质良好。室内水泥池面积以 30～50m² 为好，底部最好铺有 2～3cm 泥沙；室外土池以 200～300m² 为宜，池深 1.0～1.5m，土池四周设置防逃设施。池中垂挂一些网片、人工海藻之类，供蟹苗攀附栖息。

2. 培育管理

（1）清池　同常规的清池方法。

（2）池水盐度调节　二级培育池所用的海、淡水，必须经过沉淀和 100 目以上筛绢过滤。在盐度 30 左右培育的大眼幼体，转入二级培育时应逐渐添加淡水，每天添加 1/10，使盐度降至15～20。

（3）幼体放养　大眼幼体放养前，要先测定二级培育池内的水温、pH、盐度（相对密度）等，确认可用后，才将大眼幼体放入池中，放养密度以 1000～2000 只/m² 为宜。控制池水透明度 30～40cm，以减少幼体互相残杀。

（4）投饵　大眼幼体、幼蟹一般投喂桡足类、大卤虫、虾肉糜、贝肉糜等，每天 4～5 次。投喂量视其胃肠饱满度及残饵多寡而增减。

（5）日常管理　培育期间保持水质新鲜，室内池每天换水 1 次，换水量为池水的 1/3～1/2。室外土池视水质情况换水。每天早、中、晚各巡池一次，观察水质，检查大眼幼体、幼蟹的摄食和活动情况。

大眼幼体在水温 28～30℃ 时生长发育最快，一般 2～4d 便可变态为仔蟹；饲养 10～12d，经 7～8 次蜕壳，可成为头胸甲宽 0.8～1.2cm 的小规格幼蟹，即可用于养殖成蟹。如再继续饲养 15d 左右，则可成为头胸甲宽2～3cm 的大规格蟹种。

3. 青蟹苗种运输

青蟹苗种运输采取保湿干运方法。筐箱底部铺一层湿草、海藻或湿海绵等保湿材料，摆放一层蟹苗，再覆盖一层保湿材料，使幼蟹既不会碰伤也能保持湿润。最后盖上硬框纱网，便于途中浇淋海水保湿，提高运输成活率。运输途中每隔 2～3h 浇淋海水 1 次，此法 24h 运输成活率可达 90％ 以上。

第三节 拟穴青蟹的池塘养殖

一、蟹池条件

1. 选址

青蟹养殖池选择在潮差大、风浪平静、无污染的内湾中高潮区或高潮区，海水盐度10～24（相对密度 1.008～1.018）为好。蟹池泥沙底质，有利于水质澄清，又适于青蟹潜伏，也可使筑堤牢固。

2. 养殖池

养殖池面积以 2000～10000m² 为宜，与对虾混养的池为 10000～13000m²。水深 1～1.5m，池形多为长方形。池底挖沟，沟与滩面积比以 1：3 左右为宜。沟深一般为 0.5m 以上，宽 2～6m，中央沟与闸门相通。池中央留一定比例的空地作"蟹岛"，供青蟹栖息与隐藏之用。

3. 防逃及隐蔽设施

为了防止青蟹蜕壳时自相残杀，可在池底投放石块、陶管、瓦片等物，以备青蟹蜕壳藏身；池堤四周围有 50cm 高的油毛毡、水泥板、竹篱笆等防逃设施或围有高 1m 左右的聚乙烯网片。

4. 进、排水设施

蟹池要建有进水闸和排水闸。

二、苗种来源

拟穴青蟹养殖的苗种来源，一是人工培育的种苗；二是捕捞海区的大眼幼体（蟹苗）或仔蟹；三是捕捉天然蟹种。人工培育的种苗规格比较整齐，但大规模生产性育苗技术尚未全面突破。目前仍以捕捞自然海区蟹苗和蟹种为青蟹人工养殖的主要苗种来源。

1. 捕捞大眼幼体或仔蟹

拟穴青蟹溞状幼体生活在盐度较高的海区，变态为大眼幼体后逐渐移向河口和内湾生活。南方沿海在 4～11 月均可捕到天然蟹苗（大眼幼体）或仔蟹，其捕捉旺季是 4～6 月和 8～9 月（各地略有差异）。蟹苗捕捞方法大多采用定置网、手推网和手抄网捕捞，要根据潮流、风浪等具体情况因地制宜选用。在捕捞的自然蟹苗中，常有其他蟹类的大眼幼体或仔蟹混杂，需要注意进行鉴别和挑选。

2. 捕捞天然幼蟹

养蟹池多数是捕捞 20～50g/只的蟹种用以养殖。幼蟹的主要捕捞季节因地而异，南方沿岸几乎全年都可以捕到。青蟹幼蟹捕后的露空时间要短，夏季高温更不宜露空，一般气温在 28℃以上时，不超过半天，25℃以下时也不要超过 2d，从捕获到放养的时间越短越好，过长会引起死亡。

三、苗种放养

1. 放养前的准备工作

青蟹收获后，按照对虾养殖池的清淤方法清除淤泥，同时维修闸门和堤坝。放苗前 15d

进行清池。常用的清池药物有生石灰、漂白粉、茶籽饼。清池药物药性消失后，滤进海水20cm，放苗前 2～3d 把池内水位增高至 1m 以上，使水色保持黄绿色或黄褐色。

2. 放养

为了当年能够养成商品蟹，应尽量利用早批人工培育的蟹苗，或天然大规格蟹苗。蟹种要求壳质硬、壳色青、附肢全、规格整齐、活力强。

放养密度根据各地的水温、苗种规格、换水条件、饵料供应状况和管理技术水平等合理确定。小规格青蟹苗种，每亩放 3000～4000 只，豆蟹规格可适当多放养。一般在 5 月份放养甲宽 2～3cm 的蟹种，每亩放 800～1200 只。放苗时要注意池水的温度和盐度与运输箱中的温度和盐度接近，必要时要进行温、盐过渡，以提高放养蟹苗的成活率。

四、饲养管理

1. 饵料管理

(1) 饵料种类 青蟹以肉食性饵料为主，尤为喜食贝类和小型甲壳类。常用的饵料有：寻氏肌蛤、螺蛳等小型贝类，以及小杂鱼等，也可投喂青蟹人工配合饵料。

(2) 投饵量 一般情况下，青蟹各阶段的投喂量占池内蟹重的 8%～30%，即正常情况下每天按青蟹体重的 30% 投喂新鲜贝类，或按青蟹体重 15% 左右投喂小杂鱼，或按青蟹体重 5%～10% 投喂配合饵料。

投饵量应根据水温、潮汐、天气、季节、水质和青蟹活动情况灵活掌握：①大潮汛时应多投，小潮汛时可少投；②透明度小于 15cm 时应少投，透明度大于 35cm 时可多投；③水温 15℃ 以下或 30℃ 以上，摄食明显减少，少投或不投；④晴天水温适宜，多投，阴雨天、气压低、天气闷热，少投；⑤饵料台上的饵料很快吃完，应适当增加投喂量，反之则少投。

青蟹有昼伏夜出的生活习性，故投饵以晚间为主、白天为辅，19:00 点左右的投饵量占一天投饵量的 60%～70%，6:00 点左右的投饵量占一天投饵量的 30%～40%。因青蟹逃跑时间一般在夜间 12 点至凌晨 1 点，若在晚上 11 点投饵一次可减少青蟹逃跑及互相残杀。

(3) 投饵方法 投饵地点应在蟹池周边水中，不宜投在池中央，投饵均匀，以避免青蟹争食而造成伤害，每餐投饵均分 2 次投喂，保证弱蟹亦能摄食。最好在池边设几个食台（设在水位线下 20cm 的浅水区），以便更好地掌握投饵量，也便于检查摄食情况和清除残饵。投饵遵循"四定、四看"原则，"四定"即定时、定量、定质和定点；"四看"即看天气、看季节、看水质、看蟹的活动和摄食情况。

2. 水环境管理

良好的水质环境是青蟹正常生长发育的保证。青蟹养殖水质管理的基本内容是换水、控制水位，调节池内水温、盐度，保持适宜的透明度、pH 及溶解氧，使池水清新而稳定。

(1) 换水 换水以少量多次为原则，小潮期以添水为主，一般 3～4d 换水一次，大潮期应尽量多换水，日换水量为池水的 1/5～1/3，高温季节可增至 1/2～2/3，具体应根据水质状况做相应调整。日常水位应保持在 1m 左右，高温时可升至 1.5m，以保证池内水温恒定。

(2) 维持水质稳定 每天测量池水的水温和盐度，及时掌握水质环境因子的变化。当池水盐度过高或过低时，要及时换水调节。换水前后随时测定池内及海区的温度、盐度，避免温、盐度变化过大。定期施用光合细菌、硝化细菌、EM 液、沸石粉等改善水质。

(3) 巡池检查 坚持早晚巡池检查，检查闸门、堤坝、防逃设施，观察水色、水位、青蟹活动和池边四周的病蟹等。夏秋雷雨前或无风闷热的傍晚或早晨日出前，更要加强巡池，以防青蟹逃跑。池中如有敌害鱼（如鲈鱼、四指马鲅、虾虎鱼、乌塘鳢等）混入，将影响青蟹的成活率，可用茶粕浸出液毒杀敌害，同时刺激青蟹蜕壳。

3. 蟹生长测定

青蟹养殖期间，每隔 15d 随机抽样测定青蟹的甲壳宽和体重，以了解青蟹生长情况，调整投饵数量。

4. 病害防治

环境突变可使青蟹的体质变弱而易受病原菌感染，如夏季台风带来大暴雨，使青蟹养殖池水环境剧变，盐度、pH 等水质指标急速下降，导致养殖青蟹大量发病。因此，台风、暴雨后要及时排淡，消毒水体。养蟹池应当在放养前做好池底清淤，挖深沟，增加蓄水量，可有效稳定池内水环境，减少应激反应。

5. 越冬管理

12 月水温开始下降时，青蟹养殖进入越冬期。过冬前尽量降低水位，促使秋蟹在池底及池沟两侧挖洞越冬，冷空气来临前提高水位，防秋蟹冻伤而影响越冬成活率。

五、适时收获

幼蟹经过 3~4 个月养殖，大部分可以达到商品规格。收获青蟹采取轮捕的方法，捕大留小，捕肥留瘦，陆续捕获上市，以获得更高的经济效益。收获的方法有蟹网捕捞、进排水时捉捕、用手摸捕、笼捕、灯光照捕等。收获的青蟹用咸水草或麻绳捆绑后，装筐运输。运输途中喷洒海水，保持蟹体湿润，可提高运输成活率。

第四节 拟穴青蟹的育肥技术

青蟹的育肥是指把 200g 左右的雌蟹（已交配）或瘦蟹经过 20~40d 的强化饲养，培育成卵巢成熟并充满甲壳的"红膏蟹"或肉蟹的过程。

一、育肥青蟹的选择

育肥青蟹来源于人工养殖或捕获的青蟹。用于育肥促膏的青蟹应选择体重 200g 以上，附肢齐全，体壮壳硬的个体。放养前应根据雌蟹是否已交配以及性腺的成熟程度分类饲养，以方便育肥过程中的养殖管理。按养殖习惯，可分为以下几种。

（1）**菜蟹** 个体重 250g 以上的雄蟹，俗称"菜蟹"。雄蟹主要作为交配对象与雌蟹搭配养殖，或养至体重 200g 左右捕获上市。

（2）**未交配的雌蟹** 一般个体重 200g 左右。这种蟹如不交配，则只能成为菜蟹，而不能培育成膏蟹。在光线下观察头胸甲两侧第 9 个侧齿至眼的基部，看不到卵巢；腹脐上方看不到带色的圆点。若与雄蟹按雌雄比（3~4）：1 搭配混养，直至雌蟹交配，再将雄蟹挑出，即能把该种雌蟹养成膏蟹。

（3）**初交配的雌蟹** 此种蟹再养 15~20d，即成为花蟹。在光线下观察，头胸甲两侧第 9 个侧齿至眼的基部有一道半月形的卵巢，用手挤压腹脐上方，可见到黄豆大的乳白色圆点。该种蟹经 30~40d 精养，即可育成膏蟹。

（4）**花蟹** 卵巢逐渐扩大，但尚未充满甲壳的边缘，在光线下观察，可见到一些透明的地方，腹脐上方的圆点由乳白色转为黄色，再经 15~20d 精养，可育成红膏蟹。

（5）**膏蟹** 又称"红蚶"，卵巢发育完全成熟并充满甲壳两侧，胸甲膨胀，各胸板之间的凹陷较深，躯体结实。在光线下观察已看不出透明区，腹脐上方圆点已成为红色，腹面甲壳呈现棕褐色或红褐色。

育肥用蟹种主要是选择已交配的雌蟹和已达商品规格的瘦雄蟹，经过 30～40 天强化培育成膏蟹或肉蟹。选择育肥蟹种时要注意几点要求：①蟹体完好无伤，十足齐全；②剔除蟹奴、海鞘等附着寄生生物；③去除病蟹；④蟹种露空时间要短，大颚直立、颚足张开、脐基部肿胀、口吐白沫，则说明此蟹捕捞后离水时间过长，不宜用于育肥。

二、育肥池

青蟹育肥池塘应选择在内湾避风的中潮线附近，周围无污水污染，有淡水水源，以便于根据生产需要控制水位和随时调节盐度。蟹池以长方形为佳，池塘面积不宜过大，便于分类养殖管理和采捕，一般面积 200～350m²，平均水深保持在 1～1.5m。底质以泥沙为好。沿堤面用石板或水泥板向池内砌宽为 30cm 的防逃遮檐。每口池设进、排水闸各 1 个，池底视情况铺沙 15cm 或放置掩蔽物。最好 4 口池子连成田字形（图 10-7），中央设一宽 1.5m 小池，四周有小水闸与膏蟹池相通，注水时膏蟹溯水进入小池便于捕捉。

青蟹性凶好斗，且蜕壳时常被强者残食，故养殖育肥成活率低。有些地区蟹农采用水泥箱或木箱养蟹育肥，箱体长 50～60cm、宽 30～50cm、高 20～30cm；除中间隔层及底壁外，箱四周均可设有孔，以便水流通过。箱上附有盖子，顶盖上留有缝隙，供投放饵料用，箱底铺少许细沙。将箱置于池塘或潮间带的洼地，退潮后仍有部分箱体浸在海水中。放养后即可按时或在退潮时投饵。

箱式养蟹的优点是：避免或减少青蟹的互相残食，可获得较高的存活率，放养密度大大增加；在浅海潮间带，可利用涨落潮更换海水；开箱收蟹，捕获方便。但也有以下缺点：饵料须逐箱投放，故投饵和检查残饵较费时、费力；水泥箱较笨重，水泥箱在搬运和受潮间带海水冲击时易破碎。

三、放养

放养前 10～15d 用生石灰或漂白粉等常规药物清池，杀灭池中的有害生物。放养时根据雌蟹受精与否及卵巢的发育情况，分类放养。放养密度则根据池塘状况、换水条件、季节、饵料以及商品蟹的规格等情况来确定，每亩一般控制在 1500～2500 只，每口池塘放养的青蟹规格大小应一致。放养时应先了解青蟹来源地的水质、密度等因子及其与本地的差异，以便采取相应措施。雌雄分开放养，以免自相残杀或雄蟹干扰雌蟹生长。

四、饲养管理

1. 水环境管理

青蟹对水质变化十分敏感，加上育肥是高密度精养，因此养殖过程中要适当加大换水量，坚持每天换水 1～2 次，每次换水 30%～50%，以保持水质清新。换水时，应密切注意海区水质状况，防止池内外水质悬殊太大而影响池内环境。注意完善蟹池四周的排涝设施，防止下雨时雨水直接注入池内。

青蟹生长适温为 5～35℃，最适水温在 18～25℃，此时青蟹摄食量大，新陈

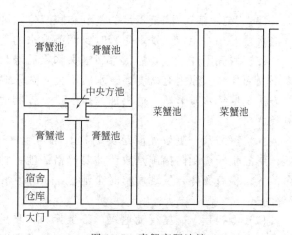

图 10-7 青蟹育肥池塘

代谢旺盛，生长较快。冬季要适当提高池内水位，保持水温稳定，促进育肥蟹摄食生长。

定期施用微生物制剂如光合细菌、枯草杆菌、硝化细菌等，维护良好水质。定期测定盐度、水温、透明度、溶解氧量、pH、亚硝酸盐、氨氮等主要水质因子，透明度控制在 20～25cm，亚硝酸盐低于 0.2mg/L，氨氮低于 0.2mg/L，溶解氧量高于 2mg/L。

2. 饵料投喂

青蟹育肥要尽量选用营养丰富的鲜活饵料，尤以贝类和小蟹为佳，外壳坚硬的贝类应当破碎后再投喂。每天视水温、水质、摄食情况适当增减投饵量，一般控制在青蟹总体重的 5%～7%。新鲜饵料不能及时供应时，可用冰冻饵料或干鱼浸泡后投喂。投饵分早晨和傍晚 2 次进行，傍晚适当多投些，于饵料台或沿池边定点投喂。每次投饵或换水前应及时清除残饵，以防败坏水质。

3. 日常管理

每天坚持早、中、晚各巡池一次，观察青蟹活动情况、摄食情况、水质变化情况、防逃设施完好情况等，发现问题要及时采取措施。育肥蟹和膏蟹培育的日常管理要做好"五防"，即防盐度突变、防水质恶化、防高温期缺氧、防病害、防逃逸。每 5～10 天还要检查青蟹卵巢发育情况，视发育情况，及时分池归类精养。

4. 病害防治

(1) "黄水病" 病蟹蟹体消瘦，有时体发红，步足及内脏充满黄色腔液，步足断口有白浊色液体流出，足易脱落；打开头胸甲，可见充满黄色（部分是乳白色）的黏性液体，症状轻时鳃尖发黑，严重时全鳃发黑；肝胰腺糜烂等。春、夏及秋季是青蟹发生黄水病的高峰季节，台风过后、盐度突降、pH 突升或底质不良时容易发生此病。预防"黄水病"的关键是保持养殖水环境稳定，减少变化。

(2) "红芒病" 主要症状是病蟹步足流出红色的黏液（为卵巢腐烂的黏液）。此病多出现在卵巢发育较饱满的膏蟹和花蟹。发病原因是海水盐度由低突然变高所致。预防措施是保持池水盐度在适宜的范围内并相对稳定。发现此种病蟹时可在养蟹池中加入适量的淡水，调节池水盐度，病情可缓解。

(3) "白芒病" 主要症状是病蟹步足基节的肌肉呈乳白色（正常的为浅蓝色），严重者步足流出白色的黏液。此病多发于初交配的雌蟹，病因是海水盐度突然由高变低。预防方法是保持池水盐度在适宜的范围内和相对稳定，及时更换新鲜海水；定期用生石灰 25g/m³ 或漂白粉 2g/m³ 消毒水体；蟹体发病期用 0.2g/m³ 碘制剂和 0.3g/m³ 溴氯海因交替使用，消毒水体 3d。

(4) "饱水病" 病蟹步足的基节和腹节呈水肿状。原因是池水盐度过低。预防措施是保持池水盐度相对稳定。发现病蟹时要调节池水的盐度。

(5) 蜕壳不遂 主要症状是病蟹头胸甲后缘与腹部的交界处虽已出现裂口，但却不能蜕去旧壳而死亡。原因有盐度高、水质不良、久未蜕壳；水中溶解氧量过低，缺乏钙质等。预防方法是保持水质清新，适当加大换水量，控制适宜的池水盐度，投喂些小型甲壳动物和小贝类。

(6) 蟹奴病 蟹奴属蔓足类动物，常寄生在青蟹的腹部，吸取蟹体营养，导致蟹体消瘦，影响生长。预防措施是放苗前要严格清池；种蟹放养前剔除蟹奴，也可用消毒液浸泡后再放养；检查蟹体，发现病蟹时全池泼洒 0.7g/m³ 的硫酸铜、硫酸亚铁合剂（5：2）加以清除。

(7) 颤抖病 病蟹行动迟缓，螯足无力，步足颤抖，摄食减少甚至不摄食，发病后期常继发多种疾病而死亡。防治措施是平时要投喂营养丰富的鲜活饵料和保持水质清新；如病蟹有寄生虫，应先杀灭寄生虫；用生石灰 25g/m³ 或二溴海因 0.2g/m³ 全池泼洒消毒；已发病的池塘连续消毒水体 3d。

（8）黑鳃病 病蟹活动迟缓，经常爬出水面，且鳃部呈黑色。防治措施是更换新水，使用溴氯海因 0.2g/m³ 全池泼洒，消毒水体 3d。若发现纤毛虫寄生，可全池泼洒纤毛虫净 0.8～1.2g/m³，5d 后再使用一次，再全池泼洒 0.2～0.3g/m³ 的碘制剂一次。

（9）纤毛虫及丝状藻附着 青蟹幼体至成体阶段均可发生，发病原因是放养密度过大，残饵过多，水中有机质含量偏高，致使纤毛虫及丝状藻大量繁殖滋生，附着在蟹体上，严重影响青蟹的正常生长发育。防治方法是保持池水清洁，定期消毒水体；全池泼洒杀灭纤毛虫药物；饵料中添加蜕壳素，促进蟹体蜕壳也可得到有效控制。

五、适时收获

利用光透视青蟹头胸甲前侧缘，如发现卵巢已进入甲壳前缘锯齿内，表明卵巢已充分成熟，成为膏蟹（亦称为"八分蟳"或"九分蟳"），就要及时选捕，否则任其过熟，则会排卵而成为无人问津的"抱花蟹"。

第五节 软壳蟹的培育

软壳蟹是指刚刚蜕壳、蟹壳尚未变硬的螃蟹。软壳蟹的特别之处是烹饪后可以连壳一起食用，在自然界比较难得，故市场潜力很大。软壳蟹的培育方法主要有池塘笼养或立体化循环水系统培育。

一、陆地水泥池培育

1. 培育场地

选择海水水质符合无公害要求场所，可利用育苗场或养鱼场设施，进排水以及增氧设备完整。池内蓄水 1.0～1.5m，池水水质要求：pH7.8～8.6、相对密度 1.005～1.013、溶解氧＞5mg/L、氨氮＜0.5mg/L、硫化氢＜0.1mg/L、化学耗氧量＜4mg/L。

2. 蟹的选择

选择壳硬、色青、附肢齐全、无伤、活力强、体重在 200g 以上的成蟹。每个蟹笼（塑料或竹制）（规格约为 0.4m×0.3m×0.1m）放养 1～2 只，池内蟹笼可叠放以充分利用水体。青蟹入池前用浓度为 5g/m³ 的高锰酸钾溶液等消毒。

3. 培育管理

培育期间保持水体清新，调控水质，保持水温 20～30℃、溶解氧在 5mg/L 以上。适当投饵，定时定量投喂小杂鱼。每天多次检查，观察青蟹的活动、摄食情况，测定水温、溶解氧等，及时处理死蟹以及残饵。要做好生产记录，发现青蟹停食，头胸甲面缘与腹部交界处出现裂缝时，将蟹笼移至蜕壳池，搬动蟹笼时要轻提轻放，蟹蜕壳过程中不要惊动，保持其蜕壳环境相对稳定。

4. 包装运输

青蟹蜕壳后要及时取出，短途运输可采取保湿、低温包装，及时上市。

二、池塘浮筏蟹盒培育

选择合适的青蟹养殖池塘，将蟹盒设置在浮筏架上（图 10-8）。蟹盒在浮筏架上可以左右推动移动，便于养殖人员检查青蟹和投饵等操作。每天投饵、检查青蟹蜕壳情况，发现软壳蟹，及时收获、冷冻上市。

三、蟹类立体养殖循环水系统培育

蟹类立体养殖循环水系统是一种用于蟹类集约工厂化养殖的新型设备（图10-9），俗称"蟹公寓"，适用于养殖蟹类的育肥（育膏）与培育软壳蟹等。采用室内立体循环水系统培育软壳蟹，培育期为20～60天。

选择体重150～200g的青蟹放入蟹盒中，每个盒内放一只，每天投喂鱼块一次。青蟹蜕壳3天前不进食，头胸甲的侧板线处出现裂痕，即表示青蟹即将或2～3天内将蜕壳。若规模化批量生产，可每2小时检查一次，发现青蟹蜕壳后立即取出，简单清洗后放入淡水中浸泡1h，使其吐净消化道和鳃上的脏物，随后将软壳蟹单个包装，放入冷库速冻。

蟹类立体养殖循环水系统培育软壳蟹的优点是：①水质稳定，溶解氧充足，能保证青蟹蜕壳的需要；②提高土地利用率，减少排水对环境的污染；③培育的软壳青蟹，品质有保障。马来西亚利用"蟹公寓"培育软壳青蟹已经达到了规模化的生产水平。

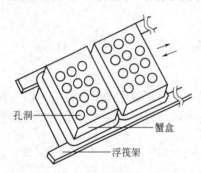

图 10-8　浮筏式蟹盒示意图

图 10-9　蟹类集约式养殖设备（蟹公寓）

本章小结

拟穴青蟹为广盐性、广温性蟹类，喜栖息在咸淡水交界的海域，耐干能力较强。青蟹肉食性，有同类相残的习性。雌蟹经过生殖蜕壳后交配，产卵后受精卵黏附在腹部腹肢的刚毛上。青蟹受精卵孵化后成为溞状幼体，经过溞状幼体5期、大眼幼体1期成为仔蟹，青蟹一生伴随着幼体的蜕皮、蟹种的蜕壳，个体不断长大。青蟹育苗的饵料是浮游硅藻、扁藻、螺旋藻、轮虫、卤虫等生物饵料和人工饵料（微粒子配合饵料、虾片、鱼糜、蛋黄等），足够的适口活饵是育苗成功的关键，对轮虫和卤虫无节幼体进行n-3 PUFA营养强化十分必要。育苗期间光照强度为3000～10000lx，适宜的温度为25～30℃，盐度控制在23～35，利用微生态制剂、微藻、换水、吸污调控育苗水质。培育到大眼幼体和仔蟹时，池中需要投放附着物和降低池水盐度。

青蟹池塘养殖的苗种以捕捞自然海区蟹苗和蟹种为主要来源，养殖方法有单养和虾蟹混养。养殖饵料有小型贝类、小杂鱼、配合饵料等，投饵以晚间为主、白天为辅，良好的水质环境是青蟹正常生长发育的保证，通过换水、控制水位，调节池内水温、盐度，保持适宜的透明度、pH及溶解氧，使池水清新而稳定，并定期施用光合细菌、硝化细菌、EM液、沸石粉等改善水质。幼蟹经过3～4个月养殖可达到商品规格；把200g左右的雌蟹（已交配）或瘦蟹经过20～40d的强化饲育，可以培育成卵巢成熟并充满甲壳的膏蟹。收获时采取轮捕方法，捕大留小，捕肥留瘦，陆续捕获上市。软壳蟹培育是在蟹笼或蟹盒中，将大规格的青蟹经过短期培育直至其蜕壳成为商品蟹的过程。

复习思考题

1. 简述青蟹溞状幼体期的鉴别特征和生活习性。
2. 即将孵幼的抱卵亲蟹为什么要消毒？如何进行消毒？
3. 蟹类受精卵的发育有什么样的外观变化？
4. 简述青蟹人工育苗的主要操作流程。
5. 简述青蟹人工育苗的饵料系列。
6. 影响青蟹生长的环境因素有哪些？
7. 怎样判断蟹类幼体健康与否？
8. 怎样培育膏蟹？

第三篇
其他甲壳动物增养殖技术

第十一章 ▶▶ 龙虾增养殖技术

学习目标 👆

1.了解我国海域龙虾的种类。

2.掌握龙虾的生活习性、繁殖特点和幼体发育特点。

3.了解保护龙虾自然资源的技术措施。

第一节 龙虾的生物学

龙虾隶属于节肢动物门，甲壳纲，十足目，龙虾科，龙虾属。分布于暖水海区，已知全球共有 19 个种类，我国沿海有中国龙虾（*Panulirus stimpsoni*）、锦绣龙虾（*P.ornatus*）、波纹龙虾（*P.homarus*）、密毛龙虾（*P.penicillatus*）、日本龙虾（*P.japonicus*）、杂色龙虾（*P.versicolor*）、少刺龙虾（*P.echinatus*）和长足龙虾（*P.longipes*）等 8 种。由于我国自产龙虾供不应求，近年陆续进口澳洲龙虾等多种国外龙虾供人们消费和水族馆饲养。

一、形态特征

龙虾身体分两部分（图 11-1），前半部为头胸部，头胸甲厚而坚硬，呈圆筒状，表面丛生许多棘刺，前端具一对复眼、一对触角，头胸甲腹面有 5 对分节的步足。身体后半部为腹部和尾部，腹部短而扁平，有 4 对游泳肢。

龙虾雌雄异体，雄性生殖孔位于第 5 步足基部的生殖突起上，第 5 步足末端呈爪状（图11-2），游泳足不发达，单肢型，无内肢。雌性生殖孔位于第 3 步足基部，第 5 步足末端呈半钳状（假螯），此可作为识别雌雄龙虾的特征之一。雌虾游泳足较雄性发达，双肢型，列生羽状刚毛。

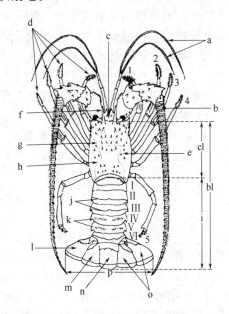

图 11-1　龙虾各部位名称

a—第一触角；b—第二触角；c—前额板；d—前 4 对步足；
e—头胸甲；f—眼上角；g—颈沟；h—心鳃沟；
i—腹部；j—横沟；k—下陷软毛区；l—尾肢外肢；
m—尾肢内肢；n—尾柄；o—尾肢；p—尾扇；
cl—头胸甲长；bl—体长；1～5—第 1～5 步足；Ⅰ～Ⅵ第 1～6 腹节

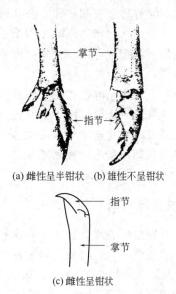

(a) 雌性呈半钳状　(b) 雄性不呈钳状

(c) 雌性呈钳状

图 11-2　龙虾第五步足末二节

成体雄性个体较大，而雌性个体较小。龙虾的体色随年龄和生活环境而变，通常生活于沙质底或浅水中的种类颜色较浅，呈淡绿色或沙色，生活在较暗底部或深水者颜色深，多呈蓝绿或棕褐色。

二、生活习性

龙虾多生活在水深 7～49m 的温暖浅海，喜栖息于潮流畅通、水清波平、贝类及海藻繁生的岩礁缝隙、石洞、珊瑚礁。龙虾昼伏夜出，白天藏匿洞穴中，仅留 2 条触角和头部在外，夜间外出活动觅食，一天中最活跃的时间是黎明或黄昏。

龙虾食性广，主要食物是小型贝类、蟹类、鱼虾、海胆、多毛类等。龙虾凭借触角上的特殊感觉器官可探知食物之所在，摄食时以第三对步足抓取食物，再用强有力的下颚咬碎吞食。龙虾具厮打习性，同类残食；耐饥能力强。

龙虾平时以步足缓慢移动，活动迟缓，但遭危险或受到惊吓时，可将身体弯曲，迅速弹开逃逸。龙虾有群栖性，集群区域性显著，通常于一处发现有龙虾，常可捕获较多的数量。通常龙虾夏季栖于浅海，冬季藏匿较深海区；有些龙虾能进行较长距离的洄游，可达数百里之遥。龙虾除了交配、产卵期间可发生移栖外，因季节水温变化、索饵行为等也可稍作移动。

三、繁殖习性

龙虾于春夏之际开始交配，交配时一般移栖近岸海区，抱卵时便移向深水区，产卵后回到近岸水域。交配时雌雄相抱,雄虾把精液自第 5 对步足基部突起的生殖孔射到雌虾第 4、5 胸甲上。交配完毕,雌虾立即分泌黑色胶状物,表层硬化而成黑色精袋。交配后几小时后便产卵,龙虾多在夜间产卵,卵从雌虾第 3 胸足基部的生殖孔产出,雌虾用第 5 胸足将卵移往腹足内肢,在移卵的同时,用第 5 胸足分叉的爪撕开精袋,使卵子受精,并把受精卵系于腹足内肢,整理成卵束。龙虾产卵盛期在 6～8 月,产卵量与龙虾个体大小成正比,一般几十万粒至一百多万粒。

刚产下的卵呈鲜橙红色,卵径为 0.7～0.8mm。受精卵的颜色随胚胎的发育而变化,相继为鲜橙红色→深橙红色→绛红色→绛紫色→灰白色,临近孵化时变透明。

龙虾卵的孵化速度与水温关系密切,水温 22℃时,卵经 50d 才孵出,而水温 25℃时,则 30d 左右即可孵出。在繁殖季节,雌虾可抱卵 2～3 次,即抱卵雌虾孵出叶状幼体后相隔 15～20d 后又再次交配、抱卵。

四、蜕壳与生长

龙虾通过蜕壳增大身体,一次蜕壳体型可增大 5%～8%,稚龙虾或性成熟期之前,几乎每个月蜕壳一次;当头胸甲长达 5cm 时,约 2 个月才蜕壳一次,长至头胸甲 8cm 长约需 2 年。龙虾每年蜕壳 3～4 次。蜕壳前,不摄食,隐避于洞穴内或僻静处。蜕壳时,头胸部甲壳与腹部甲壳连接处首先裂开,然后柔软的身体从中挣脱而出。蜕壳过程持续 30～60min。蜕壳时如遇干扰可暂时停止蜕壳活动,待机再继续,而且能顺利完成。蜕壳后 3～5d,甲壳逐渐变硬并恢复摄食。龙虾的生长、蜕壳周期与水温及栖息环境条件有关,水温高、饵料丰富时,龙虾蜕壳较频繁,生长较快。性成熟期以后,雄性个体持续保持较快的生长速度,但雌龙虾生长较慢。

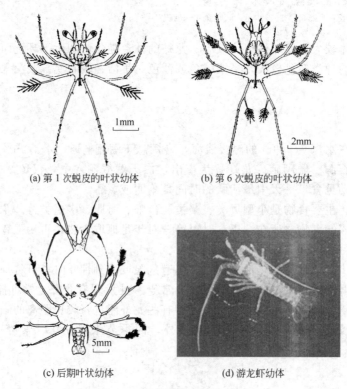

(a) 第 1 次蜕皮的叶状幼体   (b) 第 6 次蜕皮的叶状幼体

(c) 后期叶状幼体   (d) 游龙虾幼体

图 11-3　各期叶状幼体和发育

龙虾一般需 4～5 年才发育成熟，一生包括叶状幼体（phyllosoma）、游龙虾幼体（puerulus）、稚龙虾（juvenile）和成虾（adult lobster）几个主要生长阶段，经历浮游、游泳、底栖三种生活方式。

初孵化出来的叶状幼体体长为 15～25mm，呈透明状，体型扁平，两眼突出，足很长，呈长脚蜘蛛状（图 11-3），此时趋光性强，随水流漂浮。在人工培育条件下，叶状幼体经 240～510d（平均 310～320d，日本南伊豆栽培渔业中心，2003）约蜕皮 30 次，变态成透明的游龙虾幼体，此时体长为 20～30mm，形状似成体，无色透明，但壳体不含钙质，已逐渐能游动，游龙虾幼体经 12～15d，蜕皮变态成为 2.5cm 长的稚龙虾，经 2～3 周，再一次蜕皮，体表才渐渐产生色素，显出色彩花纹，成为稚龙虾，此后龙虾开始移向深水区，藏匿于岩礁、石缝、珊瑚丛或海草间。

龙虾附肢具有再生功能，当部分附肢断损时，可于蜕壳后再生。若损伤严重，则龙虾的生长将受影响。当龙虾在蜕壳以及修复肢体时，应适当补充含钙量多的食物，以免自相残杀。

第二节　龙虾的人工繁殖和幼体培育

龙虾肉味鲜美，壳色鲜艳，具有极高的食用价值和观赏价值，深受人们的喜爱。时至今日，世界龙虾养殖苗种一直来源于天然捕捞，但因海洋捕捞过度，造成龙虾资源日渐枯竭，开展龙虾的人工繁殖势在必行。

一、亲虾培育

亲虾培育分为两个阶段，非繁殖季节可将亲虾饲养于海水网箱中，定期投喂新鲜饵料；繁殖季节来临时，将亲虾移至室内培育，雌雄比为 2∶1，培育密度为 1 尾/m²。室内培育池内投放陶管或塑料管供龙虾藏匿，池面覆盖黑色薄膜，盐度为 28～35，根据养殖种类控制水温，每日清晨清污、换水，日换水量为 80%～100%。

龙虾嗜好活饵，一般投喂新鲜杂鱼、小鱿鱼、沙蚕、虾类、贝类。鲜活饵料在投喂前要清洗干净，并用 5mg/L 聚维酮碘消毒 15min 以上，再洗净后投喂。投饵量为体重的 5%～8%。每天 19:00 左右投饵一次。

繁殖期间亲虾培育阶段尽量不要惊扰，注意观察受精卵的颜色变化。

二、幼体培育

叶状幼体阶段经历时间长，变态完成约需要 300d（日本龙虾），叶状幼体容易沉底而黏脏，对生态环境条件和营养要求很复杂，培育期间必须维持良好的饲养条件；而且叶状幼体的形态特异，在蜕皮时易受其他个体干扰而导致附肢缺损；至今为止叶状幼体培育仍然是世界性难题，还没有一种龙虾实现批量性人工育苗。但国外已有少数学者完成了整个幼体阶段的培育。

叶状幼体破膜孵出时间一般是在 19:30～23:00，盛期为 21:00～22:00。刚孵出的幼体具有较强的趋光性，可采用灯诱法收集，灯诱时亲虾池需暂停充气，待幼体聚集密度较高时，用水瓢舀入培育容器中，微充气。

叶状幼体孵出后 1～2h 就开始摄食，其饵料为经鱼肝油营养强化的卤虫无节幼体、贻贝卵巢。叶状幼体摄食无明显节律性，昼夜不间断摄食，且不受光线的影响。在培育水体中投入金藻、扁藻、光合细菌以净化水质。定期用 3～5mg/L 聚维酮碘对幼体进行药浴，3～4h 后适量换水，可有效预防疾病的发生。

Yamakawa 等（1989）用卤虫无节幼体喂养日本龙虾第 1～2 期叶状幼体，用褐指藻（*Phaeodactylum* sp.）强化卤虫后再投喂第 3 期的叶状幼体，第 Ⅹ 期后兼投喂贻贝（*Mytilus edulis*）卵巢，第 14 期的叶状幼体投喂贻贝卵巢，经过 307d 把叶状幼体培育到变态成游龙虾幼体。Kittaka 等（1989，1994，1997）历经 306～391d 培育出 4 尾日本龙虾的游龙虾幼体。日本南伊豆栽培渔业中心发明了一种旋转式培育水槽，该装置可边旋转、边换水和充气，旋转速度为 6～6.5min/转，容器内污物堆积少，幼体不沉降而常保持浮游状态，因此叶状幼体至游龙虾幼体阶段的成活率由普通水槽培育的 11.7% 提高到 34.0%、至稚龙虾的成活率达 28.3%（水槽培育为 9.7%）。据报道，叶状幼体培育中期和后期常因附肢缺损、感染细菌而死亡，已知叶状幼体初期到中期（孵出后 34～150d）附肢缺损与培育密度有关。定期用氨苄青霉素钠 20mg/L 药浴 15h 能有效减少因细菌附着导致的附肢缺损死亡（日本栽培渔業センタ-技报第 4 号，2005，24-27）。

第三节　龙虾的增养殖

养殖龙虾的周期较长，需养殖 1～2 年才能收获，但因其价格昂贵，商品供不应求，养殖经济效益仍较显著。目前养殖龙虾，多采取轮放轮养、捕大留小的方式，达到商品规格的龙虾捕捉上市，未达商品规格的则继续饲养。近年波纹龙虾（*Panulirus homarus*）在我国南方开始进行室内水池试验养殖。

一、养殖环境

龙虾养殖海区要求常年海水盐度稳定，不受淡水影响，盐度 31～38，pH8.0～8.3，水温18～32℃，溶解氧量 7～10mg/L，海水透明度在 8m 以上；因龙虾忌光，故养殖水位宜深，平均水深 2m 以上，室外养殖池池底为砂砾底并有礁石缝隙或人工设置的洞穴。也可在海水清澈、水质良好的内湾设置网箱，放养或暂养龙虾。工厂化室内水池中养殖波纹龙虾，池底要用砖块或鲍鱼砖搭设"人造洞穴"，洞的两端连通，利于龙虾栖身，又能减少相互厮斗。

二、种苗来源

养成龙虾的苗种目前仍主要来自热带海域捕捉的天然小龙虾，体长 2cm 左右或更大大。由于天然苗种大小参差不齐，容易造成个体间残杀，因此可按不同规格放养。

三、饵料投喂

龙虾多在夜间觅食，白天偶尔也摄食，饵料以鲜活低值贝类为主，或投喂冷冻小杂鱼、煮熟的冷冻贝肉。投喂总量要充足，防止因食物不足引发相互残杀。日投饵 1～2 次，以下午及半夜为佳，日投饵量为龙虾体重的 5%～12%。残饵要及时清除，以免污染水质，造成缺氧死虾。

四、养殖管理

龙虾耗氧量大，应保持新鲜的水质。室内水泥池养殖，每天要测定池水的氨氮含量、亚硝酸盐含量、pH 值和溶解氧量，定期加入适量的微生态制剂以调节水质。冬、春季养殖水温控制在 22℃ 左右，夏、秋季控制在 28～30℃。夏季水温较高，不可经常捕捉龙虾，避免造成受伤死亡。在大潮汛来临之际，泼洒"脱壳素"以促进龙虾集中蜕壳。有人试验用切除眼柄的方法提高龙虾的摄食量，增加蜕壳频率，进行眼柄切除处理的龙虾比对照组体重可增加 3 倍以上。波纹龙虾养殖期间发现的病害主要为毛霉亮发菌（*Leucothrix mucor*）病，使用"百碘"有预防效果。

五、龙虾暂养和保活运输

1. 暂养

龙虾在饭店、酒楼水族箱里暂养比较容易，一般暂养设施是循环过滤式玻璃水箱。但暂养龙虾对海水水质要求较高，要求水质清洁，水经严格过滤，盐度 23～31，pH 为 8，水温 18～32℃。只要加强管理，定时测定水质，保持较高的溶解氧，暂养成活率则较高。

2. 保活运输

活龙虾的运输，一般采取人为降温，促其冬眠，将其埋藏在低温潮湿的锯木屑中运输。装运龙虾之前，需先挑选，剔除受伤、体弱的个体，然后放入暂养池中。包装前将龙虾放入冰水中适当冷却，在水温 0～7℃ 时使龙虾处于冬眠状态。

包装箱要选用符合空运要求的，隔热、耐压、不漏水的容器，目前海鲜空运多用泡沫塑料箱和瓦楞纸箱双层包装。装填材料为预冷过的潮湿锯屑、吸水纸毡等。为防止运输途中温度升高，还需在泡沫箱内放冰袋或可重复使用的"胶冰"。龙虾在箱内分层排放，最后密封包装箱。运抵目的地后，及时检查和分拣，健康状况良好的龙虾立即放入已准备好的水族箱或存养池中，随着温度的上升，冬眠中的龙虾就会苏醒。

六、龙虾资源增殖保护

在平坦的海底，投放人工构造物或天然大块固体物质，建造类似海底礁石区的自然环境，为海洋生物建造索饵、生长、繁殖、栖息的场所，形成一种鱼贝藻等海洋生物混生的海区，从而达到保护、增殖资源的目的。这种增殖海洋水产资源的方法，叫做人工鱼礁。建设人工鱼礁的材料大多是废旧船舶、水泥混凝土构件（图 11-4）。目前世界上很多国家已在本国沿海投放人工鱼礁，有些国家如美国、日本等还以人工鱼礁或筑矶来增殖龙虾。有些国家规定了龙虾捕捞规格和禁渔期，如日本长崎县规定每年的 5 月 21 日至 8 月 20 日为龙虾禁捕期间，禁止捕获体长 15cm 以下的龙虾个体，违反规定者将受到处罚。通过投放人工鱼礁、种植大型海草（藻）等方式重建"海底森林"（图 11-5），修复或重建已被破坏了的岩礁生态环境，为龙虾等岩礁海洋生物提供了生长、栖息、索饵及产卵的场所，从而逐渐形成一个良性循环的海洋生态环境。

图 11-4　龙虾人工鱼礁

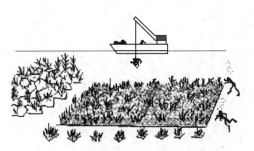

图 11-5　人造藻场

本章小结

龙虾多生活于温暖浅海岩礁缝洞，昼伏夜出，喜食动物性饵料。龙虾雌雄异体，雄虾第 5 步足末端具假鳌，为识别雌雄龙虾的特征之一。龙虾一生经历叶状幼体、游龙虾幼体、稚龙虾和成虾 4 个主要阶段，一般需 4～5 年才发育成熟，产卵盛期在 6～8 月，叶状幼体浮游期长，为 3～5 个月，幼体生长发育过程中多次蜕皮，最终转入底栖生活。养殖龙虾环境要求盐度较高而稳定，一般采取水泥池、网箱或岩砂底质池塘养殖，投喂冰鲜饵料，采取轮放轮养、捕大留小的养殖方式。限制捕捞规格和修复重建岩礁生态环境是保护龙虾资源的手段。

复习思考题

1. 我国海域的龙虾有哪些种类?
2. 简述龙虾的繁殖习性与特点。
3. 简述龙虾幼体发育的特点。
4. 采取什么方法保护龙虾资源?

第十二章 ▶▶ 虾蛄养殖技术

学习目标 👆

1.了解虾蛄的生物学基本知识，掌握虾蛄生活习性和繁殖习性。

2.掌握虾蛄各期幼体的生活习性和摄食习性。

3.了解虾蛄人工育苗的主要技术环节和虾蛄养殖的操作流程。

虾蛄（*Squilla*）俗名虾爬子、螳螂虾、琵琶虾等，隶属于节肢动物门、甲壳纲、口足目。虾蛄因其肉味鲜美，营养丰富而备受青睐。近年来海洋资源日益减少，开展人工育苗和养殖势在必行。虾蛄种类很多，人工养殖一般要选择个体大、生长快、种苗易得、对盐温适应性强、市场售价高的品种进行养殖。目前国内已做过黑斑口虾蛄（*Oratosquilla kempi*）和口虾蛄（*Oratosquilla oratoria*）的育苗研究，浙江沿海已养殖黑斑口虾蛄和口虾蛄。广东沿海的棘突缺角虾蛄（*Harpiosquilla raphiraea*）和斑琴虾蛄（*Lysiosquilla maculate*）成体体长 30cm 以上，也是很有前途的养殖品种。虾蛄人工育苗和养殖工作尚处于试验阶段，人工培育方法和技术措施需进一步完善。

第一节 虾蛄的生物学

一、形态特征

虾蛄有 20 个体节，头胸部 5 节，胸部 8 节，腹部 7 节。头部与胸部的前 4 节愈合，头胸甲覆盖其上，胸部后 4 节露出头胸甲之后，能自由弯曲。腹部发达、形略扁；附肢 19 对，除尾节外，每一体节均有一对；腹部前 5 对为双肢型的游泳足，第 6 腹肢与尾节构成尾扇（图 12-1）。虾蛄的消化道主要由口、食道、角质的贲门胃、柔软的幽门胃、较长的肠道和肛门构成，位于生殖腺的腹面，由薄膜与生殖腺相粘连在一起。

二、生活习性

虾蛄栖息于浅海泥底"U"形洞穴或石砾缝中，每一个体均有独立的洞穴，洞穴内水质清新。虾蛄栖息时常将洞口缩小，仅将小触角和眼伸出洞外，以观察外界的动静。若遇外来侵扰，先用小触角警告，而后迅速掉转头尾方向以尾扇自卫。虾蛄出洞生活或捕食时，才显示其游泳能力，靠腹部游泳肢的划水与尾扇的拍打，在海水中游动。

虾蛄为凶猛甲壳动物，主要靠第二颚足捕捉自然海区食物，捕食小型虾类、小型双壳类与鱼类，有时也吃死食，大个体有互残现象。虾蛄的日摄食量有明显季节性变化，一般春秋季夜间捕食，夏季昼夜捕食，冬季捕食不活跃，护卵期间雌虾蛄停止摄食。一般认为虾蛄的

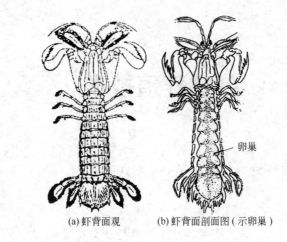

(a) 虾背面观　　　(b) 虾背面剖面图 (示卵巢)

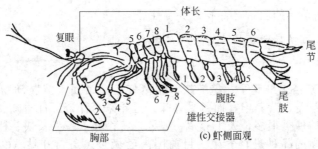

(c) 虾侧面观

图 12-1　虾蛄

寿命为 2 年。虾蛄属广温、广盐性种类（表 12-1）。生长具明显的季节性，夏末到秋末生长速度最快，生长需经多次蜕壳，当年个体体长可达 30～70mm，第 2 年为 70～110mm。黑斑口虾蛄比口虾蛄生长快、成活率高（赵青松、蒋霞敏等，1998、1999）。虾蛄具有耐干性，保持低温、湿润状态可长途保活运输。

表 12-1　两种虾蛄的适温、适盐性

种　类	适温范围(最适)/℃	适盐范围(最适)	备　注
口虾蛄	6～33(20～27)	12～35(23～27)	梅文骧等,1996
黑斑口虾蛄	10～35(22～30)	6.02～38.64(24.20～29.51)	吴琴瑟等,1997

三、繁殖习性

虾蛄雌雄异体，雄性胸部最后一对步足基节内侧生有 1 对棒状交接器，雌性无；雄性第二颚足明显大于雌性，繁殖期雌性胸部第 6～8 胸节腹面出现白色"王"字形胶质腺。虾蛄繁殖期为 4～9 月份，繁殖盛期为 5～7 月份，各地略有差异。口虾蛄 1 周年可达性成熟，黑斑口虾蛄 1 冬龄可达性成熟。虾蛄成熟卵巢呈黄色，充满整个背部，前端始于胃后，向后延伸至尾节内 [图 12-1(b)]。虾蛄性腺在尾节部分呈三角形，水温适宜时即可产卵。

雌虾蛄在洞穴中产卵，产后抱卵。虾蛄产卵对底质、洞穴和光照强度等环境要求严格，泥沙底质和暗光是顺利产卵和孵化的重要条件之一。人工洞穴以"U"形管效果较好；并且随虾蛄个体的增大，洞穴直径相应增大，长度为其全长的 2 倍以上。虾蛄抱卵期间，少出洞，若遇外来刺激，如强光、急流水、温差过大等情况，抱卵虾蛄会将卵团抛弃。虾蛄为一次性产卵；口虾蛄平均产卵量为 3 万～5 万粒，大者近 20 万粒（王春琳等，2002），黑斑口虾蛄的怀卵量为14000～31000 粒/尾，平均 18000 粒/尾（蒋霞敏等，2000）。虾蛄卵呈椭圆形，受精卵的孵化在21～28℃条件下需 1～2 个月，在适温范围内，温度越高孵化时间越短。孵化后的浮游幼虫经11 次蜕皮变态成为稚虾蛄（表 12-2，图 12-2），其形态和栖息行为与成体相似，开始营底栖穴居生活，体色由半透明转为浅黄色，每经一次蜕皮体色即加深。

在水温为 24～29℃下，黑斑口虾蛄幼体变态经 20 多天（蒋霞敏等，2003），水温 25℃时，口虾蛄幼体变态需 1.5 个月（王波等，1998）。

表 12-2　黑斑口虾蛄的幼体发育（24～29℃、盐度 22～32）

发育阶段	假溞状幼体期	体长/mm	主要特点
卵黄营养阶段	第Ⅰ期	1.79～1.83 (1.81)	体柔弱透明，头胸甲处充满卵黄，不摄食，活动力弱，伏于水底
	第Ⅱ期 孵出 1～2d	2.10～2.25 (2.16)	头胸甲内卵黄减少，不摄食，活动力增强，水底爬行或游泳
浮游阶段	第Ⅲ期 孵出 3～4d	2.48～2.71 (2.51)	卵黄消失，开口摄食，摄取卤虫无节幼体，趋光性强，游泳上浮
	第Ⅳ期 孵出 5～8d	2.78～3.34 (3.07)	摄取卤虫无节幼体，趋光性较强
	第Ⅴ期 孵出 8～11d	3.68～5.04 (4.32)	体透明，稍坚硬；摄取卤虫无节幼体、小型桡足类等；若投饵不足，会互相残杀
	第Ⅵ期 孵出 11～13d	5.15～7.68 (6.87)	体透明，较坚硬易碎；摄取卤虫成体、大型桡足类等；趋光性强
	第Ⅶ期 孵出 13～15d	5.15～7.68 (6.87)	食性和趋光性同第Ⅵ期
	第Ⅷ期 孵出 15～18d	8.98～10.04 (9.57)	食性和趋光性同第Ⅵ期
	第Ⅸ期 孵出 18～21d	9.42～13.74 (11.41)	食性和趋光性同第Ⅵ期
底栖阶段	第Ⅹ期 孵出 21～25d	12.36～15.27 (13.98)	对强光有避光性，对弱光有趋光性，喜聚集在光线不强的角落；食性同第Ⅵ期
	第Ⅺ期 孵出 24～27d	14.88～19.69 (17.53)	对弱光还有一定的趋光性，开始有趋地习性，喜聚集在光线不强的角落或向底部游窜；食性同第Ⅵ期
	稚虾蛄 孵出 27～34d	12.61～16.07 (14.65)	体色转为黄褐色，甲壳较坚硬，身体明显缩短；由趋光性转为趋地性，开始打洞钻入泥土中；食性同第Ⅵ期

注：括号内为平均值。

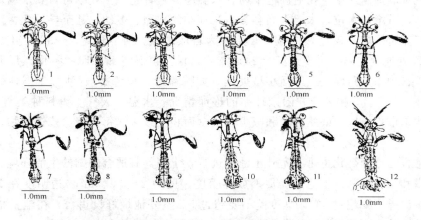

图 12-2　黑斑口虾蛄的幼体发育

1—第Ⅰ期溞状幼体；2—第Ⅱ期溞状幼体；3—第Ⅲ期溞状幼体；4—第Ⅳ期溞状幼体；
5—第Ⅴ期溞状幼体；6—第Ⅵ期溞状幼体；7—第Ⅶ期溞状幼体；8—第Ⅷ期溞状幼体；
9—第Ⅸ期溞状幼体；10—第Ⅹ期溞状幼体；11—第Ⅺ期溞状幼体；12—稚虾蛄

第二节　虾蛄的人工育苗

一、育苗设施

虾蛄人工育苗可利用对虾育苗场设施或对虾养殖土池等,面积随育苗规模而定。亲虾蛄室内培育池面积以 20~40m² 为宜,水深 0.8~1.0m。池底铺设底质和设置人工洞穴,底质为 10~20cm 消毒过的软泥沙,人工洞穴的材料可选用聚乙烯管、聚丙烯管、瓷管或竹管。培育体长大于 110mm 的亲虾蛄,应给与直径 50~60mm、长度 600mm 左右的人工洞穴,洞穴可铺单层或多层固定于池底,洞穴数为亲虾蛄数的 1.5 倍,室内光照强度小于 2000lx。

室外培育土池面积 200~2000m²,池深 2.0~2.5m,水深 1.5~2.0m;底质应软硬适当,太软影响虾蛄产卵和抱卵,太硬则使虾蛄挖洞困难且易致伤,池底淤泥厚度小于 20cm。放养亲虾蛄前 2 周用 20g/m³ 的漂白粉(有效氯含量 32%)或 300~500g/m³ 的生石灰清池,放养前进排水 2 次。亲虾蛄入池后即自行挖穴。

二、亲虾蛄的选择和运输

亲虾蛄可选择人工养殖或海捕已交配的雌虾蛄。要选择离水时间短、性腺发育较好、活力强、附肢健全、体色鲜艳、体长大于 10cm 的雌虾蛄。性腺已发育的雌虾蛄,从其腹面可看到一条橘红色性腺自头胸部延伸到尾节,性腺越粗、颜色越深,发育越好。当卵巢在尾节部分呈三角形时,雌虾蛄将在 1 周内产卵。

亲虾蛄一般采用帆布桶或塑料袋充氧运输,帆布桶装运密度为 20~30kg/m³,塑料袋加泡沫箱运输可适当加冰,降温至 10℃ 左右,每袋盛水 5kg,装亲虾蛄 50~80 尾。

三、亲虾蛄促熟培育和抱卵孵化

室内池培养密度为 20~30 尾/m²,连续充气,水中溶解氧保持在 5mg/L 以上。水温是虾蛄性腺发育的抑制因素,在适温范围内,水温越高发育越快。夏季可自然水温培育,若夏天气温太高,可增加水位,水温太高会影响亲虾蛄的抱卵、孵幼,甚至导致死亡。若春季育苗欲提前产卵可采取升温促熟措施,开始时为自然水温,暂养稳定 2~3d 后开始升温,以 0.5~1.0℃/d 速度升温,逐步升温至 24~28℃,保持恒温待其产卵和孵化。每天早晚各投饵一次,饵料为小杂鱼碎块、鲜活小型贝类(如鸭嘴蛤、杂色蛤)、沙蚕、小杂虾等。投饵量为虾蛄体重的 5%~10%,并随亲虾蛄的抱卵情况、水温、天气、饵料种类等适当增减。投饵时要均匀散投,以便虾蛄摄食和减少因抢食而相互残杀。每天清除残饵污物,日换水量 1/4~1/3。

促熟培育与抱卵孵化也可在室外土池中进行,土池具有适合虾蛄的生活环境,促熟效果好,抱卵率和孵化率高。土池暂养促熟放养密度一般为 2~3 只/m²。透明度在 30~50cm,下池前注意温差不要超过 3℃,盐度差不要超过 5。室外池最好设饵台,在池上搭盖大棚以控制水温及防止降雨造成盐度变化。

雌虾蛄抱卵期间,很少出洞或摄食,故抱卵孵化期间一般不需投饵。孵化过程中注意保持水质清新,如果池底不洁、池水不干净,所抱的卵常会因原生动物、聚缩虫等附着而影响受精卵的孵化,改善培养条件、保持水环境的清洁有利于提高孵化率。暂养促熟池面用黑布遮光,光照强度控制在 500lx 以下,保持安定的环境,避免惊扰抱卵的亲体。

四、幼体收集

水温 25～30℃下，卵从受精至孵出幼体经 7～15d。如发现亲虾蛄排放出假溞状幼体，即要收集幼体入育苗池进行育苗。刚孵出的第Ⅰ、Ⅱ期幼体以自身卵黄营养，身体弯曲呈倒立状，围绕在亲虾蛄穴居的洞穴附近。第Ⅲ期假溞状幼体开始离开洞穴，活泼上浮，趋光性强。在土池促熟培育亲虾蛄时，可在排水口安装集苗网箱（60 目筛绢）排水，幼体聚集于网箱边，待达到一定密度后，用手捞网捞起；或采取光诱方法收集幼体，计数后放入幼体培育池。

亲虾蛄将幼体孵出后，摄食量大增，还干扰其他抱卵虾蛄，要及时将其移出培育池，因而最好将其诱捕出池。

五、幼体培育

室内育苗海水需经沉淀、沙滤处理，为防重金属离子含量超标，可加 EDTA 二钠盐2～5mg/L。育苗初期以添加水为主，加满后开始换水；保持正常的海水盐度，暴雨天要防止盐度急降。

第Ⅲ期假溞状幼体的培育密度控制在 5 万～10 万尾/m³。育苗前期投喂轮虫、初孵卤虫无节幼体，每天投喂 4～6 次，投饵少量多次，保持卤虫幼体密度 1～3 个/mL，并添加蛋羹、桡足类、枝角类等。随着幼体的生长发育，饵料颗粒随之增大，进入Ⅸ～Ⅺ期幼体后，以投喂卤虫成体为主，搭配卤虫幼体、新鲜鱼糜、贝肉糜等，每天投喂 3～4 次；投喂量根据幼体数量、摄食情况、水质、残饵等及时调整。

控制育苗水温为 20～30℃，溶解氧大于 4.0mg/L，pH8.0～8.5。随幼体的发育，充气量由微波状逐渐增大为沸腾状。每天换水和吸污，换水量视水质状况而定，保持池水水质清新，并可加入一定量的单胞藻液调节水质。

第Ⅴ期假溞状幼体期开始出现自相残杀，可采取降低培育密度、遮光、用藻类或其他物质调节水色、池中悬挂网片等措施以减少残杀。当幼体经 8 次蜕皮进入第Ⅸ期时，大多转入池底，此时应在池底铺设消毒泥沙或将幼体转入铺有细泥沙和直径 10～30mm 的聚乙烯塑料管状人工洞穴的池中。

也可采用原土池孵化、原池培育幼体的方法。土池水中发现幼体后即开始投饵。饵料以卤虫无节幼体、卤虫成体为主，辅以冰鲜桡足类。投喂量与投喂时间根据育苗土池中的浮游动物量与残饵量而定，一般每天投饵 3～4 次，活饵与冰鲜饵料交替投喂，投喂冰鲜饵料时开动增氧机。水色保持褐绿色或黄绿色，维持一定数量的浮游动物（如桡足类、枝角类、糠虾、裸赢蜚幼体等）。每天 7：00 与 17：00 测量水温与比重，一般前期少换水或不换水，后期适当换水。定期用浮游生物网收集虾蛄幼体，观察其密度、活动与摄食情况。

六、出苗

黑斑口虾蛄在水温 24～29℃、盐度 22～32 条件下，经 24～27d 变成稚虾蛄；而水温 28～31℃时，需经 14～17d。出苗前必须根据养殖场的盐度与育苗场的盐度差异进行盐度逐步驯化，以提高放养成活率。

第三节　虾蛄的池塘养殖

一、池塘养殖条件

虾蛄养殖池塘的面积不等，对虾养殖池塘即可用于养殖虾蛄。池底土质以松软为好，池底泥厚度小于 20cm 为宜，以利于虾蛄钻穴栖息。放置一些人工洞穴或其他隐蔽物，可提高放苗密度。

二、种苗来源

因虾蛄的人工育苗尚未达到生产性规模，其养殖所需种苗主要来自海区种苗。海区种苗主要用定置网和底拖网等捕获，或在滩涂洞穴中用手捕捉。虾蛄养殖全年可进行，要依据当地虾蛄苗的出现旺季来确定放养季节。口虾蛄苗以 4~6 月最多，黑斑口虾蛄苗则多出现在 6~8 月。

种苗运输可采用充氧水运或保湿干运，运输时间控制在 10h 内为佳。运输时要注意避免高温、日晒、风吹和雨淋，高温季节宜在夜间或用冰块降温运输或冷藏车运输。

三、种苗放养

虾蛄苗放养前需进行清塘工作，方法同一般池塘清池方法。放苗时要注意温度、盐度的差异。虾蛄苗的放养密度视池塘条件、苗种质量与规格、饵料供应情况、养殖管理水平等确定。一般海捕种苗体长 3~6cm 或更大规格，其放养量为 5000~7000 尾/亩；若放养 2cm 左右的人工苗种，放养密度可适当高些，为 6000~8000 尾/亩，若投放虾蛄第 Ⅹ~Ⅺ 期假溞状幼体，放苗密度为 1.5 万尾/亩。为了充分利用水体，提高养殖经济效益，也可在虾蛄养殖池塘中混养其他品种，如混养利用中上层水体的鱼虾类或吊养或筏式养殖贝类；因虾蛄为穴居性动物，故不宜混养利用水底层的鱼虾类和埋栖型贝类。

四、养殖管理

1. 饵料管理

养殖虾蛄饵料以鲜活小型低值贝类如鸭嘴蛤、寻氏肌蛤（海瓜子）等为佳，可避免污染水质与底质。投喂小杂鱼等饵料需切成碎块，均匀投撒，以利于虾蛄摄食和避免相互残杀。投饵时间为 20：00~22：00 为好，日投饵一次。体长在 7cm 前，投饵量为虾蛄总重量的 20%~40%；体长 8~11cm 时，为 10%~20%；体长 12cm 以上，为 10% 左右。投饵量随其个体大小及其生理状况、水温、天气、饵料种类、水质好坏等适当调整。水温低于 15℃ 或高于 32℃，虾蛄摄食量明显降低，此时饵料宜少投或不投。设立饵料台和下池摸底泥观察是常用的投饵量检查方法。

2. 水质管理

虾蛄对温度、盐度的变化有较强的耐受性，但对溶解氧有较高的要求。一般日换水量 1/3，透明度控制在 30~50cm，每隔 10~15d，施用 2g/m³ 生石灰，以改善水质与底质，并有利于虾蛄蜕壳和防病。夏季高温应提高水位，将水温控制在 33℃ 以内。

3. 生长测定

虾蛄的生长受水温、水质、饵料、性腺发育以及养殖密度等影响，最适生长水温为 (27±3)℃。在正常条件下，虾蛄体长每旬增长 0.9~1cm，养殖前期增长比后期快。一般每 10 天用"地龙网"放饵料诱捕测定一次，每次测量 50 尾以上。

4. 巡池检查

虾蛄养殖期间，每天早晚各巡池一次，做好记录，发现问题及时解决。

五、适时收获

经过 3~4 个月养殖，虾蛄体长 11cm 以上、肥满度好，或雌虾蛄性腺发育好，即可捕获销售。池塘养殖虾蛄的捕捞方法主要有以下几种。

1. 张网捕捞

做法是在排水闸张网，待夜间退潮时开闸放水，虾蛄顺流入网，涨潮时重新进水，次日晚再捕，如此重复多次，一般可捕出总量的 90％以上。此法适用于水温 15℃以上的季节，适于夜晚操作；因虾蛄具夜晚出穴捕食、饱食即钻穴的习性，故捕捞当晚不能投饵。

2. "地龙网" 捕捞

"地龙网" 亦称陷网。此法适宜于虾蛄养殖的中后期、间捕或捕大留小。将网放置在池塘中，夜晚虾蛄出洞觅食时钻进网内，次日清晨从网中倒出即可。

3. 干池捕捉

适用于捕捉少量残留的虾蛄或钻穴越冬的虾蛄。做法是把池水排干，见一大一小的 "U" 形虾蛄洞，捕捉者用脚在大洞口用力蹬几下，虾蛄即从小洞口爬出。但若养殖密度高、虾蛄洞穴常相通或因越冬洞穴变成 "Y" 形时，脚蹬方法难见效，只能用手或用工具捅取或挖取。

本章小结

虾蛄为广温广盐性的凶猛甲壳动物，栖息于浅海泥底 "U" 形洞穴或石砾缝中，捕食小型虾类、小型双壳类与鱼类。虾蛄雌雄异体，雌虾蛄在洞穴中产卵，抱卵孵化。孵化出的假溞状幼体营浮游生活，摄食小型浮游动物饵料，经 11 次蜕皮变态成为形态和栖息行为与成体相似的稚虾蛄。虾蛄人工育苗可利用对虾育苗场设施或对虾养殖土池，亲虾蛄室内培育池池底需要铺设底质和设置人工洞穴。亲虾蛄可选择人工养殖或海捕已交配的雌虾蛄。虾蛄幼体孵出后收集幼体或在原土池培育，投喂卤虫幼体、卤虫成体、桡足类、枝角类，搭配新鲜鱼糜、贝肉糜等，室内池培育到 Ⅸ～Ⅺ 期幼体时，也要在池底铺设底质和人工洞穴，满足稚虾蛄底栖穴居需要。可利用对虾养殖池塘养殖虾蛄，也可在虾蛄养殖池塘中混养中上层水体的鱼虾类或吊养或筏式养殖贝类，养殖饵料以鲜活小型低值贝类为主，经过 3～4 个月养殖即可收获。

复习思考题

1. 简述虾蛄的繁殖习性和幼体发育的特点。
2. 雌雄虾蛄怎样识别？怎样挑选亲虾蛄？
3. 简述亲虾蛄促熟培育的主要技术环节。
4. 简述人工培育虾蛄幼体的主要技术环节。

第四篇
实训操作项目

实训一　对虾生物学观察、解剖和测定

【目的要求】

掌握对虾类的基本生物学形态结构特点；认识外部形态特征、主要内脏器官的部位，区别雌雄虾；掌握对虾测定方法。

【材料、器具】

解剖盘、解剖剪、镊子、直尺、天平、纱布、鲜活对虾、对虾原色图谱。

【方法步骤】

1. 全长、体长和体重的测定　取一尾新鲜对虾，将其拉直，用直尺测量其额角尖至尾扇末端的长度；测量眼柄基部至尾节末端的长度。用纱布或吸水纸吸去体表水分，放天平上称重。

2. 外部形态观察　从头胸甲开始至尾扇，数出对虾的体节数和附肢数。对照图谱或附图，在头胸部、腹部、尾部找出相应的沟、脊、刺、齿；观察对虾纳精囊和交接器形态，识别雌雄个体。用镊子小心从附肢基部取下对虾的一侧附肢，按头到尾的顺序排列在解剖盘上，认识对虾附肢的形态和分节。注意：口器附肢（大颚、第 1 小颚、第 2 小颚）小，且紧贴在一起，镊取时易断。

3. 内部构造观察　小心剪去一侧头胸甲的下半部分，露出鳃。仔细观察鳃的颜色和形态，然后掀去整个头胸甲，在相应的位置找出对虾的胃、心脏、肠道，小心取出放置解剖盘上。

4. 其他　如有性腺发育成熟的对虾，可同时观察其卵巢或精荚囊。

【结果记录】

记录所观察的对虾全长、体长数值；解剖下的附肢和内脏器官交指导教师检查。画一尾对虾的外形图。

【附图】

见实图 1-1～实图 1-3。

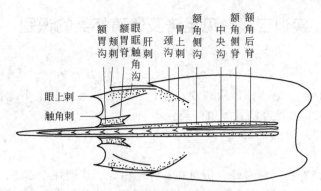

实图 1-1　对虾类头胸甲各部名称（背面观）

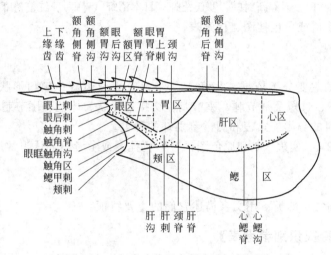

实图 1-2　对虾类头胸甲各部名称（侧面观）

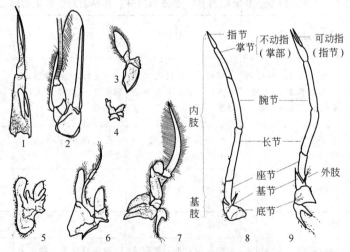

实图 1-3　对虾的附肢

1—第一触角；2—第二触角；3—大颚；4—第一小颚；5—第二小颚；
6—第一颚足；7—第二颚足；8—第二步足；9—第四步足

实训二　常见经济及养殖虾类的识别

【目的要求】

掌握对虾类的主要分类特征，从外观、体色、花纹、额角、上下缘齿数、附肢上的刺毛、交接器等方面识别常见经济及养殖虾类。

【材料】

1. 常见海捕经济虾类：新对虾、仿对虾、脊尾白虾、管鞭虾、赤虾、毛虾等。
2. 养殖虾类：中国明对虾、长毛明对虾、墨吉明对虾、日本囊对虾、斑节对虾、短沟对虾、凡纳滨对虾（南美白对虾）、刀额新对虾、罗氏沼虾、日本沼虾（青虾）、红螯螯虾、克氏原螯虾等。
3. 虾类原色图谱或彩色挂图、检索表。

【方法步骤】

1. 认识虾类的主要分类依据　额角上下缘齿有无及齿数；额角形状；头胸甲上的沟、脊、刺；附肢形态、长短及基节刺、座节刺；交接器形状、体色、尾节刺等。
2. 对照对虾科的分类检索表和图谱鉴别虾的种类。
3. 对照实表 2-1、实表 2-2 和原色图谱、彩色挂图或参考图，认识常见养殖虾类。

【结果要求】

从外观上识别常见虾类；用文字描述它们的主要特征。

【几种常见对虾特征识别参考表】

见实表 2-1、实表 2-2。

实表 2-1　中国明对虾、长毛明对虾、墨吉明对虾、凡纳滨对虾的主要特征比较

种类 部位	中国明对虾	长毛明对虾	墨吉明对虾	凡纳滨对虾
额角	额角显著长，明显超出第 2 触角鳞片末端，其末端比其他两种粗	额角短，不到第 2 触角鳞片末缘，末端显著较细	额角短，近三角形，不到第 2 触角鳞片末缘，末端细	额角尖端的长度不超出第 1 触角柄的第 2 节
额角后脊	不到头胸甲中部，无小凹点	不到头胸甲末缘，有一小凹点	近头胸甲末缘，脊上无凹点	
额角上下缘齿	7～9/3～5	7～8/4～6	8～9/4～5	9/2
额角基部隆起	低	稍高	较高	
额角后脊	额角后脊至头胸甲中部，脊上无小凹点	额角后脊至头胸甲末缘，脊上有一小凹点	额角后脊至头胸甲末缘，脊上无凹点	
第一触角鞭	显著较长，长于头胸甲长度	较短，不超过头胸甲长度	较短，不超过头胸甲长度	很短小，约为第一触角柄长度的 1/3

实表 2-2 斑节对虾、短沟对虾、日本囊对虾的主要特征比较

部位＼种类	斑节对虾	短沟对虾	日本囊对虾
条纹体色	条纹黑褐色、棕茶色与土黄色相间	条纹棕茶色、些许枣红色	条纹略黑（养殖）或茶棕色（天然）
第一触角鞭	稍长于柄部	短小、短于柄部	短小、短于柄部
第二触角鞭		枣红与白色相间	
额角上下缘齿	7～8/2～3	6～8/2～4	8～10/1～2
额角侧沟	浅、较窄	浅、较窄	宽、深、几乎到头胸甲后缘
游泳足颜色	基肢黄色＋蓝色，内外肢棕红色	基肢白色，内外肢枣红色	基肢白色，内外肢黄色
尾肢颜色	土黄色＋黑褐色	褐色	棕色＋黄色＋天蓝色
尾节刺	无	无	尾节后侧缘具 3 对刺

注：三者共同特征为头胸甲后部有中央沟；有额角侧沟，伸至胃上刺下方或后方；体躯有条纹。

【附图】

见实图 2-1～实图 2-10。

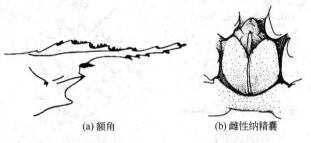

(a) 额角   (b) 雌性纳精囊

实图 2-1 中国明对虾额角、纳精囊

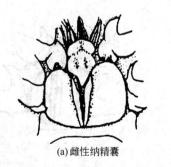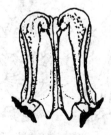

(a) 雌性纳精囊   (b) 雄性交接器

实图 2-2 斑节对虾雌雄交接器

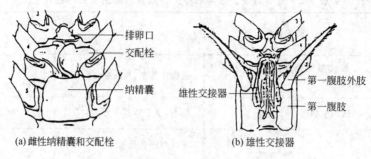

(a) 雌性纳精囊和交配栓　　　　(b) 雄性交接器

实图 2-3　日本囊对虾纳精囊和交接器

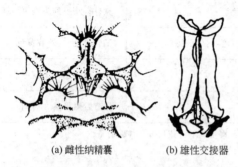

(a) 雌性纳精囊　　(b) 雄性交接器

实图 2-4　近缘新对虾雌雄交接器图

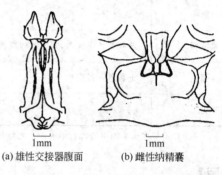

(a) 雄性交接器腹面　　(b) 雌性纳精囊

实图 2-5　刀额新对虾雌雄交接器

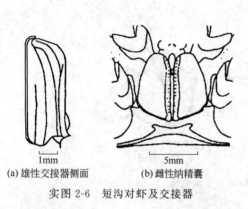

(a) 雄性交接器侧面　　(b) 雌性纳精囊

实图 2-6　短沟对虾及交接器

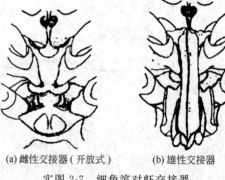

(a) 雌性交接器(开放式)　　(b) 雄性交接器

实图 2-7　细角滨对虾交接器

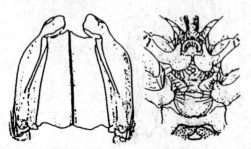

(a) 雄性交接器　　(b) 雌性交接器(开放式)

实图 2-8　凡纳滨对虾交接器

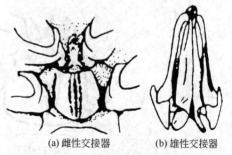

(a) 雌性交接器　　(b) 雄性交接器

实图 2-9　长毛明对虾雌雄交接器

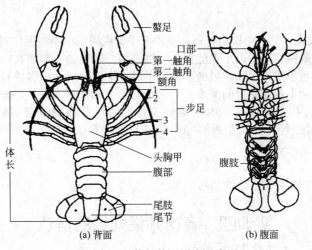

实图 2-10 螯虾外观形态示意图

实训三 对虾促熟手术及雌虾卵巢观察

【目的要求】

初步掌握切除对虾眼柄的基本操作方法（实图 3-1），能鉴别对虾性腺发育的成熟度（实图 3-2）。

【基本原理】

对虾眼柄中的 X 器官分泌抑制性腺成熟的激素，减少或阻止 X 器官分泌就可促进性腺成熟。

【材料、器具】

瓦斯喷灯（或煤气炉，实图 3-3）、打火机、扁头镊子、棉纱手套或毛巾、水族箱（或盆、桶）、细铁丝一段（一端做成弯钩状）、消毒药（碘液）、过滤海水、活对虾、市场购买卵巢清晰可见的对虾。

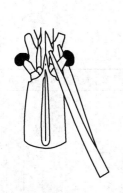

实图 3-1 眼柄切除术示意图

实图 3-2 对虾性腺发育示意图

实图 3-3 瓦斯喷灯

【方法步骤】

1. 从水族箱（或盆、桶）中捞出对虾，左手套手套或用毛巾小心握住对虾，额角向前方、尾部朝向自己。待对虾眼柄露出时以小铁丝钩住一侧眼柄，铁丝的一端握在自己左手中。使眼柄不能缩回眼窝中；或也可不用铁丝固定眼柄。将镊子放火中烧红后立即镊烫对虾眼柄，直至眼柄烧焦为止。将对虾放入消毒并过滤过的海水中 5～10min，然后再放入正常海水中。

2. 观察卵巢发育接近成熟的中国明对虾或长毛明对虾或刀额新对虾、近缘新对虾、周氏新对虾、哈氏仿对虾等，以肉眼观察卵巢的分布和颜色。

【作业】

绘出第Ⅳ期或第Ⅴ期对虾卵巢的形状图。

实训四 育苗筛绢网目的辨认

【目的要求】

识别不同型号的育苗筛绢并会选用。

【材料、器具】

40 目、60 目、80 目、120 目、200 目、250 目、300 目筛绢布，显微镜、直尺、目测微尺、台微尺。

【方法步骤】

方法一 根据对筛绢孔径的肉眼观察和手指触摸感觉，判别网目的型号。

方法二 取 60 目以下的粗筛绢布放桌上铺平，用尺子沿筛绢布的经线或纬线量出 2.54cm（1 in），做好标记，数出 2.54cm 长度内的小孔数，即为该筛绢网布的网目。

方法三 适用于 60 目以上的细网目，在显微镜下观察，用目测微尺、台微尺测出单位长度的小孔数，再算出 2.54cm 长的小孔数即为该筛绢网布的网目。

【操作要求】

能用肉眼熟练鉴别筛绢网目，并根据育苗阶段选择需要的筛绢网目。

【参考附表】

见实表 4-1。

实表 4-1 国际标准筛绢网

筛绢号数	每英寸网孔数	孔径/mm	筛绢号数	每英寸网孔数	孔径/mm	筛绢号数	每英寸网孔数	孔径/mm
0000	18	1.364	6	74	0.239	15	150	0.094
000	23	1.024	7	82	0.224	16	157	0.086
00	29	0.754	8	86	0.203	17	163	0.081
0	38	0.569	9	97	0.163	18	166	0.079
1	43	0.417	10	109	0.158	19	169	0.077
2	54	0.366	11	116	0.145	20	173	0.076
3	58	0.333	12	125	0.119	21	178	0.069
4	62	0.313	13	129	0.112	25	200	0.064
5	66	0.282	14	139	0.099			

注：1ft＝12in＝0.305m＝30.5cm；1in＝2.54cm。

实训五　简易工具设计和制作

【目的要求】

在育苗生产中，往往需要一些工具而又不能购买，需要因地制宜地自己设计和制作。学习制作简单工具。

【材料】

直径 4～5mm 铁丝、各种网目筛绢布、粗缝衣针、尼龙线、聚乙烯硬塑料管（直径约 30mm、60mm）、小铁锯、锉刀、塑料焊枪和焊条、钳子、剪刀、万能胶等。

【制作】

在教师指导下如实图 5-1 制作。制作观察杯、捞网、温度计壳、计苗杯、换水器、洗饵料袋等。

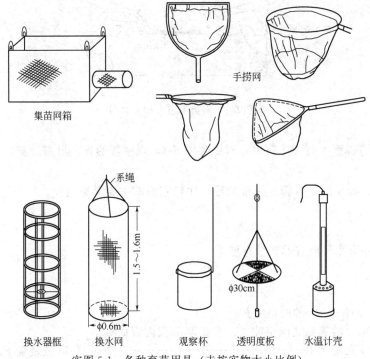

集苗网箱　　手捞网

系绳

1.5～1.6m

φ0.6m

换水器框　换水网　　观察杯　透明度板　水温计壳

实图 5-1　各种育苗用具（未按实物大小比例）

实训六　蟹类形态观察、解剖及常见经济蟹类的识别

【目的要求】

掌握蟹类的生物学基本形态结构，掌握蟹外部形态特征、主要内脏器官的分布位置、区别雌雄；掌握蟹类分类的主要特征。

【材料、器具】

解剖盘、解剖剪、镊子、直尺、天平、纱布、各种冰鲜蟹或活蟹（鲟、梭子蟹、拟穴青蟹、绒螯蟹等）、蟹类原色图谱或彩色挂图。

【方法步骤】

1. 外部形态观察　对照实图 6-1、实图 6-2 观察蟹的体形、额齿数、前侧齿数；识别雌雄；分别用镊子取下蟹的第一触角、第二触角、大颚、第一小颚、第二小颚、第一至三颚足，按顺序摆放。

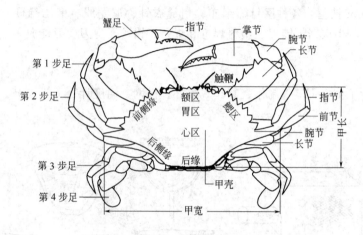

实图 6-1　蟹类形态名称模式图

2. 内部构造观察　打开头胸甲，对照实图 6-3，观察蟹的胃、肝脏、鳃、心脏、肠道和生殖腺。

3. 识别鲟、梭子蟹、青蟹、绒螯蟹等，比较它们的主要形态差异。

【结果要求】

绘制蟹的外形图和内脏器官分布图。

【检索参考】

【绒螯蟹属 *Eriocheir* 种的检索】

1. 第三颚足狭窄，两颚足之间空隙大。螯足掌部仅内表面具
绒毛，外表面光滑无毛 ·················· 狭额绒螯蟹 *E. leptognathus*
1. 第三颚足正常，两颚足之间空隙小。螯足掌部外表面或内、外表面具绒毛。
　2. 螯足仅外表面有绒毛 ·················· 直额绒螯蟹 *E. rectus*
　2. 螯足内、外表面都具绒毛
　　3. 内、外额齿均尖锐，居中的缺刻最深。第四前侧齿小而
明显 ·················· 中华绒螯蟹 *E. sinensis*
　　3. 外额齿尖锐，内额齿钝圆，额缘呈波纹状。第四前侧齿发育
不全 ·················· 日本绒螯蟹 *E. japonicus*

【梭子蟹亚科属的检索】

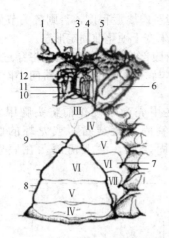

实图 6-2　三疣梭子蟹雌体腹面观

1—复眼；2—第 2 触角；3—吻；4—第 1 触角；5—额棘；

6—第 3 颚足；7—腹甲；8—腹部；9—尾节；

10—第 1 颚足；11—第 2 颚足；12—大鄂；Ⅲ～Ⅶ—体节序号

实图 6-3　三疣梭子蟹内部构造

1—肝胰脏；2—卵巢；3—鳃；4—肠盲囊；

5—心脏；6—胃肌；7—胃

1. 第二触角基节的外末角并不显著突出，鞭位于眼窝内。

　2. 第二触角基节的外末角突出成一小叶；鞭小，前侧缘分成 9 齿。

　　3. 头胸甲表面光滑，分区不甚明显；螯足的前节光滑肿胀 ……………… 青蟹属 *Scylla*

　　3. 头胸甲表面分区；螯足掌节棱形，且有隆线 ………………………… 梭子蟹属 *Portunus*

　2. 第二触角基节的外末角不突出成小叶；鞭长。头胸甲的宽度稍大于长度，

　　常为圆形；前侧缘分为 9 齿，大小交替，小齿往往退化 ………… 狼牙蟹属 *Lupocyclus*

1. 第二触角基节的外末角突出肿胀，或成小叶，完全充满眼窝缝，鞭位于眼窝缝外。

　2. 额至眼窝缘的宽度显著小于头胸甲的最大宽度；前侧缘斜拱，分

　　6 齿 ……………………………………………………………………… 蟳属 *Charybdis*

　2. 额至眼窝缘的宽度不显著小于头胸甲的最大宽度

　　3. 前侧缘并不明显向后集中，分成 5 齿，第 4 齿往往小或退化（不

　　　显著）………………………………………………………………… 短桨蟹 *Thalamita*

　　3. 前侧缘明显向后集中，分成 3～4 齿 ………………… 仿短桨蟹 *Thalamitoides*

实训七　蟹（龙虾、螯虾、鲎）干制标本制作

【目的要求】

初步掌握蟹等干制标本的制作方法。

【材料、器具】

蟹（冰鲜螯虾、鲎或龙虾刚蜕下的壳）、剪刀、解剖刀、解剖盘、镊子、铁丝、底盘（木板或泡沫板）、竹签或大头钉、福尔马林、清漆、毛笔、注射器、标签、万能胶。

【方法步骤】

打开蟹（螯虾、鲎）的头胸甲，在胸甲上剪开，用铁丝（一端敲成扁薄形状，像小匙），伸入切口挖出胸部肌肉；将头胸甲内肌肉挖去洗净；用剪刀或解剖刀切开关节膜，将铁丝伸入挖出螯足、附肢的肌肉（个体小的蟹步足不需挖肉）。冲洗，放水中浸泡，再冲洗，直至肌肉基本去

净。如蟹肉预先适当腐烂，则易于去除肌肉，但注意掌握肌肉腐烂程度，否则各关节处会脱落。龙虾标本直接取刚蜕下的壳制作较为方便，但必须在其尚未变干硬化前固定形态。

将细铁丝穿入蟹（鲎、龙虾、鳌虾）的胸甲，再由腹部穿出两根铁丝。将穿过铁丝的蟹或鲎、或龙虾平放在解剖盘上，用毛笔在壳内涂上福尔马林，或可用注射器向小附肢内注入少量的福尔马林防腐。

将蟹或鲎、或龙虾壳平放在底座上，固定好，在甲壳尚未硬化前将头胸甲安装在躯体上，用万能胶粘牢固定头胸甲。再用大头钉或竹签固定蟹或鲎、或龙虾的躯体和附肢形态，做好造型，阴干，待躯体形态、关节硬化固定后，漆上清漆，在底座上贴上标签（实图 7-1）。

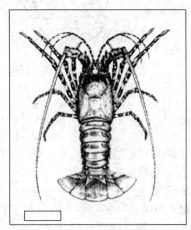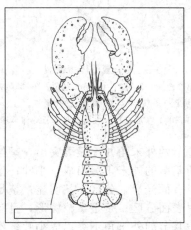

实图 7-1　龙虾（左）、鳌虾（右）标本

综合实训八　对虾人工育苗

【技能要求】

1. 熟悉育苗场的设施和设备，学会清洗、消毒池子。
2. 掌握亲虾选择标准、能鉴别雌雄虾性腺发育成熟度，了解亲虾人工促熟培育技术。
3. 掌握育苗用水的消毒、处理方法。
4. 掌握各期幼体的变态发育特征，能辨别幼体的发育期和判断幼体（虾苗）的健康状况。
5. 熟悉幼体发育各阶段饵料种类，掌握配合饵料和生物饵料的投喂操作方法。
6. 学会育苗期间水环境的管理操作和疾病控制方法。
7. 掌握虾苗出苗操作要点和包装方法。

【对虾育苗流程】

凡纳滨对虾人工育苗依据 GB/T 30890—2014《凡纳滨对虾育苗技术规范》实施。对虾育苗流程如实图 8-1。

【准备工作】

进场后首先熟悉育苗场布局，查看供电、供水、充气、增温、蓄水池、高位水池、沙滤池、育苗池、饵料池等设施；学习操作育苗池、高位水池、沙滤池的维修、清洗和消毒；学习安装充气管和布气石；协助育苗场准备必要的育苗饵料、筛绢网袋、药品和制作各种工具。

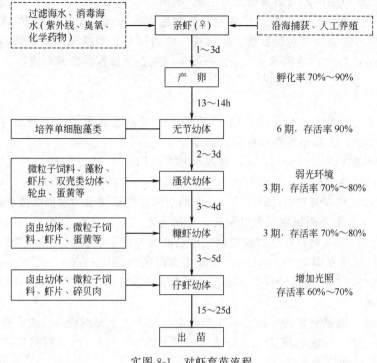

实图 8-1　对虾育苗流程

【亲虾进场与挑选】

1. 购入亲虾　根据当地的条件，选择亲虾的购入途径，见实表 8-1。

实表 8-1　购入途径汇总

方法	来　源	虾　种
1	卵巢成熟的海区雌虾	中国明对虾、长毛明对虾、刀额新对虾、墨吉明对虾、短沟对虾、日本囊对虾
2	人工养殖或选育对虾、越冬培育	中国明对虾、凡纳滨对虾（雌雄搭配）
3	性腺未成熟的海区雌虾	日本囊对虾、斑节对虾（搭配少量雄虾）
4	进口亲虾	斑节对虾（搭配少量雄虾）、凡纳滨对虾或 SPF 亲虾（雌雄搭配）

2. 挑选标准　①个体大，附肢齐全，手握时有较强的挣扎感；②体表光洁，体色正常，无机械损伤，鳃色正常；③外观卵巢宽大饱满，纵贯整个身体背面，边缘轮廓清楚，颜色暗绿或褐绿色（日本囊对虾、斑节对虾需要用手电筒或水下灯照射观察）；④纳精囊饱满凸出，外观乳白色（表明已经交尾）或有交配栓。

【亲虾促熟手术及培育】

一般应用于日本囊对虾、斑节对虾、凡纳滨对虾。

1. 准备工作　自然海区收购亲虾或进口亲虾，进场后经过 2～3d 蓄养，待其完全适应池内的环境条件。备好煤气灶或瓦斯喷灯、操作工具（扁口镊子、剪刀、细铁丝）、水盆、塑料桶、消毒药品、棉纱手套等器具。

2. 切除眼柄　操作者套上棉纱手套，一手握虾；另一人将镊子或剪刀在火上烧红；操作者用弯钩状细铁丝钩住对虾一侧眼柄，铁丝尾端握在手中，使对虾眼球突出并固定；适度握虾而不需用铁丝固定眼柄也可。另一只手用烧红的镊子夹烫切除一侧眼柄，或者实施人工挤眼球手术。然后将亲虾放入消毒药水中浸泡5min。

3. 术后管理　手术后亲虾放入培育池，控制适宜的水温、盐度、水质；保持室内暗光照和安静。投喂活沙蚕、鱿鱼、牡蛎、花蛤等，鲜活饵料投喂前先用聚维酮碘液20mL/m³或甲醛溶液200mL/m³浸泡消毒30min。一般1周左右亲虾卵巢即发育成熟。

【亲虾产卵操作】

1. 准备工作　产卵池洗刷干净，用40～50g/m³漂白粉泼淋消毒，数小时或1d后再用过滤海水冲洗干净，工具亦用漂白粉浸泡消毒。

向产卵池引进沙滤水0.8～1.0m，在进水龙头处用150～200目筛绢再过滤，待水深达0.8～1m后开始增温、充气。水温控制在中国明对虾18～20℃（斑节对虾27～28℃、凡纳滨对虾29～30℃；日本囊对虾25～27℃），产卵期间充气量调节为水面微波状，每平方米布气石2～3个。如水中重金属离子含量偏高，需加入乙二胺四乙酸二钠2～10g/m³；盐度大于24。斑节对虾、日本囊对虾产卵池控制光照强度为300～500lx或完全黑暗。

亲虾入产卵池前先用20～30mL/m³聚维酮碘浸泡消毒3～5min、或100mL/m³福尔马林3～5min；或10g/m³高锰酸钾3～5min，消毒后冲洗干净，轻轻放入产卵池。海捕亲虾收购后直接入池。

2. 产卵方法　根据对虾的种类、亲虾的数量、池子大小而选择合适的产卵方法。

① 育苗池产卵。傍晚后将成熟亲虾直接放入产卵池产卵，次日晨捞出产过卵的雌虾，受精卵原池孵化至幼体培育结束。

② 网箱产卵。将洗净的大眼网箱（网目0.2～0.3cm）放置在育苗池水中。傍晚时，按10～20尾/m²的密度将亲虾放入箱内。控制充气量，使水面呈微波状态。

③ 产卵池产卵。傍晚以后将卵巢发育至第4、5期的亲虾移入，10～20尾/m³。翌晨检查亲虾产卵情况，记录已产卵的亲虾数和池中的卵数，捞出亲虾。

凡纳滨对虾交配产卵习性较特殊。上午清污换水后或下午4时左右从雌虾培育池挑选出卵巢发育成熟的雌亲虾，放入雄虾池（即交配池，♀、♂比为1∶5～1∶6）。晚上19∶00、22∶00操作者从池中挑选已交配的亲虾，消毒后将其放入产卵池，23∶00将未交配的雌虾捞回培育池。产卵池适量充气，次日晨捞出亲虾。

3. 受精卵孵化　水泥池孵化，要经常用搅拌棒轻轻搅动池底，使卵上浮。从气石处取样，随即镜检，计算受精率。

如欲观察胚胎发育全过程，则晚上20∶00之后用烧杯自产卵池（网箱）多次取样，检查有否产卵，发现产卵立即吸取出受精卵置培养皿或凹玻片上，显微镜下连续观察和绘图或用数码相机拍照，记录胚胎发育时间进度，直至无节幼体孵出。

4. 幼体出售　产卵次日下午无节幼体孵出。16∶00～17∶00，在出苗沟（槽）安装出苗网箱（160目软筛绢），缓慢放水收集无节幼体。收集的无节幼体集中放入500L桶或1000L桶中，投进1～2个气石充气。取50mL或100mL烧杯（与桶对应），在气石处取样2～3次，计算杯中的幼体数量，取其平均值，再按下式计算500L或1000L的容器中的幼体数量。

幼体总数（尾）＝取样幼体平均数（尾）×10⁴

无节幼体装袋、充氧、包装、运输。

【幼体培育】

1. 幼体入池　无节幼体来自本场或购自其他育苗场。外地的幼体抵达后需要先将苗袋放入育苗池待内外水温平衡后再倒入水中。幼体入池前最好先用药物消毒，将无节幼体置于容积为 100L 的桶中并连续充气，用聚维酮碘溶液 $10\sim15mL/m^3$ 浸泡 10min，消毒后用抄网捞出，清水冲洗后投放育苗池。每桶 1 次处理无节幼体 300 万～500 万尾。一般无节幼体投放量为 40 万～50 万尾/m^3；斑节对虾为 10 万～15 万尾/m^3。

2. 池水准备　幼体进场前需要先将育苗池水处理好。处理方法可参考第一篇第二章第二节"育苗用水综合处理"方法。一般常用的育苗用水处理流程如下所述。

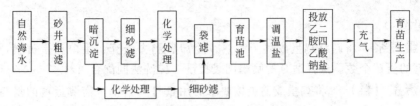

3. 投饵操作　根据不同发育期和幼体数量调整饵料种类和投饵量。

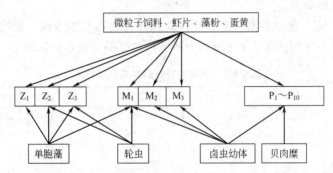

采取生态育苗法，如育苗室光照适宜，$N_4\sim N_5$ 期，在池中接入角毛藻、骨条藻、三角褐指藻、扁藻等，适量施肥（尿素、过磷酸钙）培育浮游藻类，作溞状幼体开口饵料。

当幼体发育到 N_6 期的晚上，估计当晚或次日将变态为溞状幼体时，少量投饵，以便变态的幼体能及时摄食饵料。

溞状幼体投喂适量的新鲜浓缩骨条藻、虾片、微粒子饵料、藻粉（螺旋藻粉）、蛋黄、轮虫等；日投喂人工饵料或配合饵料 6～8 餐，选用适宜的网目搓洗饵料；进入 Z_3 后添加投喂小型卤虫幼体或烫死的卤虫幼体。

变态为糠虾幼体后继续投喂人工饵料，增加卤虫幼体投喂量，每天投喂卤虫 3～4 次，保持水中卤虫幼体 0.1～0.5 只/mL。

进入仔虾阶段，增加卤虫投喂量；卤虫幼体量不足时，可补充投喂虾片、微粒子饵料、蛋黄、碎贝肉、蛋糕等。

每餐投饵前，用小台秤称取每口池的投饵量（虾片、微粒子饵料、B.P、藻粉、车元、蛋黄等），分别盛于小碗中。选用适宜的网目搓洗，将每一份饵料分别放入相应网目的洗饵袋中，在盛水的塑料桶中用力搓洗，搓出细小颗粒。投喂前将桶中水加满，搅匀，用水勺舀取均匀泼洒到池中。举例见实表 8-2。

实表 8-2　凡纳滨对虾育苗投饵量（20t，250 万无节幼体）

阶　段	虾片/(g/m³)	车元	黑粒/(g/m³)	藻粉	B.P/(g/m³)	洗饵网目
Z_1	0.3～0.4	—	0.1	少量	—	250～200
Z_2	0.4～0.6	—	0.1	少量	0.2	
Z_3	0.6～0.8	—	0.2	少量	0.2	
M_1	0.8～1.0	少量	0.3	少量	0.3	160～100
M_2	1.0～1.2	少量	0.3	少量	0.4	

续表

阶　段	虾片/(g/m³)	车元	黑粒/(g/m³)	藻粉	B. P/(g/m³)	洗饵网目
M₃	1.2～1.5	少量	0.3	少量	0.4	
P	1.8～2.5	少量				80～60

注：以上为每餐投喂量。潘状幼体期需投喂骨条藻，每天4～5次。自 M₃ 期起卤虫投喂量递增，每天3～4次，以每次投喂后1h摄食完为宜。

4. 制作饵料

(1) 蛋黄浆　将新鲜鸡蛋或鸭蛋煮熟，冷却后剥去蛋壳、蛋白和蛋黄膜，按照发育期计算投饵的蛋黄个数。选择适合的筛绢网袋搓洗，搓洗法同配合饵料。

(2) 蛋羹（糕）　将鸡蛋或鸭蛋按要求的用量打入盆中（需要蛋黄的量与整个蛋的量之比为 3∶1），调匀，加入绞碎的卤虫成虫或牡蛎糜、蛤肉糜、沙蚕糜等，再加入适量的淡水打匀，蒸煮直到凝固。

5. 调节水温、充气量　根据所育对虾种类选择控制适宜的水温；根据发育期观察池水面，调整充气管的小气阀。实表 8-3 所列为不同种对虾的育苗水温控制。

实表 8-3　不同种对虾的育苗水温控制　　　　　　　　　　单位：℃

种　类	无节幼体	潘状幼体	糠虾幼体	仔　虾	备　注
中国明对虾	20～22	22～24	23～25	23～25	出苗前1～2日停止加温
斑节对虾	28～30	31～32	31～32	31～32	
凡纳滨对虾	29～30	29～31	31～32	31～32	
长毛明对虾	25～26	26～28	26～28	27～30	
日本囊对虾	27～29	27～29	27～29	27～29	
刀额新对虾	27～29	27～30	27～30	27～30	
充气量调节	微波状	微沸腾	强沸腾	强沸腾	

6. 换水操作　无节幼体时水位 0.8～1.0m，每天加水 10cm，至糠虾幼体阶段水位基本加满，开始少量换水。一般换水至少是在 Z₂、Z₃ 后，大多控制在仔虾期后才开始换水。根据幼体的发育期准备相应网目的换水网箱（M 阶段用 80～60 目，P 阶段用 60～40 目），换水前要仔细检查有否破洞，在网箱内投入几个散气石，网箱放置要稳定；换水中要专人看管，注意观察水位变化和流速、虹吸管口位置是否偏移、幼体有否被吸附；换水完毕要抖动网箱、驱赶附网的仔虾，而后小心提出网箱，要避免筛绢网刮擦池壁而破损。换水后网箱要搓洗，晾干或日晒、药物消毒、淡水洗净备用。换水后补充所换的水量，或一边进水、一边排水。

7. 水质管理　育苗池泼洒沸石粉 10～30g/m³、微生态制剂 1～2g/m³，或按产品说明使用，维持稳定良好的水质。定期测定 pH，暴雨天要测定盐度或密度。

8. 调节光照　潘状幼体适当遮光，用黑布帘遮盖，投喂黑粒子、虾片、藻类做水色。糠虾幼体之后可逐渐增大光强度。室外育苗可搭棚遮光或在 N₅、N₆ 时施肥培养水色。

9. 防治病害　用药杀灭池中水体细菌和真菌。患病时主要使用聚维酮碘、二溴海因等，使用浓度为 1g/m³，与高锰酸钾 0.5g/m³ 混合使用，每 8h 一次，连用 3 次。或采用聚维酮碘及大蒜素，用量为 0.10～0.15g/m³。可以使用 25mL/m³ 浓度的福尔马林全池泼洒，也可使用 0.05g/m³ 浓度的氟乐灵全池泼洒。

10. 孵化卤虫卵　卤虫休眠卵孵化前用淡水浸泡半小时可提高孵化率；接着加入甲醛 5mL/m³ 消毒半小时，或强氯精 80～100mL/m³ 浸泡消毒 10～15min，冲洗后放入孵化桶中孵化。孵化水温 28～31℃，一般经 24～28h 可收集投喂。投喂前应用高锰酸钾或甲醛消毒。如实图 8-2 所示为卤虫孵化桶。

11. 收集活饵料　根据不同生物饵料种类选择收集的筛绢网袋。

收集轮虫：250 目（L 型）或 300 目（S 型）筛绢

收集卤虫幼体：120 目筛绢

收集骨条藻液：120 目筛绢

卤虫幼体孵化后要分离卵壳，采取停气静置虹吸法或静置光诱法收集卤虫幼体。如果收集的卤虫幼体中卵壳较多，可用自制分离器（实图 8-3）再次分离。

12. 幼体计数　用广口瓶或烧杯多点取样法。计算出定量小烧杯（200～500mL）中每杯的幼体数量，取一平均值；根据池内总水体的体积，再将此值换算为育苗水体的幼体数量。每天计数 1～2 次。

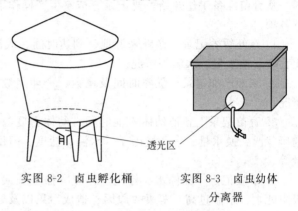

13. 巡池观察　经常在育苗池边巡察，每天多次用烧杯（各池专用）取水样观察幼体的发育期、游泳状况、

实图 8-2　卤虫孵化桶　　　实图 8-3　卤虫幼体分离器

拖粪情况、身体洁净情况，观察池内幼体数量变动、水中的饵料数量，观察池水水位等，发现问题及时镜检；夜间关灯仔细观察池内有否幼体发光。

14. 淡化虾苗　凡纳滨对虾、斑节对虾、中国明对虾、刀额新对虾仔虾体长 0.5～0.6cm（P$_7$）或 1.0～1.2cm 时可开始淡化，初始盐度为 22～25，每天往育苗池中添加洁净安全的淡水，使盐度逐渐降低，每天降低盐度 5～7，当盐度降至 15 以下时，每天降低幅度在 3 以内；当盐度降到 5 时，稳定 1～2d 以后每天降幅为 2。育苗池水盐度经过 8～10d 或 5～6d 逐渐递降，直到盐度达到 1～2（凡纳滨对虾），虾苗体长 1.2～1.5cm 或 1.5～1.8cm。虾苗在此盐度水中稳定 2～3d 就可移入淡水池塘养殖。

【交接班注意事项】

① 下班人员须在接班人员到岗、办完交接手续后才能离岗；

② 下班人员须把未做完的工作详细地交代给接班人员（或做完后）才能离岗；

③ 接班时，要先查询前一班的记录和信息，确无疑问时才能接班；

④ 交接班时，若出现与操作要求不符，要及时报告技术员。

【安全生产】

① 换水、投饵、投药前要确认网箱网目、饵料种类及数量、药物种类及药量、所投物是否与池号相符，确认无误后再操作；

② 不得用器皿随意舀取各池水样，以免交叉传播疾病；

③ 不得在育苗室内打逗、喧哗、抽烟；

④ 各项操作必须在主管技术员分配、指导下进行，有疑问时必须咨询技术员；

⑤ 在岗人员不得离岗，下半夜值班不得打瞌睡；

⑥ 每天清洗过道，不留积水、污物；

⑦ 洗饵袋、过滤袋、饵料碗等器具用后要及时清洗、晾干，换水网洗净消毒；

⑧ 早春加温育苗要随时注意监测水温的变化，尤其夜间；

⑨ 走路小心，以免滑落池内或跌入水沟；

⑩ 注意用电安全，防漏电、触电；

⑪ 出入随手关门，经常检查门窗是否关牢；

⑫ 外来人员须经技术员允许才能进入育苗室。

【工作记录】

从育苗准备工作开始，要记录育苗室生产操作事项和本人的工作情况。常规记录包括如下各项。

1. 亲虾暂养记录　亲虾来源地、到达时间、成活率、各池亲虾数、投饵种类、投饵量、死亡率、换水量、水温等情况。

2. 亲虾产卵记录　促熟时间及尾数、产卵尾数、产卵量、孵化率、出售无节幼体数等情况。

3. 育苗记录　各池幼体入池时间、幼体密度与投饵量、投饵种类、幼体发育期、幼体健康状况、换水量、水环境因子（水温、盐度、pH、氨氮等）、病害情况、投药种类及其用量等。

4. 事故记录　如停水、停电、停气、操作失误（用药错误、投饵过量及投错池、换水吸附死亡、水温过高）等事故原因、造成后果以及处理方法记录，以便今后吸取教训。

【出苗】

1. 准备工作　仔虾 $P_6 \sim P_{12}$ 即可出苗。出苗前 1～2 日锅炉停止加温。备好出苗网箱、量苗杯、氧气瓶、氧气调节阀、氧气管、双层苗袋、橡皮筋、桶、盆、手捞网、泡沫箱、瓦楞纸箱、冰块等，安排人员，联系运输工具、预定航班等。

2. 虾苗质量判断　用手捞网从育苗池打出苗来，放到白色水瓢中，用手搅动形成适当的水流，观察虾苗的游动情况，观察虾苗胃肠道、体表、体色（实表 8-4）。

实表 8-4　质量判断指标

项　目	健　康　虾　苗	不健康虾苗
逆水性	逆流强，水流停止时则聚集的虾苗会迅速游开分散	顺水流
游泳	平游	游泳无力、身体侧翻
胃肠道	充满黑褐色食物	食物少或空肠
体色	透明感、有光泽、无异常斑点	身体发白、游泳足红
体表	洁净、不挂脏	挂脏、"歪头"
个体	大小均匀	大小参差

3. 出苗操作　少量出苗可用手捞网直接捞苗，集中到 500L 或 1000L 桶中或者小网箱或小水槽中，再计（量）苗、出售。全池出苗可先捞出部分虾苗，再缓慢降低水位，从出苗口出苗。放水出苗要控制阀门调节出水量，一人进入出苗沟中，及时将出苗网箱中的虾苗捞出，并整理网箱，防止水急冲伤虾苗以及防止虾苗离水受伤。

4. 计苗方法

方法一　先做一个量苗杯(可滤水)或购入不锈钢细筛孔小漏勺，计算一杯的虾苗数，出苗时以此杯为准；量苗人一手拿手捞网，自集苗大桶（或小网箱）中捞苗，再用量苗杯从捞网里舀出虾苗，每次舀取的苗量要基本一致，量苗动作要敏捷；在苗袋中加入过滤海水约为苗袋容量的 1/5～1/4，虾苗轻轻放入水中；客户采取抽样（袋）计数法计算购苗量。一般采用无水量苗法。

方法二　先计算每克或每千克虾苗的数量，然后分次捞苗滤水称重，再计算出全池的虾苗数量。

5. 包装运输　空运虾苗要采用标准航空箱包装。近处运输采用双层塑料袋包装虾苗。根据运输路途的远近决定装苗量，一般每袋可装虾苗 15 万～18 万尾（体长 0.4～0.6cm）。袋内装 1/3 水、1/3 氧气，将袋口拧紧，用橡皮筋先扎住，折回后再捆扎，保证气体、水不会发生泄漏。夏季高温在泡沫箱内放适量冰袋适当降温（降至 20～22℃）。空运要尽早定好舱位，尽量选择直航班次，衔接好从育苗场到机场的时间，节省运输时间；包装时间、空运时间、陆地运输时间总和以不超过 10h 为好。

【几种对虾的育苗流程示意图】

如实图 8-4～实图 8-7 所示。

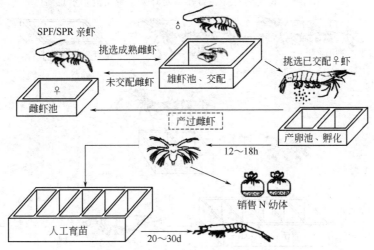

实图 8-4　凡纳滨对虾人工育苗流程示意图

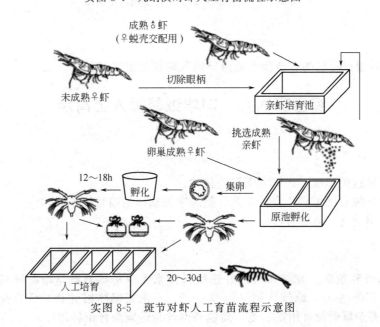

实图 8-5　斑节对虾人工育苗流程示意图

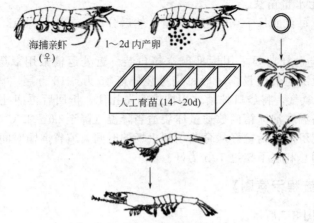

实图 8-6　长毛明对虾、刀额新对虾人工育苗流程示意图

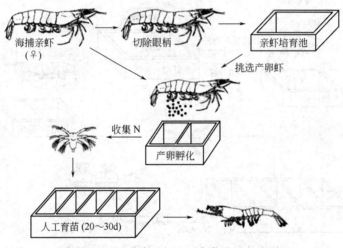

实图 8-7　日本囊对虾人工育苗流程示意图

【实习报告】

实习结束后根据自己的育苗操作经历，撰写对虾育苗实习报告。

综合实训九　中华绒螯蟹人工育苗

【技能要求】

1. 掌握亲蟹选留标准、亲蟹人工促产技术。
2. 熟悉中华绒螯蟹工厂化育苗工艺，熟练掌握幼体的培育操作技术。
3. 掌握蟹苗淡化、运输方法。

【育苗操作】

1. 亲蟹选留和越冬　育苗亲蟹最好选留长江水系中华绒螯蟹，雌蟹每只要求 125g 以上，雄蟹每只 150g 左右，雌雄比例（2～3）∶1。要求亲蟹体格健壮，活力强，规格整齐，附肢完整。收齐亲蟹后便可用筐、笼、蒲包和网丝袋运输至育苗场越冬。

雌雄亲蟹分开越冬，越冬期间要投喂沙蚕、小杂鱼等动物性饵料，避免因饵料不足影响亲蟹性腺发育；亲蟹越冬期间视池水具体状况做好换水工作，保持池水清新。

2. 亲蟹交配　人工促使亲蟹交配的时间，一般安排在 12 月至次年 2 月，选择晴暖天气进行。调节池水水温 8～12℃、盐度 10～35，将性腺发育良好的雌雄亲蟹按（2～3）∶1 比例投放到交配池中。

3. 抱卵蟹管理　雌蟹抱卵后，先留在室外交配池或越冬池内孵幼一个月左右时间。在室外孵幼后期，随着水温逐步升高，加强抱卵蟹的饵料投喂和换水工作，使抱卵蟹能及时补充营养，并在水质清新的条件下孵幼，保证胚胎正常发育。

室外孵幼结束后，将抱卵蟹移入室内消毒的育苗池暂养，密度控制在 10～20 只/m²。抱卵蟹养殖期间除做好投饵、换水等日常工作外，还要不间断进行充气增氧和控温，逐步缓慢地升高水温，要求每 10 天升温 2℃。当水温达到 15～16℃时，要相对稳定一段时间。定期观察胚胎发育情况，如果发现卵粒绝大部分透明，眼点明显，卵黄缩小成蝴蝶状小块，心跳频率 130～160 次/min 时，可将抱卵蟹装入专门用于放幼的孵幼箱内孵幼。

4. 布幼　布幼方法有二，根据育苗规模选择。

① 挂笼法布幼。挑选受精卵胚胎心跳频率达到 150 次/min 以上的抱卵蟹放入育苗池蟹笼中，每只蟹笼装 25～30 只或者按 2～3 只/m² 放入蟹笼，孵化出的幼体进入培育池。

② 集中布幼。将 3～5 倍于育苗池计划投放量的抱卵蟹，集中放入一个育苗池中，由专人值班，每隔一定时间取样检查幼体出膜情况，测算育苗池内幼体密度，当达到计划放幼量的 70%～80% 时，就要每隔几分钟检查一次幼体密度，当达到要求的密度时，迅速将蟹笼移入另一个育苗池继续布幼。

5. 溞状幼体培育

① 幼体密度。幼体密度控制在 10 万～20 万只/m³。

② 温度控制。溞状幼体各个发育期的最适温度为：Z_1 期 16～22℃，Z_2 期 18～24℃，Z_3 期 20～24℃，Z_4 期 22～25℃，Z_5 期 24～26℃。要求温度平稳上升，不可忽高忽低。

③ 充气。Z_1～Z_2 阶段充气量可以小一些，水面呈微波状即可，Z_4 期送气量要逐渐加大，保持水面轻微沸腾，Z_5 期后保持水面呈沸腾状。

④ 投饵。Z_1 期主要投喂单细胞藻，藻类的密度控制在 15 万～30 万个/mL，辅助投喂蛋黄浆，蛋黄的投喂量为每百万幼体每天 1 个。Z_2 期仍以单胞藻类为主，辅助投喂蛋黄浆，每天每百万幼体 4 个蛋黄，后期可以投喂轮虫和卤虫无节幼体。Z_3 期主要投喂轮虫和卤虫的无节幼体，饵料密度为幼体密度的 12 倍，辅助投喂蛋黄浆和鱼糜。Z_4 期投喂轮虫和较大的卤虫无节幼体，饵料密度为幼体密度的 20 倍，辅助投喂鱼糜、蒸蛋羹。Z_5～M 阶段，投喂较大的卤虫无节幼体，饵料密度为幼体密度的 25 倍，增加投喂鱼糜、蒸蛋羹，也可以投喂枝角类。

⑤ 换水。Z_1～Z_2 阶段，前期不换水或少量换水，后期每天换水量一般控制在总水体的 10% 左右。Z_3 阶段，日换水量控制在 20%～30%。Z_4 阶段，日换水量增加到 50%。Z_5～M 阶段，日换水量要超过 100%。换水时要注意池水盐度和温度保持相对稳定，水温差不超过 2℃。

⑥ 倒池和并池。由于幼体在培育期间的排泄物和残饵在育苗池越积越多，严重时在 Z_4～Z_5 阶段可以进行倒池或并池。具体操作为，先用虹吸管吸出一部分池水，待池水的水位降低后，通过集苗箱把幼体转移到另一个新池继续进行培育。如果发现幼体密度过大或过小，则进行分池或并池。但操作过程中要细心、迅速，尽量避免伤苗。

6. 蟹苗淡化、出池和运输

① 淡化。当 Z_5 期幼体绝大部分蜕皮变成大眼幼体（M）后，即可逐步加入淡水进行淡化。要求每日池水的盐度递降 5 左右，3～5 日后使池水盐度降低到接近淡水。同时，开始对淡化的育苗池停止加温，使池水温度逐渐下降到接近室外水温。

② 出池。一般先用虹吸办法将池水排出 1/2，然后人工下池用手抄网捞苗。边捞，边排水，边出售。当池水只剩 1/3 时，苗也差不多捞净，即停止虹吸，打开出苗孔闸阀，放水集苗，直至池水放干。

③ 运输。先将木板蟹苗箱浸湿洗净，底铺少量柔软的水草，将称好的蟹苗均匀散铺在箱底，每箱装苗 0.5～1kg。装好捆紧后即可运输，途中每隔几小时喷洒 1 次清水。

【实习报告】

每天做好操作记录，实习结束后写一篇中华绒螯蟹育苗实习心得体会报告。

综合实训十　三疣梭子蟹人工育苗

【技能要求】

1. 掌握三疣梭子蟹亲蟹的选择方法，以及亲蟹的培育方法。
2. 能识别各期梭子蟹幼体。
3. 掌握梭子蟹人工育苗技术流程和投饵、换水等操作要点。
4. 掌握生物饵料的营养强化方法。
5. 掌握出苗的基本操作要点。

【育苗操作】

1. **认识育苗设施**　参见对虾育苗实训。

2. **育苗准备**　在育苗生产之前 1 个月培养单细胞藻类、轮虫，培养大卤虫，收购桡足类等；购入配合饵料、卤虫休眠卵、育苗消毒药物；制作换水筛绢网、手捞网、洗饵袋、孵化笼（或小网箱）等。

3. **种蟹选择与培养**　根据当地条件，购入种蟹（亲蟹）。来源有二：①挑选附肢完整、个体较大（单个体重 400g 以上）且已交配过的人工养殖雌蟹育肥，越冬作为亲蟹；②沿海地区可向渔民收购自然海区的抱卵蟹，抱卵蟹捕捞、运输途中要保持充足的溶解氧，不得离水。引进抱卵蟹育苗的方法较为简便，可免去越冬培育环节，节省成本和劳力。

4. **抱卵亲蟹培育**　将抱卵蟹放入小型水泥池或单个放入小网箱，充气，适当遮光，保持光照强度小于 500lx。每天投饵 1～2 次，以傍晚投饵为主，投喂杂鱼、牡蛎、花蛤肉等。培育至卵变为黑灰色。

5. **布幼**　在育苗池中加入沙滤水 60cm 深，水温调节为 22～23℃，盐度 25～28，接种单细胞藻类（角毛藻、金藻等），浓度为 $20×10^4$ 个/mL。傍晚时分从亲蟹池中挑出即将排放幼体的亲蟹，用 $40g/m^3$ 制霉菌素浸泡消毒 20min 或 $20g/m^3$ 的聚维酮碘（PVP-I）浸泡消毒 10～15min，经沙滤海水冲洗干净后装入孵化笼中，每笼 1 只，悬挂在育苗池中孵化。布池密度 Z_1 为 10 万～20 万尾/m^3。次日清晨取出笼子，未孵化的抱卵亲蟹再放回原池。

6. **饵料投喂**　清晨立即准备收集轮虫或卤虫，清洗干净即投饵。投饵一般在换水吸污后进行，也可视情况在清晨先投饵（减少残杀），待水中饵料量被摄食而减少后再进行吸污换水。

Z_1 期投喂轮虫，轮虫在育苗水体中保持密度不少于 10 只/mL，Z_2～Z_3 期主要投喂卤虫无节幼体，每天投喂 4～6 次，每次投喂量为 1.5～3 只/mL，至 Z_3 末期，增加投喂少量冰冻桡足类。Z_4 期搭配投喂卤虫无节幼体和冰冻桡足类，每天 6～8 次，卤虫无节幼体每次投 1～2 只/mL，冰冻桡足类每次投喂 0.5～1 只/mL。剩饵可在换水操作时回收，经消毒处理后再利用。M～$C_{1～3}$ 期主要投喂活卤虫成体（或冻品），也可搭配投喂一定数量的冰冻桡足类，日投喂量为 250～350g/m³，投喂少量多次，活卤虫一次投喂量不要太大，以免被仔蟹咬死而沉底浪费。生物饵料不足时，可适当搭配虾片（40 目干搓）。

7. 生物饵料营养强化　做法Ⅰ：在 200～1000L 的塑料（或玻璃钢）桶中，投入 2 个或 4 个散气石，充分充气，加入高浓度的小球藻液（或微绿球藻、扁藻、金藻），将收集的轮虫（400～500 只/mL）或卤虫幼体（1 万～1.5 万只/mL）放入桶中饲养 5～6h，在水色变清（尚有微绿）时将轮虫、卤虫幼体收集出来，冲洗干净即投喂。做法Ⅱ：在高浓度的单胞藻液中添加乳化鱼油 50～100 mL/m³，充气培养 5～6h（见实图 10-1）。

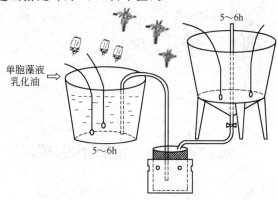

实图 10-1　轮虫、卤虫营养强化

每天要根据投饵量，计划安排次日营养强化的轮虫或卤虫数量，合理安排收集饵料的时间、次数和强化培养容器的周转。

8. 换水、吸污　Z_1 期以添水为主，Z_2～Z_3 期每天换水 1 次，换水量 30%～50%，换水筛绢网为 60～80 目，每次换水时往育苗池水中补充一定数量的单胞藻液，使水色呈微绿色，从 Z_4 期末开始改为每天换水 2 次，日换水量 60%～100%，换水筛绢网为 40～60 目。换水操作注意事项见对虾育苗操作。

Z_4 开始吸污。虹吸管要放入筛绢网中，随吸污吸出的幼体要再收集放回池中，吸污操作要耐心和仔细。

9. 水环境管理　育苗水环境因子控制条件参见第二篇第九章表 9-4。

10. 幼体观察　每天清晨先巡池，观察幼体的分布水层、趋光情况、集群情况、互残情况、附着情况。一天中多次用烧杯取样，对着光亮处用肉眼仔细观察水中单胞藻数量、轮虫或卤虫的数量，辨别幼体的发育期，观察幼体游泳情况、幼体体表和刚毛清洁度。发现有沉底幼体要及时采取措施，投放抗菌药物。

11. 值班观察　中午、晚上值班人员不得随意离岗，经常巡视观察育苗池的充气量、换水器堵塞与否、池内水位变化、水温、幼体分布、幼体活动、饵料等情况。

12. 倒池分苗　幼体经 15d 左右的培育，变态成为大眼幼体。培育 2～3d 后倒池分苗。采用灯光诱集法，晚上 7～8 点，停止充气，待大眼幼体集中在水表层时，用水桶或捞网将 M 期幼体捞出，倒入事先消毒清洗好的另一池中。分池后的 M 期幼体密度为 1 万～1.2 万/m³。

13. 投放附着物　当发现个别大眼幼体出现时，投放附着物。附着物用白色纱窗网或 10～20 目的筛绢网，网片固定在竹竿上，下方系挂坠石。网片的大小、数量均取决于幼体的数量。

14. 蟹苗出池　投放附着物后 4～5d 变态为Ⅰ期仔蟹，再经 3～4d 为Ⅱ期仔蟹。如加温培育，出池前需逐渐降温至室温。出苗时先将附着物连同上面的仔蟹提出，放入水槽，然后用手捞网捞捕大部分仔蟹，最后放水收集。因仔蟹附肢易断，操作中要注意减少对仔蟹的冲击和损伤。

15. 蟹苗运输　在苗袋中装入同温沙滤水，适当放入大型海藻（如石莼）或小网片等，一般每袋可装 500～1000 只Ⅱ期仔蟹，充氧封袋运输；亦可用大塑料桶或木桶充气运输，桶内放入石莼等海藻，1m³ 水体可装运仔蟹 10 万～15 万只，运输 20h。

【实习报告】

实习结束后根据自己的育苗操作经历，撰写三疣梭子蟹育苗实习报告。

附 录 ▶▶

无公害食品 对虾养殖技术规范（NY/T 5059—2001）

1 范围

本标准规定了对虾苗种培育、养成和病害防治技术。

本标准适用于我国主要的养殖对虾。

2 规范性引用文件

下列文件中的条款通过本标准的引用而成为本标准的条款。凡是注日期的引用文件，其随后所有的修改单（不包括勘误的内容）或修订版均不适用于本标准，然而，鼓励根据本标准达成协议的各方研究是否可使用这些文件的最新版本。凡是不注日期的引用文件，其最新版本适用于本标准。

GB 11607　渔业水质标准

GB/T 15101.2　中国对虾养殖　苗种

SC 2002　中国对虾配合饵料

NY 5052　无公害食品　海水养殖用水水质

NY 5071　无公害食品　渔用药物使用准则

NY 5072　无公害食品　渔用配合饵料安全限量

3 苗种培育

3.1 培育用水

水源水质应符合 GB 11607 的要求，培育水质应符合 NY 5052 的要求。用水应经沉淀、过滤等处理后使用。

3.2 培育池

以水泥池为宜，面积 10～50 m²，排灌、控温、增氧、光设施齐备。春末夏初季节，还可在养虾池中采用网箱培育。

3.3 培育密度

仔虾培育密度以 $(10～20) \times 10^4 / m^3$ 为宜。

3.4 培育管理

3.4.1 水质

视水质情况更换池水，使溶解氧保持在 5 mg/L 以上，保持充气增氧，及时吸除残饵、污物。

3.4.2 投饲

所用饵料应符合 NY 5072 的要求。饵料大小适口，以微颗粒配合饵料为宜，配合饵料日投喂率为 5%～15%，生物饵料日投喂率为 30%～70%，每日投喂 4～8 次。

3.4.3 病害防治

对培养用水进行过滤、消毒处理，药物使用应符合 NY 5071 要求。

3.5 苗种出池

水泥池培育采取虹吸排水，然后开启排水孔排水，集苗出池。中国对虾苗种应符合 GB/T 15101.2 的要求，其他对虾参照 GB/T 15101.2 执行。苗种出池进行检疫，应是无特异性病原（SPF）的健康虾苗。

4 养成

4.1 选址

无污染的泥质或砂质"荒滩"、"盐碱地"及适于养殖的沿海地区均可。

4.2 水环境

海水水源应符合 GB 11607 的要求，养成水质应符合 NY 5052 的要求。养殖取水区潮流应通畅。

4.3 设施

4.3.1 养成池

滩涂大面积养虾池，长方形，面积 $1.0 \sim 7.0 hm^2$，池底平整，向排水口略倾斜，比降 0.2% 左右，做到池底积水可排干。养成池底不漏水，必要时加防渗漏材料。养成池相对两端设进、排水设施。高密度精养方式的养殖池分为泥砂质池塘和水泥池，面积 $0.1 \sim 1.0 hm^2$，方形或圆形，池水深 $1.5 \sim 2.5 m$，池中央设排污孔。

4.3.2 养成池配套设施

4.3.2.1 防浪主堤

在潮间带建虾池，需修建防浪主堤。主堤应有较强的抗风浪能力，一般情况下堤高应在当地历年最高潮位 1m 以上，堤顶宽度应在 6m 以上，迎海面坡度宜为 1:（3～5），内坡度宜为 1:（2～3）。

4.3.2.2 蓄水池

蓄水池应能完全排干，水容量为总养成水体的三分之一以上。

4.3.2.3 废水处理池

采用循环用水方式，养成池的水排出后，应先进入处理池，经过净化处理后，再进入蓄水池。不采用循环用水，养成后的废水，也应经处理池后，方可排放。

4.3.2.4 进、排水渠道

在集中的对虾养成区，需要建设进、排水渠道，协调各养成场、养成池的进、排水，进水口与排水口尽量远离。排水渠的宽度应大于进水渠，排水渠底一定要低于各相应虾池排水闸底 30cm 以上。

4.3.2.5 增氧设备

对高密度精养和蓄水养殖的养虾方式，应配备增氧设备，土池可用增氧机，水泥池可用冲气泵和鼓风机。

4.3.2.6 设置防蟹屏障

在滩涂蟹类比较多的地区，应在养成池堤围置 30～40cm 高而光滑的塑料膜或薄板防蟹隔离墙。

5 苗种放养前的准备工作

5.1 清污整池

收虾之后,应将养成池及蓄水池、沟渠等积水排净,封闸晒池,维修堤坝、闸门,并清除池底的污物杂物,特别要清除杂藻。沉积物较厚的地方,应翻耕曝晒或反复冲洗,促进有机物分解排出。不得直接将池中污泥搅起,直接冲入海中。

5.2 消毒除害

清污整池之后,应清除对虾的敌害生物、致病生物及携带病原的中间宿主。常用生石灰进行清池除害,将池水排至 30~40cm 后,全池泼洒生石灰,用量为 1000kg/hm² 左右。

5.3 纳水繁殖基础饵料

清污整池消毒结束 1~2d 后,可开始纳水,培养基础生物饵料。

5.4 肥料使用

肥料使用应遵循下列原则:

a)应平衡施肥,提倡使用优质有机肥。施用肥料结构中,有机肥所占比例不得低于 50%。

b)应控制肥料使用总量,水中硝酸盐含量在 40mg/L 以下。

c)不得使用未经国家或省级农业部门登记的化学或生物肥料,有机肥应经过充分发酵方可使用。

6 放苗

6.1 放苗环境

放苗时,池水深为 60~80cm,池水透明度达 40cm 左右。大风、暴雨天不宜放苗。

6.2 苗种规格

南美白对虾苗 0.7cm 以上,中国对虾苗 1.3~1.5cm 以上。斑节对虾苗 1.3~1.5cm 以上。

6.3 放苗密度

滩涂大面积养虾池,放苗密度以(6~10)×10⁴ 尾/hm² 为宜;高密度精养方式的养殖池,放苗密度以(25~50)×10⁴ 尾/hm² 为宜。

6.4 水温

放养中国对虾苗水温应达 14℃以上,放养南美白对虾、斑节对虾苗水温应在 22℃以上。

6.5 盐度

池水盐度应在 1~32。虾苗培养池、中间培育池和养成池水盐度差应小于 5,池水盐度相差大于 5 时,可通过驯化虾苗使之适应盐度的变化,通常 24h 内逐渐过渡的盐度差小于 10。

7 养成管理

7.1 水环境控制

7.1.1 进水水质管理

放苗前,向养成池注入清洁或经消毒清洁处理的养成用水,在放苗后,养成用水要经过蓄水池沉淀、净化处理。

7.1.2 水量及水交换

养成前期,每日添加水 3~5cm,直到水位达 1m 以上,保持水位。养成中后期,根据水质情况,如透明度过低(低于 20cm),或透明度较大(大于 80cm),有害的单胞藻过量繁殖时，酌情换水，采取缓慢换水的方式，调节水质。

7.2　饵料管理

7.2.1　饵料品质

配合饵料质量和安全卫生应符合 SC 2002 和 NY 5072 的规定。

7.2.2　饵料投喂量

常规配合饵料日投喂率为 3%～5%，鲜杂鱼日投喂率为 7%～10%。实际操作中应根据对虾尾数、平均体重、体长及日摄食率，计算出每日理论投饲量，再根据摄食情况、天气状况，确定当日投喂量。投饲后，继续观察对虾摄食情况，对投饲量进行调整。

7.2.3　配合饵料的投喂方法

放苗后的初期，通常日投喂 4 次，以后随着对虾增长，投饵料量加大，调整每日投喂次数，下午以后的投喂量占全天投喂量的 60% 左右。养成初期，对虾活动范围小，应全池均匀投喂。随着对虾的生长，可选择对虾经常聚集处投喂。

7.3　测定

每日测量水温、溶解氧、pH 值、透明度、池水盐度等水质要素。经常检测池内浮游生物种类及数量变化，有条件者可检测氨氮等其他水质要素的变化。每 5～10d 测量一次对虾生长情况。可测量对虾体长，也可测量体重，每次测量尾数应大于 50 尾。定期估测池内对虾尾数，室外大型养虾池，可用旋网在池内多点打网取样测定。

8　病害防治

8.1　巡池

养虾人员应每日凌晨及傍晚各巡池一次，注意清除养虾池周围的蟹类、鼠类，注意发现病虾及死虾，检查病因、死因，及时捞出病虾、死虾进行处理。观察对虾活动及分布，观察对虾摄食及饵料利用情况。

8.2　切断病原

不得纳入其他死虾池及发病虾池排出的水，不得投喂带有病原的饵料。

8.3　病原生物检测

定期对虾池中的病原生物进行检测。

8.4　药物使用

药物使用应符合 NY 5071 的要求，掌握以下原则：

ⓐ 使用的渔药应"三证"（渔药登记证、渔药生产批准证、执行标准号）齐全。

ⓑ 应使用高效、低毒、低残留药物，建议使用生态制剂。不得使用含有有机磷等剧毒农药清池消毒。

9　养成收获

采取排水收虾的方法，也可使用定置的陷网或专用的电网捕捞。

参 考 文 献

[1] 王克行主编. 虾蟹类增养殖学 [M]. 北京：中国农业出版社，1997.

[2] Dall W 等著. 对虾生物学 [M]. 陈楠生等译. 青岛：青岛海洋大学出版社，1992.

[3] 缪国荣等编著. 海洋经济动植物发生学图集 [M]. 青岛：青岛海洋大学出版社，1990.

[4] 雷铭泰. 虾类养殖实用技术 [M]. 广州：广东科技出版社，1992.

[5] 张道波. 海水虾蟹类养殖技术 [M]. 青岛：青岛海洋大学出版社，1998.

[6] 吴琴瑟. 虾蟹养殖高产技术 [M]. 北京：农业出版社，1992.

[7] 李金锋. 虾标准化养殖新技术 [M]. 北京：中国农业出版社，2005.

[8] 王克行主编. 虾类健康养殖原理与技术 [M]. 北京：科学出版社，2008.

[9] 厦门水产学院养殖系虾蟹组. 对虾 [M]. 北京：农业出版社，1977.

[10] 王良臣. 对虾养殖 [M]. 天津：南开大学出版社，1991.

[11] 孙颖民. 海水养殖实用技术手册 [M]. 北京：中国农业出版社，2000.

[12] 刘世禄. 水产养殖苗种培育技术手册 [M]. 北京：中国农业出版社，2000.

[13] 纪成林. 中国对虾养殖新技术 [M]. 北京：金盾出版社，1989.

[14] 刘洪军编著. 无公害海水蟹标准化生产 [M]. 北京：中国农业出版社，2006.

[15] 刘洪军编著. 无公害南美白对虾标准化生产 [M]. 北京：中国农业出版社，2005.

[16] 李卓佳，贾晓平，杨莺莺等编著. 微生物技术与对虾健康养殖 [M]. 北京：海洋出版社，2007.

[17] 苏永全主编. 虾类的健康养殖 [M]. 北京：海洋出版社，1998.

[18] 齐遵利，张秀文主编. 对虾 [M]. 北京：中国农业大学出版社，2005.

[19] 宋盛宪，何建国，翁少萍编著. 斑节对虾养殖 [M]. 北京：海洋出版社，2006.

[20] 养鱼世界编辑部. 养虾全集 [M]. 中国台湾台北：养鱼世界杂志社，1990.

[21] 薛正锐. 对虾养殖工程与装备 [M]. 北京：海洋出版社，1991.

[22] 李龙雄. 水产养殖学（中）[M]. 中国台湾高雄：前程出版社，1989

[23] 陈秀男，沈示新，冉繁华等编著. 虾类养殖技术实用大全 [M]. 中国台湾台北：观赏鱼杂志社，2000.

[24] 施志昀，游祥平. 台湾的淡水虾 [M]. 修订二版. 中国台湾屏东：海洋生物博物馆，2001.

[25] 王清印主编. 海水健康养殖与水产品质量安全 [M]. 北京：海洋出版社，2006.

[26] 宋盛宪，陈国良编著. 蓝对虾无公害健康养殖技术 [M]. 北京：海洋出版社，2007.

[27] Chanratchakool P, Turnbull J F, Limsuwan C. 养殖虾的健康管理. 苏秉礼译. 全国水产技术推广站，1994.

[28] 农业部人事劳动司、农业职业技能培训教材编审委员会. 海水水生动物苗种繁育技术：中册 [M]. 北京：中国农业出版社，2004.

[29] 农业部人事劳动司、农业职业技能培训教材编审委员会. 海水水生动物苗种繁育技术：下册 [M]. 北京：中国农业出版社，2004.

[30] 职业技能鉴定教材、职业技能鉴定教材编审委员会. 对虾育苗工 [M]. 北京：中国劳动出版社，1996.

[31] 上海水产学院. 海洋生物学（二、三册）讲义. 1981.

[32] 赖胜勇编著. 对虾生态养殖技术 [M]. 北京：中国农业出版社，2006.

[33] 宋盛宪编著. 南美白对虾无公害健康养殖 [M]. 北京：海洋出版社，2004.

[34] 李才根编著. 海淡水池塘综合养殖技术 [M]. 北京：金盾出版社，2005.

[35] 刘瑞玉. 关于对虾类（属）学名的改变和统一问题 [M]. 甲壳动物学论文集（Ⅳ）. 北京：科学出版社，2003：104-122.

[36] 陈天任编著. 原色台湾龙虾图鉴 [M]. 中国台湾台北：南天书局，1993.

[37] 宋海棠，俞存根，薛利建等编著. 东海经济虾蟹类 [M]. 北京：海洋出版社，2006.

[38] 安邦超. 海水名优鱼虾蟹养殖技术 [M]. 北京：中国农业出版社，1997.

[39] 潘家模编著. 罗氏沼虾养殖新技术 [M]. 上海：上海科学技术出版社，1994.

[40] 屈忠湘编著. 淡水青虾与罗氏沼虾养殖技术 [M]. 天津：天津教育出版社，1993.

[41] 李增崇，赵明森编著. 淡水经济虾类养殖技术 [M]. 北京：中国农业出版社，2002.

[42] 姚国成主编. 淡水养虾实用技术 [M]. 北京：中国农业出版社，2000.

[43] 李登来编著. 水产动物疾病学 [M]. 北京：中国农业出版社，2007.

[44] 林乐峰编著. 河蟹生态养殖与标准化管理 [M]. 北京：中国农业出版社，2007.

[45] 戈贤平. 无公害河蟹标准化生产 [M]. 北京：中国农业出版社，2006.

[46] 张道波. 海水虾蟹类养殖技术 [M]. 青岛：青岛海洋大学出版社，1998.

[47] 林乐峰. 河蟹养殖与经营大全 [M]. 北京：中国农业出版社，1999.

[48] 马达文. 稻田养殖河蟹 [M]. 北京：科学技术文献出版社，2000.

[49] 许步劭. 河蟹养殖技术 [M]. 北京：金盾出版社，1987.

[50] 申德林编著. 河蟹无公害养殖技术 [M]. 合肥：安徽科学技术出版社，2004.

[51] 赵明森编著. 河蟹养殖新技术 [M]. 南京：江苏科学技术出版社，1996.

[52] 徐兴川编著. 河蟹的健康养殖 [M]. 北京：中国农业出版社，2001.

[53] 许步劭编著. 养蟹新技术 [M]. 北京：金盾出版社，1996.

[54] 中国科普作家协会农林委员会主编. 河蟹养殖与经营 [M]. 北京：中国农业出版社，1994.

[55] 赵乃刚，申德林，王怡平编著. 河蟹增养殖新技术 [M]. 北京：中国农业出版社，1998.

[56] 厦门水产学院《养蟹》编写组. 养蟹 [M]. 北京：农业出版社，1975.

[57] 谢忠明主编. 海水经济蟹类养殖技术 [M]. 北京：中国农业出版社，2002.

[58] 赵永军，张慧，徐文彦等编著. 南美白对虾淡水养殖技术 [M]. 郑州：中原农民出版社，2006.

[59] 王宪编著. 海水养殖水化学 [M]. 厦门：厦门大学出版社，2006.

[60] 刘瑞玉，胡超群，曹登宫. 我国对虾养殖的现状、研究进展与存在的若干问题 [M]. 第四届世界华人对虾养殖研讨会论文集. 北京：中国动物学会，2004：2-10.

[61] 韩茂森，束蕴芳. 中国淡水生物图谱 [M]. 北京：海洋出版社，1995.

[62] 陈品健主编. 动物生物学 [M]. 北京：科学出版社，2001.

[63] 崔禾. 纵观全球养殖对虾产业现状分析我国对虾产业发展趋势 [J]. 中国水产，2006，4：14-17.

[64] 崔禾. 纵观全球养殖对虾产业现状分析我国对虾产业发展趋势 [J]. 中国水产，2006，5：16-17，21.

[65] 余云军，于会国. 世界对虾养殖业的发展现状与发展趋势 [J]. 世界农业，2007，5：44-47.

[66] 潘鲁青. 我国对虾养殖业面临的问题与发展对策 [J]. 齐鲁渔业，2001，18（3）：22-24.

[67] 王东石，高锦宇. 中国对虾养殖业现状与持续发展的途径 [J]. 渔业现代化，2002，3：3-5.

[68] 胡贤德，吴琴瑟，梁华芳等. 对虾育苗用水综合处理技术 [J]. 广东海洋大学学报，2008，28（4）：69-72.

[69] 刘永. 南美白对虾人工育苗技术 [J]. 水产养殖，2002，5：13-15.

[70] 林琼武，艾春香，李少菁等. 凡纳滨对虾亲虾驯养、促熟、产卵及无节幼体培育 [J]. 厦门大学学报（自然科学版），2006，45（5）：688-691.

[71] 苏碰皮. 南美白对虾兑淡健康养殖技术 [J]. 中国水产，2003，1：43-45.

[72] 陈知算. 南美白对虾冬季池塘大棚养殖技术 [J]. 水产养殖，2007，7：22-23.

[73] 刘宏良，杨伟，黄天文. 南美白对虾 SPF 健康苗种工厂化培育技术 [J]. 中国水产，2004，10：54-55.

[74] 王克行. 南美白对虾工厂化养殖技术（Ⅰ）[J]. 齐鲁渔业，2003，20（1）：47-48.

[75]　宫春光，于清海，陈福杰. 南美白对虾育苗中弧菌病和丝状细菌病的防治对策 [J]. 科学养鱼，2008，9：50-51.

[76]　赵春民，齐遵利. 南美白对虾育苗中"粘脏病"的防治 [J]. 科学养鱼，2007，3：51-52.

[77]　李国华，廖雪明，张武. 南美白对虾亲虾催熟培育技术 [J]. 科学养鱼，2005，8：10-11.

[78]　蒋静，吴格天. 南美白对虾淡化标粗技术要点 [J]. 中国水产，2004，10：56-57.

[79]　蔡生力，戴习林，臧维玲等. 南美白对虾的性腺发育、交配、产卵和受精 [J]. 中国水产科学，2002，9（4）：335-339.

[80]　杨笑波，李春明，陆积霖. 南美白对虾高位池养殖技术 [J]. 水产科技，1999，4：21-23.

[81]　张学彬. 南美白对虾卤淡水勾兑高产养殖技术 [J]. 齐鲁渔业，2008，25（1）：20-21.

[82]　王清印. 我国对虾业养殖和育种概况 [J]. 科学养鱼，2008，4：2-3.

[83]　郑美芬. 江蓠与虾蟹混养技术 [J]. 北京水产，2007，4：51-53.

[84]　张庆文，田景波，黄滨等. 对虾封闭循环式综合养殖系统的规划设计 [J]. 海洋水产研究，2002，23（4）：29-34.

[85]　刘晃，倪琦，顾川川. 海水对虾工厂化循环水养殖系统模式分析 [J]. 渔业现代化，2008，35（1）：15-19.

[86]　胡贤德，吴琴瑟，梁华芳等. 对虾育苗用水综合处理技术 [J]. 广东海洋大学学报，2008，28（4）：69-72.

[87]　王寒冰. 虾蟹蛏混养技术浅谈 [J]. 河北渔业，2005，1：40，44.

[88]　林建民，费普明，叶兴明. 虾贝混养高产稳产的关键技术 [J]. 渔业现代化，2003，6：17-18.

[89]　汤海燕. 对虾、泥蚶池塘混养 [J]. 特种经济动植物，2008，5：23-24.

[90]　梁文，薛正锐. 封闭式循环水养殖牙鲆鱼技术初步研究 [J]. 海洋水产研究，2002，23（4）：35-39.

[91]　丁天喜，李明云，刘祖祥. 对虾塘综合养殖的模式与原理 [J]. 浙江水产学院学报，1996，15（2）：134-139.

[92]　李继勋. 澳洲淡水龙虾繁育与养殖配套技术 [J]. 北京水产，2007，2：27-30.

[93]　黄建丁. 澳洲淡水龙虾高效生态养殖技术 [J]. 中国水产，2005，6：52-53.

[94]　沈锦玉，袁军法，潘晓艺等. 红螯螯虾感染白斑综合征病毒 [J]. 水产学报，2007，31：754-759.

[95]　王福刚，陈碧霞，刘伟斌等. 红螯螯虾生物学特性的观察 [J]. 福建水产，1995，4：12-15.

[96]　谢开恩，王福刚，陈碧霞等. 红螯螯虾人工繁殖技术的探讨 [J]. 福建水产，1995，4：16-20.

[97]　陈祥，孙军华. 克氏原螯虾的人工繁殖技术 [J]. 科学养鱼，2007，12：10-11.

[98]　谢文星，董方勇，谢山等. 克氏原螯虾的食性、繁殖和栖息习性研究 [J]. 水利渔业，2008，28（4）：36-56.

[99]　董卫军，李铭，徐加元等. 克氏原螯虾繁殖生物学的研究 [J]. 水利渔业，2007，27（6）：27，104.

[100]　张家宏，韩晓琴，王守红等. 无公害克氏螯虾养殖技术规范 [J]. 农业环境与发展，2004，4：9-10.

[101]　谷雪芬，万紫锦，郭银环. 淡水龙虾池塘养殖技术 [J]. 河北渔业，2008，11：2，25.

[102]　张从义，李圣华. 稻田饲养克氏原螯虾 [J]. 福建水产，2004，12（4）：63-65.

[103]　李林春，段鸿斌. 克氏螯虾人工繁殖与育苗技术 [J]. 安徽农业科学. 2005，33（8）：1464，1510.

[104]　李应森，刘其根，陈蓝荪. 克氏原螯虾的池塘生态养殖 [J]. 水产科技情报，2008，35（3）：125-128.

[105]　梅松林. 青虾人工繁殖及健康养殖技术要点 [J]. 河南水产，2008，3：15-16.

[106]　邱凌云. 青虾无公害养殖技术 [J]. 现代农业科技，2008，19：285，289.

[107]　李明锋. 青虾的一般生物学和养殖技术 [J]. 内陆市场，1997，10：22.

[108]　傅洪拓，龚永生. 青虾无公害养殖技术（二）[J]. 科学养鱼，2007，2：12-13.

[109]　柳富荣. 青虾网箱养殖技术 [J]. 湖南饵料，2005，6：38.

[110] 李明孚，杨学华，宋春英. 罗氏沼虾育苗技术 [J]. 水产科技情报，2000，27 (1)：31-33.

[111] 董学洪，徐庆登，马建社. 罗氏沼虾主要病害及防治技术 [J]. 科学养鱼，2006，6：56.

[112] 陈宗永. 罗氏沼虾繁殖前的技术处理 [J]. 淡水渔业，2000，30 (6)：31-33.

[113] 张效新. 罗氏沼虾网箱养殖技术 [J]. 内陆水产，2000，10：27.

[114] 王玉梅，张建通. 罗氏沼虾人工育苗技术要点 [J]. 淡水渔业，2000，30 (9)：10.

[115] 姜增华，丛宁，凌爱珍. 罗氏沼虾健康繁殖技术 [J]. 齐鲁渔业，2002，19 (11)：19-20.

[116] 陈武各. 罗氏沼虾人工繁殖及养成技术试验 [J]. 福建水产，1995，4：34-39.

[117] 朱明. 河蟹人工育苗的水质控制方法 [J]. 中国水产，2008，12：58-59.

[118] 方敏，宋林生，崔朝霞. 中华绒螯蟹颤抖病研究进展 [J]. 海洋科学，2005，29 (1)：64-66.

[119] 王武，成永旭，李应森. 仔蟹的培育技术 [J]. 水产科技情报，2007，(3)：121-123.

[120] 黄庆. 中华绒螯蟹蟹种培育实用技术 [J]. 现代渔业信息，2005，20 (1)：28-30.

[121] 李应森，王武. 河蟹池塘生态养殖高产技术 [J]. 渔业现代化，2007，2：27-39.

[122] 王武，成永旭，李应森. 河蟹的生物学 [J]. 水产科技情报，2007，34 (1)：25-28.

[123] 王吉桥，刘晶，姜静颖等. 中华绒螯蟹卵膜和腹肢的形态及卵附着机制 [J]. 水产学杂志，2006，19 (2)：32-36.

[124] 沈和定，黄小军，张国胜等. 不同布苗法对河蟹早期溞状幼体变态率的影响 [J]. 上海水产大学学报，2005，14：149-155.

[125] 魏国重，石铁钢. 河蟹工厂化育苗高产高效技术 [J]. 中国水产，2006，9：53-54.

[126] 李少菁，王桂忠. 锯缘青蟹繁殖生物学及人工育苗和养成技术的研究 [J]. 厦门大学学报（自然科学版），2001，40 (2)：552-565.

[127] 李少菁，王桂忠，曾朝曙等. 锯缘青蟹养殖生物学的研究 [J]. 海洋科学，1994，2：21-24.

[128] 严天鹏. 锯缘青蟹养殖常见疾病及防治技术 [J]. 齐鲁渔业，2006，23 (3)：38-39.

[129] 陈奋燊. 锯缘青蟹促膏育肥增效技术 [J]. 科学养鱼，2004，10：26-27.

[130] 夏连军，王建钢，施兆鸿. 锯缘青蟹亲蟹选择及培育技术 [J]. 海洋渔业，2003，4：189-191.

[131] 吴琴瑟. 锯缘青蟹繁殖生物学的研究 [J]. 湛江海洋大学学报，2002，22 (1)：13-17.

[132] 吴琴瑟，吴耀华. 锯缘青蟹人工育苗技术 [J]. 湛江海洋大学学报，2004，2：5-6.

[133] 何玉贵，麦日利. 锯缘青蟹工厂化育苗技术 [J]. 科学养鱼，2006，3：10.

[134] 贾友宏，叶丽香，张俭强. 青蟹育苗生产技术 [J]. 科学养鱼，2006，11：12-13.

[135] 韩青动. 青蟹全人工育苗高产技术 [J]. 水利渔业，2006，26 (4)：28-29.

[136] 林琼武，李少菁，曾朝曙等. 锯缘青蟹亲蟹驯养的实验研究 [J]. 福建水产，1994，1：13-17.

[137] 张玉胜，刘丽云，庞金玲. 三疣梭子蟹高密度人工育苗技术报告 [J]. 河北渔业，2004，1：44-45.

[138] 王文堂，丁原. 三疣梭子蟹的浅海筏式养殖技术 [J]. 齐鲁渔业，2002，19 (6)：13-14.

[139] 王光宇. 三疣梭子蟹的健康养殖和白斑病毒病的防治 [J]. 水产科技情报，2005，32 (5)：221-222.

[140] 赵春龙，付仲，肖国华等. 三疣梭子蟹健康繁育技术研究 [J]. 科学养鱼，2007，4：34-35.

[141] 施慧雄，蒋宏雷，金中文等. 三疣梭子蟹健康苗种培育研究 [J]. 现代农业科技，2007，(4)：106，109.

[142] 郑国富，付卓. 三疣梭子蟹人工繁育技术 [J]. 河北渔业，2007，(12)：39-40.

[143] 肖国华，赵春龙，崔兆进. 三疣梭子蟹人工育苗及养成病害发生的主要原因及防治方法 [J]. 齐鲁渔业，2006，23 (3)：36-37.

[144] 宋宗岩，王世党，王华东等. 设置隐蔽物提高三疣梭子蟹养成成活率 [J]. 齐鲁渔业，2002，19 (4)：30.

[145] 刘金峰，肖国华. 提高三疣梭子蟹亲蟹抱卵率的措施 [J]. 科学养鱼，2004，8：23.

[146] 陈波，谢海妹. 三疣梭子蟹人工育苗关键技术探讨 [J]. 浙江海洋学院学报（自然科学版），2002，

21 (3)：285-287.

[147] 王金山，刘洪军，王进河等. 三疣梭子蟹育苗技术探讨 [J]. 水产科技情报，1997，24 (2)：83-86.

[148] 周仁杰，林涛. 闽南地区三疣梭子蟹工厂化育苗生产技术研究 [J]. 集美大学学报（自然科学版），2006，11 (3)：212-216.

[149] 曹建亭，韩伟涛. 三疣梭子蟹 *Portunus trituberculatus* （Miers）稳产高效育苗技术研究. 现代渔业信息，2006，21 (4)：24-25.

[150] 任宗伟，解相林，熊玉丽等. 浅海筏式笼养梭子蟹试验 [J]. 齐鲁渔业，2002，19 (5)：12-13.

[151] 王华清. 浅海延绳式笼养梭子蟹 [J]. 科学养鱼，2002，4：4-5.

[152] 吴坤杰，刘松岩. 中国龙虾繁殖生物学及幼体培育研究进展 [J]. 信阳农业高等专科学校学报，2007，17 (4)：122-123.

[153] 韦受庆. 中国龙虾叶状幼体培育水质试验 [J]. 广西科学院学报，2000，16 (1)：29-33.

[154] 刘慧玲，黄翔鹄，刘楚吾等. 龙虾繁殖生物学及幼体培育研究进展 [J]. 湛江海洋大学学报，2006，26 (6)：72-76.

[155] 游克仁. 海水龙虾人工养成技术 [J]. 水产养殖，2004，2：16-17.

[156] 陈昌生，纪德华，吴坤杰等. 波纹龙虾人工繁殖及早期叶状幼体培育的初步研究 [J]. 集美大学学报（自然科学版），2003，8 (3)：197-202.

[157] 韦受庆，赖彬，杨小立. 龙虾（*Panulirus*）叶状幼体饵料的研究 [J]. 广西科学，1994，2：41-44.

[158] 徐善良，王春琳，梅文骧等. 口虾蛄 *Oratosquilla oratoria* （De Huan）性腺特征及卵巢组织学观察 [J]. 浙江水产学院学报，1996，15 (1)：21-28.

[159] 王春琳，蒋霞敏，赵青松等. 黑斑口虾蛄的人工繁育技术 [J]. 中山大学学报（自然科学版），2000，39 (3)，增刊：161-164.

[160] 阎斌伦，徐国成，李士虎等. 虾蛄工厂化育苗生产技术研究 [J]. 淮海工学院学报（自然科学版），2004，13 (1)：14-16.

[161] 赵青松，王春琳，蒋霞敏等. 虾蛄的池塘养殖技术 [J]. 海洋渔业，1998，4：169-171.

[162] 蒋霞敏，王春琳. 黑斑口虾蛄幼体的发育 [J]. 中国水产科学，2003，10 (1)：19-23.

[163] 梅文骧，王春琳，张义浩等. 浙江沿海虾蛄生物学及其开发利用（专辑）[J]. 浙江水产学院学报，1996，(1)：1-8.

[164] 王波，张锡烈，孙丕喜. 口虾蛄的生物学特征及其人工苗种生产技术 [J]. 黄渤海海洋，1998，16 (2)：64-73.

[165] 孙丕喜，张锡烈. 口虾蛄人工育苗技术研究 [J]. 黄渤海海洋，2000，18 (2)：41-46.

[166] 蒋霞敏，王春琳，赵青松等. 黑斑口虾蛄育苗技术研究 [J]. 海洋科学，2000，24 (5)：17-20.

[167] 王春琳，郑春静，蒋霞敏等. 黑斑口虾蛄育苗技术研究 [J]. 中国水产科学，2000，3：67-70.

[168] 吴琴瑟，赵延霞. 黑斑口虾蛄生态因子的试验观察 [J]. 湛江海洋大学学报，1997，17 (2)：13-16.

[169] 翟兴文，蒋霞敏. 虾蛄的繁殖生物学与人工繁殖概述 [J]. 海洋科学，2002，26 (9)：13-15.

[170] 王春琳，叶选怡，丁爱侠等. 虾蛄繁殖生物学与繁育技术研究 [J]. 海洋湖沼通报，2002，3：53-63.

[171] 中国国家标准化管理委员会. 水产配合饵料 第 5 部分：南美白对虾配合饵料（GB/T 22919.5—2008）[S]. 北京：中国质检出版社，2008.

[172] 中国国家标准化管理委员会. 水产配合饵料 第 1 部分：斑节对虾配合饵料（GB/T 22919.1—2008）[S]. 北京：中国质检出版社，2008.

[173] 刘洪军. 无公害南美白对虾标准化生产 [M]. 北京：中国农业出版社，2008.

[174] 中国农业部. 对虾配合饵料（SC/T 2002—2002）[S]. 北京：中国农业出版社，2007.

[175] 汪留全，王毅，管远亮. 南美白对虾高效益养殖关键技术问答 [M]. 北京：中国林业出版

社，2008.

[176] 赵培.生物絮团技术在海水养殖中的研究与应用 [D].上海：上海海洋大学，2011：7-9.

[177] 王志杰.两株益生菌在凡纳滨对虾生物絮团养殖中的应用 [D].青岛：中国海洋大学，2014：5-8.

[178] 罗亮，张家松，李卓佳.生物絮团技术特点及其在对虾养殖中的应用 [J].水生态学杂志，2011，32 (5)：129-133.

[179] 王超.对虾功能型生物絮团培育与筛选的研究 [D].青岛：中国海洋大学，2014：13.

[180] 高明亮.生物絮团技术在海水虾蟹池塘中应用的初步研究 [D].青岛：中国海洋大学，2015：9.

[181] 罗亮，徐奇友，赵志刚，等.基于生物絮团技术的碳源添加对池塘养殖水质的影响 [J].渔业现代化，2013，40 (3)：19-24.

[182] 王超，潘鲁青，张开全.生物絮团在凡纳滨对虾零水交换养殖系统中的应用研究 [J].海洋湖沼通报，2015，2：81-88.

[183] 张婉蓉，徐含颖，张学舒，等.不同养殖模式下对虾早期死亡综合症致病菌的动态变化 [J].安徽农业科学，2015，(11)：120-122.

[184] 顾海涛，何康宁，何雅萍，等.耕水机的性能及应用效果研究 [J].渔业现代化，2010，38 (4)：40-44.

[185] 谷坚，顾海涛，门涛，等.几种机械增氧方式在池塘养殖中的增氧性能比较 [J].农业工程学报，2011，27 (1)：148-152.

[186] 管崇武，刘晃，宋红桥，等.涌浪机在对虾养殖中的增氧作用 [J].农业工程学报，2012，28 (9)：208-212.

[187] 顾兆俊，刘兴国，吴娟，等.养殖池塘水体溶解氧调控效果研究 [J].水产科技情报，2009，36 (6)：297-299.

[188] 张美彦，杨星，杨兴，等.微孔曝气增氧技术应用现状 [J].水产学杂志，2016，29 (4)：48-50.

[189] 包海岩，张振奎，臧莉，等.几种不同增氧设施在南美白对虾养殖池的增氧试验 [J].中国水产，2009，(2)：61-62.

[190] 文国樑，曹煜成，徐煜，等.养殖对虾肝胰腺坏死综合症研究进展 [J].广东农业科学，2015，42 (11)：118-123.

[191] 《当代水产》编辑部.中山大学何建国教授：对虾养殖技术新思考——对虾白斑综合征和肝胰腺坏死症生态防控技术 [J].当代水产，2015，(6)：50-52.

[192] 陈信忠，郭书林，龚艳清，等.对虾急性肝胰腺坏死综合征病原研究进展 [J].检验检疫学刊，2016，(1)：72-76.

[193] 唐小千，徐洪森，战文斌.对虾急性肝胰腺坏死综合症研究进展 [J].海洋湖沼通报，2016，(2)：90-93.

[194] 安振华，孙龙生，陈佳毅.罗氏沼虾"铁壳"现象出现原因探究 [J].科学养鱼，2014，1：56-58.

[195] 韦翠珍，覃志达，张益峰，等.罗氏沼虾育苗用蛋羹配方改良及蒸制时间研究 [J].大众科技，2016，18 (197)：90-91.

[196] 孟贺，张平，田琴琴，等.罗氏沼虾虾苗对环境因子的适应性研究 [J].水产科技情报，2015，42 (5)：281-284.

[197] 刘杜娟，潘晓艺，尹文林，等.生物絮团在罗氏沼虾育苗中的应用 [J].上海海洋大学学报，2013，22 (1)：47-53.

[198] 刘海春，董学洪，刘志国.罗氏沼虾健康养殖水质调控技术 [J].江苏农业科学，2011，39 (5)：338-341.

[199] 熊燕.罗氏沼虾常见疾病的发生与防治 [J].现代农业科技,2015,8:288-289.

[200] 蒋琦辰,冯晓庆,张呈祥,等.饵料蛋白质水平对红螯螯虾生长、消化酶和抗氧化系统的影响 [J].淡水渔业,2013,43(2):60-65.

[201] 徐慈浩,肖锐媛,木亮亮,等.罗氏沼虾胚胎发育观察及温度对胚胎发育的影响 [J].广东农业科学,2015,20:112-117.

[202] 李飞,黄鲜明,沈勤松,等.两种方式对红螯螯虾同步产卵影响的研究 [J].生物学杂志,2013,30(2):40-42.

[203] 王兰梅,李嘉尧,王丹丽,等.饵料中大豆磷脂对红螯光壳螯虾性腺发育期营养物质积累的影响 [J].中国水产科学,2013,20(2):381-391.

[204] 甘信辉,李伟微,李嘉尧,等.饵料中胆固醇含量对雄性红螯光壳螯虾生长及生殖的影响 [J].动物学杂志,2011,46(1):86-92.

[205] 诸英富.红螯螯虾大棚池育苗技术 [J].科学养鱼,2013,4:6-7.

[206] 李水根.红螯螯虾人工繁殖技术研究 [J].河北渔业,2011,3:37-38.

[207] 蒋琦辰,张文逸,谭红月,等.不同光周期下红螯螯虾幼虾摄食节律的研究 [J].淡水渔业,2012,42(5):89-91.

[208] 熊良伟,王权.淡水小龙虾稻田高效生态养殖技术 [J].水产科技情报,2011,38(3):136-137.

[209] 嵇爱华.淡水小龙虾池塘养殖饵料投喂注意事项 [J].科学养鱼,2011,10:65.

[210] 姜海平.克氏螯虾池塘生态养殖技术 [J].科学养鱼,2012,12:31-32.

[211] 陈秀梅,王桂芹,申斌,等.克氏原螯虾营养需求的研究进展 [J].饵料工业,2014,35(19):69-73.

[212] 秦钦,蔡永祥,陈校辉,等.不同规格日本沼虾饵料蛋白最适含量研究 [J].饵料研究,2010,4:53-55.

[213] 孙丽慧,沈斌乾,陈建明,等.日本沼虾对饵料赖氨酸的需要量研究 [J].上海海洋大学学报,2013,22(1):100-104.

[214] 马盛群,李爱顺,茆建强,等.温度对日本沼虾末期幼体变态发育的影响 [J].江苏农业科学,2014,42(8):239-240.

[215] 范武江,曹翔德,李雪松,等.日本沼虾土池高效育苗试验 [J].科学养鱼,2013,11:9-10.

[216] 付监贵,张磊磊,徐乐,等.pH对日本沼虾存活及肝功能相关酶活性的影响 [J].淡水渔业,2016,46(5):100-104.

[217] 林琪.中国青蟹属种类组成和拟穴青蟹群体遗传多样性的研究 [D].厦门:厦门大学,2008:36-45.

[218] 林琪,李少著,黎中宝,等.中国东南沿海青蟹属的种类组成 [J].水产学报,2007,31(2):211-219.

[219] 徐洋,郝贵杰,沈锦玉.3种消毒剂对水生动物3种主要致病菌的载体定量杀菌试验 [J].水产科学,2010,29(2):102-105.

[220] 吴新颖,梁萌青,薛长湖,等.饵料中添加盐对低盐养殖凡纳滨对虾肌肉常规营养成分及质构的影响 [J].渔业科学进展,2008,29(6):84-89.

[221] 林海城,张光超,吴翔宇,等.南美白对虾循环水健康养殖技术研究 [J].现代农业科技,2016,(13):273.

[222] 陈小江.物联网技术在水产监控方面的应用现状 [J].农村经济与科技,2016,27(14):98,100.

[223] 杨宁生,袁永明,孙英泽.物联网技术在我国水产养殖上的应用发展对策 [J].中国工程科学,2016,18(3):57-61.

[224] 侯传宝，刘雯雯．虾池蓝藻及其发生的原因、危害和防控 [J]．齐鲁渔业，2010，27（12）：28-29.

[225] 陈昌福，孟长明．稳定性二氧化氯对养殖池水中蓝藻的杀灭效果 [C]．全国水处理技术研讨会暨年会，2004：65-66.

[226] 沈烈峰，洪挺，顾建明，等．三疣梭子蟹单体筐立体养殖技术研究 [J]．现代农业科技，2013，6：264，267.

[227] 王春琳，母昌考，李荣华，等．三疣梭子蟹单体筐养高产高效生产技术 [J]．中国水产，2013，16：72-75.

[228] 中国水产科学研究院．"一种水产养殖用多功能底质改良剂及制备方法"获得国家发明专利授权 [J]．养殖与饲料，2012，8：82.

[229] 吴建军，赵宇江．底质改良剂的合理使用 [J]．水产养殖，2011，12：38-39.

[230] 黄翔鹄，李长玲，刘楚吾，等．两种微藻改善虾池环境增强凡纳对虾抗病力的研究 [J]．水生生物学报，2002，26（4）：342-347.

[231] 李静红，黄翔鹄，李色东．波吉卵囊藻对弧菌生长的影响 [J]．广东海洋大学学报，2010，30（3）：33-38.

[232] 中华人民共和国农业部．凡纳滨对虾 亲虾和苗种（SC/T 2068—2015）[S]．北京：中国标准出版社，2015.

[233] 中华人民共和国质量监督检验检疫总局．凡纳滨对虾育苗技术规范（GB/T 30890—2014）[S]．北京：中国标准出版社，2015.

[234] 孔杰，罗坤，栾生，等．中国对虾"黄海2号"新品种的培育 [J]．水产学报，2012，36（12）：1854-1862.

[235] 陈学洲，李苗，李健，等．渔业主推品种"凡纳滨对虾"的推广应用情况研究 [J]．中国水产，2016，（7）：51-54.

[236] 叶宁，吴仁伟，苏黄生．凡纳滨对虾亲虾运输和活力恢复技术 [J]．海洋与渔业，2014，5：72-73.